U0318672

南京農業大學

NANJING AGRICULTURAL UNIVERSITY

南京农业大学年鉴 2015

南京农业大学档案馆 编

中国农业出版社

图书在版编目（CIP）数据

南京农业大学年鉴. 2015 / 南京农业大学档案馆编
. —北京：中国农业出版社，2016.11
ISBN 978-7-109-22244-1

Ⅰ. ①南… Ⅱ. ①南… Ⅲ. ①南京农业大学-2015-年鉴 Ⅳ. ①S-40

中国版本图书馆CIP数据核字（2016）第250746号

中国农业出版社出版
（北京市朝阳区麦子店街18号楼）
（邮政编码 100125）
责任编辑 刘 伟 杨晓改

北京通州皇家印刷厂印刷 新华书店北京发行所发行
2016年12月第1版 2016年12月北京第1次印刷

开本：787mm × 1092mm 1/16 印张：22 插页：6
字数：540 千字
定价：108.00 元

7月15日，2015年南京农业大学科学技术大会隆重召开

5月26日，学校召开校学位委员会十一届一次全会

12月22日，郭旺珍教授荣获第十二届“中国青年女科学家”奖

2015年4月董莎萌教授入选“千人计划”青年人才项目

2015年4月吴玉峰教授入选“千人计划”青年人才项目

1月9日，万建民教授团队研究项目“水稻籼粳杂种优势利用相关基因挖掘与新品种培育”荣获国家技术发明二等奖

11月24日，世界动物卫生组织猪链球菌病参考实验室建设研讨会在我校举行

12月19日，我校与大北农集团签署战略合作协议

12月29日，金善宝油画像揭幕

9月20日，第三届世界农业奖颁奖典礼在我校举行

5月11日，我校与中国热带农业科学院签署战略合作框架协议

1月14日，我校与3所部属农业高校签订本科生联合培养协议，协同推进卓越农林人才联合培养

1月3日，校长周光宏为南京农业大学2014年度校长奖学金特等奖获得者金琳颁奖

9月29日，生命科学学院再次斩获国际基因工程机械设计大赛银奖

6月5日，我校召开“三严三实”专题教育党课暨动员部署会

6月26日，我校举办“中国梦 祖国美”教职工歌唱比赛

9月3日，我校举办纪念“反法西斯战争胜利70周年”主题活动

12月5日，我校教育发展基金会召开换届大会暨第三届理事会第一次会议

11月10日，南京盛泉恒元投资有限公司向我校农经学科捐赠500万元发展基金

5月23~24日，第十三届东亚农业史国际学术研讨会暨第三届中华农耕文化研讨会在我校召开

10月6日，全国食品科学学术研讨会暨食品科技学院成立三十周年大会在我校举行

（图片由宣传部提供）

《南京农业大学年鉴 2015》编辑部

主　　编： 景桂英

副 主 编： 段志萍　刘　勇

参编人员（以姓名笔画为序）：

王俊琴　孙海燕　张　丽

张丽霞　张彩琴　周　复

顾　珍　高　俊　黄　洋

韩　梅

编 辑 说 明

《南京农业大学年鉴2015》全面系统地反映了2015年南京农业大学事业发展及重大活动的基本情况，包括学校教学、科研和社会服务等方面的内容，为南京农业大学的教职员工提供学校的基本文献、基本数据、科研成果和最新工作经验，是兄弟院校和社会各界了解南京农业大学的窗口。《南京农业大学年鉴》每年一期。

一、《南京农业大学年鉴2015》力求真实、客观、全面地记载南京农业大学年度历史进程和重大事项。

二、年鉴分专题、学校概况、机构与干部、党建与思想政治工作、人才培养、发展规划与学科师资队伍建设、科学研究与社会服务、对外交流与合作、财务审计与资产管理、校园文化建设、办学支撑体系、后勤服务与管理、学院（部）基本情况、新闻媒体看南农、2015年大事记和规章制度栏目。年鉴的内容表述有专文、条目、图片和附录等形式，以条目为主。

三、本书内容为2015年1月1日至2015年12月31日间的重大事件、重要活动及各个领域的新进展、新成果、新信息。依实际情况，部分内容时间上可有前后延伸。

四、《南京农业大学年鉴2015》所刊内容由各单位确定的专人撰稿，经本单位负责人审定，并于文后署名。

《南京农业大学年鉴2015》编辑部

南京农业大学年鉴2015

目 录

CONTENTS

一、专　　题

把握新内涵　落实新要求
做“三严三实”好干部

——在南京农业大学“三严三实”专题教育党课暨动员部署大会上的讲话

左　惟

（2015 年 6 月 5 日）

同志们：

2014 年 3 月 9 日，习近平总书记在参加第十二届人民代表大会第二次会议安徽代表团审议时，在关于推进作风建设的讲话中谈到，作风建设永远在路上，作风建设是领导干部队伍建设重要的基础和保障，并提出了“三严三实”的命题和任务。“三严”就是“严以修身，严以用权，严以律己”，“三实”就是“谋事要实，创业要实，做人要实”。同年 3 月 31 日，中共中央下发了《关于在教育实践活动中学习弘扬焦裕禄精神　践行“三严三实”要求的通知》。到了今年 4 月 19 日，中共中央又专门发了《关于在县处级以上领导干部中开展“三严三实”专题教育方案》，决定在县处级以上领导干部中，将学习和践行“三严三实”作为专题教育进行组织和安排。5 月，教育部党组面向部内各司局、直属单位印发了《教育部直属机关开展“三严三实”专题教育实施方案》，对教育部直属机关和高校处级以上干部开展“三严三实”专题教育进行专门部署。两个《方案》对“三严三实”专题教育需要解决哪些问题，践行“三严三实”的手段，在组织学习中需要注意哪些问题等都做了安排部署。根据这个安排，我们领导干部思想作风建设当前亟须研究开展的一项重要工作就是学习和践行“三严三实”。

在教育实践活动结束后不久，中共中央决定在县处级以上领导干部中开展“三严三实”专题教育，这是巩固拓展教育实践活动成果、持续深化作风建设、推进全面从严治党的重大举措，也是推进我校各项事业更好更快发展的紧迫要求。根据中共中央和教育部党组要求，今天我结合学校实际，和大家共同讨论如何“把握新内涵　落实新要求　做‘三严三实’好干部”，同时也对全校开展“三严三实”专题教育做出安排和部署。

一、充分认识和把握“三严三实”的丰富内涵和重大意义

（一）“三严三实”的丰富内涵

践行“三严三实”的着力点在一个“严”字和一个“实”字。“严”字蕴涵的是马克思主义信仰、共产主义远大目标、中国特色社会主义共同理想等严肃的政治追求，是完善组织生活、贯彻民主集中制等严格的组织原则，是懂规矩、守底线、拒腐蚀、永不沾等严明的纪律要求。如果离开了这个“严”字，就会导致信仰迷失、组织涣散、纪律松弛，最终失去凝聚力、战斗力。“实”字蕴涵的是一切从实际出发、理论联系实际、实事求是、在实践中检验真理和发展真理的思想路线，是求真务实、尊重实践、注重实效的工作方法，是忠诚老实、厚道朴实、认真踏实的处世态度。如果离开了这个“实”字，就会导致脱离实际、图做虚功、贻误事业，最终失去民心民意、失去执政基础。

1. “三严”彰显了“讲党性”的核心价值，体现了“讲纪律”的独特优势，发扬了“讲认真”的优良传统

“严以修身”，就是要加强党性修养，坚定理想信念，提升道德境界，追求高尚情操，自觉远离低级趣味，自觉抵制歪风邪气。严以修身既是全面深化改革语境中对领导干部作风建设的现实要求，又是对中华优良传统的弘扬和继承，是价值观层面作风建设的新境界。在《纪念白求恩》一文中，毛泽东同志号召共产党员要做“一个高尚的人，一个纯粹的人，一个有道德的人，一个脱离了低级趣味的人，一个有益于人民的人”。今天，我们站在新的历史条件下重新审视，他的这段话依然散发着光辉。

“严以用权”，就是要坚持用权为民，按规则、按制度行使权力，把权力关进制度的笼子里，任何时候都不搞特权、不以权谋私。严以用权牵涉到党的制度建设和党内法律法规建设。权力是把“双刃剑”，正确用权就能为人民造福，滥用权力就会损害群众利益，损害党和政府形象。邓小平同志曾告诫说：“我们拿到这个权以后，就要谨慎。不要以为有权力就好办事，有了权就可以为所欲为，那样就非弄坏事情不可。”前苏联部长会议主席雷日科夫也曾指出：“权力应当成为一种负担。当它是负担的就会稳如泰山，而当权力变成一种乐趣时，那么一切也就完了。”

“严以律己”，就是要心存敬畏、手握戒尺，慎独、慎微、勤于自省，遵守党纪国法，做到为政清廉。这既是对党员个体精神世界的要求，同时也是对党内法律法规要进一步完善的要求。“严以律己”强调要自重、自警、自省，为政清廉。世界上最难做到的事情是认识自我、战胜自我。坚持“严以律己”，就是要认识到“民不可欺”的道理，摆正自己的位置，坚信人民群众的主体地位，把政治智慧的增长、执政本领的增强深深扎根于人民的创造性实践之中。坚持问政于民、问需于民、问计于民，真诚倾听群众呼声，真实反映群众愿望。自觉把自己当作人民的公仆。孔子曰：“其身正，不令而行；其身不正，虽令不从。”对领导干部来说，律己能赢得尊重，树立威望；律己能凝聚民心，汇聚发展正能量。

“三严”是辩证统一的整体，严以修身是根本，严以用权是核心，严以律己是规范。我们南农的党员干部只有牢记“三严”，才能面对歪风邪气而坚决抵制，面对私利诱惑而稳得住心神，练就思想上的“金钟罩”，增强抵御各种“病毒”的免疫力；才能做到一辈子堂堂正正做人、清清白白做官、干干净净做事，达到两袖清风、甘当人梯、诲人不倦的崇高

境界。

2. "三实"集中体现了我们党的思想路线，是党员干部的责任担当、工作方法和处世态度

"谋事要实"，就是要从实际出发谋划事业和工作，使点子、政策、方案符合实际情况、符合客观规律、符合科学精神，不好高骛远，不脱离实际，不追求花架子。不谋实事、不干实事，历来为世人所诟病，也不为我们南农"诚朴勤仁"的价值观所接受；花拳绣腿、华而不实，历来为民众所厌恶。我们党从小到大、从弱到强，历经苦难、走向辉煌，靠的就是"谋事要实"的品质和追求。"谋事要实"是一种工作态度，实际上就是要求我们的党员干部要处理好长远利益、根本利益和个人抱负的关系。一切从实际出发，从眼前做起，从群众期盼的实事做起，绝不能脱离实际，绝不能为眼前利益而留下无法弥补的后遗症。

"创业要实"，就是要脚踏实地、真抓实干，敢于开拓局面、敢于担当责任，敢于承认错误，勇于直面矛盾，善于解决问题，努力创造经得起实践、人民、历史检验的实绩。"创业要实"树立的是一种正确的政绩观导向，体现的是一种责任担当意识，倡导的是一种改革创新精神。"创业要实"的基点在于真抓实干，敢于担当，创造经得起实践、人民、历史检验的实绩。真正给人民群众带来实惠的创业工程，需要一任接着一任持续不断地奋斗，任何急功近利、短期行为，都不是真正的创业。作为领导干部，如果不树立科学的创业观和发展观，即使一时搞得轰轰烈烈，最终也干不出党和人民需要的事业来。

"做人要实"，就是要对党、对组织、对人民、对同志忠诚老实，做老实人、说老实话、干老实事，襟怀坦白，公道正派。对中共党员而言，"做人要实"就是要对党、对组织、对人民、对同志忠诚老实，襟怀坦白，公道正派，做老实人就要自觉抵制各种假冒伪劣现象，讲真话、察真情、动真功，真干、实干、苦干、巧干，以实实在在的行动给人民群众带来实实在在的利益。74 年前，毛泽东写下著名的《改造我们的学习》，严厉批评了"华而不实、脆而不坚"的风气。习近平同志在《我的中国梦》一文中也提到"空谈误国，实干兴邦"，强调"老实做人，做老实人，是共产党员先进性的内在要求，是领导干部官德的外在表现，也是我们党的一贯主张"。可见"实"的重要性。

"志不求易，事不避难""名必有实，事必有功""大人不华，君子务实"。谋事不实，蓝图再好也不过是画饼充饥；创业不实，梦想再美也只是黄粱一梦；做人不实，立身之本必定荡然无存。我们南农的党员干部只有牢记"三实"，才能克服浮躁思想和短期行为，做到讲实话、干实事，敢作为、勇担当，才能发扬钉钉子精神，以抓铁有痕、踏石留印的干劲，托起跻身世界一流农业大学的"南农梦"。

3. "严"和"实"是做人做事做官的基本要求和根本标准，"三严"与"三实"相互联系、相辅相成、不可分割

"三严三实"，强调了党员干部要有严肃的政治追求、严格的组织原则、严明的纪律要求，要"讲实话、干实事、求实效"，概括起来就是："严"字当头，重在"实"处。要牢牢把握"三严"是根本、是出发点，要守住"严"、防止"松"；"三实"是目标、是落脚点，要突出"实"、防止"虚"，两者是相辅相成、不可分割的。我们南农的党员干部要从"严"上要求，向"实"处着力，真正把"三严三实"内化于心、外化于行，使清风正气一点点积聚起来，使党员干部的精气神昂扬起来，以"三严三实"过硬作风推动学校发展战略目标的实现。

（二）“三严三实”的重大现实意义

“三严三实”贵在“严”，重在“实”。“三严三实”既传承了中华民族优秀传统文化的政治智慧和精神品格，又赋予了新的时代内涵；既凝练了我们党在长期革命建设和改革开放历程中形成的优良作风和光荣传统，又提出了新的更高要求。它具有很强的思想性、指导性和现实针对性，需要我们深刻领会和准确把握。

1. “三严三实”贯穿的是马克思主义政党建设的基本原理和内在要求，体现了世界观与方法论的有机统一

辩证唯物主义是中国共产党人的世界观和方法论，坚持和运用辩证唯物主义世界观和方法论，也是马克思主义政党区别于其他政党的一个根本特征。“三严三实”蕴含着辩证唯物主义的理论品格和科学精神。“三严”集中体现了共产党人修身、用权、律己的基本观点，“三实”集中阐述了共产党人谋事、创业、做人的基本遵循，是辩证唯物主义世界观和方法论的有机统一，为我们践行党的宗旨、永葆党的先进性和纯洁性提出了明确要求，是广大党员干部必须共同遵守的思想行为准则。我们开展“三严三实”专题教育，就是要求党员干部不断接受马克思主义哲学智慧的滋养，更加自觉地坚持和运用辩证唯物主义世界观和方法论，增强辩证思维、战略思维能力，努力提高解决我国改革发展基本问题和破解学校综合改革“深水区”难题的本领。

2. “三严三实”顺应的是“四个全面”大局需要，提供了新的历史条件下推动事业发展的实践遵循

习近平总书记在省部级主要领导干部专题研讨班上明确提出了协调推进“全面建成小康社会、全面深化改革、全面依法治国、全面从严治党”的战略布局，确立了当前和今后一个时期治国理政的总方略。“四个全面”可以概况为“一个中心、三个保障”。“一个中心”，就是以全面建成小康社会为中心，“三个保障”就是全面深化改革，全面依法治国，全面从严治党。可以说，“三严三实”的标准和要求指明了实现“四个全面”所需的重要精神品质。开展“三严三实”专题教育吹响了从严治党的号角。历史表明：我们党什么时候做到了“严”和“实”，党的组织就坚强有力、事业就会从胜利走向胜利，反之就会组织涣散、事业受挫。我们开展“三严三实”专题教育，就是要从思想层面和实践层面为党员领导干部提振攻坚克难的精气神，为学校实现内涵发展、特色发展、科学发展、和谐发展注入强大的精神动力。

3. “三严三实”直击的是作风建设现实问题，指明了深入抓作风、转作风的行动指南

习近平总书记强调，问题是时代的声音。我们党每一次重大理论创新，都是围绕党的中心任务，针对面临的突出问题进行的。中共十八大以来，中共中央以前所未有的力度狠抓作风转变，党风政风为之一新，党心民心为之一振。南农作为教育部直属高校，情况也是一样。通过参加第一批党的群众路线教育实践活动，成功召开 2013 年度和 2014 年度民主生活会，接受教育部巡视组对学校的专项巡视，我们发现了许多问题，尤其是我们党员领导干部队伍中存在的作风问题，也提出了相应的整改方案，现在仍在继续抓整改、抓落实、抓长效。我们开展“三严三实”专题教育，就是要巩固和拓展党的群众路线教育实践活动成果，持续深入推进党的思想政治建设和作风建设，培养造就一支严于律己又踏实肯干、忠诚干净又敢于担当的党员领导干部队伍，为学校改革和发展提供人才、智力保证。

4. “三严三实”进一步明确了共产党人共同的政治品格，与“诚朴勤仁”的南农精神在逻辑上是一致的

“三严三实”的重要论述，阐明了党员领导干部的修身之本、为政之道、成事之要，明确了共产党人共同的政治品格。百余年来，学校逐步形成的具有南农特色的“诚朴勤仁”精神品格，同样蕴含着“严”和“实”。“朴、仁”二字体现了“严”；“诚、勤”二字则体现了“实”。“诚朴勤仁”成为南农相沿成习、蔚为大观的重要精神传统和核心价值。我们开展“三严三实”专题教育，就是要继承和发扬南农优良传统，大力传承和弘扬以“诚朴勤仁”为核心的南农精神，以扎实的作风、饱满的精神、昂扬的斗志努力开创学校建设世界一流农业大学的新局面。

二、“不严不实”的具体表现及其原因

（一）“不严不实”的表现

习总书记提出的“三严三实”内容只有短短二十四个字，却凝练成了从严治党的金科玉律。三个“严”字，三个“实”字，像一把标尺，丈量出了新形势下党员领导干部做人做事的标准和“红线”。中共十八大以来，尤其是教育实践活动之后，我们持之以恒地抓作风、抓党建，全校党员干部的精神面貌与事业发展要求总体上是适应的。广大党员干部在学校改革发展稳定各项工作中认真履行职责，发挥了先锋模范作用。学校教育质量全面提高，学科水平快速提升，师资队伍不断优化，科研实力显著增强，办学条件也得到进一步改善……但我们也要清醒地看到，有的党员干部身上也不同程度地存在“不严不实”问题，有许多直接和具体的表现。

1. 在修身不严方面，存在理想信念不坚、政治学习浮躁的现象

有的党员干部理想信念动摇，精神空虚，缺乏健康向上的精神状态。有的口无遮拦，乐于传播小道消息，议论网上热门话题，传播政治谣言、政治笑话，个别领导干部和党组织明知一些党员的言论不正确、行为不规范，就是不敢或者不想批评制止。有的重业务、轻思想教育和理想信念，重学术、轻文化道德，对师生的思想政治工作和师德师风建设口头上高度重视，措施上软弱无力。有的不注重理论学习，存在应付思想，政治学习想来就来。有的对真理缺乏追求，对学术不够尊重，缺乏一流大学领导干部独特的文化气质和精气神。

2. 在用权不严方面，存在民主意识不强、作风漂浮不正的现象

有的党员干部官本位思想严重，工作中盛气凌人，摆架子。有的不注重班子成员间的平等沟通，只讲保障工作条件，不讲忠实履行工作责任。有的在分配资源的时候，视野不能很开阔；在服务师生的时候，也讲亲疏远近。

3. 在律己不严方面，存在违反党纪国法、忽视中共八项规定的现象

个别党员干部在自觉遵守党的政治纪律、组织纪律、廉政纪律等方面的意识还不够强，党风廉政建设责任制落实不到位，监管力度不够。有的在公务接待上存在“摆阔气、要面子”的现象。有的主要精力没有放在干事创业上，工作内容和效率上向低标准看齐，工作条件和保障上向高标准看齐，不比工作比待遇，不比奉献比享受。在部分单位、干部中，懒政、怠政、不作为、少作为时有发生。

4. 在谋事不实方面，存在群众观念淡薄、政策脱离实际现象

有的党员干部习惯做而不谋，缺乏远见和全局意识、战略意识。有的调研不深、不细、不充分，看材料多，看现场少，听汇报多，听师生意见少，实际调研不够准，方案分析不够细，“坐在家里想路子，跑到网上找例子，关起门来写稿子”。有的安排工作满足于开会布置，没有进一步的检查落实。有的致力于事业发展，却疏于与广大师生交流，得不得大家的支持。

5. 在创业不实方面，存在追求安逸享受、没有担当精神现象

有的党员干部满足于谈思路、谈观点，宏观想法多，对具体过程推进力度不够。有的存在守摊心理，缺少攻坚克难的勇气和魄力，遇到麻烦闭眼睛，一种“事不关己，高高挂起”的姿态。有的责任心不强，不敢担当，对工作敷衍应付，懒惰平庸。有的致力于自己业务上的追求，却不能正视在办学治校、党政管理方面的学习和提高。

6. 在做人不实方面，存在组织观念不强等现象

有的党员干部缺乏讲真话、讲实话、平等讨论研究问题的胸怀，没有开展批评与自我批评的勇气。有的讲话不注意场合，不注意身份，不遵守纪律；发牢骚、讲怪话；会上不说、会后乱说；对自己有利就说，对自己不利的，该说的也不说；当面不说、背后乱说，人前像个乖乖虎、背后是个跳跳虎。有的习惯于邀宠媚上，唯上是从；对待师生长期反映的问题淡然漠视；部分单位“门难进、脸难看、事难办”长期得不到解决；遇事推诿在个别干部身上已成常态。

这些现象虽然只存在于少数干部身上，但影响了干部的整体形象、影响了师生对学校发展的信心、影响了百年南农的基本价值观。如果不及时纠正，这些“不严不实”的问题将严重影响到学校的党风和校风。

（二）“不严不实”的原因

我们的干部当中滋生出“不严不实”问题的根源是多方面的。

1. 理想信念淡化，没有始终做到“心中有党”

“心中有党”看似简单，但做到时时勿忘、时时检视，做到真正内化于心、外化于行并不简单。在战争年代、在急难险重面前，党员干部会自觉做到心中有党，冲在前列、干在前面。相比较而言，在和平时期、在长期执政环境下、在经年累月的日常工作中，特别是在各种监督还不完全到位的环境中能否做到“心中有党”，成了对党员干部的重大考验。正如刘少奇所讲的“建国前加入共产党不但没有任何好处，反而会有生命危险。”这种客观限制使得很多投机分子不加入党。所以最后留下的，无论牺牲的还是成为领袖的，都是有着坚定信仰和纯洁党性的人。问题就在于，建国之后，刘少奇的话可以反过来说，“加入中国共产党不但没有生命危险反而有各种好处”。在这样的背景之下，种种问题都产生了。孔子讲：“政者，正也。子帅以正，孰敢不正?”党性修养“严”不起来，党性原则“强”不起来，“不严不实”的种种问题就会滋生。

2. 宗旨意识薄弱，没有始终做到“心中有民”

为民是我们党的根本宗旨，也是群众路线的核心主题。“乐民之乐者，民亦乐其乐；忧民之忧者，民亦忧其忧。”感人心者，莫过于情。共产党人情感的最高体现就是对老百姓的赤子深情。共产党的根本使命就是为人民服务，是“居庙堂之高则忧其民，处江湖之远则忧其君”。我们需要经常问问自己，在工作上有没有把服务师生作为工作的立足点，真正想师生之所想，急师生之所急？

3. 缺乏实干精神，没有始终做到“心中有责”

“心中有责”就是知责任。有责任意识，才能“想干事”；有责任能力，才能“干成事”。责任是态度、是担当、是能力、是动力、是成事的前提。“肩扛千斤谓之责，背负万石谓之任。”一代人有一代人的使命。知责任就是要有明确的责任意识，担负起我们应该担负起的使命。一切难题，只有在实干中才能破解；一切机遇，只有在实干中才能把握。学校的党员领导干部作为习总书记论述中的“关键少数”，是学校建设世界一流农业大学的主要依靠力量，是我们办学治校的动力来源。这种责任是角色赋予的，是艰巨而光荣的！当前，学校综合改革进入“深水区”，会遇到很多“拦路虎”“硬骨头”。我们的领导干部如果没有责任心、只想做“太平官、神仙官”，逃避矛盾、绕着困难走，占着位置毫无作为，是无法担负责任的。

4. 法律意识淡薄，没有始终做到“心中有戒”

“心中有戒”就是要戒除权力任性，知是非、不妄为，心有所畏、言有所戒、行有所止。做到“心中有戒”，既是党性原则，又是修身律己的方法。我们的干部要敬畏法律、敬畏纪律、敬畏权力、敬畏群众、敬畏规则。心中装着这些敬畏，才能防止行为、语言、思想的过失，才能在平时说话、办事、创业之中为自己营造不撞红线、不踩高压、不摔跤、不栽跟头的安全“防火墙”。而有些党员领导干部在当前反腐倡廉的“高压线”下，仍然我行我素，触碰中央八项规定红线，而没有以高标准净化自身的“生活圈”“交往圈”“娱乐圈”，对党纪国法和学校管理制度置若罔闻，对诱惑考验纵之任之。

我们南农的党员干部，特别是领导干部一定要结合自身实际，对照刚才提到的“六个方面”“四个没有”，深入查找“不严不实”问题的具体表现，认清危害、剖析根源，按照“三严三实”要求改进作风，推进工作，提升自我。

三、将“三严三实”根植于党员干部思想和工作实际

践行“三严三实”，贵在使“三严三实”成为我们的精神基因，转化为我们的力量源泉，使其真正内化于心、外化于行。下面，我提“六个表率”供大家参考。

第一，严以修身，做信念坚定、对党忠诚的表率。修身立德加强党性修养，是南农共产党人终身实践的重大课题，是永葆先进本色的本质要求，更是践行“诚朴勤仁”南农精神的内在要求。我们的党员干部要深刻领会，切实把严以修身作为做人之本、为政之要。

一要进一步坚定理想信念。理想信念是思想和行动的“总开关”“总门阀”，是严以修身的核心。作为领导干部，一定要把坚定理想信念作为修身立业的“压舱石”，把对党绝对忠诚铸入思想、融入灵魂，检视自己的政治定力，检视自己在大是大非面前的实际表现。通过不断学习，从思想深处解决好信仰信念问题，进一步坚定“三个自信”，自觉同中共中央保持高度一致。作为南农的领导干部，应当身先士卒，放眼全球高等教育大局，放眼实现我国农业的现代化，来谋划和考量我们的事业发展。我们要把建设一流大学、建设一流学科、做一流学问、做一流管理作为坚定的目标追求，始终坚定扎根中国大地办世界一流农业大学的信念，始终把牢社会主义办学方向，始终坚守南农共产党人的精神追求。

二要进一步提升道德境界。面对纷繁复杂的社会现实，一些干部出问题，多数不是出在

“才”上，而是出在“德”上。“古之人修其天爵，而人爵从之；今之人修其天爵以要人爵。既得人爵而弃其天爵，则惑之甚者也，终亦必亡而已矣。”很多干部得到提拔都是从修德开始的，很多干部腐化都是从失德开始的。我们要把立德修德作为立身之本，带头弘扬社会主义核心价值观，恪守社会公德、职业道德、家庭美德和个人品德，“双肩挑”的干部和学术干部还要恪守学术道德，尤其要做到不以学问为功利的敲门砖，自觉抵制歪风邪气，始终保持共产党人的健康情趣，始终保持大学领导干部独有的文化气质和道德品质。

三要进一步追求高尚情操。中共十八大以来，中共中央打的 100 多只“大老虎”，大多是从操守不严、品行不端、生活奢靡等开始的。“针尖大的窟窿斗大的风”。对党员干部来讲，个人的“爱好”“情趣”不是小节问题，社会上一些人围猎领导干部的一个重要手段，就是研究干部的兴趣爱好。因为小节连着大节，弄不好，很容易成为别有用心的人“公关”的突破口。因此，我们的党员干部一定要抗得住诱惑、守得住底线，慎交友、多读书、少应酬，保持高尚精神追求。

四要进一步弘扬南农精神。“三严三实”是“诚朴勤仁”校训蕴含的内在品质。对南农人而言，“诚朴勤仁”就是一则修身立德的精神指南。从学校的层面来说，“诚朴勤仁”不仅引领学校铸就了百年辉煌，更能为实现世界一流梦想提供重要的精神支撑。弘扬“诚朴勤仁”校训精神，定能更好地引领党员干部在人才培养、科学研究、社会服务和文化传承方面推陈出新，面向我国农业现代化，多维协同培养一大批创新型、国际化人才，更好地展示学校的办学实力和社会担当，为学校新一轮改革发展事业集聚巨大的正能量。

第二，严以用权，做履职尽责、一心为民的表率。领导干部与普通群众的区别就在一个“权”字上。我们南农的领导干部，要牢记权力的来源，按照“三严三实”的要求，为民用权、依法用权、秉公用权。作为党员干部，必须敬畏权力、管好权力、慎用权力，守住自己的政治生命，防止出现“为追求自己的特殊利益，从社会公仆变成社会的主人”。

一要为民用权。坚持人民主体地位，始终是我们党立于不败之地的强大根基。只有永远植根于群众之中，永远保持同人民群众的血肉联系，充分发挥人民群众认识世界和改造世界的主体作用，才能使决定我们事业前途命运的力量源泉充分涌流。作为我们高校的领导干部来说，须牢记宗旨、牢记责任，自觉把权力行使过程作为为师生服务的过程。为师生服务不能只挂在嘴上、写在纸上，而要落实在权力行使的行为中。为师生服务，就是要为师生做事：做党和人民需要的事，做顺民意、解民忧、惠民生的事，做利长远、打基础的事。要牢固树立以人为本的理念，为学校事业发展做出科学的决策和部署，当好一流农业大学建设的智囊，做好人、财、物的组织协调，当好人才培养、学术研究、学科建设、制度建设、文化建设“交响乐”团的“乐队总指挥”。

二要依法用权。李克强总理在谈及简政放权时这样强调“大道至简，有权不可任性”。越是有权越要按规则用权。我们的党员领导干部作为“关键少数”，要带头遵守党纪国法，自觉在法治轨道上行使权力，不断提高运用法治思维和法治方式深化改革、化解矛盾、维护稳定的能力，切实做到依法依规治校，努力推动形成办事依法、遇事找法、解决问题用法、化解矛盾靠法的良好氛围。

三要秉公用权。用权是为公还是为私，是检验领导干部宗旨意识强与弱的“试金石”。我们的党员领导干部要熟悉学校的权力架构，正确认识和处理党委行使的领导决策权，校长及行政部门行使的行政管理权，教授行使的学术评判权，教代会、团代会、学代会、研代会等群团组织行使的民主监督权等四类公共权力之间的关系，真正把“党委领导、校长负责、教授治学、民主管理”结合起来、统一起来，努力构建“四权”之间相互尊重、和谐运行的权力关系，健全完善现代大学制度，完善内部治理结构，提升治理能力和水平，理解和守护住大学精神。

第三，严以律己，做克己奉公、清正廉洁的表率。自律是一种美德，也是共产党人的基本道德要求。“吾日三省吾身”，“省”其实就是一种反思、自律。在从严治党新常态下，领导干部尤其要带头讲党性、重品行、做表率，老老实实做人，干干净净做事。

一要常自省。“日省其身，有则改之，无则加勉。”我们的党员干部不能“只打电筒，不照镜子”。要经常性地对照党章党纪，对照焦裕禄等先进典型自省，看思想境界、素质能力、作风形象等方面差距在哪里、有多大。

二要守底线。底线是临界点，是最低要求，是不可逾越的。从保持人格底线的角度看，廉与德、能、勤、绩的关系，就是“1”和“0”的关系。如果廉出现了问题，其他一切都化为零。我们要时刻紧绷廉洁自律这根弦，不怀一分“为官特权”的自负，不开一个“下不为例”的口子，做政治上的“明白人”、经济上的“干净人”、作风上的“正派人”。

三要受监督。信任代替不了监督，监督是对干部最大的关心和爱护。我们的党员干部要增强接受监督的意识，自觉接受来自纪律与法律的监督、党内与党外的监督、组织与师生的监督，对一些司空见惯、习以为常的小毛病，要“小题大做”、防微杜渐；对一些传染性、危害性强的“病菌”，要早打“预防针”，不断增强免疫力和抵抗力。

第四，谋事要实，做遵循规律、求真务实的表率。“党员干部要坚持实事求是的原则，努力做到求是之实、时空之实、担当之实”。要坚持实事求是，遵循高等教育办学规律和一流大学的建设规律，站得高、看得远；要善于从人类社会发展和世界高等教育发展趋势的高度，谋划学校事业发展；要坚持在其位、谋其政、尽其责。不断提升驾驭宏观改革的能力，提升应对复杂局面的能力，提升建设世界一流农业大学的能力。这一点，我们在全面深化综合改革，在制定“十三五”改革和发展规划时，尤其要注意。要坚持一切从实际出发，准确把握世情、国情、教情、校情、学情，用世界眼光准确判断学校事业发展态势，创新思路举措。要以“三严三实”的态度和奋发有为的精神，谋划学校事业发展，使南农在服务国家重大战略需求和农业现代化建设中做出更多更大的贡献。

第五，创业要实，做脚踏实地、真抓实干的表率。今年1月，习近平总书记在与中共中央党校第一期县委书记研修班学员座谈时强调：“干部就要有担当，有多大担当才能干多大事业，尽多大责任才会有多大成就。”领导干部担任重要职务，干事创业是首责，敢于担当是品格。建设世界一流农业大学，是全体南农人的共同奋斗目标。这一目标承载了几代南农人对学校发展的美好愿望，赋予了全校党员干部新时期神圣的使命，任务艰巨，责任重大。“为官避事平生耻”，一个干部总会有缺点，但不干事是最大的缺点，最不能被容忍的缺点。全体党员干部必须保持干事创业的锐气和勇往直前的精神，以时不我待的紧迫感，用铁的肩膀扛起“南农梦”。要敢于担当、勇于负责，杜绝假大空，力戒慵懒散，对学校事业发展以忘我的热情兢兢业业地做好自己承担的每项工作，不折不扣地推进学校规划、方案、政策和工作计划，全心全力地推进学校的改革发展，用辛勤的劳动和智慧，有力托起“南农梦”。

第六，做人要实，做襟怀坦白、公道正派的表率。对党员干部来讲，如果真正做到以党的利益、人民群众的利益为重，必然表现为襟怀坦白、公道正派。只有加强理想信念，才能更好地做人做事。

一要老实做人。老实人的突出特征就是讲认真、守规矩，诚实守信，不弄虚作假，不欺上瞒下。老实做人、做老实人，既是一种高尚的人生态度，更是一种严谨的道德实践。所谓讲认真，就是勤勤恳恳、踏踏实实地做事；所谓守规矩，就是自觉遵纪守法、按章程和制度做事、按高标准的社会道德要求做人。全校党员干部都要忠诚于党的教育事业，对工作尽职尽责、对师生满怀真情、对成绩谦虚谨慎，做思想务实、生活朴实、作风扎实的人，做诚实守信、言行一致、表里如一的人，做勤勤恳恳工作、努力进取创造、任劳任怨奉献的人。

二要做坦荡的人。俗话说，“宰相肚里能撑船”。作为党员干部，面对较多的工作矛盾和复杂的人际关系，要有容人容事的雅量和气度，听得进不同意见，甚至是反对意见，做到虚怀若谷、从善如流。同志之间团结共事，既要讲党性、讲原则，也要讲感情、讲友谊，互相尊重，互相信任，互相支持，互相谅解，坦诚相见，不计较个人恩怨得失，襟怀坦荡，光明磊落，在师生中形成强大的吸引力和感召力。

三要正派做人。公道正派是一种思想作风，也是一种人格力量。对党员干部来说，则是一种必备的政治品质。我们的党员干部不管在什么场合、什么情况下，都应严格按照党的原则和政策办事，表里如一，与人为善，言而有信。

四、坚持用从严从实精神抓好专题教育

“三严三实”核心在于“严”和“实”，开展专题教育更要秉持严的要求、实的态度。中共中央提出这次专题教育就是要努力在深化“四风”整治、巩固和拓展教育实践活动成果上见实效，在守纪律讲规矩、营造良好政治生态上见实效，在真抓实干、推动改革发展稳定上见实效。落实这三个“见实效”，必须坚持严的标准、严的要求、严的措施。这次专题教育时间紧、任务重、要求高，全校党员干部要增强责任感、使命感，把开展好专题教育作为一项重大政治任务抓紧、抓实、抓出成效。下面，我借这个机会，就加强专题教育组织领导简单提几点希望和要求。

第一，要坚持把深化学习教育摆在首位。理论上的清醒是行动自觉的前提。这次“三严三实”专题教育，首要的就是抓好学习教育。要突出学习重点，深入学习习近平总书记系列重要讲话精神，深入研读《习近平谈治国理政》《习近平关于党风廉政建设和反腐败斗争论述摘编》等重点书目，读原著、学原文、悟原理。学习研讨要紧扣问题，针对思想困惑、认识模糊，在学习研讨中找到答案。要强化交流互动，把自己摆进去、把职责摆进去、把实际思想和工作摆进去，交流思想、分享体会。要用好“两面镜子”，认真研读《优秀领导干部先进事迹选编》《领导干部违纪违法典型案例警示录》，注重对照先辈先进查找差距，从违纪违法案件中汲取教训，做到见贤思齐、见不善而自省。要见人见事、追本溯源，按照学习内容对标找差，每个专题都要相应列出自身“不严不实”的问题清单，边学边查边改。

学习主要分三种方式。一是讲好党课。这次专题教育以今天的党课开局。7 月 1 日前，二级单位党组织书记要在吃透上级精神和学校党委要求的基础上，上一次党课。这个党课要紧密联系本单位实际，联系党员干部的思想和工作实际，讲清楚“三严三实”在一流大学、一流学院、一流学科建设中的重大意义，讲清楚“不严不实”在本单位的具体表现，讲清楚落实“三严三实”的实践要求，真正使讲党课的过程成为统一思想、深化认识、凝聚共识、激发自觉的过程。二是开展学习探讨。从现在开始，到 11 月为止，原则上每两个月至少组

织一个专题讨论。整个讨论要在自学的基础上，联系学校全面深化改革、联系思想和工作实际，见人见事、触及问题。三是组织好正反典型学习。深入学习焦裕禄、沈浩等先进事迹，学习身边的先进典型，把先进典型作为立身立行立言立德的标杆和榜样，学深悟透、深查细照、笃行实改。继续开展反面警示教育，特别是对近年来我们学校以及全国高等院校中的重大腐败案件进行检视反思，从中摄取教训，筑牢拒腐防变的思想防线。我们要以这次专题教育为契机，切实把握常态化干部教育工作的特点，注重经常性教育的要求，进一步提高学习的实际效果，以此推动经常性学习教育制度化、规范化。

第二，要坚持问题导向、力戒形式主义。教育是为了解决问题，必须奔着问题去。学校印发的《方案》强调，“三严三实”专题教育要坚持从严要求，强化问题导向，真正把自己摆进去，着力解决理想信念动摇、宗旨意识淡薄、党性修养缺失等问题；着力解决当前学校改革与发展进程中缺乏真抓实干精神，不负责任、不敢担当，有令不行、有禁不止、自行其是等问题；着力解决不守纪律、不讲规矩，对党不忠诚、做人不诚实，法纪观念不强、顶风违纪搞“四风”等问题。从党的群众路线教育实践活动开始，学校党委就始终坚持问题导向，先后召开了征求意见座谈会 49 次，梳理出了有关“四风”方面的表现 13 条。这次专题教育，要紧扣要求，把发现问题、解决问题作为出发点和落脚点，使专题教育的过程成为矫正“不严不实”问题的过程。

第三，要让党内政治生活严起来实起来。今年年底，学校党委领导班子、二级单位党组织要分别以践行“三严三实”为主题召开专题民主生活会和组织生活会。党员领导干部要对照党章等党内规章制度、党的纪律、国家法律、党的优良传统和工作惯例，对照习近平总书记指出的“七个有之”“五个必须”，对照正反两方面典型，联系个人思想、工作、生活和作风实际，联系个人成长进步经历，联系教育实践活动个人整改措施的落实情况，深入查摆“不严不实”问题，深刻进行党性分析。

重点开展“六检查六反思”。也就是检查修身严不严，反思信念是否坚定、政治是否过硬；检查用权严不严，反思宗旨是否坚守、用权是否为民；检查律已严不严，反思纪律是否严肃、规矩是否坚守；检查谋事实不实，反思决策是否科学、原则是否坚持；检查创业实不实，反思在位是否谋政、为官是否有为；检查做人实不实，反思为人是否正直、防线是否牢固。坚持整风精神，严肃认真开展批评和自我批评，以积极健康的思想斗争解决存在的突出问题，达到坚持真理、修正错误、统一意志、增进团结的目的。各二级单位党组织要以此次专题教育为契机，切实加强学习，将从严从实作为常态，融入到日常教育管理中，逐步使“三严三实”成为自觉和习惯。

第四，要突出领导带头，尤其要抓住“一把手”这个关键。以上率下、带动示范是“三严三实”专题教育的根本开展方法。学校党委班子成员带头上好专题党课，带头开展专题调研，带头搞好学习研讨，带头开展批评和自我批评，带头抓好整改落实。学校领导班子成员还将结合全面深化综合改革、全面推进依法依规治校、全面落实从严治党、全面提升办学条件和环境，认真编制“十三五”改革和发展规划。各二级单位都要根据各自实际情况来安排部署、扎实推进，积极探索有效途径，切实增强专题教育的实效。各级领导干部要自觉树立标杆意识、表率意识，一级做给一级看，一级带着一级干。特别是党政一把手，要当好示范，以自身模范行动，推动学习研讨更深入、党性分析更深刻、整改问题更彻底、立规执纪更严格，带动专题教育有力有序开展。

第五，要强化和落实组织领导责任。学校专门成立专题教育领导小组和督导组，对专题教育进行部署、组织和督促检查。要注重统筹兼顾，要把开展专题教育与贯彻落实中共十八大和十八届三中、四中全会精神结合起来，与贯彻落实习近平总书记系列重要讲话精神结合起来，与做好学校改革发展稳定工作结合起来。专题教育不以抓集中活动的形式开展，要做到与学校中心工作两手抓、两促进，要正确处理好活动开展与日常工作和改革发展的关系。把在专题教育中激发出的工作热情、进取意识和担当精神，转化为建设世界一流农业大学的强大动力。

第六，要克服厌战情绪保证活动质量。“三严三实”专题教育活动是群众路线教育实践活动的巩固和深化。要深刻认识和理解中央在群众路线教育实践活动结束不久即启动“三严三实”专题教育活动的重要意义，切实防止厌战情绪，防止活动开展形式化，从而让我们的干部真正在活动中得到提高。

同志们！搞好这次“三严三实”专题教育意义深远、任务繁重、责任重大，承载着全校近三万名师生的殷切期待。我们要按照习近平总书记提出的“信念坚定、为民服务、勤政务实、敢于担当、清正廉洁”20字标准，把“对党忠诚、个人干净、敢于担当”作为座右铭，作为修身之本、为政之道、成事之要，融入党性修养全过程，贯穿于工作各方面，内化于心、外化于行，做让党放心、让师生满意的“三严三实”好干部。

谢谢大家！

在教育部巡视组巡视南京农业大学工作动员大会上的讲话

左　惟

（2015年4月13日）

尊敬的李延保组长，
尊敬的张济顺副组长、夏江敬副组长，
尊敬的牛燕冰副主任，
各位巡视组领导、同志们、同学们：

按照教育部党组的统一部署，教育部巡视组从4月11日起开始对我校进行巡视指导。这充分体现了教育部党组对南京农业大学的重视、关心和支持。在此，我代表学校党政领导班子和全校师生员工，对巡视组全体同志表示热烈的欢迎！

刚才，教育部巡视组李延保组长代表巡视组做了重要讲话，深刻阐述了开展巡视工作的重大意义，明确提出了这次巡视工作的总体要求、目标任务、基本步骤和方式方法。讲话充分体现了教育部党组关于巡视工作的精神和要求，这不仅是对这次巡视工作的深入动员，也为我们上了一堂生动的党风廉政教育课，具有很强的思想性、指导性和针对性。教育部巡视办公室牛燕冰主任对这次巡视工作提出了明确的要求，为我们下一步按照教育部党组的要求，积极配合巡视组扎实做好工作指明了方向。我们一定要认真学习、深刻领会两位领导的重要讲话，坚决抓好落实。

下面，我代表学校党委就如何做好迎接巡视组开展巡视工作，做如下几点表态。

一、高度重视，充分认识巡视工作的重要性

开展巡视工作，是中共中央从加强党内监督、提高党的执政能力、保持党的先进性的战略高度做出的一项重要举措。对教育部直属高校开展巡视工作，是教育部党组贯彻落实中央精神，促进高校科学发展而做出的重要部署。其目的是为了确保党的路线方针政策在高校得到全面贯彻，促进党风廉政建设和反腐败斗争的深入开展，推动各级领导干部转变作风，狠抓工作落实，形成干事创业的良好氛围。

今年是国家“十二五”规划收官、“十三五”规划布局之年，也是我校全面推进综合改革的关键之年。在去年学校第十一次党代会上，我们围绕学校事业科学发展的重大问题形成了广泛共识，找准了当前突出问题和工作重点，明确了建设世界一流农业大学“三步走”的发展战略，并制订了具体举措。可以说，新的航程已经开启，我们正在新的历史阶段谋划和创造新的辉煌。在这样的重要关口，教育部巡视组到我校开展巡视工作，既是对我校工作的一次全面诊断检查，也是对我校党政领导班子和全体党员干部的激励和鞭策，更是我们改进工作作风、提高工作水平的强大动力。我们要把认真接受巡视作为当前最重要的一项工作任

务，把思想和行动统一到教育部关于巡视工作的部署和要求上来。全校师生员工要深刻认识这次巡视工作的重要性，以良好的精神状态和扎实的工作迎接教育部巡视组的检查指导。

二、精心组织，积极配合做好巡视工作

配合教育部巡视组做好巡视检查，是我们的政治责任和应尽义务。这次巡视涉及面广，任务繁重，各单位要积极主动做好相关工作。具体要做到以下几点：一是积极宣传，确保全员知情。主动在校园网、校报等媒体上发布巡视公告，公布巡视组工作任务、工作方式、时间安排及相关信息，确保全校师生能多途径了解到巡视有关要求。二是主动联系，做好综合协调。在这次会议召开前，学校党委已经确定了与巡视组进行联络的相关负责人和具体工作人员，联络工作组要严格按照巡视组的工作计划，做好综合协调，将任务分解落实，责任到人。三是精心组织，服从工作安排。在巡视期间，巡视组的领导同志要听取专题汇报、开展问卷调查、列席有关会议、实地走访调研等，凡涉及的单位务必要积极主动配合，精心组织好。四是热情服务，做好保障工作。教育部巡视组到我校将工作一个多月的时间，与同志们一起工作。这就要求我们主动搞好服务，为巡视组真实了解情况、高效开展工作，创造优良的环境，提供便利的条件。

三、遵守纪律，自觉主动接受巡视检查

巡视工作是一项政治性、政策性、专业性和纪律性很强的工作。我们一定要把巡视工作作为当前重中之重的任务，切实增强自身接受监督检查的自觉性和主动性。一是要坚持领导带头。要从校党委领导班子做起，在执行中央八项规定和个人廉洁自律、落实主体责任等方面，既要当好反映情况、自查自纠、改进提高的模范和表率，又要认真履行党委的主体责任、党委书记的第一责任、党委班子成员的分管领导责任，真正把接受巡视监督的过程作为寻找差距、改进工作的过程。二是要严守工作纪律。在巡视工作开展期间，全校各级领导干部特别是学校领导班子和各单位主要负责人要合理安排好时间，不得随便离开工作岗位，更不能擅自外出。因工作需要外出的要提前向学校党委请假，确保按时参加巡视组要求的各项活动，及时完成巡视组交办的工作任务。三是要强化实事求是意识。各级领导干部要严格按照巡视组的要求，本着对党负责、对学校发展负责、对自己负责的态度，实事求是地汇报工作、反映情况，不夸大成绩，不隐瞒问题，不回避矛盾，客观、真实、准确地提出意见和看法，让巡视组充分了解我校领导班子和干部队伍建设的状况，全面掌握学校建设和发展的实际情况。

四、以巡促建，不断推进学校综合改革

这次巡视工作，对深化学校综合改革是一个很好的促进和推动。巡视组各位领导多年来在国内一流大学担任重要领导职务或从事纪检监察工作，对高校工作以及我国高等教育改革发展有着丰富的理论和实践经验，对高校党风廉政建设有着深刻的认识，他们的到来为我们提供了难得的学习机会，希望巡视组领导对南京农业大学的各项工作以及今后的发展多提宝贵意见和建议。我们将对发现的问题、存在的不足和薄弱环节，深刻剖析原因，认真制定整改措施，确保巡视组反馈的意见，事事有着落，件件有回音，真正见实效。要把巡视组的意见和建议转化为学校各项事业发展的强劲动力，将研究解决问题的过程，作为学习提高的过

程，将形成的成果融入到学校综合改革中，为学校深化改革提供有益借鉴。

同志们，同学们！我们一定要以此次巡视为契机，认真查找工作中存在的问题和不足，总结经验、发扬成绩、改进工作，切实增强使命感、责任感和紧迫感，团结带领全校师生员工，进一步解放思想，求真务实，深化改革，攻坚克难，以更高的要求、更开阔的视野、更长远的谋划，更新发展理念，创新发展模式，为加快建设世界一流农业大学而努力奋斗！

最后，祝愿教育部巡视组各位领导在南京农业大学巡视期间工作顺利、身体健康！

谢谢大家！

在教育部巡视工作反馈大会上的表态发言

左　惟

（2015 年 7 月 6 日）

尊敬的马钦荣组长，

尊敬的贾司长（巡视办负责同志），

巡视组各位领导、老师们、同志们：

按照教育部党组的部署，今年 4 月 11 日至 5 月 20 日，教育部巡视组对我校进行了为期 40 天的巡视工作。期间，巡视组紧紧围绕“一个中心、四个着力”，通过听取专题汇报、查阅文件档案和会议记录、列席学校会议、广泛开展谈话、受理群众来信来访等方式，不辞辛劳、高效细致地开展工作。此次巡视既体现了对高校办学规律的深刻把握，又展现了实事求是的工作作风和原则性、灵活性相得益彰的政策水平，巡视组顺利完成了巡视任务。今天巡视组和部巡视办的领导亲临我校，专题反馈巡视意见，对整改落实工作提出要求，这是集中体现巡视成果的重要环节，更是我校认真总结、改进工作的重要契机。在此，我代表学校领导班子和全体师生员工，对各位领导的到来，表示热烈的欢迎和衷心的感谢！

刚才，马钦荣组长代表巡视组反馈了巡视意见，在肯定了学校近年来工作的同时，也严肃地指出了存在的问题，并提出了十分具有针对性和指导性的意见和建议。教育部巡视办贾司长受部党组委托，对学校做好巡视整改落实工作提出了具体要求，为下一步整改工作指明了方向。我们将认真研究、深刻领会、迅速传达巡视组的反馈意见和部党组的整改要求，坚持求真务实，举一反三，落实整改。下面，我代表学校领导班子，就切实做好整改落实工作，讲四点意见。

一、深入学习贯彻习近平总书记重要讲话精神，以高度的政治责任意识推进整改

深入学习贯彻中共十八大，十八届三中、四中全会精神和习近平总书记系列重要讲话精神，特别是习近平总书记关于巡视工作的重要讲话精神，进一步提升对新时期巡视工作重要性的认识。要充分认识到，巡视工作是党内监督的战略性制度安排，是进一步深入推进党风廉政建设和反腐败斗争、全面加强党要管党和从严治党的重要手段。要充分认识到，发挥巡视的威力，关键在于要运用好巡视成果，对巡视过程中发现的问题不遮掩、不回避，切实加以整改。

要结合“三严三实”专题教育，进一步加强各级领导班子和班子成员的思想建设，以“政治的明白人、发展的开路人、群众的贴心人”为标准，切实提高党性修养，做到带头廉洁自律，带头接受党和人民监督，努力以“三严三实”专题教育的成效，为整改落实工作的顺利开展提供思想政治保证。

要着力整治“四风”问题，推动作风持续转变。作风建设永远在路上。总结运用好群众

路线教育实践活动的宝贵经验，坚持领导带头，以上率下，使马克思主义群众观点真正落实到行动上，严抓作风不松懈，坚决防止“四风”问题的反弹，努力以作风建设的新常态，为整改落实工作保驾护航。

二、围绕反馈意见精心制订整改方案，以“抓铁有痕、踏石留印”的精神落实整改

巡视组此次来校开展巡视工作，帮助我们总结了经验，深入查找了存在的问题，完全符合实际，我们完全接受巡视组的巡视评价和巡视结果。学校将成立整改落实工作领导小组，将整改落实作为学校今后一段时期的重大政治任务，抓紧、抓细、抓好。

一是全面查找问题原因。对巡视组反馈意见中指出的问题，校党委领导班子将召开专题会议，认真学习、消化整改意见，逐条研究，深入查找问题根源，把解决具体问题与普遍性问题，解决突出问题、显性问题与隐性问题，解决当前问题与长远问题有机结合起来，通过解决重点问题带动面上工作开展，解决共性问题化解深层次矛盾制约，切实运用好此次巡视工作的成果。

二是精心制订整改方案。在深入查找问题原因的基础上，由学校落实整改工作领导小组牵头，就巡视过程中发现的问题逐项制定整改任务书，明确整改内容、整改目标、责任单位、责任人和整改时限。各责任单位和责任人要对照整改内容深入调研，逐项细化整改方案，提出有效整改措施并认真落实，做到完成一项销号一项，务求实效。

三是加强整改落实督查。整改落实贵在取得实效。要强化跟踪督办，确保事事有着落，件件有回音。校纪检监察部门在完成自身整改任务的同时，要重点加强对全校整改落实工作的监督检查，对进展缓慢和搞形式主义的人和事，要分清责任，提出批评，限期改正。整改落实情况，要按要求及时上报教育部，并以适当的方式向师生公开，主动接受师生监督。

四是进一步完善制度建设。要更加注重建章立制。以《南京农业大学章程》（以下简称《章程》）为根本遵循，结合巡视工作中发现的问题，对学校各类管理制度，特别是与党风廉政建设有关的制度，进行全面梳理，建立完善与学校《章程》相配套的管理制度体系。要严格制度的执行，确保制度执行过程中不出偏差，切实做到用制度管权、管人、管事。

三、全面落实党委主体责任和纪委监督责任，确保整改落实工作真正取得实效

党委是党风廉政建设的责任主体。在整改落实过程中，党委不仅要做部署工作的领导者，还要当好直接主抓的推动者、全面落实的执行者，真正做到具体抓、抓具体。党委“一把手”要切实履行“第一责任人”责任，管好班子带好队伍，坚持原则、敢抓敢管，不当“老好人”；班子其他成员要根据工作分工，认真履行“一岗双责”责任，加强对分管部门和分管领域的督查检查，切实将整改意见落到实处。

纪委要严格履行监督责任，突出主业主责，执好纪、问好责、把好关，对巡视组移交的问题线索归类建档，深入调查，主动约谈，分类处置。凡涉及违纪违法行为的，要敢于碰硬，决不姑息，一查到底；对一般性的问题，要通过警示教育、诫勉谈话等，做到抓早抓小；对反映不实的问题，要及时给予澄清。

四、坚持两手抓、两不误、两促进，以整改落实的实际成效推动学校事业再上新台阶

部党组对直属高校开展巡视工作，是贯彻落实中央精神，加强高校党风廉政建设的重要

举措，其根本目的在于坚持社会主义办学方向，促进高校又好又快发展，加快建设高等教育强国。

因此，在整改落实工作的过程中，我们必须将整改工作与学校当前的中心工作，即深化综合改革紧密结合起来，以落实整改推进学校改革，以深化改革促进整改落实，切实解决师生员工反映的突出问题，着力破解学校改革发展的瓶颈制约。当前正值学期末，期末考试和招生就业等工作正紧张进行；假期中，各单位还有许多计划中的工作要完成。希望有关部门要协调好中心工作与整改落实的关系，统筹兼顾、合理安排，真正做到两手抓、两不误、两促进，切实保证学校各项事业又好又快发展。

同志们，此次教育部巡视组对我校的巡视工作即将结束，但是贯彻落实巡视整改意见才刚刚开始，借此机会，我要代表南农全体师生，对部党组对我校的关心、支持和帮助表示衷心的感谢！对巡视组的全体同志卓有成效的工作和热忱细致的关心指导表示由衷的敬意和感谢！接下来我们要按照巡视组和部巡视办的要求，不折不扣地将整改工作落到实处，以实际行动让部党组放心，让全体师生员工满意。同时，要以此次巡视为契机，全面落实党要管党、从严治党的要求，进一步深化学校党风廉政建设，切实增强各级领导班子和党员干部自我净化、自我完善、自我革新、自我提高的能力，以优良的党风正校风、促教风、带学风，为学校世界一流农业大学的建设注入源源不断的正能量。

谢谢大家！

在南京农业大学2015年党风廉政建设工作会议上的讲话*

左　惟

（2015年3月25日）

同志们：

这次会议主要任务是：贯彻落实十八届中央纪委五次全会精神和习近平同志系列重要讲话精神，按照教育部党组和江苏省委关于做好2015年党风廉政建设和反腐败工作的相关要求，部署安排今年的工作。会议安排了四个单位的主要负责人，从落实党风廉政建设的主体责任、严格党风廉政建设责任制、履行一岗双责和加强廉政风险防控等方面，做了很好的交流发言。刚才，盛邦跃同志代表学校纪委做了工作报告，回顾了去年学校党风廉政建设工作，部署了今年的工作任务，我完全同意。下面，我再讲几点意见。

一、准确把握党风廉政建设和反腐败工作新要求，为学校综合改革提供政治保障

十八大以来，习近平同志就深入推进党风廉政建设和反腐败斗争发表了系列重要讲话，强调党要管党、从严治党，提出了一系列新的理念、思路和举措。在总书记这些重要思想的指引下，中央以新的思维、新的方略深入推进党风廉政建设和反腐败斗争，开新局、树新风，有腐必惩、有贪必肃，党风廉政建设和反腐败工作已经进入了一种新常态。简单地说，就是两个“前所未有”。

一是深入开展党风廉政建设和反腐败工作的信心和决心前所未有。习近平同志在十八届中央纪委五次全会上强调要“做到零容忍的态度不变、猛药去疴的决心不减、刮骨疗毒的勇气不泄、严厉惩处的尺度不松”，有力批驳了社会上一些人认为反腐败“是刮一阵风”“会影响经济发展”“会让干部变得缩手缩脚”的错误认识，充分体现了中央以强烈的历史责任感、深沉的使命忧患感、顽强的意志品质推进党风廉政建设和反腐败斗争的信心和决心。

二是深入开展党风廉政建设和反腐败工作的力度前所未有。中央深入推进反腐败斗争，持续保持高压态势，做到“无禁区、零容忍、全覆盖”，凡腐必反、除恶务尽。反腐败决不封顶设限，没有谁能当“铁帽子王”。

另外，中央把党风廉政建设作为一项系统工程加以推进，由过去更多地反对贪污受贿，到现在涵盖了加强作风建设、坚决反对“四风”，严格遵守政治纪律、组织纪律、廉政纪律，落实“两个责任”、推进以法治方式反对腐败，以及从严管理干部等方方面面，把制度篱笆扎得更牢，全方位构建“不敢腐、不能腐、不想腐”的工作机制。

当前，全校广大党员干部要认真学习《习近平关于党风廉政建设和反腐败斗争论述摘

* 根据记录整理

编》和习近平同志在十八届中央纪委五次全会上的讲话精神，准确把握党风廉政建设和反腐败斗争形势，充分认识其长期性、复杂性和艰巨性，保持政治定力，坚定立场方向，聚焦目标任务，把党风廉政建设和反腐败斗争进一步引向深入，努力营造风清气正的校园文化和发展环境。要按照教育部党组和江苏省委的工作部署，结合学校实际，以钉钉子的精神狠抓工作落实，真正履行好党委的主体责任和纪委的监督责任，凝心聚力深化学校综合改革，为加快实现世界一流农业大学的建设目标提供政治保障。

当前，学校正在积极推进综合改革，实施综合改革是破解学校发展难题、释放学校办学活力、加快建设世界一流农业大学的现实要求，是抢抓新一轮高等教育发展机遇、推动学校争先进位、跨越发展的必然选择。随着改革的不断深入推进，学校治理结构、权力运行方式、资源配置方式等都将发生一系列重要变化。如何适应高等教育改革发展的形势，严格对权力的制约和监督，有效从源头预防腐败，对学校各级党组织和部门而言，任重道远。我们要认真落实好《南京农业大学深入推进惩治和预防腐败体系实施办法》，整体推进作风建设、惩治和预防腐败各项工作，以党风廉政建设的实际成效，为学校改革发展提供坚强保障。

二、落实全面从严治党要求，严守党的纪律规矩

在十八届中央纪委五次全会上，习近平同志再次提出“四个全面”的要求，即全面建成小康社会、全面深化改革、全面依法治国、全面从严治党。把“从严治党”提升到了“全面从严”的高度，意蕴深邃。

全面从严治党是加强党的自身建设的必然要求，是全面建成小康社会、全面深化改革、全面依法治国的根本保证。中共十八大确定了两个百年的奋斗目标，这个目标越宏伟，执政环境越复杂，我们就越要增强忧患意识，越要从严治党。只有全面从严治党，我们党才能始终坚强有力，我们的事业才能无往而不胜。全面从严治党，关键在于严明党的纪律和规矩。

一要严明政治纪律和政治规矩。严明党的纪律，首先就是严明政治纪律，核心是维护党的团结统一。各级党组织和广大党员要自觉维护中央的权威，坚持党的基本理论、基本路线、基本纲领、基本经验、基本要求，在任何时候、任何情况下，都必须在思想上、政治上、行动上同中共中央保持高度一致；要遵循党的优良传统和党长期在实践中形成的政治规则、组织约束和工作习惯，自觉遵守党章和法律法规。就当前高校工作而言，要牢牢把握社会主义办学方向，坚持并不断完善党委领导下的校长负责制，把培养中国特色社会主义事业建设者和接班人作为中心任务和根本使命，牢牢把握党对意识形态领域的领导权，坚持用社会主义核心价值观引领学校文化建设；要坚持学术研究无禁区，课堂讲授有纪律要求。对在课堂教学中传播违法、错误、有害观点和言论，散布、制作、编写政治性非法出版物或从事非法活动的，要依纪依法严肃处理，严防敌对势力利用学术交流、科研资助、捐资助学、项目培训等手段进行渗透。

二要严明组织纪律。严明组织纪律，核心是增强党性意识，基础是落实组织制度。各级领导班子成员要严格执行民主集中制，认真落实“三重一大”集体决策制度、“三会一课”和民主生活会制度。领导干部个人要严格遵循个人服从组织、少数服从多数、下级服从上级、全党服从中央的要求，严格执行报告个人有关事项的规定和请示报告制度。该请示的必须请示，该报告的必须报告，不能我行我素、阳奉阴违，决不能遮遮掩掩甚至隐瞒不报。严格干部选拔任用纪律，强化廉政审查把关，提高选人用人公信度。

三要严明财经纪律。严明财经纪律，是严明党的纪律的重要保障。一是严格科研经费纪律。刚才盛书记介绍了我校科研经费审计中发现的一些问题。类似的问题和情节，据我们知道，在有些兄弟学校，已经立案，并且进入司法程序。有些案件在全国已经形成了比较大的影响。而就是这样一些类似的案件和情节，我们的一些老师却很不以为然，个别的在审计工作中还不太配合。这当中有一般的教师，坦率地讲，也有学术上很有成就的“大腕”。越是经费多的同志，越要强化财经意识、规则意识、法律意识。科研经费说到底是公款，具有公共属性。要围绕国务院“11号文件”和教育部“3个意见”，进一步完善学校科研经费管理制度，增强制度执行力，为科研人员全身心投入科研提供良好制度环境。通过政策宣讲和诚信教育，使科研人员清清楚楚知道哪些可以做、哪些不能做，守住底线，增强对科研经费公共属性的认识，弘扬科学精神，遵守学术道德，自觉抵制不正之风。二是严格财务管理制度。要加强财务制度建设，组织相关人员学习规章制度，加深对制度内涵的理解，严格执行制度，保证制度执行过程中不出偏差。要严格收支预算管理，严禁公款私存私放、设立账外账、私设“小金库”等违反财经纪律行为。严格执行学校三公经费使用管理制度，强化财务审计监督，对发现的违规违纪问题，及时提出，及时整改。今年，我们还要通过一些财务制度的建设，进一步整肃学校财经秩序。要提高财务监管能力，进一步规范财务管理和会计核算工作，提高资金使用的安全性、规范性和有效性。

四要严明廉政纪律。坚持无禁区、全覆盖、零容忍，对违纪违法案件发现多少查处多少，着力营造不敢腐、不能腐、不想腐的政治氛围。学校纪委要把违反中央八项规定精神和“四风”方面存在的问题列入纪律审查重点，抓常抓细抓节点，加强日常教育管理，加强重要时段、重要节点提醒防范。严肃查处滥用权力违反程序选拔任用干部、干预职称评定、违规招生等问题，严肃查处利用职务插手教材教辅选用、基建后勤、校办企业、招标采购等领域的问题。坚决纠正损害群众利益的不正之风。我们也发现，一些同志认识不够。客观上是工作忙，学习不够；主观上是对严明纪律和党风廉政建设认识不足。在公房调整等一些具体的问题上，反映出学习认识不够。当到年终总结、民主生活会的时候，他就体会学习认识不够；“踩了红线”以后，就后悔学习认识不够。我们两年来陆续发生了几名中层干部涉嫌职务犯罪，我们听到的，当事人到今天也是追悔莫及。但现在什么都晚了，挪用的钱，一个子儿不少回来了；不该拿的钱，恐怕也得如数退出；以“保管员”的身份，付出了一辈子的代价。这个账大家都会算，值不值。所以，今天我们在这里特别重申四个方面的纪律。

三、加大压力传导和责任追究力度，切实履行党委主体责任

党风廉政建设和反腐败工作是全面从严治党必须抓好的重大政治任务，在党的各项工作中处于至关重要的地位，事关党能否长久稳固执政，事关党的生死存亡。学校党委将按照全面从严治党的要求，切实履行党风廉政建设主体责任。

习近平同志在十八届中央纪委三次全会上对各级党委在党风廉政建设方面的主体责任做了系统阐述，明确提出党委在选好用好干部、纠正损害群众利益行为、从源头上防治腐败、支持执纪执法机关工作、党委主要负责同志当好廉洁从政表率五个方面的责任。学校党委是全校党风廉政建设和反腐败工作的责任主体，是学校党风廉政建设的领导者、执行者、推动者，必须牢固树立抓好党风廉政建设是本职，不抓党风廉政建设是失职，抓不好党风廉政建设是渎职的意识。作为学校党委书记，这首先是我的责任。党委的组成人员也共同分担这个

责任。在座的中层干部，在各自的工作层面上，也同样担负这样的责任。多年来，学校各级党组织和广大党员干部，在党风廉政建设方面做了大量卓有成效的工作，有力保障了学校事业的快速发展。但是，学校陆续发现的涉嫌职务犯罪问题说明，腐败现象离我们并不遥远。

学校党委已经根据《教育部党组关于落实党风廉政建设主体责任的实施意见》，结合学校实际，颁布实施《南京农业大学党委关于落实党风廉政建设主体责任的实施意见》，进一步明晰了党委领导班子的集体责任、领导班子成员的个人责任等具体责任内容，通过构建科学规范的责任体系，提出要把党风廉政建设和反腐败工作列入党委重要议事日程，定期研究部署党风廉政建设和反腐败工作。领导班子成员要坚持“一岗双责”，抓好职责范围内的党风廉政建设和反腐败工作，每年定期组织分管部门、联系单位研究部署党风廉政建设工作，指导督促工作落实并听取落实情况汇报。成立学校党风廉政建设和反腐败工作领导小组，负责组织落实学校党委的决策部署，检查考核二级单位党风廉政建设责任制的执行情况。健全学校各级党组织主体责任报告制度、党风廉政建设责任书制度、述廉和民主评议制度、廉政谈话制度、宣传教育制度等制度支撑。加强监督检查，严格责任追究，坚决执行“一案双查”，既追究当事人责任，又追究相关领导责任，做到守土有责，守土尽责。

四、落实“三转”要求，全面支持纪委履行监督责任

纪委监察部门进一步转职能、转方式、转作风，强化纪律约束，强化执纪监督，强化查办腐败案件，突出反腐败主业。这是依据党章要求对纪检监察职能作用的重新定位，是当前和今后一个时期纪检监察部门开展工作的方向、原则和基本遵循。学校党委全力支持学校纪委落实“三转”要求，全面履行好监督责任。

党委的主体责任与纪委的监督责任之间存在着辩证的逻辑关系，党委的主体责任是前提，纪委的监督责任是保障，二者相互依存、相互促进、缺一不可。要通过充分发挥纪委的监督责任，协助党委做好各项党内监督职责，保证党的先进性和纯洁性，不断巩固党的执政地位，提高党的执政能力，最终保证党委主体责任的有效履行。

希望学校广大纪检监察干部，要以法治思维和方式，切实担负起执纪、监督、问责责任。在党纪、党规和法律范围内，切实履行好教育、惩处、监督、保护等法定职责。要把严格执行党纪作为管党治党的根本手段，加强对党的纪律和制度执行情况的监督，让反腐倡廉各项制度刚性运行，强化会商、约谈、倒查、通报机制，提出监察建议，增强监督的针对性、权威性和实效性。同时，纪检监察干部必须按照打铁还需自身硬的要求，以“三严三实”为标尺，在依法依规履职方面从严要求、率先垂范。希望全校党员干部支持纪检监察工作。在干部管理监督方面，严是爱，宽是害，放纵袒护是对干部个人及其家属的极端不负责任，最终也贻害学校的事业发展。

各位同志，守住廉才能风气正，风气正才能人心齐，人心齐才能事业兴。全面从严治党、深入推进党风廉政建设和反腐败工作，已经成为新时期党的建设的新常态。我们要把思想和行动统一到中央部署和决策上来，严守党的纪律、规矩，紧密结合工作实际，细化各项工作措施，明确责任，层层传导压力，将中央精神转化为每个党员的自觉行动，以扎实有效的工作推动各项任务落到实处，为学校深入实施综合改革、加快世界一流农业大学建设提供坚强的政治保证！

谢谢！

在南京农业大学2015年统一战线迎新春座谈会上的讲话

左　惟

（2015年1月22日）

各位老师，

同志们、朋友们：

大家好！

很高兴参加一年一度的学校统一战线迎新春座谈会。刚才统战部刘营军部长简要回顾了2014年我校统一战线的主要工作，周校长介绍了过去一年来学校的主要工作和取得的成绩，各位主委和人大代表、政协委员围绕学校工作提出了许多很好的建议。会议结束后，请统战部将大家提出的建议向有关职能部门进行通报，能解决的要尽快予以解决，并及时反馈结果。

2015年是学校发展史上的重要一年。一年来，学校紧紧围绕世界一流农业大学奋斗目标，不断深化内涵建设，各项事业蓬勃发展，一些重点难点工作取得了重要进展，在通往前进的道路上迈出了更加坚实的步伐。学校成绩的取得，是全校上下不懈努力、共同奋斗的结果，这其中离不开统一战线各民主党派和各级人大代表、政协委员的关心和大力支持。在此，我代表中共南京农业大学党委，向各位并通过各位向全校广大统一战线成员，表示衷心的感谢和崇高的敬意！

一年来，我校广大民主党派成员和各级人大代表、政协委员，紧紧围绕学校特色和自身优势，积极参政议政、建言献策，为学校事业发展和地方经济社会建设，提出了许多宝贵的意见和建议。刚才刘营军部长已经介绍，今年我校各民主党派向各级人大、政协、民主党派省委提交议案、建议和社情民意45项。我想这一数字在全省高校也是比较靠前的。此外，我校各民主党派积极参与社会服务，一些项目已经产生较大影响。例如，我校民盟连续多年承办的“金坛农业发展论坛”，已成为民盟江苏省委社会服务的品牌项目，得到地方政府的高度好评；校九三学社充分利用学校服务“三农”平台，积极组织成员参与科技下乡，为农民增收、农业增效、农村发展做出了积极贡献。民进、农工、致公、民革等党派也都发挥自身优势，通过不同途径积极参与社会服务。

在参政议政、服务社会的同时，我校广大统战成员立足自身教学、科研岗位，全力投入学校中心工作，取得了显著成绩，一批统战成员已成为学校事业发展的重要骨干力量，为世界一流农业大学建设做出了重要贡献（2014年，九三学社陈发棣入选“长江学者”、国家杰出青年科学基金、南京市“十大科技之星”；九三学社张天真团队、王绍华团队、陈发棣团队、王峰团队，入选江苏省现代农业产业技术创新团队；民盟洪晓月获江苏省优秀教育工作者，其昆虫与人类生活入选“国家精品视频公开课”；民进王思明当选国务院学位委员会学科评议组成员和新一届江苏省农史研究会会长等）。

同志们，民主党派是我们党的事业的同盟军；各级人大代表、政协委员担负着参政议政的重要使命，是学校发展的宝贵财富。加强统一战线工作，做好民主党派和各级人大代表、政协委员的工作，对学校事业发展而言，具有特别重要的意义。

2015 年，是国家“十二五”收官之年，也是学校全面推进综合改革的开局之年。希望各民主党派和各级人大代表、政协委员，充分发挥自身优势，努力为学校事业发展和地方经济社会建设做出新的更大贡献。

一是要进一步加强民主党派自身建设，不断增强民主党派组织的凝聚力和战斗力。2015 年，是致公党成立 90 周年、农工党成立 85 周年、九三学社和民主促进会成立 70 周年。希望我校各民主党派继承和发扬老一辈民主党派的光荣传统，坚持在中国共产党领导的多党合作和政治协商制度下，不断加强思想建设和组织建设。

二是要围绕我校学科特色，充分发挥自身优势，对“三农”问题、食品安全和生态环境等问题，积极建言献策、服务社会，在各级参政议政平台上，发好南农声音、讲好南农故事、打造南农品牌，努力在服务地方经济社会发展的同时，不断提升学校社会影响力。

三是要充分发挥各自参政议政优势，为学校事业发展做出积极贡献。民主党派成员和各级人大代表、政协委员，具有独特的参政议政平台，大家的很多意见建议能够直达政府决策部门。当前，我校正处于发展的建设攻坚期，这一过程存在着许多需要与地方政府沟通协调的地方。希望大家在适当的时候、适当的机会下，为学校的发展多呼吁、多支持。

希望学校统战部门围绕广大统战成员的工作需要，进一步健全工作制度，完善岗位职责，努力为各民主党派和各级人大代表、政协委员，做好支持协调和服务保障工作。

一是要进一步加强党外代表人士队伍建设。要统筹协调发展资源，积极协助民主党派做好成员发展和培养工作。发展民主党派成员，数量是一方面，关键在质量。要通过发展工作，进一步优化民主党派成员的年龄结构、专业结构，不断提升民主党派组织的工作活力。要建好民主党派后备人才库，从政治交接的高度，有意识地挖掘和培养旗帜性代表人物，确保后继有人。要加强前期培养，统筹各级各类培训渠道，及时推荐优秀青年党外人士参加培训，努力构建有利于党外代表人士“发现、培养、使用”的良好工作机制。

二是要为广大统战成员发挥作用提供良好保障。要严格落实党外人士列席学校重要会议制度，对事关学校改革发展的重要会议，要邀请党外代表人士参加，听取他们的意见；对学校重大决策和重要工作，要及时予以通报。要积极搭建有利于统战成员参政议政、服务社会的平台，在经费上给予必要的支持，在内外协调上给予足够的重视，对在生活和工作中遇到的困难，要及时、尽力加以帮助解决。

同志们！学校的事业是全体南农人的事业。学校的事业发展离不开各民主党派和各级人大代表、政协委员一如既往的大力关心、支持和帮助。希望大家继续发挥自身优势，努力为学校事业又好又快发展做出新的更大贡献！

在农历新年即将到来之际，我衷心地祝福大家身体健康、工作顺利、阖家幸福、万事如意！

谢谢！

在中国高等农林教育校（院）长联席会第十五次会议暨中外农业教育论坛开幕式上的致辞

左 惟

（2015年9月20日）

尊敬的各位领导、各位来宾，

女士们、先生们：

大家上午好！

非常高兴，在这美丽的金秋时节，我们相聚在南京农业大学，一同交流分享农业与生命科学高等教育的先进理念和最新成果。在此，我谨代表学校全体师生员工，向各位嘉宾的到来，表示诚挚的欢迎和衷心的问候！

南京农业大学是中国高等农业教育的发源地之一，前身为原中央大学农学院和原金陵大学农学院，至今已有113年的办学历史。学校前身之一金陵大学农学院于1914年和1936年在中国开创了四年制农科本科生教育和农科研究生教育的先河。在一百多年的办学历程中，一代代南农人始终坚持“诚朴勤仁”的办学精神和求实创新的学术传统，在人才培养、科学研究、社会服务和文化传承创新等方面，取得了众多令人瞩目的成就，为我国农业现代化建设做出了重要贡献，在世界高等农业教育领域赢得了较高声誉。当前，学校正在朝着世界一流农业大学的建设目标努力奋进。

农业是人类社会赖以生存和发展的基础，是世界和平发展的基石。当前，全球范围内正经历着一场以生命科学为重要载体的农业科技革命。高等农业教育是现代农业发展的重要助推器，承担着推动现代农业科技、培养现代农业人才、哺育现代农业产业的重要使命。长期以来，中国高等农业教育界紧紧围绕农业现代化和解决我国“农业、农村、农民”问题，积极推动高等农业教育改革，与包括全球农业与生命科学高等教育协会联盟在内的众多国际性组织，开展了长期友好的合作，取得了丰硕的成果。此次，由中国高等农林教育校（院）长联席会和全球农业与生命科学高等教育协会联盟共同举办的中外农业教育论坛，再次为世界范围内的高等农业教育专家搭建了一个交流思想、共享智慧的舞台。相信在各位专家的共同努力下，世界各国的高等农业教育将打破时空的局限，凝聚于一体，为推动全球农业科技和农业教育的创新、进步与发展，产生重要的推动作用。

预祝会议取得圆满成功！

祝各位来宾在南京农业大学期间生活愉快！

谢谢大家！

以学科建设为龙头　以服务产业为目标
实现学术研究与国家战略需求的内在统一

周光宏

（2015 年 9 月 7 日）

建设世界一流大学，是中共中央、国务院做出的重大决策，对于提升我国教育发展水平、增强国家核心竞争力、奠定长远发展基础，具有十分重要的意义。南京农业大学自 2011 年新一届党政领导班子成立后，正式提出以建设世界一流农业大学为目标，将世界一流、中国特色、南农品质三者有机结合，逐渐探索出一条符合南农特色的发展路径。

世界一流大学必须拥有世界一流学科、汇聚一流师资、培养一流人才、产出一流成果。其中，学科建设是"龙头"，也是汇聚师资队伍、培养创新人才、产出创新成果的载体，构建世界一流学科是建设世界一流大学的核心。学校办学的根本落脚点是服务国家、服务社会，一流的大学既要"顶天"也要"立地"，只有服务于行业、服务于国家重大战略需求，才会产生真正有意义的科学选题，才会在基础研究上有重大突破。因此，建设世界一流大学必须以学科建设为龙头，以服务产业为目标，实现学术研究与国家战略需求的内在统一。

下面我将从成效与经验、问题与挑战、建议与意见三个方面进行汇报：

一、成效与经验

（一）优化学科结构，强化优势特色，使更多学科从"全国一流"走向"世界一流"

据 ESI（Essential Science Indicators，基本科学指标）的最新统计数据，我校农业科学、植物与动物学、环境生态学、生物与生物化学 4 个学科领域位列 ESI 全球排名前 1%。其中，农业科学领域进入世界前 1‰行列，位居全球第 63 位。ESI 统计了过去 10 年的数据，排在前 1%的学科被视为国际高水平学科，进入前 1‰的学科则被认为已经达到国际顶尖水平，可称为世界一流学科。目前国内只有 27 家高校和科研院所拥有 ESI 前 1‰学科。其中，211 高校仅有 3 所。省内高校中南京大学、东南大学、南京农业大学 3 所高校的相关学科领域进入 ESI 世界前 1‰。

2014 年，《美国新闻与世界报道》（U. S. News & World Report）发布了"全球最佳大学排行榜（Best Global Universities）"及其分国家、区域、学科领域排行榜。在其"全球最佳农业科学大学"排名中，南京农业大学居第 36 位。

学校近年来始终以高水平学科建设为主线，强化学科优势和特色，以学科建设的快速发展带动科学研究、师资队伍水平的整体提升。目前学校拥有 4 个一级国家重点学科，3 个二级国家重点学科，1 个国家重点（培育）学科，8 个学科入选江苏高校优势学科建设工程立项建设学科。在第三轮全国一级学科评估中，农业资源与环境学科排名全国第一，作物学、食品科学与工程排名进入全国前10%，11个学科进入全国前30%。

经过多年持续投入，尤其是近五年对优势学科的强化支持，学校科研水平实现跨越式提升。据统计，2014年到位科研经费6.03亿元，国家自然科学基金资助金额连续两年突破亿元。2013—2014年，学校以第一通讯作者单位发表SCI、SSCI论文2 024篇，其中在*Nature*及其子刊发表论文近10篇，在*Science*发表论文1篇。在水稻、小麦、棉花、大豆等主要作物，梨、菊花、黄瓜、葡萄等园艺作物基因资源挖掘与新品种选育，农业废弃物资源化利用，作物生长监测与精确栽培，农产品质量控制与加工，植物病（虫）害机理与防治，畜禽生物工程疫苗等方面，取得了一批重要创新成果。在三大作物（水稻、大豆、棉花）、肉类食品、生物有机肥等领域论文发表世界排名（机构和个人）领先，在爱思唯尔（Elsevier）发布的2014年中国高被引学者（Most Cited Chinese Researchers）榜单中，我校共有7位教授入选农业和生物科学高被引榜单。

（二）以解决行业重大生产实际问题为目标推动科技创新，实现产学研合作的进一步深化

学校积极鼓励科研团队以解决生产实际重大问题为目标开展科学研究，推动农业科技现代化。万建民教授团队以解决水稻抗性、产量及品质为研究方向，其科研成果获国家科技进步奖一等奖，并入选“2014年度中国科学十大进展”和“2014年度中国高等学校十大科技进展”；张绍玲教授多年坚持梨的品种培育和技术推广，活跃在生产一线，其团队率先绘制出世界第一个梨精细基因组图谱；沈其荣教授从畜禽粪便资源化利用这一实际问题出发，解决有机肥的污染并实现有效利用，2014年获批主持“973”项目；另外，陈发棣教授的菊花品种选育、姜平教授的猪圆环病毒疫苗研究等项目均取得丰硕的研究成果。其中，姜平教授的研究成果去年成功实现转让，转让费用达4 180万元。“十二五”期间，学校横向科研经费较“十一五”翻了两番。

为进一步挖掘生产实践中的重大问题，更好地为行业和区域经济社会发展服务，学校成立了新农村发展研究院和江苏农村发展学院，发挥学校创新研究优势，依托国家部委和地方政府服务“三农”项目，在“科技大篷车”“双百工程”和专家工作站等工作的基础上，先后与地方政府、企业在淮安、宿迁、连云港、常州、盐城等地共同投资建设了40余个新农村服务基地，开展农业科技研究、成果转化推广和决策咨询服务，服务农业现代化，形成了具有影响力的《江苏新农村发展系列报告》和《江苏农村发展决策要参》。

以上成绩的取得，可以归因于五个方面：一是厚积薄发。南京农业大学具有百余年的办学底蕴，作为中国最早开办四年制农业本科教育的高校，一代代南农人薪火相传，勇攀高峰，才有了今天南农优势学科的厚积薄发。二是抓住机遇。“十五”以来国家对高等教育和科技的投入大幅度增加，学校抓住机遇，建设了以国家重点实验室、国家工程技术中心为代表的一批高水平科研平台，争取了较多的科研经费，参与了国家“211工程”建设，为学校教学科研工作提供了条件保障。三是政策激励。学校从1999年就实施了“科研后补助”政策，对高水平论文实施奖励，这一政策在2011年学校提出建设世界一流农业大学的背景下得到进一步强化。进入新世纪以来，学校适时提升职称晋升标准和研究生学位要求，保证了学校的学术水准。四是师资队伍建设。学校有着优秀的学术传统，近年来，随着学校“1235”发展战略和“钟山学者计划”的实施，人才培养及青年教师队伍建设得到加强，新增“千人计划”专家、“长江学者”特聘教授、国家杰出青年科学基金获得者等优秀人才近

20 人，一大批优秀中青年教师成为学科发展的中坚力量。五是国际化战略。学校与一大批世界一流大学、科研院所和国际组织开展了实质性合作，在组建国际创新团队、联合培养学生方面迈出了可喜的步伐。

二、问题与挑战

中共十八届三中全会明确提出了深化教育领域综合改革，创新高校人才培养机制，促进高校办出特色争创一流，这为高等教育改革发展提供了前所未有的机遇。学校去年召开第十一次党代会，提出中长期发展目标：2020 年初步建成世界一流农业大学，涉农核心学科进入世界大学前 50 位；2030 年学校整体力争进入世界大学 500 强，这对学校的发展提出了更高要求。我们清醒地认识到，作为一所农业高校，学校发展情况与党和国家赋予高等教育的历史使命相比，与建设世界一流农业大学发展目标相比，还存在许多问题和挑战，就学科建设而言，具体表现在以下三个方面：

（一）学科结构不够合理

从世界范围来看，没有一所单科性院校是世界一流大学，一流大学要有一定数量的一流学科，要有成体系的学科结构。世界高水平农业院校的发展也同样经历了单科性院校、农业大学、多科性大学乃至综合性大学转变的历程。但综合性并非无所不包的“全综合”，而是有所为有所不为，追求卓越。目前，我国农科大学的学科结构普遍存在高峰学科突出、高原学科不足、基础学科薄弱、人文学科发展缓慢等问题，博士点、重点学科多集中在农业学科以及与农业密切相关的食品、农经、农业工程等，对农学、生命科学、工程类学科起着重要支撑作用的数学、物理、化学等学科水平不高，工学门类的学科点多，博士点少，高水平学科更少。人文社会科学领域研究方向分散，基础理论研究薄弱，高层次人才缺乏，一些学科处于缓慢的自我发展状态。现有学科之间壁垒远未打破，推进农、理、工学科交叉融合进展缓慢，学科新生长点尚未显现、高峰学科特别是进入 ESI 前千分之一、百分之一的学科数量与国际同类高校相比还有较大差距，学科整体实力有待进一步增强。

（二）学科服务国家战略，对接社会需求能力不强

现代农业已经发展成为一、二、三产业相互融合，并广泛应用生物技术、信息技术、机械工程与自动化技术等高新技术的综合产业。现代农业发展对涉农高校提出了新的更高的要求，如何发挥农业院校的学科优势，引领现代农业高新技术创新和人才培养模式发展方向，同时对接区域经济和社会发展的需要，形成有优势特色的办学模式，是农业院校首先要解决的重点问题。当前，我国农科大学在不同程度上存在对国家农业产业重大需求和世界科技前沿的战略重点掌握不足，对学科发展的宏观把握能力不强等问题，在多学科集成优势、重大原创性成果、国际学术地位与学术影响力等方面还有较大的提升空间，师资力量相对薄弱的现状尚未根本改变，服务国家战略需求、解决行业重大问题的能力有待进一步提高。

（三）科研立项与生产脱节，科技成果转化利益驱动机制不健全

学校科研经费主要来自于国家科技主管部门的科技项目立项，这种科研立项方式较难直接体现生产环节的需求，所产出的成果往往难以为企业所青睐。据资料显示，我国农业高校

科技成果转化率只有15%左右，近四年，我校技术成果转化率也在10%～20%。科技成果转化主要涉及三个利益主体：一是成果拥有者，包括科研单位和科研人员；二是利用成果者，主要是指将成果进行产业化的企业；三是科技中介，能够促成科技成果转化的第三方。我国相关法律规定，职务发明的成果归属于单位，这在很长的时间内严重削弱了科技研发人员将成果转化的积极性。目前，科研环节还存在没有理顺的地方，就是科研人员和科研单位的利益关系。尤其是在高校，科研人员参与产学研合作项目在业绩考核、奖金分配等方面回报不高，影响科技人员和高校教师参与的积极性。

三、建议与意见

（一）加大对农业科学的投入，争取我国在农业科学方面进入世界前列

我国是农业大国，农业的发展离不开科技，要建设农业强国，离不开农业科技水平的提升，而农业科技资源主要集中在高校和科研院所。从ESI的数据来分析，我国在农业科学领域已经具备了一定的相对优势，国内的中国科学院、中国农业大学、浙江大学、中国农业科学院和南京农业大学已经进入千分之一，说明我国在农业科学领域的研究水平已经接近国际顶尖水平。建议国家进一步加大对农业科研和农业相关学科的建设，争取我国在农业科学领域的研究早日达到世界顶尖水平。

（二）突破国内学科目录限制，以学科群（领域）形式进行一流学科建设

国家即将启动的世界一流大学和一流学科建设计划，对于提升我国高等教育水平、增强国家核心竞争力具有十分重要的意义。要建成世界一流大学首先要建成一批世界一流学科，而要建成世界一流学科则必须认清现有学科与世界一流水平的差距，将学科放到世界范围内来进行比较。建议国家在一流学科建设方面打破国内现有学科目录限制，以学科群（领域）形式进行板块化的学科建设，结合国际公认的ESI学科领域，对于综合性高校和行业高校分类支持，对于进入ESI前万分之一、千分之一和百分之一的学科给予不同的支持力度。

（三）加大高校农业推广投入，促进科研成果转化

农业技术推广具有明显的公益性，从美国的发展情况来看，大学主导、“科研-教育-推广”三位一体的农业技术推广体系为美国农业的发展做出了巨大的贡献。我国的农业高校有人才和技术优势，在以大学为依托的农业科技推广服务模式上，各高校都进行了有益的尝试。但是，从财政拨款的角度来看，高校经费主要用于人才培养、基础研究和应用基础研究，在农业科研中试、推广、转化等环节投入相对较少，难以形成农业高校公益性推广的长效机制，限制了高校农业推广作用的发挥。建议国家加大农业高校在农技推广方面的投入，支持高校开展农技推广工作，促进高校科技成果迅速转化为生产力。

从“中国一流”走向“世界一流”*

——周光宏校长谈学校“农业科学”进入 ESI 全球排名前千分之一

（2015 年 6 月 4 日）

据 ESI 日前公布的最新统计数据显示，南京农业大学“农业科学”排名进入全球前 1‰。据初步统计，有全球前 1‰学科的国内大学共有 22 所，江苏有 3 所，分别是南京农业大学、南京大学和东南大学。

ESI 学科排名进入前 1‰意味着什么？这一成就是如何取得的？学科发展对于建设世界一流农业大学有什么意义？今后学校学科总体发展有什么考虑？带着这些问题，本报记者专门采访了周光宏校长。

1. 我校“农业科学”进入 ESI 全球排名前 1‰意味着什么？

周光宏：ESI 统计了过去 10 年的数据，论文“总被引次数”排在前 1%的学科被视为国际高水平学科，方可进入 ESI 排名，或称为 ESI 学科，而进入 ESI 排名前 1‰的学科则被认为已经达到国际顶尖水平，可称为世界一流学科。此次 ESI 统计是基于 2005—2015 年的数据，我校农业科学、植物与动物学、环境生态学、生物与生物化学在全球排名为前 1%，即我校有 4 个 ESI 学科。其中，农业科学被收录论文 1 631 篇，总引用次数 11 988 次，位列全球第 66 位，首次进入世界前 1‰行列，达到国际顶尖水平，成为世界一流学科。

2. 全国目前仅有 22 所大学有学科进入 ESI 排名前 1‰，充分说明这一指标的含金量。这样的成就是如何取得的？

周光宏：一是厚积薄发。我认为首先要归功于南农百余年的办学底蕴，作为中国最早开办四年制农业本科教育的高校，一代代南农人薪火相传，勇攀高峰，才有了今天南农优势学科的厚积薄发。二是抓住机遇。“十五”以来国家对高等教育和科技的投入大幅度增加，学校抓住机遇，建设了以国家重点实验室、国家工程技术中心为代表的一批高水平科研平台，争取了较多的科研经费，参与了国家“211 工程”建设，为学校教学科研工作提供了条件保障。三是政策激励。学校从 1999 年就实施了“科研后补助”政策，对高水平论文实施奖励，这一政策在 2011 年学校提出建设世界一流农业大学的背景下得到进一步强化。进入新世纪以来，学校适时提升职称晋升标准和研究生学位要求，保证了学校的学术水准。去年，学校 SCI 论文突破 1 000 篇，农业领域（包括农业科学、植物与动物学、环境生态学）的总体科研论文质量排名进入世界涉农大学 100 强。四是师资队伍建设。学校有着优秀的学术传统，近年来，随着学校“1235”发展战略和“钟山学者”计划的实施，人才培养及青年教师队伍建设得到加强，新增“千人计划”专家、“长江学者”特聘教授、国家杰出青年科学基金获

* 根据《南京农业大学报》采访整理。

得者等优秀人才近 20 人，一大批优秀中青年教师成为学科发展的中坚力量。五是国际化战略。学校与一大批世界一流大学、科研院所和国际组织开展了实质性合作，在组建国际创新团队、联合培养学生方面迈出了可喜的步伐。

3. 学科建设对于我们建设世界一流农业大学有什么意义？

周光宏：世界一流大学必须拥有世界一流学科、汇聚一流师资、培养一流人才、产出一流成果、做出突出贡献，成为引领创新驱动发展的战略高地。其中，学科建设是“龙头”，也是汇聚师资队伍、培养创新人才、产出创新成果的载体。建设世界一流大学的核心是构建世界一流学科。对于南京农业大学而言，就是要有更多学科从“全国一流”走向“世界一流”。

4. 我们看到 ESI 主要统计的是学术论文，对于大学来说，怎么体现服务国家重大发展战略和社会需求？

周光宏：开展学术研究与服务国家重大需求是统一的。这也是我们常说的既要“顶天”，又要“立地”。例如，万建民教授团队从事水稻育种方面的研究，在 *Nature* 等顶尖期刊上发表高水平论文。同时，水稻新品种的选育及应用取得显著经济社会效益，获得国家科技进步奖一等奖。张绍玲教授作为国家梨产业技术体系首席科学家，一方面，在梨的品种培育和技术推广上取得显著成绩，活跃在生产第一线，另一方面，率先绘制出世界第一个梨精细基因组图谱。可见，国家重大需求是科研选题的重要来源，基础研究取得突破，应用研究才能做得更好，才能更好地解决国家行业重大问题。“十一五”以来，我们以第一完成单位获得国家科技进步奖一等奖 1 项、二等奖 7 项，技术发明二等奖 3 项。这些成果大都是基础研究和应用研究相结合的很好范例，既产出了高水平论文，也取得了显著的经济效益和社会效益。

5. 加强学科建设对于学校人才培养有什么意义？

周光宏：一所大学的人才培养质量，往往需要 10 年、20 年，甚至更长时间才能体现出来。但可以肯定的是，学科建设搭建了好的科研平台，汇聚了高水平师资，是研究型大学人才培养的优势，最新的研究成果能够让学生了解科学发展方向，站到世界科学研究的前沿，对拔尖创新人才培养尤为重要。我们在建设世界一流农业大学的过程中，将会把人才培养作为根本任务，将培养一流人才与建设一流学科结合起来，以一流学科建设促进一流人才的培养。

6. 学校未来在学科建设上有什么考虑？

周光宏：2011 年，学校提出建设世界一流农业大学目标，去年学校第十一次党代会进一步明确了南农在 2020 年进入世界涉农大学前 50 名、在 2030 年力争进入世界大学 500 强的宏伟发展目标。要实现这些目标，全校上下必须勇于争先、永不懈怠，牢牢抓住学科建设这一龙头，以学科建设带动学校人才培养、科学研究和社会服务水平的整体提升。学校把 2015 年定为“学科建设年”，计划通过 5 年左右的持续努力，建成 1～2 个世界一流学科，5～7 个世界高水平学科，确保一批一级学科处于国内前列，为学校建设世界一流农业大学奠定重要基础。

全面深化教育综合改革
促进世界一流农业大学建设

——在南京农业大学第五届教职工代表大会第六次会议上的工作报告

周光宏

（2015年4月8日）

各位代表，同志们：

现在，请允许我代表学校党委和行政，向大会做学校工作报告，请予以审议，请列席同志提出意见。

一、2014年学校工作回顾

2014年，学校成功召开了第十一次党代会，启动了教育综合改革，以教育国际化年为契机，围绕世界一流农业大学建设目标，加快推进“1235”发展战略。在全校师生的共同努力下，各项事业不断取得新成绩。

（一）强化学校发展顶层设计，提升科学发展能力

1. 学校发展目标更加明确

2014年6月，学校成功召开了第十一次党代会，大会选举产生了中国共产党南京农业大学第十一届委员会和新一届纪律检查委员会，为学校各项事业实现新跨越提供了坚强的政治保证和组织保证。第十一次党代会进一步明确了学校发展战略目标，确立了到2020年基本建成世界一流农业大学，进入涉农大学50强，到2030年学校整体进入世界大学500强的宏伟目标。2014年下半年，学校把综合改革作为发展的新机遇，开展广泛深入调研，集思广益，凝聚共识，初步形成了校区建设与空间拓展、大学治理结构、人才培养体制、推进科研组织创新、创新学科发展模式、优化资源统筹配置、深化人事制度改革、改进党组织建设8项改革思路和改革任务。学校的综合改革方案是在学校“1235”发展战略指导下的行动计划，是学校新一轮发展的行动指南。

2. 现代大学制度不断完善

完成学校章程修订。新的章程从领导体制、学术管理、民主管理和监督机制等11个方面，为学校依法自主办学、实施管理和履行公共职能提供了基本准则。坚持并不断完善党委领导下的校长负责制，严格执行“三重一大”决策制度，完善了党委常委会和校长办公会议事规则，决策的科学化水平进一步提高。进一步加强学术委员会建设，完成了校学术委员会

换届，进一步明确了学术委员会和五大学部职能，学术权力得到进一步彰显，教授治学氛围更加浓厚。

（二）着力提升学校教学质量和科研水平，各项事业全面发展

1. 人才培养

本科教育教学。入选首批国家“卓越农林人才教育培养计划”改革试点高校。启动2015版本科专业人才培养方案修订工作。全面推进本科教学工程，获国家级教学成果二等奖1项，新增国家级实验教学中心1个。教材建设成绩显著，入选第二批“十二五”国家级规划教材数量居全国农林高校之首。开展名师工作坊、教学示范观摩等活动，不断提升教师教学水平，1人获“全国教育系统先进工作者”称号。

研究生教育。改革研究生奖助体系，设立校长奖学金，扩大了奖助覆盖面并大幅提高额度。举办首届研究生国际学术会议，扩大研究生国际交流规模，4门课程入选“江苏省高校省级英文授课精品课程”。加强质量保障体系和实践教学基地建设，制定一级学科博士、硕士学位授予标准，新增28家省级企业研究生工作站。授予博士学位377人、硕士学位1 979人，获江苏省优秀博士学位论文7篇。

留学生教育和继续教育。留学生培养质量进一步提升，招收各类留学生706人，招收留学生渠道更加多元，专业分布更广，积极组织留学生参与校内外活动，举办校园国际文化节，校园国际化氛围日益浓厚。继续教育工作不断加强，录取继续教育新生6 392人，再创历史新高，举办各类培训班65个，培训学员5 697人次，继续教育的社会效益和经济效益同步提升。

招生就业工作。招收本科生4 394人，一志愿率达98.64%；招收全日制硕士生2 190人、博士生441人。试行博士生招生申请审核制，严格控制招收在职博士生比例，“硕博连读生”和“直博生”比例大幅提升。加强就业指导与服务，积极做好就业创业指导和就业市场开拓，组织3 000余家单位来校招聘，初步形成本研一体化的就业指导服务体系。

素质教育。深入开展素质教育。全年开展各类主题教育活动10余项，各类文化素质讲座320余场，2名同学分别入选“中国大学生年度人物”和“中国大学生自强之星”提名。深化创业教育。在2014年全国大学生创业计划大赛中，荣获2金1银优异成绩。开展形式多样的学生社会实践和志愿服务活动。我校学生在南京青年奥林匹克运动会上的志愿者服务，得到社会和组委会的广泛好评。坚持以学生为本的教育理念，举办更具仪式感的毕业典礼，由校长逐一为毕业生颁发学位证书，通过规范、隆重的毕业教育，激发学生的爱校意识和责任意识。积极开展心理健康教育和体育教学改革，学生身心素质不断提高，高水平运动队在全国大学生体育竞赛中取得优异成绩。

2. 师资队伍建设

新增“千人计划”、“长江学者”、杰出青年基金获得者6人，2人入围“千人计划”青年人才项目，28人次入选省级人才项目。在注重培养的同时，加大人才引进力度，全年共引进高层次人才11人，学校高水平师资队伍建设取得显著成效。不断优化教师招聘机制，启动了师资博士后用人模式，逐步建立“非升即走”的教师聘用制度，2014年海内外公开招聘111人，其中80%以上有非本校学习经历，37人进入师资博士后岗位。不断加强青年教师队伍建设，通过钟山学术新秀的导向引领和招聘层次的不断提高，显著提升了学校青年

教师队伍的整体学术水平。

3. 学科建设

开展学科建设顶层设计研究，进一步明确了世界一流学科的建设任务、目标及路径。开展了新一轮学科点负责人聘任工作。完成江苏高校优势学科建设工程一期项目验收，8 个验收项目 7 个获得优秀，所有项目均获得二期立项资助，每年建设经费 2 900 万元。学校 ESI 总体排名稳步提升，“生物与生物化学”首次进入 ESI 前 1%，进入 ESI 前 1%学科群达到 4 个。其中，“农业科学”已非常接近世界顶级学科，即进入前 1‰。

4. 科学研究与服务社会

项目与成果。各类科研项目到位总经费 6.03 亿元，创历史新高。其中，纵向经费 5.18 亿元，横向经费 0.85 亿元。国家自然科学基金立项经费连续两年过亿元。以第一单位获部省级及以上科技成果奖 9 项。其中，国家技术发明二等奖 1 项；1 项成果入选“2014 年度中国科学十大进展”；以第一通讯作者单位发表 SCI、SSCI 论文 1 142 篇，比上年增长 30%；获专利、品种权、软件著作权等授权 256 项。

平台建设。新增“现代作物生产”和“肉类生产与加工质量安全控制”2 个江苏高校协同创新中心；新增“江苏省消化道营养与动物健康重点实验室”和“江苏省生态优质稻麦生产工程技术研究中心”2 个省级科研平台；“农作物生物灾害综合治理”教育部重点实验室等 3 个省部级平台通过验收。建立了大型仪器共享平台，实现了全校 13 个网点 400 余台大型设备的资源共享。

服务社会。全面推进新农村服务基地建设。确定综合示范基地 3 个、特色产业基地 5 个、分布式服务站 10 个。注重成果的应用和产业转化。全年共签订成果转化合同 437 项，学校分别荣获“2014 年中国产学研创新成果奖”“2014 年中国产学研合作促进奖”。9 项社科研究报告得到中央和省部级领导批示，连续三年发布《江苏新农村发展系列报告》，决策咨询服务能力不断提升。

5. 教育国际化

确立 2014 年为学校“国际化推进年”，国际化办学理念进一步深入人心。深化与加州大学戴维斯分校等高水平大学实质性合作，积极拓展与非洲、东南亚等发展中国家的校际合作，学校国际合作伙伴全球布局进一步优化。新签校际合作协议 21 个，“中肯作物分子生物学联合实验室”获科技部立项。

全年派出学生出国（境）学习 614 人次，接待海外代表团 49 批，举办教育援外培训班 22 期。成功举办第二届“世界农业奖”颁奖典礼。新增“高端外国专家项目”“江苏省百人计划”“高等学校学科创新引智计划”（简称“111 计划”）各 1 项，聘请外籍文教专家 360 余人次。孔子学院积极传播中国文化和农业生产技术，提升了学校在非洲的影响力。

6. 办学条件与服务保障

财务工作。学校财务总体运行良好。全年各项收入 16.2 亿元，支出 14.1 亿元。严格执行预决算管理，切实提高了经费使用效率。顺利完成财务核算系统升级，财务管理信息化水平不断提高，整合校内支付系统，实现了图书借阅、用餐、就医挂号的“一卡通”，全年使用银校互联系统支付金额达到 1.5 亿元。

校区与基本建设。新校区建设取得重要进展，新校区规划已纳入地方政府规划，与南京市初步达成了新校区具体面积及选址方案。学校体育中心顺利启用，卫岗青年教师公寓竣工交付，第三实验楼完成设计规划。白马教学科研基地建设稳步推进，园区管理用房、环湖及西区道路、智能实验温室已竣工验收，水利水电、中心湖改造等6项基础工程进展顺利。

校园信息化与档案工作。开通学校新版中英文网站，提高了网站的观赏性和可操作性。完善校园信息管理系统，建立教师综合数据中心，完成了聘期考核、岗位应聘、人才考核等系统建设，信息化管理水平进一步提升。首次出版《南京农业大学年鉴》，全面系统反映了2013年学校事业发展情况。

资产管理与后勤服务。全年新增固定资产6 000万元，年末固定资产总额19.95亿元，比上年增长3.09%。卫岗校区电力增容改造项目顺利推进，为学生住宿条件的改善打下了基础。顺利完成与南京理工大学牌楼土地置换。基本完成学校办公用房的调整和搬迁，提高了办公用房使用效率。加强饮食质量标准和成本管理，确保食品安全和价格稳定。基本完成卫岗家属区给水系统和煤气管线改造工程。

监察审计与招投标工作。强化对重点部门、关键岗位的监督，加强干部离任、提任等关键环节监察审计和反腐倡廉教育。实现对招生、科研经费使用重点环节的全程监管。完成财务、工程审计项目356项，审计金额达20.8亿元，核减金额494万元。严格做好招标工作，对招标过程进行全程管理，完成招标金额1.11亿元。

安全稳定工作。开展多层次、多角度、多领域的安全宣传教育活动，进一步完善校园安防系统，实现校园内24小时动态监控，校园安全事件发案率明显下降。

改善民生工作。完成了2010—2011年校内岗位津贴补发及全校教职工公积金、新职工住房补贴缴费基数调整工作，提高了租赁人员及编制外用工工资水平。2014年我校教职工人均工资性收入比2011年翻了一番，教职工切实享受到了国家与学校改革发展的成果，增强了南农人的凝聚力。

（三）加强党建和思想政治工作，营造和谐稳定发展环境

1. 教育实践活动整改落实

坚持将巩固党的群众路线教育实践活动成果，构建整治“四风”长效机制，作为主要政治任务，将落实整改方案、专项整治方案、制度建设计划作为整改工作的重中之重，着力解决学校在“四风”方面存在的突出问题，确保教育实践活动取得实效。整改任务进展顺利，各项限期整改项目已基本完成，整改工作取得显著成效。2014年，“三公”经费大幅度下降。其中，接待费用下降成效最为明显，初步完成行政办公用房清理整改。其中，学校机关部门腾退行政办公用房共计1 500平方米。

2. 思想政治教育

发挥校院两级党校作用，深入开展社会主义核心价值观和习近平总书记系列重要讲话精神学习活动。以十八届四中全会、宪法日、国家公祭日等重大活动为契机，广泛开展爱国主义和理想信念教育。全年累计举办各类党校培训班36次，培训3 100余人次。加强学校党建和思想政治研究会工作，启动新一轮党建和思想政治课题申报立项工作。学校1项成果荣获全国高校思想政治教育研究会优秀成果二等奖。

3. 基层组织和干部队伍建设

开展基层党组织换届选举，全校30个院级党组织和443个党支部顺利完成换届工作。严格按照“控制总量、优化结构、提高质量、发挥作用”的新十六字方针，认真做好党员发

展工作。共发展学生党员 813 名、教职工党员 9 名。优化干部选拔方式，深入推进“两推一述”干部选拔程序。重视干部培训，通过校内办班和委托培训等方式，累计培训 140 人次；选派 20 余名中青年骨干赴地方挂职锻炼。

4. 大学文化建设

坚持用社会主义核心价值观引领学校文化建设，积极打造文化精品。启动学校“大师名家口述史”，开展“金陵大学暨中国创办四年制农业本科教育 100 周年”纪念活动，进一步挖掘、传承学校历史和南农精神。其中，1 项活动入选教育部“高校培育和践行社会主义核心价值观典型案例”。加强以微信为代表的新媒体建设，精心策划“微话题”，有力提升了学校的社会影响力。围绕学校取得的成就和重大活动，积极开展对外宣传工作，及时发出“南农声音”、讲好“南农故事”。全年对外宣传 1 200 余篇次。其中，国家级媒体报道 180 余篇次。

5. 和谐校园建设

认真贯彻落实党的统一战线工作方针，积极支持民主党派做好自身建设、参政议政和社会服务工作。深化教代会制度建设，完善党务公开、校务公开，切实保障广大师生员工在学校民主管理中的重要作用。发挥工会桥梁纽带作用，维护教职工合法权益，围绕医疗健康、子女入学等，努力为教职工办实事、解难事。加强校院两级团组织建设，努力用社会主义核心价值观引领青年。完善校友会组织建设，选聘校友联络大使，举办杰出校友论坛，充分发挥校友在学校事业发展中的重要作用。努力改善离退休老同志学习活动条件，支持老同志在学校建设发展、关心下一代、构建和谐校园等工作中发挥积极作用。

6. 反腐倡廉工作

健全反腐倡廉制度建设和工作机制，签订新一轮《党风廉政建设责任书》和新任干部《廉政承诺书》，落实对二级单位党风廉政建设责任制。深入开展反腐倡廉教育、廉洁文化创建活动和校检合作预防职务犯罪，对 45 名新任中层干部进行廉政谈话。总结试点经验，全面推进廉政风险防控工作。加强信访举报工作，共受理纪检监察信访 33 件，有 2 名处级干部受到校纪委提醒告诫。

各位代表、同志们，2014 年我校建设世界一流农业大学的各项指标快速提升，在《美国新闻与世界报道》“全球最佳农业科学大学”排名中，我校跃居第 36 位；在 2014 年世界大学科研论文质量农业领域排行中，学校由 2013 年的 109 名提升到 94 名，与 2010 年的 230 名相比，我们用了 4 年时间进入了前 100 名；另外，在“中国管理科学研究院大学排行榜”“中国校友会大学排行榜”“中国科学评价中心大学排行榜”“网大大学排行榜”等知名排行评价中，学校综合实力排名均稳步提升。

2014 年是学校发展史上的重要一年，在全校广大师生员工共同努力下，学校各方面工作取得了可喜的成绩，可以说，我们正在向着建设世界一流农业大学的目标坚实地迈进。在此，我代表学校，对广大师生员工的辛勤工作表示衷心的感谢！

二、今后一段时期的重点工作

学校当前各项事业快速推进，保持着蓬勃发展的良好势头。在肯定成绩的同时，我们也必须清醒地认识到，学校发展还面临着许多的困难和挑战，学校还存在新校区建设尚未正式启动、高水平师资队伍建设任重道远、世界一流学科还未真正形成、人才培养质量有待进一步提高、科学研究尚需进一步“顶天立地”、人事制度改革相对滞后、学科布局还不合理、教育国际化还有相当大的差距、现代大学制度不够完善等不足。同志们，距离实现初步建成世界一流农业大学目标只有不到六年时间，时间越来越紧迫，这要求我们继续坚持“1235”发展战略，进一步解放思想，振奋精神，凝聚力量，攻坚克难。今后一个时期，我们要重点做好以下几方面工作：

（一）积极推进一流学科建设

今年的政府工作报告提出“建设世界一流大学和一流学科”，学校将2015年定为“学科建设年”。我们要把握机遇，进一步强化学科建设的顶层设计，创新学科建设的组织模式，改革学科绩效评价方式，推进学科建设的国际化进程，努力打造一批一流学科。面向“世界一流”，科学编制“世界一流学科建设计划”，重点建设ESI学科群。面向“国家急需”，有效整合学科优质资源，确保一批一级学科始终处于国内前列。调整校级重点学科建设模式，突破学科目录限制，以学科集群和新兴交叉学科中心为建设主体，努力提升基础学科、工程学科和人文学科建设水平。

（二）加快推进新校区建设立项及白马基地建设进度

新校区建设尽管已经取得了重要的进展，但是依然困难重重。我们要继续加强与主管部门、地方政府、国土部门的沟通，全面推进新校区建设前期工作，与地方政府签订新校区建设框架协议。结合学校中长期事业发展规划，统筹校区协调发展，立足盘活存量土地资源，开展新校区总体规划设计，积极争取建设立项和用地指标。全力加快白马基地建设，加大对在建和拟建项目的推进力度，争取基地尽快投入使用。

（三）扎实推进现代大学制度建设

章程是学校依法自主办学、实施管理和履行公共职能的基本准则和基本规范。我们要坚持以章治校，逐步完善与章程相配套、覆盖学校各方面的、系统的制度体系，扎实推进现代大学制度建设。修订学术委员会章程、完善议事规则，保障学术委员会在学术事务中有效发挥作用。成立学校理事会，增强学校与社会的联系与合作。完善学院党政联席会制度，切实推进学院党政共同负责制的实施。

（四）不断深化人事制度改革

人事制度改革是综合改革中难度最大，也是最为关键的改革任务。学校将以“全员聘用制度”改革为主线，完善校内岗位设置和分类、分层管理机制，进一步完善师资博士后等准聘、短聘用人新模式，建立以聘期考核为主的岗位考核评价标准和体系，营造人尽其才、才尽其用的用人环境。同时，以绩效考核作为主要依据，建立保障有力、形式多样的薪酬分配制度。根据国家事业单位人事制度改革的进度和要求，认真研究制订养老保险制度改革方案，促进学校人事管理与社会保障体系的有效衔接。

（五）着力加强人才培养工作

我们要坚持人才培养的中心地位，贯彻以学生为本的教育理念，积极推进本科教育教学改革。全面实施“卓越农林人才教育培养计划”，探索建立“拔尖创新型”和“复合应用型”人才的分类培养体系。加强教学资源建设，完善教师发展中心服务功能，实现课堂教学方式的突破创新。优化实验教学中心和教学实践基地运行机制，提高实践教学的科学性和规范性。加强宣传引导，稳妥推进转专业全面放开。做好迎接教育部普通高等学校本科教学审核评估工作。修订研究生培养方案，继续推进研究生招生制度改革和教学管理改革，全面提高研究生培养质量。

（六）主动适应国家科技体制改革形势

近年来，我校科技工作取得了令人瞩目的成绩，为学校综合实力提升做出了重要的贡献。随着国家科技体制改革的不断深化，科研工作继续保持快速发展势头的难度也在不断加大。我们要主动适应国家科技体制改革的新形势，充分利用国家加快实施创新驱动发展战略的有利政策，完善科研评价体系和成果转化激励政策，优化科研组织模式和科研队伍结构，构建更加高效的科研体系，确保学校科研经费持续稳定增长，确保高水平成果不断产生，确保服务社会能力不断提升。建设人文社科特色智库，推进人文社科研究成果的实用化。

（七）科学编制“十三五”发展规划

做好学校“十二五”发展规划总结，启动学校“十三五”发展规划编制工作。科学设定规划目标，积极对接上级主管部门规划进程，统筹考虑综合改革目标和新校区建设规划，确保规划的科学性和实效性。组织召开第八届学校建设与发展论坛。

（八）深入推进党风廉政建设

全面从严治党、深入推进党风廉政建设和反腐败工作，已经成为新时期党的建设的新常态。我们要贯彻落实中央《建立健全惩治和预防腐败体系 2013—2017 年工作规划》，加强惩治和预防腐败体系建设，严格落实党风廉政建设责任制，确保党委主体责任和纪委监督责任落到实处，深入开展廉政风险防控工作，严把重要关口，堵塞制度漏洞，加强党务校务信息公开，确保权力在阳光下规范运行。

各位代表、同志们，今年是学校“学科建设年”，让我们以学科建设为龙头，全面实施综合改革，把握机遇，迎难而上，努力开创世界一流农业大学建设的新局面！

谢谢大家！

（党委办公室、校长办公室提供）

二、学校概况

[南京农业大学简介]

南京农业大学坐落于钟灵毓秀、虎踞龙蟠的古都南京，是一所以农业和生命科学为优势和特色，农、理、经、管、工、文、法多学科协调发展的教育部直属全国重点大学，是国家“211工程”重点建设大学和“985优势学科创新平台”高校之一。现任党委书记左惟教授，校长周光宏教授。

南京农业大学前身可溯源至1902年三江师范学堂农业博物科和1914年金陵大学农学本科。1952年，全国高校院系调整，由金陵大学农学院和中央大学农学院以及浙江大学农学院部分系科合并成立南京农学院。1963年被确定为全国两所重点农业高校之一。1972年学校搬迁至扬州，与苏北农学院合并成立江苏农学院。1979年迁回南京，恢复南京农学院。1984年更名为南京农业大学。2000年由农业部独立建制划转教育部。

学校设有农学院、工学院、植物保护学院、资源与环境科学学院、园艺学院、动物科技学院、无锡渔业学院、动物医学院、食品科技学院、经济管理学院、公共管理学院（含土地管理学院）、人文社会科学学院、生命科学学院、理学院、信息科技学院、外国语学院、农村发展学院、金融学院、草业学院、政治学院、体育部21个学院（部）。设有61个本科专业、32个硕士授权一级学科、15种专业学位授予权、16个博士授权一级学科和15个博士后流动站。现有全日制本科生17 000余人，研究生9 400余人，继续教育本专科生16 000余人。教职员工2 700余人，其中：博士生导师410人、中国工程院院士2名、国家及部级有突出贡献中青年专家41人、“长江学者”和“千人计划”专家12人、教育部创新团队3个、国家教学名师2人，获国家杰出青年科学基金14人，入选国家其他各类人才工程和人才计划100余人次。

学校的人才培养涵盖了本科生教育、研究生教育、留学生教育、继续教育及干部培训等各层次，建有“国家大学生文化素质教育基地”“国家理科基础科学研究与教学人才培养基地”“国家生命科学与技术人才培养基地”和植物生产、动物科学类、农业生物学虚拟仿真国家级实验教学中心，是首批通过全国高校本科教学工作优秀评价的大学之一，2000年获教育部批准建立研究生院，2014年入选了首批国家“卓越农林人才教育培养计划”。

学校拥有作物学、农业资源与环境、植物保护和兽医学4个一级学科国家重点学科，蔬菜学、农业经济管理和土地资源管理3个二级学科国家重点学科以及食品科学国家重点培育学科，有8个学科进入江苏高校优势学科建设工程，农业科学、植物与动物学、环境生态学、生物与生物化学4个学科领域进入ESI学科排名全球前1%。

学校建有作物遗传与种质创新国家重点实验室、国家肉品质量安全控制工程技术研究中心、国家信息农业工程技术中心、国家大豆改良中心、国家有机类肥料工程技术研究中心、农村土地资源利用与整治国家地方联合工程研究中心和绿色农药创制与应用技术国家地方联合工程研究中心等 65 个国家及部省级科研平台。“十一五”以来，学校科研经费达 33 亿元，获得国家及部省级科技成果奖 100 余项。其中，作为第一完成单位获得国家科技进步奖一等奖 1 项、二等奖 7 项、技术发明奖二等奖 3 项。学校凭借雄厚的科研实力，主动服务社会、服务“三农”，创造了巨大的社会经济效益，多次被评为国家科教兴农先进单位。

学校国际交流日趋活跃，国际化程度不断提高，先后与 30 多个国家和地区的 150 多所高校、研究机构保持着学生联合培养、学术交流和科研合作关系。与美国加州大学戴维斯分校、英国雷丁大学、澳大利亚西澳大学、新西兰梅西大学等世界知名高校开展了“交流访学”“本科双学位”“本硕双学位”等数十个学生联合培养项目。学校建有“中美食品安全与质量联合研究中心”“南京农业大学-康奈尔大学国际技术转移中心”“猪链球菌病诊断国际参考实验室”等多个国际合作平台。2007 年成为教育部“接受中国政府奖学金来华留学生院校”。2008 年成为全国首批“教育援外基地”。2012 年获批建设全球首个农业特色孔子学院。学校倡议发起设立了“世界农业奖”，并成功举办了两届颁奖活动。2014 年，与美国加州大学戴维斯分校签署协议共建“全球健康联合研究中心”；获科技部批准援建“中-肯作物分子生物学联合实验室”；获外交部、教育部联合批准成立“中国-东盟教育培训中心”。

学校校区总面积 9 平方公里，建筑面积 72 万平方米，资产总值 35 亿元。图书资料收藏量超过 229 万册（部），拥有外文期刊 1 万余种和中文电子图书 100 余万种。学校教学科研和生活设施配套齐全，校园环境优美。

在百余年办学历程中，学校秉承以“诚朴勤仁”为核心的南农精神，始终坚持“育人为本、德育为先、弘扬学术、服务社会”的办学理念，先后培养造就了包括 51 位院士在内的 20 余万名优秀人才。

展望未来，作为近现代中国高等农业教育的拓荒者，南京农业大学将以人才强校为根本、学科建设为主线、教育质量为生命、科技创新为动力、服务社会为己任、文化传承为使命，朝着世界一流农业大学目标迈进！

注：数据截至 2015 年 3 月。

（撰稿：吴　玥　审稿：刘　勇　审核：周　复）

[2015 年南京农业大学国内外排名]

2015 年，学校位居武书连中国大学排行榜第 39 位，中国校友会中国大学排行榜第 47 位，中国科学评价研究中心大学排行榜第 48 位。

2015 年，在《美国新闻与世界报道》发布的“全球最佳农业科学大学”排名中，学校位居第 23 位，比 2014 年上升 13 位；在世界大学科研论文质量评比（NTU Ranking）农业领域排名中，学校排名第 78 位；在 QS 世界大学学科排名中，学校农林学科排名在 51～100 位。

2015 年 11 月 ESI 统计数据显示，学校农业科学排名第 63 位，进入世界一流学科前列（前 1‰），植物与动物学排名第 151 位，环境生态学排名第 507 位，生物与生物化学排名第 649 位。

（撰稿：张　松　审稿：罗英姿　审核：高　俊）

［南京农业大学 2015 年工作要点］

中共南京农业大学委员会
2014—2015 学年第二学期工作要点

本学期党委工作的指导思想和总体要求：深入学习贯彻中共十八大，十八届三中、四中全会精神和习近平总书记系列重要讲话精神，全面落实第二十三次全国高校党建工作会议任务和要求，以立德树人为根本任务，以深化综合改革为动力，深入落实学校第十一次党代会确定的工作任务，切实加快世界一流农业大学建设步伐。

一、完善顶层设计，促进学校事业又好又快发展

1. 推动实施综合改革 制订综合改革具体实施计划，精心做好综合改革方案的组织实施。做好学校“十二五”发展规划总结，组织力量启动学校“十三五”发展规划编制工作。适时召开第八届学校建设与发展论坛。

2. 完善现代大学制度 以学校章程为根本，全面推进依法办学，进一步完善党委领导、校长负责、教授治学、民主管理的学校内部治理结构，推进学校治理现代化。健全各类管理制度，逐步完善与章程相配套、覆盖学校各方面的、系统的制度体系。修订颁布学校党委全委会、党委常委会、校长办公会、学术委员会、学院党政联席会、机关部处长会等议事规则。完成学校学术委员会章程修订，切实发挥学术组织应有的作用。

二、加强宣传思想工作和基层组织建设，努力为学校事业发展提供坚强的思想、政治和组织保证

3. 加强思想政治建设 深入贯彻落实中央《关于进一步加强和改进新形势下高校宣传思想工作的意见》，进一步完善工作体制机制。改进校院两级党委中心组学习方式，推进党校“五个统一”建设，提升大学生思想政治课教学效果，切实增强中心组、党校、思想政治课在思想武装中的主渠道作用。加强网络新媒体建设，唱响主旋律、弘扬正能量。加强师德师风建设，以教风正学风，引导广大教师真正成为学生成长成才的引路人。

4. 加强新闻宣传和文化建设 完善宣传平台和队伍建设，组建南农通讯社，统筹校报、新闻网、官方微博、官方微信等平台一体化建设，提升校园媒体的影响力、传播力和引导力。完善新闻发布、媒体采访和舆情应对机制，精心做好对外宣传工作，加强学校公共形象建设。以项目化、品牌化打造校园文化精品，进一步传承和弘扬以“诚朴勤仁”为核心的南农精神。

5. 加强领导班子和干部队伍建设 严格落实领导班子民主集中制，完善部处和院级领

导班子民主议事制度和集体领导与个人分工相结合制度。认真组织开展“三严三实”专题教育。不断巩固和拓展党的群众路线教育实践活动成果，深入贯彻落实中央八项规定精神，切实加强干部作风建设。加强干部培训，重点做好学院党政主要负责人和党支部书记培训工作。做好中层干部档案核查工作。

6. 加强基层党组织和党员队伍建设 以抓基层、强基础为重点，进一步发挥基层党组织战斗堡垒和党员先锋模范作用。实施把业务骨干培养成党员、把党员培养成业务骨干的“双培”工程，切实做好在高层次人才、青年拔尖人才中发展党员工作。深入贯彻中央《关于进一步加强高校学生党员发展和教育管理服务工作的若干意见》，严格学生党员发展程序和规模，提高发展质量。

三、加强纪检、监察、审计和招投标工作，深入推进反腐倡廉建设

7. 深化反腐倡廉宣传教育 深入开展廉洁教育和廉洁文化创建工作，全面增强党员干部和广大教职员工廉洁从政、廉洁从教、廉洁从业、廉洁自律意识；扎实推进“六五”普法工作，加强社会主义法治宣传，开展预防职务犯罪工作，督促党员干部学法、守法、用法，防范各类违纪违法问题发生。

8. 推进党风廉政制度建设 严格落实党风廉政建设责任制，确保党委主体责任和纪委监督责任落到实处。落实中央《建立健全惩治和预防腐败体系 2013—2017 年工作规划》，结合学校实际，制定配套制度。完善党务公开、校务公开和二级单位办事公开制度，让权力在阳光下运行。完善干部考核机制，防止不作为、乱作为。继续推进学院“三重一大”决策制度的落实，不断提高学院领导班子决策的科学化、规范化水平。

9. 加强监察、审计和招投标工作 深入开展廉政风险防控工作，严把重要关口，堵塞制度漏洞，确保权力规范运行。加大审计力度，深化干部经济责任审计，强化科研经费审计，开展基建维修工程预结算审计，推进大型基建项目全过程跟踪审计，努力实现审计监督全覆盖。加强招投标过程监管，严防各类违规行为发生。

10. 加强信访举报工作 强化问题线索管理，按照规定做好初步核实、谈话函询等分类处置工作。坚持抓早抓小，对党员干部苗头性问题早提醒、早纠正。严格监督执纪问责，严肃查处违纪违法案件。

四、稳步推进综合改革，切实加快世界一流农业大学建设步伐

11. 深化教育教学改革 创新本科生招生宣传方式，改进硕士生推荐免试工作，努力提升各类生源质量。实施“卓越农林人才教育培养计划”，深入推进本科生培养模式改革和师资、课程及教学实践基地建设。构建研究生课程教学新型评价体系，建立全日制专业学位研究生校企合作培养长效机制，推进研究生教育国际化进程。完善留学生管理制度和平台，提升留学生培养质量。以“立德树人、勤学敦行”为指导思想，推进学生教育管理工作的科学化、规范化、民主化、精细化。做好继续教育和体育工作。

12. 完善学科建设 组织开展“学科建设年”活动，强化学科建设的顶层设计，创新学科建设的组织模式，改革学科绩效评价方式，推进学科建设的国际化进程，全面提高学校学科的综合竞争力。调整校级重点学科建设模式，以学科集群和新兴交叉学科中心为建设主体，努力提升基础学科、工程学科和人文学科建设水平。

13. 加强人事制度改革和人才队伍建设 深化人事制度改革，建立合理的人事聘用和薪酬分配机制。完善高层次人才引进工作，开展引进人才发展性评估。做好“长江学者”“千人计划”“万人计划”等重点人才项目申报。继续实施“钟山学者”计划，做好校内人才计划衔接工作。

14. 加强科学研究 统筹校内资源，做好各类项目申报，确保到位科研经费稳定增长。完善科技评价体系与方法，试点以产业链为纽带的科研组织模式。加强与国内外高水平大学和农业龙头企业战略合作，做好重点科研平台的培育组建工作，力争“2011 计划”取得突破。完善产学研合作机制，健全科技成果转化评价体系。加强人文社会科学研究，探索建立南农特色人文社科智库的构建框架和运行机制。成立学校科技战略咨询委员会。

15. 提升社会服务水平 完善新农村发展研究院运行机制。成立江苏农村发展学院理事会，推进江苏农村发展学院实质性运行。坚持以区域农业发展和新农村建设实际需求为导向，以新农村服务基地为重点，逐步建立完善新型农业社会化科技服务体系和信息化服务平台。组织实施好地方政府服务“三农”项目，不断扩大学校社会服务影响力。

16. 深化国际交流与合作 研究制定学校国际化中长期发展规划。开展国外专家来校交流效益评估，优化获得教育部和国家外国专家局各类聘请外国文教专家项目（以下简称聘专项目），提升专家层次。加强师生公派出国工作，确保师生国外进修质量。加强教育援外平台建设管理，发挥教育援外在学校国际化进程中的重要作用。筹备成立学校国际化发展战略委员会。

17. 做好服务保障工作 全力推进珠江新校区建设前期各项准备工作，力争尽早获得教育部立项。稳步推进卫岗校区和白马基地各项基建工程。完善财务管理体制和会计核算体系，提高资金使用效益。积极推进电力增容等民生工程，完善后勤管理和服务保障。加强产业工作，力争经营性资产取得更好效益。加快校园信息化建设，推动图书馆服务转型，提升图书信息服务水平。加强档案工作，推进档案信息化和档案资源建设。改善医院软硬件条件，提升医疗服务质量。

五、营造和谐发展氛围，凝聚促进学校事业发展的各方力量

18. 完善发展委员会工作 加强各级各类校友会建设，支持各地校友组织活动，充分发挥校友及校友组织宣传母校、联络校友的桥梁纽带作用。做好与相关企业、基金会的沟通交流，积极拓展基金会筹资渠道。建立监事会定期审查制，严格对基金会的财务管理和监督。

19. 加强统战工作 深入贯彻落实中央统战工作精神，进一步加强党外代表人士队伍建设。积极支持民主党派加强自身建设，努力为党外人士参政议政、服务社会搭建平台。加强新时期高校统战工作理论研究，创新统战工作方式方法。建立完善各民主党派相互交流机制。

20. 发挥工会作用 深化教代会制度建设，丰富教代会内容，完善教代会提案工作，进一步推进学校民主管理。发挥工会桥梁纽带作用，促进校园和谐。积极开展“模范教职工之家”创建活动，不断丰富教职工文化生活。完善工作制度，努力帮助教职工解决实际困难。

21. 做好共青团工作 完善团组织自身建设，加强非层级化团组织体系建设，不断扩大团组织的有效覆盖面。发挥优秀典型引导作用，在青年学生中推进社会主义核心价值观教育。探索第二课堂专业化建设，加强创新创业、社会实践和志愿者工作，满足不同青年群体

个性化发展需求。

22. 做好老龄工作 落实党和国家有关老龄工作的方针、政策，提升服务水平。调整校老龄工作委员会，改善离退休老同志学习、活动条件，积极开展适合老同志身心健康的各类活动。尊重并发挥好老同志在学校建设、关心下一代及和谐校园建设中的积极作用。

23. 维护校园安全稳定 落实安全责任制，完善技防设施建设，规范校园安全管理，积极做好平安校园示范校创建准备工作。打造宣传教育新平台，进一步提升安全宣传教育效果。加大对社会热点问题、网络舆情和宗教渗透的关注，强化信息收集、研判与报送。做好保密工作。

（党委办公室提供）

中共南京农业大学委员会
2015—2016学年第一学期工作要点

本学期党委工作的指导思想和总体要求：深入学习贯彻中共十八大，十八届三中、四中全会精神和习近平总书记系列重要讲话精神，全面落实教育部巡视组整改意见和工作要求，以深化综合改革为动力，进一步加强和改进学校党的建设，扎实推进学校第十一次党代会确定的各项工作任务，切实加快世界一流农业大学建设步伐。

一、完善顶层设计，促进学校又好又快发展

1. 制定“十三五”发展规划 在总结“十二五”发展成就和经验的基础上，围绕学校“三步走”发展策略和综合改革方案，进一步理清发展思路，提出未来五年发展重点和重大举措，精心编制学校“十三五”发展规划。适时召开学校第八届建设与发展论坛。

2. 完善现代大学制度 根据教育部核准的学校《章程》，进一步完善学校内部治理结构，全面推进依法治校和学校治理现代化。完成《南京农业大学学术委员会章程》修订工作，并报教育部，充分发挥学术组织在大学治理中的重要作用。

二、加强党建和思想政治建设，着力提升党的建设科学化水平

3. 全面落实教育部巡视整改意见 落实党风廉政建设党委责任主体，围绕巡视反馈意见中指出的问题，深入查找问题根源，逐项制定整改任务书。把落实巡视整改和持续整治“四风”相结合，把解决具体问题与普遍性问题，解决突出问题、显性问题与隐性问题相结合，通过完善制度建设、严格制度执行，切实做到用制度管权、管人、管事。

4. 改进宣传思想工作 深入落实中央《关于进一步加强和改进新形势下高校宣传思想工作的意见》，牢牢把握党对学校意识形态工作的领导权、管理权和话语权。完善校院两级党委中心组学习方式，推进党校教学“五个统一”和网上党校建设，切实加强思想政治教育阵地建设。成立学校师德师风建设领导小组，制定《南京农业大学师德师风建设长效机制实施意见》，进一步促进良好师德师风的形成。

5. 严格党员干部教育管理 深入开展“三严三实”专题教育，以“政治的明白人、发展的开路人、群众的贴心人”为标准，切实提高广大党员干部党性修养。加强和改进党风廉政教育，严格落实党风廉政建设责任制和领导干部“一岗双责”。完善中层干部考核评价和选拔任用制度，研究制定机构与干部分类管理改革建议方案。充分发挥挂职锻炼、定点扶贫在干部培养锻炼中的重要作用。

6. 完善基层党组织建设 实施“先进基层党组织培训工程”，大力推进学习型、服务型、创新型党组织建设。拓宽党支部作用发挥渠道，提升党支部在新时期学校事业发展中的重要作用。实施把业务骨干培养成党员、把党员培养成业务骨干的“双培”工程，加强教师党员发展，优化党员队伍结构。开展学院党员发展普查工作。

7. 加强文化建设和舆论引导 进一步挖掘学校历史文化内涵，创新文化载体和对南农

精神的宣传形式，将学校百年历史文化资源转化为新时期文化教育资源。加强新媒体平台的建设和运用，促进互动媒体平台发展，不断提升学校社会影响力。制定学校舆情应对规程，完善突发事件舆情应对机制。

三、加强纪检、监察、审计和招投标工作，全面推进反腐倡廉深入开展

8. 充分发挥纪检部门工作职能 深化转职能、转方式、转作风，落实纪委监督责任，强化纪检监察部门执纪问责职能。加强党的纪律建设，严明政治纪律、政治规矩、组织纪律，使党的纪律真正成为触碰不得的硬约束、高压线。

9. 健全惩治和预防腐败体系 落实中央《建立健全惩治和预防腐败体系2013—2017年工作规划》，结合学校实际，制定配套制度。深入开展廉政风险防控工作，严把重点领域和关键环节关口。加强和改进干部人事工作监督，着力防止选人用人不正之风。

10. 加大纪律监督检查力度 加强经常性监督检查，抓早抓小，防微杜渐，督查党员干部，规范权力运行。加强纪律审查，严查党员干部违纪违法行为。加大责任追究，实行“一案双查”。对违反纪律突出的单位，在追究直接责任人的同时，严格追究领导责任。做好信访举报工作。

11. 加强审计和招投标工作 全面落实《教育部关于加强直属高校内部审计工作的意见》，不断完善审计工作体制机制。深化干部经济责任审计，加大预算执行与决算、公务支出、科研经费、基建工程等重点领域审计力度。建立招投标信息管理平台，完善招标流程，进一步规范招投标运作程序。

四、稳步推进综合改革，切实加快世界一流农业大学建设步伐

12. 深化本科教育教学改革 积极推进人才培养机制改革，稳步实施“卓越农林人才教育培养计划”。加强专业建设，构建“校-省-国家”三级品牌专业体系。加强本科教学支撑条件建设，优化本科教学设施与环境。做好迎接本科教学工作审核评估工作。扎实做好大学生思想政治教育、心理健康教育，进一步完善指导大学生就业创业工作机制和少数民族学生事务管理机制。加强招生工作，不断提升生源质量。继续做好继续教育和体育工作。

13. 提升研究生和留学生培养质量 修订研究生培养方案，推进教育部研究生课程建设试点工作，大力推动研究生教育国际化。完善学位授予标准，做好学位授权的评估工作。优化研究生导师招生资格审核制度，加大研究生招生宣传力度。稳步扩大留学生规模，完善留学生教育管理机制。整合利用国际办学资源，积极探索留学生培养新模式。做好教育援外工作。

14. 加强学科建设 启动国家一流学科建设方案申报工作。做好江苏高校优势学科建设工程二期项目中期检查及评估工作。做好“十二五”省重点学科总结验收，为下一轮省重点学科申报做好前期准备。开展第三轮校级重点学科立项建设工作。

15. 加强人才建设和人事制度改革 加快实施“人才强校战略”，增强高端领军人才队伍建设力度，做好引进人才考核和评估工作。继续实施“钟山学者”学术新秀计划。根据国家教育体制改革要求和人才管理改革趋势，加快推进适应学校事业发展的人事制度改革。做好薪酬改革方案设计。

16. 提升科研竞争力 聚焦“十三五”社会经济发展重大需求，统筹资源，积极参与、

跟踪国家（省）重点科研计划指南的编写、发布，力争在人才类项目、创新群体项目和重点项目上有新突破。拓宽国家科技奖励申报推荐途径，做好重大科技成果的遴选、培育和申报工作。做好重点科研平台建设工作，力争“2011 计划”取得突破。优化管理服务机制，加快推进科技成果转化。做好南农特色人文社科智库筹建工作。

17. 增强社会服务能力 积极争取政府资源，加快推动新农村发展研究院建设领导小组和江苏农村发展学院理事会的成立。以区域农业发展和新农村建设需求为导向，加快推进各类基地建设，促进基地持续健康稳定发展。主动对接新型农业经营主体，拓展科技服务范围。完善信息服务平台，创新社会服务手段。

18. 深化国际交流与合作 筹备成立国际化事务咨询小组，制定学校国际化中长期发展规划，出台学院、教师参与国际化激励政策，加快推进学校国际化进程。积极拓展非洲、东盟地区合作伙伴，优化全球校际合作布局。加强国际合作平台建设，充分发挥其在人才联合培养、学术研究等方面的重要作用。推进各类学生交流项目，鼓励学生出国留学。做好师生公派出国工作。开展好第三届世界农业奖颁奖与相关学术活动。

19. 做好服务保障工作 加强与主管部门和地方政府沟通，着力推进新校区规划设计和立项报批等工作。在保证质量的前提下，稳步推进卫岗校区和白马基地各项基建工程。探索白马基地运营管理和服务模式，启动科研项目进驻工作。加强经费统筹、管理和内控力度，积极拓宽财源，增强财务保障能力。全面实施公房管理改革，推进天然气地下管网等基础设施改造。加强经营性资产管理，探索科技成果产业化新途径。推动图书馆服务转型，提升服务质量。加强信息安全技术防范，加快校园信息化建设。加强档案工作，推进档案信息化和档案资源建设。进一步提升医疗保健和后勤服务水平。

五、营造和谐发展氛围，进一步凝聚促进学校事业发展的各方力量

20. 加强发展委员会工作 完善地方校友会组织，推动成立新的海外校友会，发挥海内外校友在学校建设发展过程中的重要作用。规范教育发展基金会工作，完善基金会接受捐赠的管理制度和办法，严格对基金会的财务进行管理和监督。

21. 加强统一战线工作 深入贯彻落实中央统战工作会议精神，加大党外代表人士培养、选拔、推荐和使用力度，为新时期党领导下多党合作和政治协商制度贡献积极力量。加强民主党派自身建设，积极搭建党外人士参政议政、服务社会的平台。开展新时期高校统战工作理论研究，不断创新统战工作方式方法。

22. 发挥工会作用 加强工会组织自身建设。深化教代会制度建设，落实教代会提案工作，进一步推进学校民主管理。发挥工会桥梁纽带作用，促进校园和谐。积极开展“模范教职工之家”创建活动，不断丰富教职工文化生活。完善工作制度，努力帮助教职工解决实际困难。

23. 做好共青团工作 加强院级团组织和团学干部队伍建设。深化理想信念教育，优化思想传播方式和渠道，在青年学生中弘扬主流价值观，传递校园正能量。完善大学生课外科技活动激励政策和组织模式，推动第二课堂科技创新和创业实践活动深入开展。精心组织好大学生社会实践和志愿服务活动。加强对学生社团组织的管理和指导。

24. 做好老龄工作 落实党和国家有关老龄工作的方针、政策，提升服务水平。加强老龄组织和校院两级机关工委建设，切实尊重并发挥好离退休老同志在学校建设、关心下一代

及和谐校园建设中的作用。做好老年社团的指导和协调工作，积极开展适合老同志身心健康的各类活动。

25. 维护校园安全稳定 深入开展安全宣传教育，着力提升师生特别是新生安全防范意识。加强校园治安综合治理，推进技防系统升级改造。落实安全责任制，加大各类安全隐患排查和整改力度，切实维护校园安全。加大对社会热点问题、网络舆情和宗教渗透的关注，强化信息收集、研判与报送。做好保密工作。

（党委办公室提供）

南京农业大学
2014—2015 学年第二学期行政工作要点

本学期行政工作的指导思想和总体要求是：坚持党和国家教育方针，深化高等教育综合改革，加强一流学科建设，加快建设世界一流农业大学。

一、重点工作

1. 实施“学科建设年”活动 进一步强化学科建设的顶层设计，创新学科建设的组织模式，改革学科绩效评价方式，推进学科建设的国际化进程，努力打造一批一流学科，全面提高学校学科的综合竞争力。面向“世界一流”，科学编制“世界一流学科建设计划”，重点建设已有的 4 个 ESI 学科群，努力培育 3 个左右发展潜力较好的学科群，积极推进 1～2 个学科群进入全球前 1‰。面向“国家急需”，有效整合学科优质资源，加强农业科学、农业基础科学、农业工程科学和农业社会科学等优势学科群建设，确保一批一级学科始终处于国内前列。构建新的三级重点学科体系，调整校级重点学科建设模式，突破学科目录限制，以学科集群和新兴交叉学科中心为建设主体，努力提升基础学科、工程学科和人文学科建设水平。

2. 新校区建设立项 加强与主管部门、地方政府、国土部门的沟通，全面推进新校区建设前期工作，与地方政府签订新校区建设框架协议。结合学校中长期事业发展规划，统筹校区协调发展，立足盘活存量土地资源，开展新校区总体规划设计，积极争取建设立项和用地指标。

3. 现代大学制度建设 以章程作为学校依法自主办学、实施管理和履行公共职能的基本准则和基本规范，进一步完善学校内部治理结构，健全各类规章制度，逐步完善与《章程》相配套、覆盖学校各方面的、系统的制度体系。修订《南京农业大学学术委员会章程》，保障学术委员会在学术事务中有效发挥作用。

4. 人事制度改革 研究学校编制管理方案，科学规划学校总体用人规模及不同类型的岗位结构比例。以“人事聘用制度”改革为主线，完善校内岗位设置，岗位分类、分层管理，探索建立不同岗位、不同层次人员的考核评价体系，促进人尽其才和合理流动。结合考核评价制度改革，建立形式多样、自主灵活的薪酬分配制度。研究制定养老保险制度改革方案，促进学校人事管理与社会保障体系的有效衔接。

二、常规工作

（一）人才培养与教学管理

1. 本科教学 坚持本科教学的中心地位，贯彻以学生为本的教育理念，积极推进本科教育教学改革。全面实施“卓越农林人才教育培养计划”，修订人才培养方案，探索建立“拔尖创新型”和“复合应用型”人才的分类培养体系，努力培养具有全球眼光的卓越农林人才。做好教育部本科教学质量工程和江苏省高校品牌专业建设工程工作，努力推进本科教学优质资源建设。科学规划通识教育、专业教育和拓展教育功能，加大以激励学生学习热情和提高教师教学质量为目的的教学管理开放力度，有效整合课内外、校内外、国内外的教学资源，积极搭建与国内外著名大学之间的交流平台。加强教学管理规范化与制度化建设，完善教学质量保障体系，迎接教育部普通高等学校本科教学审核评估。

2. 研究生教育 进一步推进研究生招生机制改革，完善博士生申请审核制，规范推荐免试研究生操作规程，不断提高生源质量。修订研究生培养方案。加强研究生教学管理改革，建立以质量为导向的分级工作量考核标准，促进课程规范化和标准化建设，加快全英文课程体系建设；推进全日制专业学位研究生实践示范基地建设。做好校学位委员会换届和学位授权点评估工作。

3. 留学生教育 发挥各类政府奖学金在留学生招生中的引领示范作用，积极吸引优质留学生生源。加强留学生教育资源建设，稳步提升留学生培养质量。进一步完善留学生管理。搭建留学生校友平台。

4. 继续教育 开拓继续教育生源渠道，力争在函授站点数量和专业设置上有新进展。完善网络平台建设，逐步实现学生注册、缴费的网络化。继续做好各类培训项目，打造品牌，积极拓宽培训领域。

5. 招生就业 创新招生宣传方式，完善招生宣传工作实施办法，推动学校全员参与招生宣传，通过科普讲座进校园、优质生源基地建设等形式，密切与中学的联系，拓展优质生源。调整大学生就业指导与服务中心工作机制，关注大学生创业能力和毕业生就业质量，推动以产学研协同创新为着力点的研究生就业，进一步做好就业创业指导和就业市场开拓，初步形成本研一体化的就业指导服务体系。

6. 学生素质教育 坚持“立德树人、勤学敦行”的指导思想，开展主题教育活动，将学风建设与课外活动有机融合，加强体育与国防教育，强化文化育人功能，全面提高学生综合素质。围绕“国际化”和“创新性”开展学术活动，开阔学生学术视野，提高学术创新能力。

（二）师资队伍建设

7. 高水平师资队伍建设 完善高层次人才工作，重点面向国内外引进杰出领军人才、面向国外招聘青年拔尖人才，完善引进人才的发展评估和服务体系。重点做好院士增选工作，继续做好各类人才工程的申报工作，全面实施“钟山学者”计划，启动“钟山学者”首席教授、学术骨干项目，遴选第三批“钟山学术新秀”。

8. 师资招聘与培养 制订师资队伍建设规划，完善新进教师招聘机制，建立短聘制度，提高各类人才招聘质量。做好专业技术职务岗位分级聘任工作；改革和完善职称评审机制，完成2015年职称评聘工作。

（三）科学研究与服务社会

9. 项目管理与成果申报 适应国家科技体制改革形势，成立科技战略咨询委员会，统筹校内科技资源，改革科研组织模式，确保到位科研经费保持稳定增长。积极争取国家重点研发计划试点专项和国家自然科学基金创新群体等重大项目。发挥基本业务费引导作用，为培育大项目、大成果做好储备。进一步规范科研经费和间接经费管理。构建差别化科研评价体系，激发科技产出活力。跟踪做好科技成果申报、评审、答辩的服务工作，确保重大科技成果持续产出。

10. 协同创新中心与科研平台建设 做好“作物基因资源研究”“食品安全与营养”协同创新中心的答辩工作，力争获教育部认定；积极开展“精准农业”“长江流域杂交水稻”“生猪健康养殖”等协同创新中心的培育工作；完善省级协同创新中心绩效考核指标体系。推进第二个国家重点实验室规划建设。建立“疾病与动物源性食品安全”和“现代作物生产”国际合作联合实验室。完成农业部肉与肉制品检测中心的认证评估，做好农业部重点实验室的绩效考核。启动实验室信息化平台建设，提升实验室管理水平，推动仪器设备共享。建设人文社科特色智库，推进人文社科研究成果的实用化。

11. 产学研合作与社会服务 力争签订横向合作协议金额超过 1.3 亿元，到位经费突破 1 亿元。推进校技术转移中心企业化运行改革试点，探索建立科技成果转化分类评价机制。完善江苏农村发展学院、新农村发展研究院工作体制机制。加强新农村服务基地建设和运行管理，发挥好示范作用。继续开展“挂县强农富民工程”等服务“三农”活动。

（四）国际合作与教育援外

12. 国际合作与交流 筹备成立学校国际化发展战略委员会，制定学校国际化发展中长期规划。优化聘专项目结构，重点支持顶级专家来校深度交流，提高聘专项目成效。做好各类公派项目绩效考核。进一步开发学生出国深造项目，建立“留学超市”和“菜单式”服务模式，营造良好的出国留学氛围。推进“全球健康联合研究中心”“国际技术转移中心”“中澳粮食安全联合实验室”等国际合作平台的建设与运行。积极筹划中外合作办学项目。筹备第三届世界农业奖颁奖活动。

13. 教育援外 统筹规划学校多个教育援外基地的功能定位与运作模式，充分发挥援外基地推动学校国际化发展和为国家外交战略提供咨询服务的功能。继续推进孔子学院各项工作，积极开展农业技术培训，传播中国传统文化，扩大学校国际影响力。

（五）发展规划与校友会工作

14. 发展规划 做好学校“十二五”发展规划总结，启动学校“十三五”发展规划的编制。完成与新校区建设相配套的中长期事业发展规划。组织召开第八届学校建设与发展论坛。筹备“中国高等农林教育校（院）长联席会”第 15 次会议。

15. 校友会工作 成立贵州、河南、台湾校友会，筹建湖北、辽宁、吉林校友会，争取 2015 年底在全国 85％的省（自治区、直辖市）建有校友会。加强校友联络，积极争取校友支持学校建设发展。拓展基金会筹资渠道，制定教育基金会捐赠管理办法和财务管理办法，进一步规范捐赠项目管理。

（六）公共服务与后勤保障

16. 基本建设 尽快完成第三实验楼、牌楼实践与创业指导中心的相关报批工作，力争上半年开工建设。完成校园总体规划修编报批工作，尽快启动牌楼拟建项目的规划设计工作。加快推进白马教学科研基地道路、水利、市政管网和温室等工程。做好老体育馆、教十一楼、教职工活动中心、理科楼低温种子库改造工作，改善学校教学、科研、生活条件。

17. 财务和审计工作 科学编制财务预算，建立预算执行预警制度，强化预算刚性。积极拓宽经费筹措渠道，科学运筹现有资金，合理利用沉淀资金，努力增强学校财力。修订《南京农业大学创收管理办法》和《南京农业大学收费管理办法》。积极推进校园一卡通和网上银行支付系统，试行公务卡制度，提高财务管理信息化水平。做好各类专项资金全程跟踪管理，强化各类科研项目经费审计，继续推进大型基建项目全过程跟踪审计。

18. 图书信息与档案工作 加强文献信息资源建设，做好对馆藏文献资源和新购置数据库的宣传培训工作。加大校园信息化规划与建设力度，完善校园无线网络，规范校园二级网站建设与管理，开展信息安全检查工作，提升网络服务保障能力。进一步优化图书馆布局，改善阅读条件。启动南农人物档案征集工作，逐步完成2010年以后各年度的年鉴编印工作，加快推进档案信息化建设。

19. 后勤保障 完成卫岗校区电力增容及学生宿舍、部分教室空调安装工作。完成卫岗校区家属区供用水系统改造工程，启动家属区社会化管理工作。启动能耗监控平台二期建设，进一步节能降耗。完善学院公房定额配置及有偿使用标准，扩大公房有偿使用试点范围。完成卫岗校区青年教师公寓分配入住及引进人才团队科研用房安排工作。改善医院软硬件条件，提升医疗保障水平。强化饮食安全工作，保持伙食价格稳定。

20. 校办产业 进一步完善现代企业制度，加强对下属企业的内审监控，健全管理体系。做好"南农大"整体品牌的运作以及高端农产品项目的经营，完成"印象南农"整体项目的策划方案并组织实施。健全规划设计研究院的组织框架和运营管理办法。

21. 平安校园建设 完善校园突发事件处置预案，加强安全防范措施，开展安全宣传教育，消除安全隐患。进一步优化和完善校园技防系统，建设校园消防可视化管理平台，升级校园监控设备和道闸系统，保障校园安全稳定。

（校长办公室提供）

南京农业大学
2015—2016学年第一学期行政工作要点

本学期行政工作的指导思想和总体要求是：深入贯彻落实中共十八大，十八届三中、四中全会精神和习近平总书记系列重要讲话精神，全面落实教育部巡视组整改意见和工作要求，深化高等教育综合改革，坚持依法治校自主办学，加快建设世界一流农业大学。

一、重点工作

1. 新校区建设 全力推进新校区建设工作，加强与主管部门、地方政府、国土部门等沟通，与南京市签订新校区建设合作框架协议，启动江北土地处置及落实家属区土地谈判，着力推进新校区规划设计、立项报批、土地转性工作。

2. “十三五”发展规划 在深入总结学校“十二五”建设发展的基础上，启动“十三五”发展规划的编制，融合综合改革方案，全面规划学校今后五年的建设目标、重点任务及主要举措。启动与新校区建设相配套的中长期事业发展规划。适时召开第八届学校建设与发展论坛。

3. 一流学科建设 深入推进“学科建设年”活动，启动“世界一流学科建设方案”申报工作，科学规划新型三级重点学科建设体系，合理设计目标定位与建设任务。

二、常规工作

（一）人才培养与教学管理

1. 本科教学 积极推动人才培养机制改革，强化创新创业教育。全面实施新版专业人才培养方案，全面梳理本科课程设置、系统整合各类教学资源，依托“卓越农林人才教育培养计划”，稳步推进课程建设、教材建设及教师队伍建设，逐步建立符合国家人才战略需求的分类培养体系。拓宽人才培养路径，与教育部部属农业高校开展本科生联合培养。不断加强专业内涵建设，以高等学校本科教学质量与教学改革工程和江苏省高校品牌专业建设工程为引领，带动全校各专业特色发展。加强教学实验室与实验平台硬件建设，改善本科教学基础条件。启动迎接教育部本科教学审核评估工作，分解落实迎评任务，做好迎评前期准备工作。

2. 研究生教育 进一步推进研究生招生改革，修订硕士、博士研究生招生管理规定，规范招生流程；将导师招生审核权下移至学院，建立责权更加清晰的导师年度招生资格审核制度。修订2015年研究生培养方案，完善一级学科课程体系设置，进一步促进本硕博课程体系贯通。改革研究生教学管理方式，试点推行教学质量评估，建立显著提升教学效果的监督与激励机制。推进研究生教育国际化，举办第二届研究生国际学术研讨会。做好学位授权点评估工作。

3. 留学生教育 改进留学生教育教学方式，提升留学生培养质量。积极组织留学生参与校内外文化体验活动。进一步加强留学生招生宣传工作，扩大学校自费留学生规模。

4. 继续教育 继续开拓成人教育生源渠道，力争在艰苦专业推荐入学和校企合作方面有新突破。合理规划函授站布局，加强管理和考核监督，进一步提高教学质量。大力推进远程教学及培训，扩大函授教学覆盖面。

5. 招生就业 总结2015年招生工作。进一步完善特殊类型招生方案。创新招生宣传工作机制，合理配置招生宣传队伍，实现全员参与招生和招生宣传全年化的工作格局。继续做好科普讲座进中学、知名中学校长校园行、校园开放日活动，密切与中学的联系，拓展优质生源渠道。加强毕业生就业市场拓展，为毕业生提供更多的就业选择。建立本科生、研究生一体化的就业创业工作体系，继续加强就业创业指导队伍建设，完善就业创业课程体系和校外创业平台建设，提升学生就业创业和职业发展能力。

6. 学生素质教育 实施大学生思想政治教育质量提升工程，组织开展培育和践行社会主义核心价值观主题教育活动，通过“正青春、好学习”及“钟山讲堂”等主题教育活动，在广大学生中营造崇尚学习、崇尚文化的积极氛围。不断完善学生社区管理制度和学生自我管理体系，提升学生自我管理能力。改进心理咨询和团体辅导方式，做好心理健康知识教育，提升学生心理素质。

（二）师资队伍建设与人事改革

7. 高水平师资队伍建设 加大高端领军人才队伍建设力度，围绕学校学科建设规划，面向国内外有针对性地引进“千人计划”、团队负责人等高端领军人才及团队。做好引进人才的发展性评估和聘期考核。组织好各类人才项目的申报工作。继续实施“钟山学者”计划，组织遴选第三批“钟山学术新秀”。

8. 师资培养与人事制度改革 完善教授岗位分级聘任及管理相关制度，加强兼职教师聘用管理。完善公开招聘流程，建立更加科学的聘用制度。根据国家薪酬改革动向，制订学校薪酬改革方案。全面推进人事制度改革，探索建立适合学校发展的人事管理机制。

（三）科学研究与服务社会

9. 项目管理与成果申报 进一步统筹校内科技资源，创新跨学科科研组织模式，积极参与跟踪国家及省重点研发计划相关前期工作，力争牵头主持重大项目，实现人才类项目、创新群体项目和重点项目的新突破。进一步完善基本科研业务费项目的立项及过程管理，发挥好基本科研业务费在培育大项目、大成果上的引导作用。全面梳理现有科技成果，探索建立科技成果分领域管理负责制和产业化评价机制。积极做好国家、省部等各类科技成果的申报工作。

10. 协同创新中心与科研平台建设 继续推进国家协同创新中心建设，力争“作物基因资源研究协同创新中心”获国家认定。做好国家重点实验室评估准备工作，组织完成教育部、农业部重点实验室评估工作。整合优势资源，推进高端特色智库建设。推进信息化采购平台运行，提升实验室信息化管理水平。

11. 产学研合作与社会服务 推进国家级技术转移示范机构建设。推动新农村发展研究院和江苏农村发展学院组织机构建设，积极争取政府资源，力争在公益性科技推广、政策咨询等方面得到持续性支持。做好与国家级、省级农业园区以及新型农业经营主体的对接，探索社会服务新模式。进一步规范新农村服务基地建设和运行管理，拓展基地服务功能，根据产业链条组建多学科、高层次的基地师资队伍。做好社会服务工作量的认定统计和评价利用工作。开拓社会服务互联网新途径，努力形成新时期学校社会服务新品牌。

（四）学科建设与国际合作

12. 学科建设 按照以一流学科、省优势学科与重点学科、校级重点学科为主线的新型三级重点学科体系要求，优化学科资源配置方式，打破院系等组织壁垒，构建“以问题为中心”的学科组织模式。改革学科绩效评价方式，引用国际标准检验学科发展状况，全面提高学校学科的综合竞争力。

13. 国际合作与交流 筹备成立学校国际化事务咨询小组，制定学校国际化发展中长期规划。加快推进与康奈尔大学、圭尔夫大学、波恩大学等著名院校建立校际合作关系，拓展非洲与东盟地区合作交流，优化学校全球合作伙伴的战略布局。继续做好“全球健康联合研究中心”“国际技术转移中心”“中澳粮食安全联合实验室”等国际合作平台的建设与运行工作，通过研究生联合培养、举办学术研讨会等方式，推动国际合作平台实质化运作。推进与美国康奈尔大学本科“2＋2”双学位项目协议的签署和项目启动工作。继续优化外国专家管理，探索将“外专外教”纳入学校师资管理，提高聘专项目效益。

14. 教育援外 继续执行中非高校“20＋20”合作计划，积极承办教育部、商务部援外培训项目，打造国际培训精品项目。继续加强与埃格顿大学交流合作，建立“中肯作物分子生物学联合实验室”，举办“孔子学院日”等主题教育活动，扩大学校在非洲的影响力。

（五）学术委员会与发展委员会工作

15. 学术委员会工作 尊重并支持校学术委员会独立行使学术权力。完成《南京农业大学学术委员会章程》修订。做好校学术委员会的日常工作，加强校学术委员会与相关职能部门工作的衔接。完成校学术委员会2015年度工作报告，并提交教职工代表大会审议。

16. 发展委员会工作 成立河南、台湾校友会，筹建陕西、湖北、辽宁、吉林校友会，加快推进海外校友会的建立。以《南农校友》和校报为媒介，加强与校友沟通联络，向校友充分展示学校建设发展成就。拓展基金会筹资渠道，规范捐赠项目管理。

（六）公共服务与后勤保障

17. 基本建设 继续抓好白马园区水利及灌溉工程、智能温室工程、主干道路工程等在建工程的质量和进度，为白马基地早日全面启用创造条件。着力推进第三实验楼一期工程，完成牌楼实践与创业指导中心前期施工和批复补办工作。加快推进校园总体规划报批工作，争取牌楼片区整体规划获得通过。加强对学校维修项目的整体规划，建立维修项目评估机制，提高学校资金使用效益。

18. 财务和审计工作 坚持预算执行预警制度，监督检查预算执行情况，重点监控专项经费执行，定期分析经费使用效益，实现学校财务精细化管理。积极拓宽财源，争取国家和地方的政策支持，科学运筹现有资金，合理利用沉淀资金，提高资金使用效益。试行公务卡财务核算报销制度，防范财务风险。出台《南京农业大学经济收入管理及分配办法》，对学校各类收入进行调节管理。加大对预算执行与决算、公务支出、科研经费、基本建设等重点领域的审计力度，探索开展国有资产、内部控制审计工作。建设招投标信息管理系统，进一步提高招投标工作的效率和规范化水平。

19. 图书信息与档案工作 加强以服务学科为目的的文献资源建设，引进优质文献资源和学科分析工具，提升对高端学术成果的服务能力。全面推进校园信息化工作，加强师生综合服务平台及统一支付平台建设。出台《南京农业大学校园网站建设与管理暂行办法》，规范学校各级网站建设与管理。收集、补充学校建校前历史档案，继续开展南农人物档案征集工作，完成2012年、2014年学校年鉴编印刊出工作，加快推进档案信息化工作。

20. 后勤保障 完成教学区天然气地下管网及校内配电房改造建设，加快推进能耗监控平台二期建设。总结公房管理改革试点经验，在卫岗校区全面启动学院公房定额配置及有偿使用。加快推进学校资产信息核查，做好资产采购、建账、处置及统计工作。继续推进卫岗家属区物业社会化管理。修订《南京农业大学公费医疗管理制度》，推进公费医疗改革。保持伙食价格稳定，做好食品安全防控工作。

21. 校办产业 加强对所属企业规范化管理和对企业国有资产监管力度。加大对不良资产清理力度，逐步建立退出机制。严格执行国有资产管理报批报备手续，有序推进混合所有制改革。积极促进学校科技成果转化，探索推进科技产业化的新方式和新途径。

22. 平安校园建设 针对敏感节点，加强安全教育。完成校园监控系统和消防安全系统升级改造，实现物防、技防、人防“三防合一”。做好校园安全环境整治工作，进一步规范机动车、非机动车停放秩序。

（校长办公室提供）

[南京农业大学 2015 年工作总结]

2015 年，南京农业大学深入学习贯彻中共十八大，十八届三中、四中、五中全会精神和习近平总书记系列重要讲话精神，深刻领会中央“四个全面”重大部署，扎实开展“三严三实”专题教育，全面落实教育部巡视意见整改，以“十三五”发展规划编制与综合改革方案实施为契机，切实加快世界一流农业大学与一流学科建设步伐。

一、领导班子建设不断加强，办学治校科学化水平显著提升

（一）坚持并完善党委领导下的校长负责制，进一步凝聚改革与发展共识

严格执行民主集中制，深入贯彻“三重一大”决策制度，完成党委全委会、党委常委会和校长办公会议事规则修订；完善学院党政共同负责制与学院党政联席会议和处（部、院）务会议议事规则；加强学习型班子创建，举办 10 次中心组集体学习，班子成员的政治素养和理论水平不断提升，整体合力和工作活力显著增强。

学校《章程》正式获教育部核准，进一步理顺了学校的内部与外部关系。切实推进民主管理，深化教职工代表大会制度建设，先后召开五届五次、六次教职工代表大会，完善党务公开、校务公开，有效保障广大师生员工在学校民主管理中的重要作用。

（二）深入开展“三严三实”专题教育，不断强化党员干部党性修养

全面推动专题教育。坚持以上率下，认真研究制订实施方案，明确总体要求、目标任务、基本原则和方法举措。左惟和部分分管校领导以及全校 29 个院级党组织主要负责人带头授课，在党员干部和师生中深入开展“三严三实”专题教育，充分发挥领导干部的带学、促学作用，营造了浓郁的学习氛围。

不断深化学习研讨，精心部署专题民主生活会。坚持思想从严、干部管理从严、作风要求从严、组织建设从严、制度执行从严原则，以校院二级党委中心组学习、专题辅导报告、个人自学为主要形式，扎实推进专题教育；举办专题交流会，互通学习成果，促进彼此借鉴。开好专题民主生活会，深入查找和剖析班子及成员存在的党性、作风、思想等问题根源，查摆大学治理中的制度缺陷与困难阻碍，认真开展了批评和自我批评。

（三）狠抓巡视整改方案落实，以巡促改、立行立改

积极配合好教育部巡视工作。学校及时成立工作领导小组，为巡视组开展问卷调查、个别谈话、抽查调阅资料、实地走访调研和召开座谈会做好充分准备，协助教育部巡视组顺利完成了巡视工作任务。

切实抓好巡视反馈意见的整改落实。召开常委会专题研究教育部巡视组的反馈意见，针对存在的 5 大类 20 个突出问题逐一制订整改落实方案，班子成员分工负责，明确具体负责单位与责任人，抓好整改落实。截至目前，各限期整改项目已基本完成，行政办公用房整改

基本到位，“三公”经费支出较去年下降 37%。

（四）积极深化综合改革，科学谋划“十三五”建设发展

综合改革方案正式获教育部批准。当前，学校正从拓展学校办学空间、优化内部治理结构、完善人才培养机制、推进科研组织创新、创新学科发展模式、优化资源筹配方式、深化人事制度改革以及改进党政组织建设 8 个方面 39 个专项上积极推进综合改革方案实施。

初步完成学校“十三五”发展规划编制。在全面回顾总结“十二五”取得成绩，认真分析当前我国高等教育改革与发展形势的基础上，按照国家层面宏观指导思想与总体要求，围绕学校发展战略目标，对未来五年学校在现代大学制度建设等 11 个方面的建设目标、重点和举措，进行深入论证与全面设计。“十三五”发展规划几经修改，在广泛征求意见的基础上，即将提交校长办公会、教职工代表大会、常委会和全委会最后审议通过，并报教育部备案。

二、以世界一流农业大学建设目标为引领，学校各项事业发展再上新台阶

（一）人才培养质量持续提升

招生就业工作有序开展。2015 年，招收本科生 4 325 人，一志愿率接近 100%；录取硕士生 2 240 名、博士生 441 名，硕博连读生和直博生比例达 56%，生源质量稳步提升。加强就业指导与服务，组织 1 100 余家单位来校招聘，应届本科生就业率为 96.18%、研究生就业率为 91.50%。

本科教育教学稳步推进。大力推动创新创业教育改革，出台《南京农业大学创新创业教育改革实施方案（试行）》。修订 2015 版本科专业人才培养方案，改革转专业办法。扎实推进“卓越农林人才教育培养计划”，加强本科教学工程建设，6 个专业入选江苏省高等学校品牌专业建设立项，9 种教材入选江苏省高等学校重点教材，7 个教材建设项目获中华农业科教基金立项，新增 2 个国家农科教合作人才培养基地、1 个省实验教学与实践教育中心建设点。

健全研究生教育质量保障体系。修订研究生培养方案，完善专业学位授予标准，启动学位授权点自我评估与动态调整，9 个学位授权点通过国家专项评估。新增 20 家省级企业研究生工作站，1 个工作站获评江苏省优秀研究生工作站。全年授予博士学位 376 人、硕士学位 1 966 人，获得江苏省优秀博士学位论文 7 篇。

深入开展素质教育。通过各类主题教育活动、专题讲座、典型展示，以及积极推进心理健康教育和体育教学改革，切实做好思想引导。获大学生学术科技作品竞赛全国二等奖 1 项、省级表彰 6 项，高水平运动队在全国大学生体育竞赛中取得优异成绩。

留学生教育质量不断提高。共招收各类留学生 710 人，以留学生为第一作者发表 SCI 论文 30 余篇。同时，着力打造国际文化节等品牌项目，营造浓郁的国际化氛围。

继续教育社会效益和经济效益显著。录取继续教育新生 6 468 人，再创新高。举办各类专题培训班 80 个，培训人次较上年增长 50%。

（二）师资队伍建设继续保持良好势头

全年引进高层次人才 8 人，公开招聘教学科研岗教师 44 人、师资博士后 49 人。万建民教授当选中国工程院院士，1 人获中国青年女科学家奖，1 人入选中组部“青年拔尖人才”，

5 人通过“千人计划”青年人才项目或“长江学者青年学者”专家评审，新增 6 个“农业科研杰出人才及其创新团队”，10 余人入选省各类人才工程。

完善人事制度，起草教师编制管理、岗位分类、聘期考核、学院年度绩效考核与分配实施办法等条例，为实施人事制度改革做了认真准备。遴选 30 名第三批“钟山学者学术新秀”。完成 2015 年专业技术职务岗位分级和专业技术职务评聘。继续改善教职工待遇，调整并补发离退休职工基本离退费，预发在职人员工资，提高在职职工交通补贴标准，年增支出近 1 500 万元。

（三）学科水平达到新高度

实施“学科建设年”，抢抓“双一流”先机，强化学科顶层设计，推动建设综合改革，着力构建以一流学科、省级优势学科与重点学科、校级重点学科为主线的新型三级重点学科体系，学科核心竞争力不断提升。

学校 ESI 总体排名取得新的突破，农业科学进入 ESI 全球前 1‰；植物与动物学、环境生态学、生物与生物化学同比排名均有大幅提升。

推进江苏省高校优势学科建设工程二期建设，开展 8 个省级优势学科项目的中期检查。完成省级重点学科考核，5 个省级重点学科考核等级均为良好。开展一级学科发展态势分析，启动第三轮校级重点学科建设。

（四）科技创新进一步增强

年度到位科研经费 6.65 亿元。国家自然科学基金立项资助 166 项。其中，青年基金资助率超过全国平均水平近一倍。

以第一完成单位获得国家科技进步奖二等奖 2 项、省部级奖 11 项；发表 SCI 论文 1 217 篇，较去年增长 12.5%。校办学术刊物影响力不断提高，《南京农业大学学报（自科版）》荣评江苏省十强科技期刊和中国高校科技期刊优秀网站。

继续培育国家级协同创新中心，稳步建设省级协同创新中心。开展国家重点实验室迎评工作，积极推进国家级、省部级科研平台和国际合作联合实验室建设。金善宝农业现代化研究院获批全省首批重点新型高端智库。

（五）社会服务水平进一步提高

服务社会体系不断完善。组织申报的农业部、财政部重大农业技术推广服务试点项目获得立项。新建 5 个新农村服务基地、6 个区域示范基地、2 个技术转移中心。

加强产学研合作和科技成果转化。签订成果转化合同 446 项，横向合同金额超亿元。新农村发展研究院被科技部、教育部评为优秀。学校还获批国家级科技特派员创业链，被农业部认定为全国农业农村信息化示范基地。

（六）国际交流合作持续深入

举办第三届世界农业奖颁奖典礼暨中外农业教育论坛，签署和续签 28 个合作协议，召开国际学术会议 7 次，举办援外培训班 14 期，新增“111 计划”1 项，23 名教授在国际学术组织任职或担任 SCI 期刊编委，1 人获得江苏友谊奖。

推进人才培养国际化，学校公派出国留学项目达到60项，全年派出学生698人次，较上年增长13%。全年教师出国（境）访问交流356人次，较上年大幅增长。继续建设全英文课程体系，6门课程入选“江苏省高校省级英文授课精品课程”。

（七）办学条件与服务保障水平进一步提高

财务稳健运行，全年各项收入17.66亿元、支出18.20亿元。出台《南京农业大学经济收入管理及分配办法（试行）》，制定经费管理系列制度，强化“三公”经费管理，严控“三公”经费开支。

全力加快新校区工作进程，启动新校区概念性规划和立项建议书编制工作。第三实验楼基本完成施工前期准备，牌楼创业中心进入施工阶段。白马基地教学科研功能启动，7个科研平台项目已陆续进驻。

图书馆文献资源持续扩充，服务学科能力逐步提升。网络基础条件继续改善，校园信息化水平进一步提高。档案工作全面推进，编纂2012年和2014年《南京农业大学年鉴》，启动人物档案征集工作。

后勤保障能力不断增强，新增固定资产2.58亿元，年末固定资产总额达23.02亿元。完成卫岗校区电力增容，为学生宿舍安装空调，改造卫岗家属区给水系统和校区地下燃气管线。优化校医院医疗功能与服务，有序推行医疗改革。

完成资产经营公司营业范围变更和注册资本增资，校办产业经济效益稳步提高。

安全稳定工作扎实推进。升级改造机动车车牌识别门禁系统、校园监控系统，建设消防信息管理平台，校园安全保卫智能化水平不断提升。

三、加强党建和思想政治工作，学校党的建设进一步加强

（一）加强思想政治教育，牢牢把握意识形态的领导权、话语权

发挥校院两级党校作用。认真贯彻“党校姓党”原则，不断完善党校分层分类培训体系。全年共举办各类党校培训班34次，培训入党积极分子3 100余人次；选派25名领导干部参加国家教育行政学院、教育部和省委党校等培训项目；开设第四期中青年干部培训班，并组织新发展学生党员集中培训。

加强思想政治教育。开展宣传思想工作大调研，准确了解并掌握全校师生的思想动态。围绕“四个全面”“三严三实”“十八届五中全会”等专题，结合纪念抗战胜利和反法西斯胜利70周年等契机，不断加强师生理想信念教育和爱国主义教育。制定《建立健全师德建设长效机制的实施意见》，切实推动青年教师思想政治素质和教学科研水平同步提升。

（二）加强基层组织和干部队伍建设，努力提高干部队伍建设与管理科学化水平

切实做好党员发展与党员关系排查。全年累计发展师生党员714人。专题研究部署全校党员组织关系排查工作，提出整改措施，及时解决了全校流动党员、“空挂”党员、“失联”党员等问题。

不断规范干部选拔任用与培养。深入实施“两推一述”制度，改进竞聘方式，优化评价指标。共组织公开竞聘5次，新任处级干部13人。坚持和完善领导干部有关事项报告制度，

报送随机抽查 22 人、重点抽查 5 个批次 34 人。规范领导干部企业兼职，出台《经营性机构干部管理暂行办法》，统一免去在校办产业任职领导干部的兼任职务，校外兼职的干部也已辞去学校党政职务或企业职务。

（三）创新文化建设和宣传工作，不断提升学校软实力和社会美誉度

加强校园文化建设。开展校园文化建设优秀成果评选和竞聘项目立项，组织宣传思想工作先进集体和个人评选。面向社会开展招生吉祥物征集活动，启动“南农出品”创意开发，不断提升学校品牌形象。

讲好南农故事，传播先进理念。创新工作方式，深耕外宣新闻报道的农业“土壤”。提升对外宣传层次，受新华社、中央电视台、《光明日报》《中国教育报》等国家级主流媒体专题报道 157 次。

（四）调动和发挥各方面积极性，积极吸纳各方力量助推学校事业发展

大力支持民主党派做好自身建设、参政议政与社会服务。全年，各民主党派共发展新成员 19 名，向各级人大、政协提交议案、建议和社情民意 35 项。校九三学社被九三学社中央评为“2011—2015 年社会服务工作先进集体”，近 30 名民主党派成员获得国家和省市级表彰。

发挥工会桥梁纽带作用，维护教职工合法权益。积极推进学校民主管理，充分发挥教职工代表大会在民主管理和民主监督中的重要作用。学校获评 2015 年“江苏省厂（校）务公开民主管理示范单位”。

加强校院两级团组织建设，不断提升共青团工作的实效性。发挥先进典型的引领示范作用，广泛开展创新创业、社会实践和志愿公益活动。学校获全国暑期社会实践活动“优秀项目奖”、第二届中国青年志愿服务项目大赛银奖。

完善校友会组织建设，组织教育发展基金会理事会换届选举，建立北美、加拿大、法国等海外与国内校友网络平台，增进校友联系。多渠道争取捐赠，创新教育发展基金运作模式，本年度签订捐赠协议资金达 2 253.5 万元，筹资募捐工作取得较大突破。

改善离退休老同志学习活动条件。投资 150 万元改造教职工活动中心。支持老同志在学校建设发展、关心下一代、构建和谐校园等工作中，发挥积极作用。

四、深入推进反腐倡廉工作，有效维护学校改革发展稳定大局

（一）认真落实“两个责任”，切实加强党风廉政建设

学校成立党风廉政建设和反腐败工作领导小组，出台关于落实党风廉政建设主体责任与监督责任的实施意见，制定纪律检查委员会议事规则。多次召开党风廉政建设专题会议，专题研究和部署廉政工作，听取党风廉政建设和反腐败工作汇报。深入开展廉政教育、廉洁文化创建活动，营造廉洁环境。

全面开展廉政风险防控工作，排查廉政风险点 517 个，制定防控措施 1 080 条。加强信访举报，加大纪律审查力度，共办理信访 109 件，约谈二级单位党政主要负责人 13 人次。严肃党纪政纪和校纪校规，党纪政纪处分 3 人，记过处分 1 人，行政警告处分 1 人，诫勉谈话 13 人。

（二）加强监察、审计和招投标工作，抓好重点领域监管

加强对“三公”经费使用的监察和审计监督。加强干部经济责任、科研经费、财务收支、财务预算审计，配合教育部完成专项审计，严格招生、基建、采购领域监督。

本年度共开展经济责任审计 82 项，科研经费审计 231 项，维修工程项目审计 245 项，监督管理各类招标、跟标及谈判 600 余项，累计审计金额超 30 亿元。

2015 年是学校“十二五”收官与“十三五”谋划之年；是切实落实巡视意见整改，深入推进综合改革的关键时期。一年来，学校各项事业取得可喜进展。在总结成绩的同时，我们也清醒地认识到，学校的工作与世界一流农业大学建设目标相比，与广大师生员工的热切期望相比，还存在许多不足：一是对高等教育规律和高水平现代大学建设规律的把握尚不到位，对学校发展的顶层设计还不够科学；二是领导班子和领导干部的办学治校能力与攻坚克难意识有待加强，办学视野、办学理念仍需不断拓展更新；三是人才培养体系和拔尖创新人才培养模式不够完善，人才培养质量有待进一步提高；四是学科整体水平距世界一流学科要求尚有差距，高层次领军人才的引进、培养与体量还没有达到学校事业快速发展的客观要求；五是党风廉政建设有待深入，“两个责任”落实要继续强化，惩治和预防腐败体制机制还需不断完善。

在新的一年里，南京农业大学将紧紧围绕世界一流农业大学建设目标与“三步走”发展战略实施要求，重点做好以下几方面的工作：

一是以推进世界一流农业大学和一流学科建设为重点，做好系统谋划、加大改革力度，完善推进机制，努力办出“中国特色、世界水平”的高等农业教育。

二是全面推进学校综合改革，不断建立和完善中国特色现代大学制度，优化治理结构，破解发展难题，释放办学活力。

三是牢牢把握高校意识形态工作的领导权、话语权，不断推进和加强高校党建、思想政治建设及两课教育。

四是从更新人才培养理念入手，进一步深化教育教学与人才培养机制改革，大力推进创新创业教育，不断提升人才培养质量。

五是以国家重大需求为导向，加强学科布局的顶层设计和战略规划。在学科建设方面，力求取得新的突破。

六是深入实施人才强校战略，加快培养和引进既能够活跃在国际学术前沿，又能够满足国家重大战略需求的一流科学家、学科领军人物和创新团队，构建适应学校建设发展需要的人才格局。

七是进一步加强战略性、全局性、前瞻性问题研究，着力提升解决农业领域重大问题能力和原始创新能力。

八是全力推进新校区建设进程，超前组织开展新校区规划设计工作，力争早日获得教育部正式立项。

九是不断加强和改进党的建设，切实贯彻从严治党要求，确保“两个责任”有效落实，认真抓好教育部巡视意见整改。

（校长办公室提供）

[教职工和学生情况]

单位：人

教　职　工　情　况

在职总计	专任教师			行政人员	教辅人员	工勤人员	科研机构人员	校办企业职工	其他附设机构人员	离退休人员
	小计	博士生导师	硕士生导师							
2 744	1 638	429	1 026	507	239	160	41	5	154	1 704

专　任　教　师

职称	小计	博士	硕士	本科	本科以下	≤29 岁	30～39 岁	40～49 岁	50～59 岁	≥60 岁
教授	401	364	23	14	0	0	48	174	179	0
副教授	610	424	141	45		4	250	246	110	0
讲师	495	145	348	2	0	33	294	130	38	0
助教	78	0	17	61	0	59	14	5	0	0
无职称	54	54	0	0		54	0	0	0	0
合计	1 638	987	529	122	0	150	606	555	327	0

学　生　规　模

	毕业生	招生数	人数	一年级（2015）	二年级（2014）	三年级（2013）	四、五年级（2012、2011）
博士生（+专业学位）	369	441	1 792	441	434	847	70
硕士生（+专业学位）	1 712（+248）	2 240（+421）	6 718+（1 435）	2 240	2 283	2 195	
普通本科	4 021	4 346	17 791	4 364	4 379	4 487	4 561
普通专科	0	0	0	0	0	0	
成教本科	2 019	2 945	10 070	2 945	2 797	2 168	2 160
成教专科	2 015	2 997	8 308	2 997	2 727	2 584	0
留学生	29	427	278	140	61	56	21
总计	10 165（+248）	13 396（+421）	44 957（+1 435）	13 127	12 681	12 337	6 812

注：截止时间为 2015 年 11 月 5 日。

（撰稿：蔡小兰　审稿：刘　勇　审核：周　复）

三、机构与干部

[机构设置]

机 构 设 置

（截至2015年12月31日）

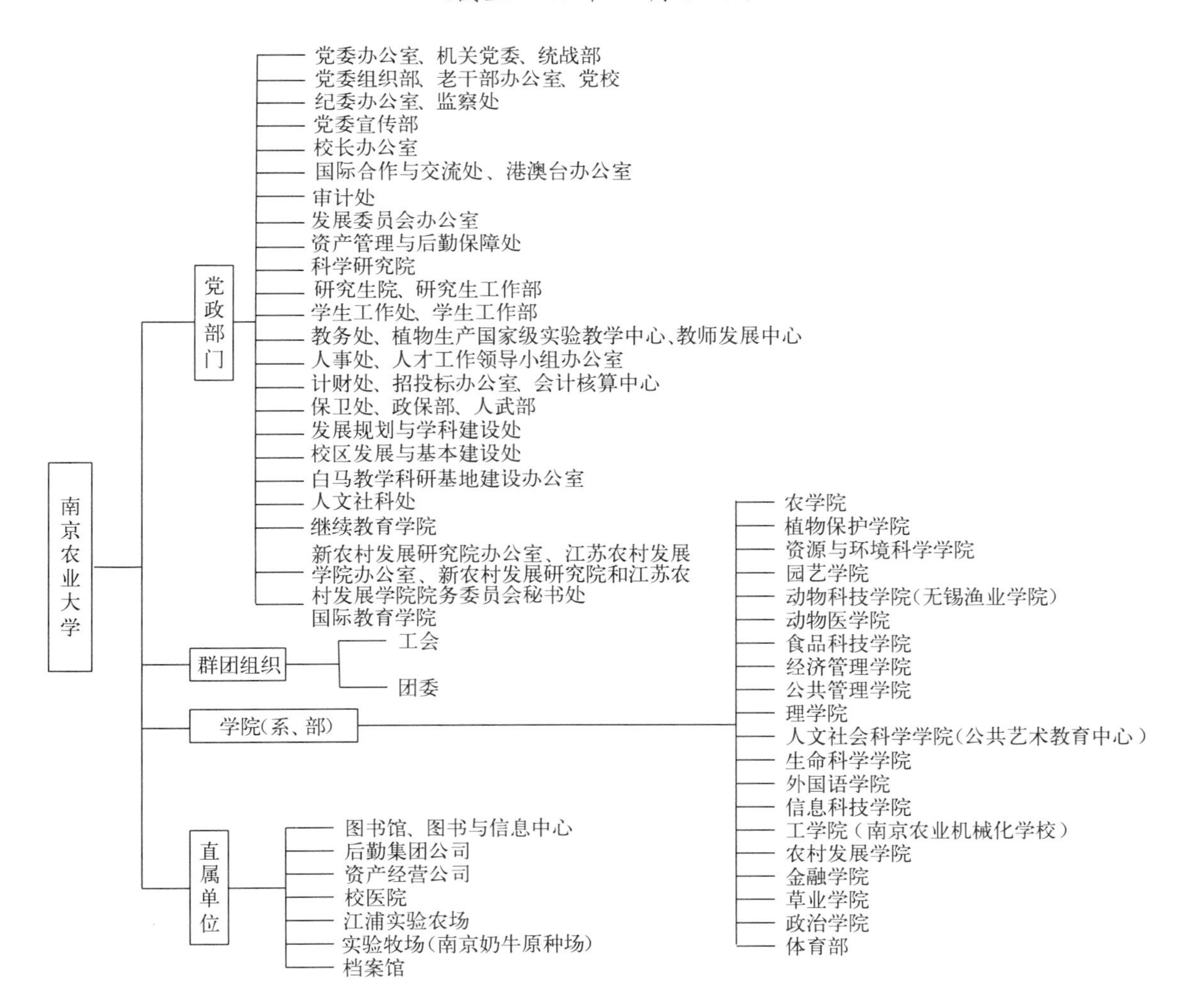

机构变动如下：

（一）行政

成立工学院办公室（副处级建制，2015 年 5 月）

撤销工学院党委办公室、工学院院长办公室（2015 年 5 月）

国际合作与交流处、港澳台办公室与国际教育学院独立设置（正处级建制，2015 年 6 月）

思想政治理论课教研部更名为政治学院（正处级建制，2015 年 6 月）

审计处独立设置（正处级建制，2015 年 7 月）

撤销资产经营公司处级建制（2015 年 12 月）

撤销驻京办事处（2015 年 12 月）

（二）党委

撤销中共南京农业大学国际教育学院直属党支部（2015 年 6 月）

中共南京农业大学思想政治理论课教研部总支部更名为中共南京农业大学政治学院总支部委员会（正处级建制，2015 年 6 月）

撤销中共南京农业大学资产经营公司直属支部委员会处级建制（2015 年 12 月）

[校级党政领导]

党委书记：左　惟

党委常委、校长：周光宏

党委副书记、纪委书记：盛邦跃

党委副书记兼党委宣传部部长：王春春（2015年6月起任党委宣传部部长）

党委常委、副校长：徐　翔　胡　锋

戴建君　丁艳锋　董维春

党委常委、校长助理：刘营军（2015年9月起任校长助理）

副校级干部：闫祥林

校长助理：陈发棣（2015年9月起任校长助理）

[处级单位干部任职情况]

处级单位干部任职情况一览表

（截至 2015 年 12 月 31 日）

序号	工作部门	职　务	姓名	备　注
一、党政部门				
1	党委办公室、机关党委、统战部	主任、书记、部长	胡正平	2015 年 8 月任职
		副主任、副部长	庄　森	2015 年 8 月任职
2	组织部、老干部办公室、党校	部长、主任、机关党委副书记	吴　群	
		副部长	孙雪峰	
		副主任、离休直属党支部副书记	张　鲲	
3	纪委办公室、监察处	纪委副书记、纪委办公室主任、监察处处长	尤树林	
		副主任、副处长	夏拥军	2015 年 3 月任纪委办公室副主任
4	审计处	处长	顾义军	2015 年 7 月任职
		副处长	顾兴平	
5	宣传部	常务副部长	全思懋	2015 年 9 月任职
		副部长	石　松	2015 年 10 月任职
6	校长办公室	主任	单正丰	
		副主任	刘　勇	
		副主任	姚科艳	
7	人事处、人才工作领导小组办公室	处长、主任	包　平	
		副处长	周振雷	2015 年 6 月任职
		副处长	杨　坚	
		副处长、人才工作领导小组办公室副主任	刘泽文	2015 年 12 月任职
8	发展规划与学科建设处	处长	罗英姿	2015 年 7 月任职
		副处长	周应堂	2015 年 6 月任职
9	学生工作处、学生工作部	处长、部长	刘　亮	2015 年 11 月任职
		副处长、副部长	李献斌	
		副处长、副部长、研究生工作部副部长	吴彦宁	

（续）

序号	工作部门	职　　务	姓名	备　　注
10	研究生院、研究生工作部	常务副院长、部长、学位办公室主任	侯喜林	
		副院长、院长办公室主任	陈　杰	
		研究生工作部副部长	姚志友	
		招生办公室主任	薛金林	
		学位办公室副主任	李占华	
		培养处处长	张阿英	
11	教务处、植物生产国家级实验教学中心、教师发展中心	处长、主任、主任	王　恬	
		副处长（正处级）	缪培仁	2015 年 3 月任职
		植物生产国家级实验教学中心副主任	吴　震	
		副处长、公共艺术教育中心副主任（兼）	胡　燕	2015 年 6 月兼任公共艺术教育中心副主任
		副处长、教师发展中心副主任	丁晓蕾	2015 年 9 月任职
12	计财处、招投标办公室、会计核算中心	处长、招投标办公室主任	许　泉	
		副处长、会计核算中心主任	陈庆春	
		副处长	杨恒雷	
		招投标办公室副主任	陈明远	
13	保卫处、政保部、人武部	处长、部长、部长	刘玉宝	
		副处长、副部长、副部长	何东方	
14	国际教育学院	院长	刘志民	2015 年 6 月任职
		副院长	李　远	
		副院长	童　敏	2015 年 10 月任职
15	国际合作与交流处、港澳台办公室	处长、主任	张红生	
		副处长、副主任	张　炜	2015 年 3 月任职
		副处长、副主任	魏　薇	2015 年 8 月任职
16	科学研究院	常务副院长	姜　东	
		副院长（正处级）	俞建飞	
		产学研合作处（技术转移中心）处长（主任）	马海田	2015 年 12 月任职
		科研计划处处长	胡　燕	
		重大项目处处长	陶书田	
		实验室与平台处处长	周国栋	
		成果与知识产权处处长	姜　海	
17	发展委员会办公室	主任	张红生	2015 年 6 月任职
		副主任、校友会秘书长	郑金伟	2015 年 9 月任职
		副主任	杨　明	

（续）

序号	工作部门	职　　务	姓名	备　　注
18	继续教育学院	党总支书记、院长	李友生	2015 年 7 月任党总支书记
		副院长	陈如东	
19	校区发展与基本建设处	处长、直属党支部书记	钱德洲	
		副处长	倪　浩	
		副处长	赵丹丹	
20	资产管理与后勤保障处	资产与后勤党委书记	陈礼柱	
		处长	孙　健	
		资产与后勤党委副书记、副处长	胡　健	
21	白马教学科研基地建设办公室	副主任	桑玉昆	
22	人文社科处	处长	周应恒	
		副处长	卢　勇	
23	新农村发展研究院办公室、江苏农村发展学院办公室、新农村发展研究院和江苏农村发展学院院务委员会秘书处	主任	陈　巍	
		副主任	李玉清	
二、群团组织				
1	工会	主席	欧名豪	2015 年 10 月任职
		副主席	肖俊荣	
2	团委	书记	王　超	2015 年 9 月任职
		副书记、公共艺术教育中心副主任（兼）	谭智赟	2015 年 6 月兼任公共艺术教育中心副主任
三、学院（系、部）				
1	农学院	党委书记	戴廷波	
		院长	朱　艳	
		党委副书记	殷　美	2015 年 11 月任职
		国家信息农业工程技术中心常务副主任、农学院副院长	田永超	
		作物遗传与种质创新国家重点实验室常务副主任、副院长	王秀娥	
		副院长	黄　骥	
		副院长	赵晋铭	2015 年 8 月任职
2	植物保护学院	党委书记	吴益东	
		院长	王源超	
		党委副书记	黄绍华	

（续）

序号	工作部门	职　　务	姓名	备　　注
3	资源与环境科学学院	党委书记	李辉信	
		院长	徐国华	
		党委副书记	崔春红	
		副院长	邹建文	
		副院长	李　荣	
4	园艺学院	党委书记	陈劲枫	
		院长	陈发棣	
		党委副书记	韩　键	
		副院长	房经贵	
		副院长	吴巨友	
5	动物科技学院	党委书记	高　峰	
		院长	刘红林	
		党委副书记	於朝梅	
		副院长	毛胜勇	
		副院长	张艳丽	
6	动物医学院	党委书记	范红结	
		院长	周继勇	
		党委副书记	熊富强	2015 年 9 月任职
		副院长	曹瑞兵	
7	食品科技学院	党委书记	夏镇波	2015 年 6 月任职
		院长	徐幸莲	
		党委副书记	朱筱玉	
		副院长	辛志宏	
		国家肉品质量安全控制工程技术研究中心常务副主任、副院长	李春保	
8	经济管理学院	院长	朱　晶	
		党委副书记	卢忠菊	
		副院长	耿献辉	
9	公共管理学院	党委书记	郭忠兴	2015 年 11 月任职
		院长	石晓平	
		党委副书记	张树峰	
		副院长	于　水	
		副院长	谢　勇	
10	理学院	党委书记	程正芳	
		院长	章维华	2015 年 3 月任职
		党委副书记	刘照云	
		副院长	吴　磊	

（续）

序号	工作部门	职　务	姓名	备　注
11	人文社会科学学院	党委书记	朱世桂	
		院长、公共艺术教育中心主任（兼）	杨旺生	2015 年 6 月兼任公共艺术教育中心主任
		副院长	付坚强	
		副院长	路　璐	
12	生命科学学院	党委副书记（主持工作）	赵明文	2015 年 9 月任职
		副院长（主持工作）	蒋建东	2015 年 12 月任职
		党委副书记	李阿特	
13	外国语学院	党委书记	韩纪琴	
		党委副书记	董红梅	
		副院长	王银泉	
		副院长	游衣明	
		副院长	曹新宇	
14	信息科技学院	党委书记	梁敬东	
		党委副书记	白振田	
		副院长	徐焕良	
		副院长	何　琳	
15	农村发展学院	党委书记	李昌新	
		党委副书记	冯绪猛	
		副院长	姚兆余	
		副院长	周留根	
16	金融学院	党委书记	刘兆磊	2015 年 11 月任职
		党委副书记	李日葵	
		副院长	周月书	
17	草业学院	党总支书记	景桂英	
		党总支副书记、副院长	高务龙	
		副院长	徐　彬	2015 年 7 月任职
18	政治学院	党总支书记、院长	余林媛	2015 年 6 月任职
		党总支副书记、副院长	王建光	2015 年 6 月任职
		副院长	葛笑如	2015 年 6 月任职
19	体育部	党总支书记、主任	张　禾	
		党总支副书记	许再银	
		副主任	陆东东	

（续）

序号	工作部门	职　　务	姓名	备　　注
20	工学院	党委书记	王勇明	
		院长、农业机械化学校校长	汪小昆	
		党委副书记、纪委书记	张兆同	
		副院长、农业机械化学校副校长	李俊龙	2015年3月任职
		副院长、农业机械化学校副校长	沈明霞	2015年8月任职
		纪委办主任、监察室主任、机关党总支书记	张和生	
		办公室主任	李　骅	2015年4月任职
		校团委副书记、学工处处长	邵　刚	
		教务处处长	丁永前	
		人事处处长	毛卫华	2015年6月任职
		科技与研究生处处长	周　俊	
		计财处处长	高天武	
		总务处处长	李中华	
		农业机械化系、交通与车辆工程系党总支书记	刘　杨	2015年9月任职
		农业机械化系、交通与车辆工程系主任	何瑞银	2015年6月任职
		机械工程系主任	康　敏	
		电气工程系党总支书记	王健国	
		管理工程系党总支书记	施晓琳	
		管理工程系主任	李　静	
		基础课部党总支书记	桑运川	2015年9月任职
		基础课部主任	屈　勇	2015年6月任职
		图书馆馆长	姜玉明	
四、直属单位				
1	图书馆、图书与信息中心	党总支书记	查贵庭	
		馆长、主任	倪　峰	
		副馆长、副主任	唐惠燕	
		副馆长、副主任	宋华明	2015年6月任职
2	后勤集团公司	总经理	姜　岩	
		资产与后勤党委副书记、副总经理	胡会奎	
		副总经理	孙仁帅	

（续）

序号	工作部门	职　　务	姓名	备　　注
3	资产经营公司	总经理、直属党支部书记	孙小伍	2015年1月任职
4	江浦实验农场	党总支书记	乔玉山	
		场长、党总支副书记	刘长林	
		副场长	赵　宝	
		副场长	许承保	
5	实验牧场	直属党支部书记、场长	蔡虎生	
6	档案馆	副馆长	段志萍	
7	校医院	院长	石晓蓉	

五、调研员

序号	职别	姓名	序号	职别	姓名
1	正处级调研员	洪德林	10	副处级调研员	尹文庆
2	正处级调研员	董立尧	11	副处级调研员	张　斌
3	正处级调研员	杨春龙	12	副处级调研员	邢　邯
4	正处级调研员	王思明	13	副处级调研员	刘智元
5	正处级调研员	丁为民			
6	正处级调研员	张维强			
7	正处级调研员	沈振国			
8	正处级调研员	陈东平			
9	正处级调研员	姬长英			

（撰稿：丁广龙　审稿：吴　群　审核：周　复）

[常设委员会（领导小组）]

南京农业大学“十三五”发展规划编制工作领导小组

组　长：左　惟　周光宏

副组长：董维春

成　员（按姓名笔画排序）：

丁艳锋　王春春　刘营军　沈其荣　陈利根
胡　锋　钟甫宁　徐　翔　盛邦跃　戴建君

中共南京农业大学委员会保密委员会

主　任：盛邦跃

副主任：胡正平　单正丰　张兆同　姜　东　刘玉宝
张红生

委　员（按姓名笔画排序）：

王　恬　尤树林　朱世桂　乔玉山　全思懋
刘　亮　刘玉宝　刘兆磊　刘志民　许　泉
许再银　孙小伍　李　骅　李友生　李昌新
李辉信　杨　坚　吴　群　吴益东　余林媛
张　鲲　张兆同　张红生　陈礼柱　陈劲枫
范红结　罗英姿　单正丰　赵明文　胡　浩
胡正平　查贵庭　侯喜林　姜　东　夏镇波
顾义军　钱德洲　高　峰　郭忠兴　梁敬东
韩纪琴　景桂英　程正芳　蔡虎生　戴廷波

南京农业大学党风廉政建设和反腐败工作领导小组

组　长：左　惟

副组长：周光宏　盛邦跃

成　员：党委办公室、组织部、宣传部、纪委办公室、团委、工会、校长办公室、监察处、人事处、发展规划与学科建设处、审计处、计财处、教务处、学生工作处、校区发展与基本建设处、资产管理与后勤保障处、研究生院、科学研究院主要负责人

学校科技工作领导小组

组　长：丁艳锋

副组长：姜　东　周应恒

成　员（按姓名笔画排序）：
包　平　许　泉　孙　健　孙小伍　陈　巍
俞建飞　倪　峰

南京农业大学研究生招生工作领导小组成员

组　长：周光宏
副组长：徐　翔
成　员（按姓名笔画排序）：
尤树林　周光宏　侯喜林　徐　翔　盛邦跃
董维春　薛金林

南京农业大学本科教学质量报告编制与发布工作领导小组

组　长：董维春
副组长：王　恬　刘　勇
成　员（按姓名笔画排序）：
王　超　包　平　全思懋　刘　亮　刘志民
许　泉　孙　健　张　禾　张红生　罗英姿
侯喜林　姜　东　倪　峰

南京农业大学国际交流与合作工作小组

组　长：周光宏
副组长：徐　翔
成　员（按姓名笔画排列）：
王　恬　包　平　刘　亮　刘志民　张红生
罗英姿　周应恒　侯喜林　姜　东

南京农业大学安全工作领导小组

组　长：左　惟　周光宏
副组长：盛邦跃　戴建君　丁艳锋
成　员（按姓名笔画为序）：
王　恬　刘　亮　刘玉宝　孙　健　单正丰
胡正平　侯喜林　姜　东　姜　岩　钱德洲
倪　峰

南京农业大学大学生创新创业教育工作领导小组

组　长：周光宏
副组长：盛邦跃　徐　翔　董维春
成　员（按姓名笔画排列）：
丁晓蕾　王　恬　王　超　包　平　刘　亮

刘志民　李友生　张红生　陈　巍　罗英姿
周应恒　侯喜林　姜　东

南京农业大学大学生征兵工作领导小组

组　长：盛邦跃
副组长：刘营军
成　员（按姓名笔画排序）：
王　恬　王　超　王勇明　刘　亮　刘玉宝
许　泉　单正丰　姜　岩　夏镇波

学校财经领导小组

组　长：周光宏
副组长：戴建君
成　员（按姓名笔画排序）：
王怀明　尤树林　刘营军　许　泉　单正丰

南京农业大学本科招生委员会

主　任：周光宏
副主任：盛邦跃　戴建君　董维春　刘营军
委　员（按姓名笔画排序）：
王　恬　尤树林　朱　晶（教师代表）
刘　亮　许　泉　孙　健　杨　克（学生代表）
周建农（校友代表）　郭旺珍（教师代表）

南京农业大学教职工大病医疗互助基金管理委员会

主　任：王春春
副主任：胡正平
成　员（按姓名笔画排序）：
马　凯　尤树林　石晓蓉　包　平　许　泉
肖俊荣　孟繁星

南京农业大学公房管理领导小组

组　长：戴建君
副组长：刘营军
成　员（按姓名笔画排序）：
尤树林　包　平　孙　健　单正丰　胡正平　钱德洲

南京农业大学 MBA 教育指导委员会

主任委员：徐　翔

副主任委员：侯喜林　朱　晶
委　员（按姓名笔画排序）：
王怀明　何　军　应瑞瑶　陈　超　林光华
周应恒　周曙东　胡　浩　耿献辉　徐志刚
特聘校外委员（按姓名笔画排序）：
潘宪生　薛廷武

南京农业大学 MSW 教育指导委员会

主任委员：徐　翔
副主任委员：侯喜林　姚兆余
委　员（按姓名笔画排序）：
冯绪猛　刘　亮　李占华　李昌新　李献斌
张春兰　周留根　屈　勇

南京农业大学改善基本办学条件专项领导小组

组　长：周光宏
副组长：戴建君
成　员（按姓名笔画排序）：
王　恬　王勇明　刘营军　许　泉　孙　健
单正丰　侯喜林　姜　东　倪　峰　钱德洲
桑玉昆

南京农业大学监察工作委员会

主　任：盛邦跃
副主任：尤树林　包　平
委　员（按姓名笔画排序）：
尤树林　包　平　刘玉宝　许　泉　李辉信
张兆同　陈礼柱　欧名豪　单正丰　胡正平
盛邦跃　韩纪琴　戴廷波

南京农业大学国有资产管理委员会

主　任：戴建君
副主任：丁艳锋　刘营军
成　员（按姓名笔画排序）：
王　恬　王勇明　尤树林　刘长林　刘兆磊
许　泉　孙　健　孙小伍　陈礼柱　单正丰
胡　健　胡正平　姜　东　姜　岩　顾义军
钱德洲　倪　峰　桑玉昆

南京农业大学体育运动委员会

主　　任：盛邦跃

副 主 任：戴建君　董维春　刘营军

秘 书 长：张　禾

副秘书长：胡正平　单正丰

委　　员（按姓名笔画排序）：

王　恬　王　超　石晓蓉　卢忠菊　白振田
包　平　冯绪猛　朱世桂　朱筱玉　全思懋
刘　亮　刘玉宝　刘志民　刘照云　许　泉
许再银　孙　健　李日葵　李阿特　张兆同
张树峰　陆东东　周应恒　於朝梅　姜　岩
姚志友　钱德洲　倪　峰　高务龙　黄绍华
崔春红　董红梅　韩　键　熊富强　戴廷波

（撰稿：吴　玥　审稿：刘　勇　审核：周　复）

[民主党派成员]

南京农业大学民主党派成员统计一览表

（截至 2015 年 12 月）

党派	民盟	九三	民进	农工	民革	致公	民建
负责人	马正强	陆兆新	姚兆余	邹建文			
人数（人）	177	159	12	10	8	6	1
总人数（人）	373						

注：1. 2015 年，民盟新增 8 人，减少 2 人；九三新增 8 人，减少 3 人；农工新增 1 人；致公新增 1 人；民革新增 1 人。2. 致公党、民建未成立组织。

（撰稿：朱　珠　审稿：庄　森　审核：周　复）

[各级人大代表、政协委员]

全国第十二届人民代表大会代表：万建民
江苏省第十二届人民代表大会常委：郭旺珍
南京市第十五届人民代表大会代表：朱　晶
玄武区第十七届人民代表大会代表：潘剑君　王源超　朱伟云
浦口区第三届人民代表大会代表：康　敏

江苏省政协第十一届委员会常委：陆兆新（界别：农业和农村界）
江苏省政协第十一届委员会委员：周光宏（界别：教育界，教育文化委员会委员）
江苏省政协第十一届委员会委员：王思明（界别：社会科学界，文史委员会委员）
江苏省政协第十一届委员会委员：邹建文（界别：中国农工民主党江苏省委员会）
江苏省政协第十一届委员会委员：马正强（界别：中国民主同盟江苏省委员会）
江苏省政协第十一届委员会委员：张天真（界别：农业和农村界）
江苏省政协第十一届委员会委员：赵茹茜（界别：农业和农村界）
南京市政协第十三届委员会常委：姜卫兵（界别：农业和农村界）
玄武区政协第十一届委员会常委：严火其（医卫组）
玄武区政协第十一届委员会委员：沈益新（科技组）
浦口区政协第三届委员会委员：何春霞

（撰稿：文习成　审稿：庄　森　审核：周　复）

四、党建与思想政治工作

宣传思想工作

【概况】加强理论武装，深化思想政治教育和精神文明建设工作。学习贯彻中共十八届五中全会精神和习近平总书记系列重要讲话精神。深化每月集中学习与个人理论自学相结合的中心组学习制度，全年围绕中共十八届五中全会、依法治校、现代农业发展等专题开展集中学习报告会，报告会先后被新华日报、江苏卫视、中江网等媒体报道。根据师生员工学习要求和阅读习惯，围绕“四个全面、三严三实、十八届五中全会”专题编印学习参考资料三期共700多册，全年征订各类学习读本900余册。

以社会主义核心价值观为引领，深化师生思想道德建设和理想信念教育。以纪念抗战胜利和反法西斯胜利70周年、金善宝诞辰120周年、12·4宪法日和国家公祭日为契机，制作《百年传承育英才　薪火相继铸辉煌》和《伟大的胜利》等10个专题橱窗和网上橱窗，加强师生理想信念教育和爱国主义教育。启动第四届师德标兵、师德先进个人评选，切实加强师德师风教育。设计问卷在全校范围内开展宣传思想大调查并形成6万余字调研报告，为学校党委科学决策提供智力支持。本年度开展了宣传思想工作先进单位和个人评选，颁发了《南京农业大学关于建立健全师德建设长效机制的意见》，起草了《南京农业大学思想政治理论课建设标准》，健全和完善了工作机制。

提升对外宣传的理念和层次，创新工作方式，深耕外宣新闻报道的农业“土壤”。本年度在做好常规宣传、保证媒体“辐射面”的基础上，着力做好专题宣传的策划、鼓励大稿件的产出，致力于在“信息输送-讲好故事-传播理念”三个层面上，逐层推进对外宣传。据不完全统计，2015年对外宣传报道1 170余篇次，新华社、中央电视台、《光明日报》《中国教育报》《农民日报》《科技日报》《中国社会科学报》、新华网、人民网、中新网等主流媒体专题报道157篇次。

创新外宣工作方法，“开门”做好专题策划。重视发挥学校专家智库作用，及时就与学校优势学科相关的“国计民生”问题发出声音，引导社会舆论。10月，世界卫生组织（WHO）发布红肉致癌报告，学校相关学科专家主动召集对WHO报告质疑的新闻发布会，从科学专业的视角多角度提出令公众信服的质疑依据，宣传部第一时间搜集相关舆情、联系媒体，包括新华社、中新社、中国日报、澎湃新闻在内的20多家媒体参会并报道，取得了客观中立的舆论效果。紧扣时代脉搏打造新媒体，凝聚学校改革发展正能量，利用新媒体实时、互动的传播特性，通过开展一系列的“微直播”“微话题”“微访谈”等活动，实现线上线下宣传工作的“同频共振”。

强抓校内宣传工作，讲好“南农故事”，传递“南农思想”。以栏目为抓手加强校报版面策划与深度报道。校报坚持“导向、深度、高度”原则，全年出版 17 期 68 版，约 70 万字。按照“准确、及时、新颖”原则办好学校新闻网。全年共编辑各类新闻线索 2 500余条，编辑主页滚动新闻 300 余篇，发布新闻图片 1 400 余张。全年审核发布各类公告 800 余条。完成第三届世界农业奖、本科生和研究生毕业典礼及新生入学典礼等 110 余场次大型会议和重要活动的环境宣传、新闻报道、摄影摄像工作。

夯实宣传工作队伍建设，努力构建大宣传工作格局。建立“中央厨房式”的新闻运作制度，在新闻生产的源头上实现平台贯通式的运作。通过选题会、组稿会等方式，在一个“大厨房”内实现新闻素材的集中“采集”，同时就合适的发布平台，采取各具特色的“烹饪”方式。成立“南京农业大学全媒体中心”，明确相关人员的工作职责、绩效激励等管理细则，并组织开展了以新闻摄影、新闻意识、新闻采写为主题的系列培训，不断提高宣传思想文化队伍的整体政治素质和业务水平。

【举办中共十八届五中全会精神宣讲会】 11 月 26 日，江苏省委宣讲团中共十八届五中全会精神报告会在金陵研究院三楼报告厅举行。省委宣讲团成员、省社科院党委书记、院长王庆五来学校做宣讲。

【启动师德先进评选】 11 月，启动第四届“师德标兵”“师德先进个人”评选表彰活动。

【加强师德建设】 9 月，颁布南京农业大学关于建立健全师德建设长效机制的意见（党发〔2015〕74 号）。

【完成全校宣传思想调研】 形成 6 万字调研报告，为学校党委科学决策提供参考。

（撰稿：陈　洁　审稿：全思懋　审核：高　俊）

组　织　建　设

【概况】 截至 2015 年底，学校共有院级党组织 29 个。其中，党委 19 个，党总支 6 个，直属党支部 4 个。学校共有党支部 420 个。其中，学生党支部 247 个，教职工党支部 162 个，混合型党支部 11 个。共有党员 7 321 人。其中，学生党员 4 660 人，占学生总人数的 18.82%；在职教职工党员 1 763 人，占教职工总人数的 64.74%；离退休党员和流动党员分别为 520 人和 378 人。

【教育部专项巡视】 学校及时成立工作领导小组，统筹协调组织和接待工作，协助开展问卷调查、个别谈话、抽查调阅资料、实地走访调研和召开座谈会等，圆满完成巡视工作任务。巡视结束后，学校对存在的 5 大类 20 个突出问题逐一制订整改落实方案，每项整改工作任务均由校领导班子成员牵头负责，并明确具体负责单位抓好落实。

【“三严三实”专题教育】 积极推动专题教育各个环节实施，取得阶段性成效。一是以上率下，精心部署。研讨制定“三严三实”专题教育方案，校领导带头讲授党课。学校 29 个院级党组织集中开展了“三严三实”党课教育。二是紧扣主题，不断深化学习研讨。以校院两级党委中心组学习、专题辅导报告、个人自学等形式开展理论学习。研究召开

“三严三实”专题教育交流会，交流院级党组织三个专题学习研讨成果，促进相互学习借鉴。组织党校兼职教师赴党性与爱国主义教育基地——周恩来纪念馆开展组织生活等。三是坚持标准，规范专题民主生活会。统一部署民主生活会，深入查找和剖析班子及成员存在的党性、作风、思想等根源，深入查找和剖析大学治理中存在的制度缺陷、障碍等根源，认真开展了批评与自我批评。共收集党员领导干部个人党性分析材料 189 份。

【干部管理工作】强化了以干部个人事项、企业兼职及档案核查等为主要内容的干部管理工作。一是坚持和完善领导干部个人有关事项报告制度。2015 年共抽查 58 人，学校对存在瞒报漏报问题的 14 人分别给予了批评教育、暂缓任用或取消考察资格等处理。二是规范领导干部企业兼职。开展党政领导干部在企业兼职专项检查工作。在校办产业任职的 22 名领导干部由学校统一免去兼任职务；在校外企业兼职的 20 名干部中，有 7 人辞去学校党政职务；13 人辞去企业职务。学校研究出台《南京农业大学经营性机构干部管理暂行办法》，进一步规范了领导干部企业兼职。三是全面开展干部人事档案专项审核工作。成立工作组对学校 208 位中层干部人事档案开展专项审核。对 116 份存在出生年月不一致、明显涂改等突出问题的，要求限期整改并开展组织认定。四是研究开发网上填报系统进一步规范领导干部出国（境）管理。

在干部选拔与培养方面，全年民主推荐 6 个岗位选拔处级干部 4 人，轮岗交流 33 人次。通过干部述职、民主测评、个别谈话等对 14 位处级干部开展试用期满考核。全年完成党委宣传部常务副部长等 10 个岗位公开竞聘，选拔任用 9 人。不断拓宽干部实践锻炼渠道。选派胡锋、闫祥林等 4 人参加援疆项目，3 人到艰苦地区挂职或扶贫，1 人参加中组部博士团，12 人参加江苏省科技镇长团，逐步形成在实践锻炼中培养、选用和检验干部的长效机制。同时，学校注重与地方联动，开展干部挂职期满考核。

【基层党组织建设】一是扎实做好党员发展工作。以指标奖励方式调动学院发展学术科研骨干的积极性，不断提高青年教师党员发展比例。二是开展发展党员工作普查。由组织部、宣传部、学工部、研工部联合成立工作组对近一年来各学院党员发展工作进行普查，针对党员发展程序不规范、教育培训不完善、后期培养不到位等一系列问题提出有效解决措施。三是从严做好党员组织关系排查工作。召开党务工作例会研究部署全校党员组织关系排查工作，以“双查”方式，即党（总）支部自查、校院两级党组织核查方式开展普查。及时研究解决了全校流动党员、“空挂”党员、“失联”党员等问题。

【党校工作】坚持“五个统一”，不断建立健全党校工作体制机制，切实提升党校工作科学化水平。一是认真做好干部调训工作。全年选调 25 名领导干部参加国家教育行政学院、教育部、江苏省委党校等组织的培训项目。二是扎实做好干部日常培训。做好党校兼职教师聘任和培训工作。举办党校兼职教师专题学习班，围绕党课教学、“三严三实”等开展研讨。开设第四期中青年干部培训班，采取自学与集中学习相结合、理论研究与讨论交流相结合、专题讲座与现场教学相结合等方式，培训副处级干部 12 人、科级干部 37 人、骨干教师 14 人。不断加强干部网络培训。首批 24 名工学院处级干部通过国家教育行政学院在线学习系统，开展了为期 3 个月的“依法治校”内容学习。三是切实做好学生党员日常培训。每年分两批对新发展学生党员进行面上集中培训，全年累计培训卫岗校区 18 个学院新发展学生党员 416 人。面向新发展学生党员开展“主题党日活动”立项申报工作，做好项目结题验收，有效推进了学生党员培训实践环节创新。四是督促指导分党校开展培训教育。各分党校一年来累计举办各类培训班 34 次，培训入党积极分子 3 100 余人次。

【老干部工作】 一是大力推进“夕阳余晖映朝阳”活动。积极推动老党员与学生党支部结对共建，充分发挥老党员政治威望高、经验丰富、善于做思想政治工作的优势，以专题党课、集体学习、社会实践等多种形式发挥离退休老党员在学校建设发展、关心教育下一代、构建和谐校园中的积极作用，让广大老党员在学校创建学习型党组织过程中“老有所为”。二是切实做好老干部服务管理工作。认真落实老干部政治和生活待遇，加强活动中心学习阵地建设，办好“老干部之家”；建立沟通机制，扎实做好老干部服务与管理工作；积极组织开展纪念中国人民抗日战争胜利 70 周年系列主题教育活动，得到江苏电视台、新华日报等多家媒体广泛关注；建立日常慰问机制，关爱老同志的身心健康；组织开展参观学习、唱红歌等活动，让广大老同志“老有所乐”。

【扶贫工作】 一是重点做好贵州省麻江县扶贫工作。多次研究召开扶贫工作洽谈会，达成下一步精准扶贫工作框架方案。先后举办两期麻江县干部培训班，累计培训 100 人，投入资金 15 万元。二是推进连云港市灌云县官路口村扶贫工作。学校帮扶工作队员在该村累计实施 11 个帮扶项目，总投资额高达 130 余万元。项目涵盖农业生产技术指导、村庄主次干道水泥路网完善、乡村文化建设等内容。受到地方政府赠送热心扶贫锦旗。三是选派 2 名同志分别赴麻江县、金坛市挂职“村第一书记”。

（撰稿：丁广龙　审稿：吴　群　审核：高　俊）

[附录]

附录 1　学校各基层党组织党员分类情况统计表

（截至 2015 年 12 月 31 日）

序号	单　位	党员人数（人）							在岗职工数（人）	学生总数（人）	研究生数（人）	本科生数（人）	党员比例（%）			
		合计	在岗职工	离退休	学生党员			流动党员					在岗职工党员比例	学生党员比例	研究生党员占研究生总数比例	本科生党员占本科生总数比例
					总数	研究生	本科生									
合计		7 321	1 763	520	4 660	3 311	1 347	378	2 723	24 761	7 115	17 646	64.74	18.82	46.54	7.63
1	农学院党委	709	101	18	590	509	81		182	1 849	1 003	846	55.49	31.91	50.75	9.57
2	植物保护学院党委	537	80	19	337	286	51	101	107	1 162	677	485	74.77	29.00	42.25	10.52
3	资源与环境科学学院党委	548	79	15	363	308	55	91	105	1 450	688	762	75.24	25.03	44.77	7.22
4	园艺学院党委	562	78	16	413	317	96	55	131	1 958	728	1 230	59.54	21.09	43.54	7.80
5	动物科技学院党委	341	68	19	254	218	36		104	965	447	518	65.38	26.32	48.77	6.95
6	动物医学院党委	455	64	26	365	264	101		108	1 374	522	852	59.26	26.56	50.57	11.85
7	食品科技学院党委	348	67	8	273	221	52		96	1 177	438	739	69.79	23.19	50.46	7.04
8	经济管理学院党委	322	47	11	264	194	70		75	1 285	331	954	62.67	20.54	58.61	7.34
9	公共管理学院党委	334	60	4	270	206	64		75	1 412	320	1 092	80.00	19.12	64.38	5.86
10	理学院党委	119	57		62	35	27		88	530	67	463	64.77	11.70	52.24	5.83
11	人文社会科学学院党委	135	42		93	46	47		71	853	114	739	59.15	10.90	40.35	6.36
12	生命科学学院党委	460	68	14	306	245	61	72	124	1 309	587	722	54.84	23.38	41.74	8.45
13	外国语学院党委	157	53	6	86	45	41	12	87	784	90	694	60.92	10.97	50.00	5.91
14	信息科技学院党委	132	35	4	90	46	44	3	51	774	84	690	68.63	11.63	54.76	6.38
15	农村发展学院党委	78	17		44	27	17	17	21	304	78	226	80.95	14.47	34.62	7.52

（续）

序号	单位	党员人数（人）							在岗职工数（人）	学生总数（人）	研究生数（人）	本科生数（人）	党员比例（%）			
		合计	在岗职工	离退休	学生党员			流动党员					在岗职工党员比例	学生党员比例	研究生党员占研究生总数比例	本科生党员占本科生总数比例
					总数	研究生	本科生									
16	金融学院党委	260	32		228	126	102	0	38	1 382	302	1 080	84.21	16.50	41.72	9.44
17	工学院党委	977	284	97	569	169	398	27	410	5 954	538	5 416	69.27	9.56	31.41	7.35
18	草业学院党总支	50	15		35	31	4		31	206	68	138	48.39	16.99	45.59	2.90
19	机关党委	355	273	82					342				79.82			
20	继续教育学院党总支	17	12	5					18				66.67			
21	资产与后勤党委	149	97	52					179				54.19			
22	图书馆党总支	52	38	14					76				50.00			
23	政治学院党总支	44	19	7	18	18			30	33	33		63.33	54.55	54.55	
24	江浦实验农场党总支	68	27	41					100				27.00			
25	体育部党总支	29	24	5					38				63.16			
26	离休直属党支部	45	3	42					3				100.00			
27	牧场直属党支部	13	2	11					2				100.00			
28	校区发展与基本建设处直属党支部	18	15	3					21				71.43			
29	资产经营公司直属党支部	7	6	1					10				60.00			

注：1. 以上各项数据来源于2015年党内统计。2. 流动党员主要为已毕业但组织关系尚未转出、出国学习交流等人员。

附录 2　学校各基层党组织党支部基本情况统计表

（截至 2015 年 12 月 31 日）

序号	基层党组织	党支部总数	学生党支部数			教职工党支部数		混合型党支部数
			学生党支部总数	研究生党支部数	本科生党支部数	在岗职工党支部数	离退休党支部数	
合计		420	247	149	98	139	23	11
1	农学院党委	21	15	8	7	5	1	
2	植物保护学院党委	21	15	11	4	4	1	1
3	资源与环境科学学院党委	38	32	26	6	5	1	
4	园艺学院党委	30	25	20	5	4	1	
5	动物科技学院党委	17	11	7	4	4	1	1
6	动物医学院党委	15	13	11	2	1	1	
7	食品科技学院党委	18	12	9	3	4	1	1
8	经济管理学院党委	22	11	11		4	1	6
9	公共管理学院党委	16	11	8	3	5		
10	理学院党委	9	3	3		5	1	
11	人文社会科学学院党委	12	5	3	2	6	1	
12	生命科学学院党委	16	10	6	4	4	1	1
13	外国语学院党委	12	4	2	2	6	1	1
14	信息科技学院党委	11	6	4	2	5		
15	农村发展学院党委	5	3	2	1	2		
16	金融学院党委	14	11	6	5	3		
17	工学院党委	86	57	10	47	28	1	
18	草业学院党总支	3	2	1	1	1		
19	机关党委	22				21	1	
20	继续教育学院党总支	2				1	1	
21	资产与后勤党委	12				9	3	
22	图书馆党总支	4				3	1	
23	政治学院党总支	4	1	1		2	1	
24	江浦实验农场党总支	3				2	1	
25	体育部党总支	3				2	1	
26	离休直属党支部	1					1	
27	牧场直属党支部	1				1		
28	校区发展与基本建设处直属党支部	1				1		
29	资产经营公司直属党支部	1				1		

注：以上各项数据来源于 2015 年党内统计。

附录3 学校各基层党组织年度发展党员情况统计表

（截至2015年12月31日）

序号	基层党组织	总计（人）	学生（人）			在岗教职工（人）	其他
			合计	研究生	本科生		
合计		768	749	130	619	17	
1	农学院党委	45	45	8	37		
2	植物保护学院党委	26	26	8	18		
3	资源与环境科学学院党委	37	37	10	27		
4	园艺学院党委	58	58	19	39		
5	动物科技学院党委	26	26	8	18		
6	动物医学院党委	42	42	12	30		
7	食品科技学院党委	55	55	13	42		
8	经济管理学院党委	37	37	4	33		
9	公共管理学院党委	42	42	8	34		
10	理学院党委	19	19	2	17		
11	人文社会科学学院党委	28	28	5	23		
12	生命科学学院党委	37	36	11	25	1	
13	外国语学院党委	28	27	3	24	1	
14	信息科技学院党委	25	24	3	21	1	
15	农村发展学院党委	10	10	3	7		
16	金融学院党委	43	41	4	37	2	
17	工学院党委	198	191	5	186	5	
18	草业学院党总支	2	2	1	1		
19	机关党委						
20	继续教育学院党总支	1				1	
21	资产与后勤党委	4				4	
22	图书馆党总支						
23	政治学院党总支	3	3	3			
24	江浦实验农场党总支	2				2	
25	体育部党总支						
26	离休直属党支部						
27	牧场直属党支部						
28	校区发展与基本建设处直属党支部						
29	资产经营公司直属党支部						

注：以上各项数字来源于2015年党内统计。

（撰稿：丁广龙　审稿：吴　群　审核：高　俊）

党风廉政建设

【概况】2015年，学校党风廉政建设围绕上级党组织和学校党委的工作部署，推动落实党委主体责任和纪委监督责任，推进惩治与预防腐败体系建设，强化监督执纪问责，为学校建设与发展提供了有力保证。

加强学习教育，提高纪律规矩意识。坚持开展理想信念和宗旨教育、党性党风党纪教育、法制教育，切实提高党员干部党性观念、道德修养和精神境界。对新提任的16名处级干部进行了廉政谈话。校纪委发放《中国共产党廉洁自律准则》《中国共产党纪律处分条例》单行本350册，并组织学习，引导党员干部知纪守纪，树立党章党规党纪的权威性、严肃性。组织师生参与了教育部、省纪委、省教育厅廉政文化作品征集活动，举办了第三届“中国梦·廉洁情”主题演讲比赛、廉政小故事写作比赛等，推进廉政文化作品创作与廉洁知识传播。

狠抓压力传导，推动“两个责任”落实。成立了学校党风廉政建设和反腐败工作领导小组，出台了《关于落实党风廉政建设主体责任的实施意见》和《关于落实党风廉政建设监督责任的实施意见》，强化责任追究，推动各级领导班子和领导干部积极落实管党治党责任。召开了党风廉政建设约谈会，对学校各单位党组织落实好党委主体责任和纪委监督责任提出要求，促进二级单位把从严治党的主体责任落到实处。

开展监督检查，积极防控廉政风险。印发《关于深入开展“小金库”专项治理工作的通知》，组织开展了“小金库”专项治理工作，进一步严肃财经纪律，坚决清理纠正违规设立“小金库”行为。检查督促全校公务用车、国内公务接待及行政办公用房整改工作，推动立行立改，确保中央八项规定精神落到实处。对计财处、新农办、国际处、发展委办、工学院等单位廉政风险防控工作进行了督导检查。全校共排查廉政风险点517个，制定防控措施1 080条。

加强纪律审查，防止腐败滋生蔓延。加强信访举报工作，通过受理和核查群众信访举报，促进党风校风明显改善。纪检监察部门全年共办理信访119件。其中，教育部巡视组转交49件，上级纪检机关转交20件，自收50件。加强对“两个责任”落实情况和纪律执行情况的检查监督，约谈了二级单位党政主要负责人13人次，层层传导压力。针对校内发生的违法案件，严肃纪律，及时给予3名涉案人员党纪政纪处分，同时实行“一案双查”，先后进行了45人次谈话调查，对其中2人予以立案调查，分别追究有关人员责任，给予记过处分1人、行政警告处分1人，进行诫勉谈话5人。组织校机关各部门、各直属单位召开违法违纪案件剖析会，针对近两年发生在党员干部、教职工身边的案例，以案释纪、以案施教，进一步增强党员干部的纪律意识和责任意识。对苗头性、倾向性问题，运用谈话、函询等处置方式，做到早提醒、早纠正，把纪律和规矩挺在前面，防止小问题酿成大错误，先后谈话函询15人次，诫勉谈话8人。

加强纪检监察干部队伍建设，保持忠诚干净担当。落实“三转”要求，集中精力抓好监督执纪问责工作，减少事务性、参与式监督。除保留招生、重大工程项目日常监督工作外，将其他日常事务性监督回归主责部门，纪检监察部门做好“监督的再监督”。加强纪检监察组织建设，调整学校监察工作委员会、招生监察工作领导小组组成人员，着手调整二级党组织纪检工作人员配备，优化专兼职纪检监察工作队伍。加强纪检监察工作制度建设，制定了《中共南京农业大学纪律检查委员会议事规则》等，确保纪委研究决策科学民主、工作规范。积极参与教育部纪检组党风廉政理论研究活动，承办教育部部属高校和省部共建高校纪委第六片组专题研讨会，推进省教育纪检监察学会南京农业大学分会建设，开展高校反腐倡廉建设理论研究和实践探索，提高了学校反腐倡廉建设科学化水平。

【党风廉政建设工作会议】2015 年 3 月 25 日，学校 2015 年党风廉政建设工作会议在校会议中心召开。会议主题是：贯彻落实十八届中央纪委五次全会和教育系统党风廉政建设工作视频会议精神，总结、交流学校 2014 年党风廉政建设和反腐败工作，部署 2015 年工作。学校党委书记左惟出席会议并讲话，校长周光宏主持会议，学校党委副书记、纪委书记盛邦跃做工作报告。校领导、校纪委委员、中层干部、特邀党风廉政监督员等 150 余人参加会议。左惟在讲话中就推进学校党风廉政建设提出四点意见：一是准确把握党风廉政建设和反腐败工作新要求，为学校综合改革提供政治保证；二是落实全面从严治党要求，严守党的纪律规矩；三是加大压力传导和责任追究力度，切实履行党委主体责任；四是落实“三转”要求，全面支持纪委履行监督责任。盛邦跃在工作报告中对 2014 年学校党风廉政建设和反腐败工作进行了总结，对存在的典型问题进行了深入剖析；对 2015 年工作做了部署。校区发展与基本建设处、计财处、学生工作处、农学院主要负责人分别发言，汇报交流了各自单位党风廉政建设工作做法和体会。

【校园廉洁文化活动】根据教育部和江苏省教育厅部署，2015 年 6 月至 11 月，学校组织开展 2015 年校园廉洁文化活动。活动主题是“遵法·崇廉·明德”。活动采取全校统一组织与各单位自主开展相结合方式进行，学校层面活动由校纪委牵头组织，相关部门和单位配合；单位层面活动由各单位结合实际自行组织。活动内容有：高校廉政文化作品征集活动；大学生廉洁知识问答活动；“校园廉洁文化活动月”活动。其中，“校园廉洁文化活动月”活动内容是：第三届“中国梦·廉洁情”主题演讲比赛、廉政小故事写作比赛、校园廉洁文化活动创新项目评选。11 月 25 日，由校纪委、校团委和政治学院共同主办的第三届“中国梦·廉洁情”主题演讲比赛决赛在大学生活动中心举行。江苏省教育纪工委副书记荆和平，校党委副书记、纪委书记盛邦跃，校纪委副书记、监察处处长尤树林，政治学院党总支书记、院长余林媛等领导和专家应邀担任大赛评委。政治学院葛笑如、吴国清、孙琳和孟凯老师担任点评嘉宾。来自学校公共管理、金融、外国语、植物保护等 9 个学院的 12 个参赛团队依次登台演讲。本次演讲比赛也是政治学院《毛泽东思想和中国特色社会主义理论体系概论》课程专题实践教学的重要环节。校园廉洁文化活动结束后，学校对各参与单位选送的 35 件廉洁文化作品进行了评比表彰。农学院沈吉珉团队《抉择造就人生，廉洁筑梦中华》获得第三届“中国梦·廉洁情”主题演讲比赛一等奖；校团委《贪念之果》、工学院《师》获得廉政文化作品奖一等奖；工学院《践行“三严三实”，推进作风建设》被评为廉政文化活动创新项目；政治学院、工学院获得校园廉洁文化活动优秀组织奖。学校选送的两件书法作品分别获得江苏省教育厅举办的“全省第九届校园廉洁文化活动周”书画摄影类奖项。其中，工学院周啸天《廉政美言集锦》获得一等奖，工学院朱碧华《廉政名联》获得二等奖。

（撰稿：章法洪　审稿：尤树林　审核：高　俊）

统　战　工　作

【概况】2015 年，学校党委紧紧围绕习近平总书记在中央统战工作会议上的讲话精神，进一步加强民主党派班子建设、制度建设，不断提高民主党派工作能力与水平。校九三学社被九三学社中央评为“九三学社 2015 年社会服务工作先进集体”，20 余名民主党派成员获得省级以上表彰。

学校全年共发展民主党派成员 19 人。其中，九三学社 8 人，民盟 8 人，农工党、民革和致公党各 1 人。协助民进支部完成换届工作。

充分发挥民主党派组织和党外人士在学校建设发展中的重要作用，围绕综合改革方案、人事制度改革、“十三五”发展规划方案等主题多次召开统战工作座谈会，邀请各民主党派和无党派人士代表 20 余人次列席学校教代会等重要会议，积极征求民主党派对学校事业发展的建议，通报学校重要工作。

进一步加强党外代表人士的教育和培养，推荐党外人士参加中央和省市社会主义学院培训 2 人次。潘剑君荣获九三学社中央全国优秀社员、汤国辉教授荣获九三学社中央“2015 年社会服务工作先进个人”；民盟郭旺珍教授荣获第十二届“中国青年女科学家奖”；民进王思明教授荣获“全球重要农业文化遗产保护与发展贡献奖”。

通过下拨经费、指导活动、参加会议等多种形式，为民主党派和党外人士服务社会、参政议政提供保障。学校民盟举办“人事制度改革与学校发展论坛”“我心目中的世界一流农业大学”专题研讨；校九三学社积极参与南京市科普作家协会讲座活动；校致公党成功组织“2015 年海外留学人员南京农业大学考察联谊活动”。

2015 年，各民主党派向各级人大、政协、民主党派省委提交议案、建议和社情民意 35 项，承担上级组织调研项目 4 项，组织参与大型社会服务活动 17 次。

（撰稿：文习成　审稿：庄　森　审核：高　俊）

安　全　稳　定

【概况】2015 年南京农业大学安全稳定工作在省市公安、消防、交管等部门的指导、帮助下，认真履行工作职责，坚持“预防为主、防治结合、加强教育、群防群治”的原则，积极落实各项安保措施，确保校园的安全稳定，全年未发生一起有影响的重特大事件。

强化信息管控，预防校园突发事件。2015 年安全稳定工作主要是围绕两会、抗日战争 70 周年阅兵等重大活动以及“6·4”“7·5”等敏感节点来开展工作。密切关注民族学生动态，实时掌握民族学生思想动向，加强信息员队伍建设，及时掌控西藏、新疆学生的动向；进一步完善突发事件处置预案，修订、编撰完成《南京农业大学校园突发事件应急处置预案》，详细制定事故灾害类、安全生产类、公共卫生类、社会安全类等具体工作预案 25 件；加强情报信息收集、甄别、处理和上报工作，全年上报《信息快报》24 份。

坚持“教育先行、重在预防”的安全教育理念，紧抓几大时间关键节点。即抓好新生入学季、新生军训季及安全宣传月等节点的宣传。坚持重要节点与常规工作相结合，常规宣传与创新宣传相结合的方式，一年来开展多层次、多角度、多领域的安全宣传教育活动近 20 余次，真正将安全宣传教育深入到每一个师生员工中。

加大查处力度，维护校园安全稳定。针对公共场所拎包案件、校园扒窃案件、电讯网络诈骗、自行车盗窃案件以及其他各类安全隐患，坚持长效管理与突击整治相结合。全年开展了多次隐患排查与多项校园安全专项整治行动。共组织各类安全检查 10 余次，整改隐患 40 多处，受理各类案件、事件 54 起，破获或协助公安机关破获 7 起，处理 5 人。

校园大型活动专项保障。全年完成各类重大活动、大型考试的安保和交通保障等近三十余次。完成迎新期间和在职攻读硕士学位全国联考的校园交通保障，面对近千辆机动车的进出和停放压力，全校上下群策群力有序组织，全体人员热情服务，做到了无拥堵、无事故、无矛盾纠纷的目标，圆满完成重要节点和重大活动的交通保障工作。

系统规划技防体系，加大加快安防建设投入。校园技防系统建设，一直是学校安全保卫工作的重点，多年来学校始终坚持高标准、高起点，加大投入建设完善各项安防系统，几年来共完成总投资规模 1 462 万元。2015 年，学校进一步加大技防建设投资力度。投资近 400 万元，升级改造校园监控系统，使得校内公共区域监控达到全数字化效果，更新监控查阅系统、增加电子地图功能、改造监控中心。建成消防可视化平台。建成档案馆气体灭火系统。进一步强化校园安防保障体系，力求达到集中控制、科学管理、联动紧密、防范有效的效果。

科学规划、合理疏导、推动校内环境的综合整治。联合各相关部门重新修订发布《卫岗校区机动车辆出入停放管理办法》，通过对进出校园的机动车辆实行交通物业化管理，实现校园交通秩序规范。对校园大门的道闸管理系统进行升级改造，新系统结合了车牌识别和 ETC 双识别的功能，道闸起落杆速度达到了 1.4 秒，提高了车辆的通行速度和稳定性，杜绝了车辆跟车和串卡使用的现象，并完成各大门和中心数据库自动更新功能。

【开展新生安全教育】制作新生《安全教育第一课》，随录取通知书发放到学生手中，使广大新生在成为大学生的第一刻就能主动接受安全教育。新生军训集中期，采取集中和分散相结合的教育方式，给所有新生发放《新生安全宣讲资料》，以连队为单位，每天利用军训休息之余进行宣讲；保卫处工作人员和校学生红十字会更是深入到各个连队进行安全教育。同时邀请公安、消防专家给所有新生进行集中式的安全教育和急救培训；组织全体新生参加安全知识竞赛，力求进一步强化学生的安全意识。

【开展专项检查】结合平安校园长效机制建设，年内进行全覆盖、多层次的安全检查：寒暑假、法定节假日和新学期伊始分别开展治安、消防综合性安全检查；5 月 26 日，由省教育厅、公安厅组成的联合检查组对学校校园安全情况进行检查；6 月下旬，联合学校学工处、学校后勤集团、资产处等部门开展全面的安全检查活动；10 月，由校办牵头，全校相关单位、部门共同参与，进行全校性安全进行交叉大检查；11 月，对科研院、肉品中心开展联合检查。

【开展通信网络诈骗专项宣传】近年来，电信网络诈骗异常猖獗，诈骗花样不断翻新。针对大学生防范意识差的现象，今年学校在安全宣传月、新生入学季、新生军训季以不同形式，利用展板、横幅、电子宣传栏、网络、微信平台、邮件等各种载体开展了广泛的防范通信网络诈骗宣传，两年来新生入学期间，学校新生诈骗案件保持极低发案率，全年诈骗案件大幅度降低。

（撰稿：洪海涛　审稿：刘玉宝　审核：高　俊）

人　武　工　作

【概况】2015 年，人武部以中共十八大和十八届三中、四中、五中全会《决定》精神和习近平关于国防和军队建设重要论述为指导，紧紧围绕强军目标和学校实际，真抓实干，开拓进取，开展人武工作。结合国际国内形势，认真落实国防教育活动。加强军校共建，全面做好双拥工作。深入推进大学生应征入伍工作，精心组织实施大学生军事技能训练等。

【组织学生应征入伍】5 月 12 日，在校园网发布《关于 2015 年义务兵应征报名的通知》，并在校园内悬挂征兵宣传横幅和 2015 年南京市夏季征兵优惠政策。5 月 20 日起，连续多日在玉兰路持续举办大学生征兵政策现场咨询活动，校人武部教师向大学生现场说明报名入伍的具体流程，解读大学生入伍的各项优惠政策，并进行现场登记。6 月 1 日下午，南京市副市长华静、南京市政府副秘书长许明及市民政局、公安局、教育局、人社局等相关部门人员检查指导学校大学生征兵工作。学校党委书记左惟，党委副书记、纪委书记盛邦跃，党委常委、党办主任刘营军以及玄武区人武部有关人员出席汇报会。2015 年，学校共有 29 人参军入伍服义务兵役。其中，应届毕业男生 16 人，女生 1 人，在校男生 5 人，女生 2 人，成教男生 5 人。2016 年 2 月，学校被江苏省人民政府、江苏省军区授予 2015 年度普通高等学校征兵工作先进单位。

【组织学生军事技能训练】9 月 7 日至 21 日，组织开展 2015 级学生军训。9 月 7 日下午军训工作领导小组组长、校党委副书记盛邦跃参加军训动员大会，对全体参训学生提出了殷切的希望。军训期间开展了内容丰富、形式多样的活动，如编制印发《军训快报》4 期，集中组织观看国防教育影片《甲午甲午》，并举办“抗日魂·中国梦”军训征文、板报比赛各 1 次。此次军训，学校共 4 400 余名本科新生参加，卫岗校区和浦口工学院同时进行，南京军区临汾旅 96 名官兵担任教官，各院系辅导员担任政治指导员，通过严密的组织，顺利完成了大纲规定的军训内容，达成了军事训练的目标。

【组织学校国防教育活动】9 月 3 日，学校各级学生组织以“追忆民族抗战史，助力强国复兴梦”为主题开展系列纪念活动。邀请抗日老战士出席，与南农学子共同铭记历史、展望未来，并一起收看阅兵式直播盛况。此前，学校相关学生组织开展“留住红色记忆、寻访抗日老战士”等主题教育活动，郭锐敏、邵钧、周文俊等抗日老战士作为学生的寻访对象，多次参与访谈、为青少年学生做报告等。9 月 25 日，由江苏省教育厅、江苏省军区司令部、江苏省军区政治部、江苏省全民国防教育委员会办公室主办，中国药科大学承办的江苏省高校国旗班比武表彰大会在中国药科大学举行。学校学生纠察队荣获江苏省高校国旗班比武二等奖。2015 年 11 月 2 日，江苏省教育厅、江苏省军区政治部、江苏省全民国防教育委员会办公室文件【苏教体艺〔2015〕17 号】《关于公布国防教育征文获奖名单的通知》，公布学校农学 151 陈颖的《夜幕下的凌辱和浴血重生》、农学 133 李超的《老兵的心里话》获大学组三等奖。

【组织开展“双拥共建”工作】9 月 11 日下午，邀请南京市消防局宣传部梅亮上尉，在学校体育中心集中对全体新生进行消防安全知识讲座。11 月 11 日，邀请南京市消防支队在学校本科生宿舍楼 13 舍 5 楼组织开展了“11·9 消防宣传日”主题活动之消防逃生演习。这些活动既使大学生们了解了消防常识，提高了安全防范意识，增强了自我保护能力和对消防突发事件的应急处理能力，同时也丰富了“双拥共建”活动。

（撰稿：洪海涛　审稿：刘玉宝　审核：高　俊）

工会与教代会

【概况】2015 年，学校荣获“江苏省厂（校）务公开民主管理示范单位”称号，是江苏省教育科技系统唯一获此殊荣的单位。

学校工会在工会系统中认真组织开展思想政治教育工作和“三严三实”主题教育活动，引导教职工勤奋工作、创新劳动、奉献社会。组织学校动物科技学院张定东副教授参加省教科工会赴宜兴开展“教师回报社会”活动，为 200 多名螃蟹养殖户做专题报告并进行实地技术辅导。举办“中国梦　祖国美”教职工歌唱比赛，比赛歌手同书中国梦，共唱祖国美，用歌声表达对祖国诚挚的爱和对未来美好的期盼。宣传学校先进典型事迹，发挥先进示范引领作用，学校团委获得省总工会授予的“工人先锋号”称号。

校工会切实关注教职工权益与文化生活，积极开展形式多样的活动。积极联系周边中小学，为青年教职工子女上学提供帮助和服务；组织单身青年教师参加在宁高校、科研院所间的“缘分的天空”青年联谊会，扩大交友面；“护士节”慰问校医院的医护人员；组织女教职工代表参加在宁直属高校、科研院所女性“分享阅读，品位人生”读书沙龙活动，参与好书推荐，诵读美文，分享阅读的收获；承办在宁高校、科研院所集邮协会“一片邮品”邮展与讲座活动。参加江苏省在宁直属高校乒乓球赛比赛、第五届全国农林高校羽毛球比赛、举办教职工运动会、乒乓球赛、羽毛球混合团体赛、象棋比赛、扑克牌比赛、钓鱼比赛、绿道健身行等群众性文化体育运动，营造和谐氛围，增强教职工的凝聚力。

坚持开展“送温暖”活动，全年共慰问重大疾病住院的教职工及有其他特殊困难的教职工 30 多人次。组织劳模、获省级以上荣誉的先进教职工分次赴南京汤山和福建厦门等地疗休养。会同学校有关部门做好教职工重大节日慰问品的组织和发放工作；发放纪念中国人民抗战胜利暨世界反法西斯战争胜利 70 周年普通纪念币。继续做好大病医疗互助会工作，切实帮扶和缓解教职工因生大病引起的困难，一是及时组织新进教职工入会，二是认真做好基金的补助发放工作，2015 年大病医疗互助会补助 66 名因病住院的会员共 45.78 万余元。加强工会组织建设和自身队伍建设，对本年度部门工会工作进行评比和表彰。严格执行全国总工会、江苏省总工会及学校的各项文件规定，规范工会经费管理，提高会计核算与工会财务管理质量。

【第五届教职工代表大会第五次会议】 1月14日下午，金陵研究院三楼会议室举行了第五届教职工代表大会第五次会议。会议的议题是讨论《南京农业大学综合改革方案（草案）》。发展规划与学科建设处处长刘志民向大会做《南京农业大学综合改革方案（草案）》制订情况说明。全体与会代表围绕《南京农业大学综合改革方案（草案）》进行了分组讨论，各代表团向主席团会议汇报了讨论情况，审议通过的《南京农业大学综合改革方案》，将报国家教育体制改革领导小组办公室备案。

【第五届教职工代表大会第六次会议】 4月8日下午，金陵研究院三楼会议室举行了第五届教职工代表大会第六次会议。大会听取了校长周光宏做的题为“全面深化教育综合改革促进世界一流农业大学建设”的学校工作报告，听取了副校长戴建君所做的“学校财务工作报告”和党委常委、党办主任刘营军所做的“教代会代表提案工作报告”。会后与会代表们分为9个代表团围绕“学校工作报告”和“学校财务工作报告”进行了分团讨论，对学校改革发展提出意见和建议。4月9日下午，学校召开教职工代表大会主席团会议，校党委书记左惟主持会议听取各代表团的讨论情况。左惟指出，学校近期工作将以深化综合改革为契机，集中精力推进学校重点改革举措，为实现学校发展战略目标奠定坚实基础。

会议期间共征集到代表提案和建议27件，涉及学校建设发展、教学科研、教职工队伍建设和教职工福利、学科建设和研究生培养、学生教育管理、后勤服务与管理、校园综合治理等方面，立案17件。提案经各分管校领导批阅后及时交与相关部门承办，做好组织协调、督办和对答复提案的及时反馈工作。据提案人的反馈，对提案办理满意的占总数的88%；基本满意的占12%。

（撰稿：姚明霞　审稿：欧名豪　审核：高　俊）

共 青 团 工 作

【概况】 2015年，学校团委在学校党委和共青团江苏省委的领导下，深入学习贯彻习近平总书记系列重要讲话精神和中央党的群团工作会议精神，以“立德树人、勤学敦行”为指导，以“一建设、两支撑、三育人”为主线，全面推进共青团工作科学化、规范化、民主化、精细化建设，通过创新形式引导青年学生培育和践行社会主义核心价值观，发挥先进典型的引领示范作用，加强网络宣传引导工作，弘扬优秀文化引导青年，实施基层团支部“活力提升”工程，加强团干部队伍建设，推进校级学生组织创新发展，推动创新创业工作，拓展社会实践工作，深化志愿服务工作，着力提升服务学校大局和服务青年成长的能力和水平，引导学生成长成才。

【大学生国际交流促进季】 2015年4～6月，学校团委举办了“大学生国际交流促进季”，开展学科前沿讲座、留学经历分享、英语能力竞赛等各类活动125场，努力营造国际文化氛围，拓宽学生视野，提升学生的国际交流能力。

【举行纪念五四运动96周年暨五四颁奖典礼】 5月4日晚，南京农业大学纪念五四运动96周年暨五四颁奖典礼在大学生活动中心报告厅举行。学校党委副书记、纪委书记盛邦跃，党委常委、党委办公室主任刘营军，党委组织部、宣传部、学生工作处、研究生工作部、教务处、团委等部门负责人出席典礼并为获奖单位、个人颁奖。各学院党委副书记、专职团干部、学生代表400人参加活动。颁奖典礼以“青春的定义”为主题，通过舞蹈、戏剧、歌曲、朗诵等形式展现了南农学子青春活力的精神风貌。颁奖典礼中，优秀团员标兵代表、全国第十五届研究生支教团成员沈艳斌分享了他执着梦想、赴重庆铜梁支教的历程和感悟。第十一届南京市十大杰出青年、园艺学院副院长吴巨友作为海归青年教授代表，与在场师生分享了他“不忘初心，方得始终”的青春故事。

【基层团支部“活力提升”工程】 2015年，学校团委继续推进实施“新生班级团务助理”工作，遴选127个优秀学生骨干担任团务助理，以新生适应性课堂“新生十课”为导向，结合“最美全家福”和班级LOGO设计大赛主题活动，指导新生团支部自身建设。继续深化“先锋支部培育工程”，第四批立项支持100个先锋支部，投入经费10万元，创新项目特色和载体，引导团支部在服务青年成长成才中发挥基础性作用。2015年，2个团支部获评共青团中央“示范团支部”，2个基层团委获评“江苏省五四红旗团委”及创建单位，1个团支部获评江苏省“魅力团支部”。

【2015年“挑战杯”全国大学生课外学术科技作品竞赛】 2015年11月16日至21日，由共青团中央、中国科协、教育部、全国学联和广东省人民政府等主办的第十四届“挑战杯”中航工业全国大学生课外学术科技作品竞赛在广东省广州市举行。其中，由南京农业大学周琳、李梦伊、侯嘉慧、鹿艺鸣、麦艺钟、刘畅、井艺娜、邱晨阳等同学完成的《城市土地集约利用的现实问题与对策改进——基于可持续评价视角》（指导老师：马贤磊副教授等）作品进入终审决赛并获得二等奖。在江苏省省级竞赛选拔环节，学校报送的6件作品获得1金2银3铜的成绩。

（撰稿：翟元海　审稿：王　超　审核：高　俊）

学 生 会 工 作

【概况】 南京农业大学学生会是由南京农业大学党委和江苏省学生联合会共同领导、学校团委具体指导的代表全校青年学生的群众性组织，现为全国学联委员单位、江苏省学生联合会副主席单位。学生会下设办公室、人力资源中心、宣传中心、新媒体中心、对外联络中心、学习发展中心、校园文化建设中心、生活权益服务中心、体育服务中心十大职能中心。本着“全心全意为同学服务”的宗旨，坚持“自我教育、自我管理、自我服务”的方针，秉持“崇尚理想者请进，追逐名利者莫入”的理念，围绕学校党政重心，做好学校联系学生的桥梁和纽带，以引领大学生思想、维护学生权益、繁荣校园文化、提高学生综合能力为重点开展各项工作。

2015年3月，学生会启动了“悦动新声”校园十佳歌手大赛，赛事以“让世界听我的”

为口号，吸引了众多校园音乐爱好者参加，全校上千名同学观看了比赛。4月，学生会举办了“三走”嘉年华活动，通过新鲜有趣的竞技活动鼓励学生“走下网络，走出宿舍，走向操场”，共2 000多名同学参与了此活动。9月3日，学生会举办了以“铭记历史、缅怀先烈、珍爱和平、开创未来”为主题的抗日战争暨世界反法西斯战争胜利70周年纪念日活动。通过悬挂中国结、放飞和平鸽、抗战老兵讲话、集体宣誓以及阅兵观礼等一系列活动，引导全校同学以史为鉴、珍惜和平。共4 000余人参与了此活动。12月9日，学生会举办了纪念“一二·九”运动80周年主题活动，组织各学院开展“一二·九”主题宣传板评比以及展板拼图、倡议书、火炬接力等系列活动，全校3 000余名同学参与，学校党委常委刘营军、省学联主席高翔参加了晚间的火炬传递活动。

【第十七次学生代表大会】南京农业大学第十七次学生代表大会于6月7日开幕。大会共收到来自9个代表团、18个学院的86份提案，并予以反馈和答复。会议全面总结了南京农业大学第十六次学生代表大会以来的工作；研究部署了新时期我校学生会工作；选举产生了南京农业大学第十七届学生代表委员会。

（撰稿：翟元海　审稿：王　超　审核：高　俊）

五、人才培养

本科生教学

【概况】 2015年，南京农业大学现有本科专业62个，涵盖农学、理学、管理学、工学、经济学、文学、法学和艺术学8个大学科门类。其中，农学类专业13个（新增茶学，设在园艺学院，该专业从2015年开始招生）、理学类专业8个、管理学类专业14个、工学类专业19个、经济学类专业3个、文学类专业2个、法学类专业2个、艺术学类专业1个。

表1　2015年本科专业目录

学　院	专业名称	专业代码	学制（年）	授予学位	设置时间
生命科学学院	生物技术	071002	4	理　学	1994
	生物科学	071001	4	理　学	1989
农学院	农学	090101	4	农　学	1949
	种子科学与工程	090105	4	农　学	2006
植物保护学院	植物保护	090103	4	农　学	1952
资源与环境科学学院	生态学	071004	4	理　学	2001
	农业资源与环境	090201	4	农　学	1952
	环境工程	082502	4	工　学	1993
	环境科学	082503	4	理　学	2001
园艺学院	园艺	090102	4	农　学	1974
	园林	090502	4	农　学	1983
	中药学	100801	4	理　学	1994
	设施农业科学与工程	090106	4	农　学	2004
	风景园林	082803	4	工　学	2010
	茶学	090107T	4	农　学	2015
动物科技学院	动物科学	090301	4	农　学	1921
草业学院	草业科学	090701	4	农　学	2000
渔业学院	水产养殖学	090601	4	农　学	1986

（续）

学　院	专业名称	专业代码	学制（年）	授予学位	设置时间
经济管理学院	国际经济与贸易	020401	4	经济学	1983
	农林经济管理	120301	4	管理学	1920
	市场营销	120202	4	管理学	2002
	电子商务	120801	4	管理学	2002
	工商管理	120201K	4	管理学	1992
动物医学院	动物医学	090401	5	农　学	1952
	动物药学	090402	5	农　学	2004
食品科技学院	食品科学与工程	082701	4	工　学	1985
	食品质量与安全	082702	4	工　学	2003
	生物工程	083001	4	工　学	2000
信息科技学院	信息管理与信息系统	120102	4	管理学	1986
	计算机科学与技术	080901	4	工　学	2000
	网络工程	080903	4	工　学	2007
公共管理学院	土地资源管理	120404	4	管理学	1992
	人文地理与城乡规划	070503	4	管理学	1997
	行政管理	120402	4	管理学	2003
	人力资源管理	120206	4	管理学	2000
	劳动与社会保障	120403	4	管理学	2002
外国语学院	英语	050201	4	文　学	1993
	日语	050207	4	文　学	1995
人文社会科学学院	旅游管理	120901K	4	管理学	1996
	公共事业管理	120401	4	管理学	1998
	法学	030101K	4	法　学	2002
	表演	130301	4	艺术学	2008
理学院	信息与计算科学	070102	4	理　学	2002
	应用化学	070302	4	理　学	2003
	统计学	071201	4	理　学	2002
农村发展学院	社会学	030301	4	法　学	1996
	农村区域发展	120302	4	管理学	2000
金融学院	金融学	020301K	4	经济学	1984
	会计学	120203K	4	管理学	2000
	投资学	020304	4	经济学	2014

（续）

学　　院	专业名称	专业代码	学制（年）	授予学位	设置时间
工学院	机械设计制造及其自动化	080202	4	工　学	1993
	农业机械化及其自动化	082302	4	工　学	1958
	农业电气化	082303	4	工　学	2000
	自动化	080801	4	工　学	2001
	工业工程	120701	4	工　学	2002
	工业设计	080205	4	工　学	2002
	交通运输	081801	4	工　学	2003
	电子信息科学与技术	080714T	4	工　学	2004
	物流工程	120602	4	工　学	2004
	材料成型及控制工程	080203	4	工　学	2005
	工程管理	120103	4	工　学	2006
	车辆工程	080207	4	工　学	2008

有序推进品牌专业建设。学校积极组织江苏省高校品牌专业建设工程申报工作，经调研、申报、论证与遴选，农学、农业资源与环境、农林经济管理、园艺、植物保护、土地资源管理6个专业获批江苏高校品牌专业建设工程一期项目，在全省高校位列前茅。学校认真组织6个专业制订《江苏高校品牌专业建设工程一期项目任务书》和《江苏高校品牌专业建设工程一期项目立项专业建设实施方案》。另外，环境工程本科专业通过了中国工程教育专业认证协会专家组的进校考察与认证。

表2　江苏省品牌专业

专业名称	类　别	负责人	所属学院	批建时间
农学	A	丁艳锋	农学院	2015年
农业资源与环境	A	沈其荣	资源与环境科学学院	2015年
农林经济管理	A	朱　晶	经济管理学院	2015年
园艺	B	陈发棣	园艺学院	2015年
植物保护	B	王源超	植物保护学院	2015年
土地资源管理	B	欧名豪	公共管理学院	2015年

按照教育部和教育厅文件要求，学校全面总结2011年起启动的国家精品开放课程和校级精品资源共享课程建设情况，加强网络课程资源建设。基因组概论（Introduction of Genomics）、高级宏观经济学（Advanced Macroeconomics）2门课程被立项为江苏高校省级外国留学生英文授课精品课程。组织推荐27件作品参加江苏省“高校微课教学”比赛，获一等奖1项，二等奖5项，三等奖9项，1件作品获“全国第二届微课教学比赛”优秀奖。

表3　第二届全国高校微课教学比赛获奖作品

学　　院	教师姓名	参赛作品名称	奖　　项
植物保护学院	张春玲	舌尖上的昆虫	优秀奖（本科）

表 4　江苏省高校微课教学比赛获奖作品

学　　院	教师姓名	参赛作品名称	奖　　项
植物保护学院	张春玲	舌尖上的昆虫	本科组一等奖
动物科技学院	连新明	集约化生产中猪的异常行为	本科组二等奖
动物医学院	孙卫东	鸡呼吸困难的临床诊断思路	本科组二等奖
人文社会科学学院	廖晨晨	影视企划与制作	本科组二等奖
政治学院	朱　娅	全面建成小康社会	本科组二等奖
工学院	刘璎瑛	图像数字化	本科组二等奖
农学院	刘裕强	杂交育种	本科组三等奖
信息科技学院	朱淑鑫	色彩的三要素	本科组三等奖
公共管理学院	唐　焱	房地产市场细分	本科组三等奖
外国语学院	苏　瑜	舌尖上的中国	本科组三等奖
外国语学院	王　薇	描述变化	本科组三等奖
理学院	周小燕	定积分的概念	本科组三等奖
金融学院	于　引	公司财务——杜邦分析	本科组三等奖
工学院	周永清	另眼看机械	本科组三等奖
体育部	陈　欣	正手发高远球	本科组三等奖

积极开展创新创业训练计划。学校深入学习贯彻教育部关于开展大学生创新创业教育文件精神，制订《南京农业大学创新创业教育改革实施方案（试行）》，推进创新创业教育工作。2015 年共计立项 100 个“国家大学生创新创业训练计划”项目、50 个“江苏省大学生实践创新训练计划”项目、390 个“校级 SRT 计划”项目，16 个“实验教学示范中心开放项目”、8 个“校级大学生创业”项目。

学校积极推进精品教材建设工作。9 种教材入选江苏省高等学校重点教材立项建设；7 个项目获得中华农业科教基金教材建设研究立项；1 种教材获中国林业教育学会优秀教材奖。

表 5　江苏省高等学校重点教材

<table>
<tr><th>教材名称</th><th>主　　编</th><th>学　　院</th></tr>
<tr><td>作物栽培学总论（第二版）</td><td>曹卫星</td><td>农学院</td></tr>
<tr><td>土壤调查与制图（第三版）</td><td>潘剑君</td><td>资源与环境科学学院</td></tr>
<tr><td>动物生理学（第五版）</td><td>赵茹茜</td><td>动物医学院</td></tr>
<tr><td>食品包装学（第三版）</td><td>章建浩</td><td>食品科技学院</td></tr>
<tr><td>土地经济学（第三版）</td><td>曲福田</td><td rowspan="2">公共管理学院</td></tr>
<tr><td>土地利用管理（第二版）</td><td>欧名豪</td></tr>
<tr><td>车辆工程专业导论</td><td>鲁植雄</td><td>工学院</td></tr>
<tr><td>花卉学（新编）</td><td>陈发棣</td><td>园艺学院</td></tr>
<tr><td>中级财务会计（新编）</td><td>吴虹雁
王怀明</td><td>金融学院</td></tr>
</table>

表6　中华农业科教基金教材建设研究项目

项目名称	主持人	所在单位
农业大学《细胞生物学》讲座式教学模式研究	陆　巍	生命科学学院
植物基因分析和操作技术教学实验研究	吕慧能	农学院
概率论课程的研究和教材建设	吴清太	理学院
高等农业院校公共基础课“线性代数”教学质量提升的探索与实践	张良云 张懿彬	理学院
与研究性教学方式相适应的线性代数教材建设研究与实践	张新华	工学院
《C语言程序设计》教材建设	徐大华	工学院
全国高等农业教育精品课程资源建设管理研究与实践	缪培仁 王志茹	教务处

表7　中国林业教育学会优秀教材奖

教材名称	主　　编	学　　院
土壤调查与制图（第3版）	潘剑君	资源与环境科学学院

加强实验教学中心建设，成功举办了野外实训虚拟仿真软件发布会、首届全国生物类虚拟仿真实验教学资源建设研讨会。“金融学科综合训练中心”入选江苏省实验教学与实践教育中心建设点；“农学院种业科学技术农科教合作人才培养基地”和“食品院食品科学与工程农科教合作人才培养基地”入选国家农科教合作人才培养基地，获教育部专项经费资助。

学校积极组织开展教育教改研究。精心组织江苏省高等教育教改研究课题申报与遴选工作，学校推荐的10个项目有8项获立项建设（其中，重点项目2项，一般项目6项）。另外，5篇论文获江苏省第十二次高等教育科学研究优秀成果三等奖。

表8　江苏省高等教育教改研究立项课题

课题名称	主持人	立项类别	所在单位
拔尖创新型卓越农科人才培养模式的改革与实践	黄　骥 李刚华	重点项目	农学院
高校专业建设水平评价理论和指标体系研究	王　恬 缪培仁	重点项目	教务处
农业经济管理跨学科复合型人才培养模式研究	朱　晶	一般项目	经济管理学院
高校公共艺术教育课程体系优化与教学内容改革的研究与实践	唐圣菊 杨旺生	一般项目	人文社会科学学院
科技竞赛与课程教学相融合的大学生创新能力培养模式研究	李俊龙 丁永前	一般项目	工学院
复合应用型卓越园艺专业人才培养模式的构建与实践	房经贵	一般项目	园艺学院
基于CBI的工程类专门用途英语（ESP）课程设计研究	孔繁霞 王　歆	外研社合作课题	工学院
以数字化实验实践类教材建设推进实践教学改革的研究	阎　燕 陈婵娟	科学社合作课题	教务处

表 9　江苏省第十二次高等教育科学研究优秀成果奖获奖情况

成果名称	申报人	获奖等级
德国大学植物学野外实践教学的案例分析及其启示	李新华	三等奖
高校农科专业层次性、模块化实践教学体系构建与实施	王强盛	三等奖
高校与科研院所联合培养研究生的教育中心模式研究——以南京农业大学与江苏省农业科学院的合作为例	董维春	三等奖
移动学习的接受度与影响因素研究	刘爱军	三等奖
是“管道的泄漏”还是“培养的滞后”——从博士毕业生的职业选择反思我国博士培养变革	罗英姿	三等奖

截至 2015 年 12 月 31 日，全校在校生 17 591 人，2015 届应届生 4 080 人，毕业生 3 974 人，毕业率 97.40%；学位授予 3 960 人，学位授予率 97.06%。

【南京农业大学与 3 所部属农业高校签订卓越农林人才联合培养协议】 1 月 14 日下午，由中国农业大学、南京农业大学、华中农业大学、西北农林科技大学 4 所教育部直属高等农业院校联盟召开的“卓越农林人才联合培养研讨会”在西北农林科技大学召开。学校副校长董维春、教务处处长王恬参加了研讨会。

4 所高校研讨了“卓越农林人才教育培养计划”实施方案，并交流了推进工作的经验。学校与上述 3 所部属农业高校签订了《本科生联合培养协议》。协议对推进高等农业教育综合改革，加强校际合作与交流，充分发挥各自优势和特色，促进卓越农林人才培养工作等有积极的意义。根据协议，4 校每年互派一定数量的本科生进行联合培养，让更多的大学生有第二校园学习经历，不断推进卓越农林人才的联合培养。

与会专家一致认为，“卓越农林人才教育培养计划”改革试点项目是学校深化专业综合改革的一个平台，应精心筹划安排，做好计划的实施工作，提升农林人才培养质量，提升高等农林院校服务生态文明、农业现代化和社会主义新农村建设的能力与水平。

【召开江苏部分高校大学生文化素质教育工作座谈会】 4 月 3 日上午，召开江苏部分高校大学生文化素质教育工作座谈会，对大学生文化素质教育实施 20 年来的做法和经验进行总结，找准突出问题，研究深化举措，全面推进素质教育工作。教育部高教司副司长刘贵芹、南京农业大学党委书记左惟、江苏省教育厅副厅长丁晓昌出席座谈会，南京航空航天大学、南京理工大学、河海大学、南京农业大学、南京师范大学、南京医科大学 6 所高校分管文化素质教育工作的校领导及职能部门负责人出席了座谈会。座谈会由刘贵芹主持。左惟代表学校对刘贵芹一行的到来表示欢迎，对长期关心学校发展的上级部门和支持学校人才培养工作的兄弟院校表示感谢。他说，学校的文化素质教育工作已开展了 20 年，为国家培养了一大批高素质的人才，为农业、农村、农民的发展做出了积极的贡献，希望通过座谈会，能获得更多的经验和启示，更好地指导学校今后的素质教育工作。

丁晓昌在致辞中指出，江苏高校在文化素质教育方面各有所长，取得了显著成效。省教育厅将做好顶层设计，大力推动该项工作的开展。

与会高校分别就本校的文化素质教育工作开展情况进行了交流。学校党委副书记、纪委书记、国家大学生文化素质教育基地建设领导小组副组长盛邦跃代表学校做了发言。

刘贵芹在总结时指出，江苏省高校开展文化素质教育工作 20 年来，文化素质教育理念认同明显增强，培养方案有机融入，课程体系逐步完善，课外活动有力拓展，条件保障不断加强，取得显著成绩，在促进高等教育教学改革、促进人文教育与科学教育融合、促进大学生全面发展等方面发挥了重要作用。他说，深化大学生文化素质教育一是要明确科学定位，把它作为实施素质教育、落实立德树人根本任务的重要方面，作为培育践行社会主义核心价值观的重要渠道，作为传承创新中华优秀传统文化的重要载体。二是要完善课程体系，根据办学定位和培养目标，开发开好有利于促进大学生思想品德、科学基础、人文素养和实践能力融合发展的必修选修课程，形成完善的文化素质教育课堂体系。三是要加强师资培训，切实提高专兼职任课教师的教学能力，培养造就德智体美全面发展的社会主义建设者和接班人。

（撰稿：赵玲玲　审稿：王　恬　审核：高　俊）

[附录]

附录 1　2015 届毕业生毕业率、学位授予率统计表

学　院		应届人数（人）	毕业人数（人）	毕业率（%）	学位授予人数（人）	学位授予率（%）
生命科学学院		179	175	97.77	175	97.77
农学院		188	187	99.47	186	98.94
植物保护学院		109	108	99.08	108	99.08
资源与环境科学学院		168	166	98.81	164	97.62
园艺学院		278	274	98.56	274	98.56
动物科技学院（含渔业学院）		123	120	97.56	120	97.56
草业学院		18	18	100	18	100
经济管理学院		228	226	99.12	226	99.12
动物医学院		189	185	97.88	184	97.35
食品科技学院		198	191	96.95	190	96.45
信息科技学院		167	154	92.22	154	92.22
公共管理学院		214	209	97.66	208	97.2
外国语学院		157	154	98.09	154	98.09
人文社会科学学院		187	172	91.98	171	91.44
理学院		112	107	95.54	106	94.64
农村发展学院		49	49	100	49	100
金融学院		305	303	99.34	303	99.34
工学院		1 211	1 176	97.11	1 170	96.61
合计	按毕业班人数计算	4 080	3 974	97.40	3 960	97.06
	按入学人数计算	4 154	3 974	95.67	3 960	95.33

注：1. 统计截止 2015 年 12 月 21 日。2. 食品科技学院 1 名学生参加南京农业大学与法国里尔大学的“2＋2”联合培养项目，未计入该院现毕业率及学位授予率。

附录 2　2015 届毕业生大学外语四、六级通过情况统计表（含小语种）

学　院	毕业生人数（人）	四级通过人数（人）	四级通过率（%）	六级通过人数（人）	六级通过率（%）
生命科学学院	179	169	94.41	109	60.89
农学院	188	171	90.96	100	53.19
植物保护学院	109	101	92.66	54	49.54
资源与环境科学学院	168	155	92.26	91	54.17
园艺学院	278	264	94.96	149	53.60
动物科技学院	82	63	76.83	26	31.71
经济管理学院	228	219	96.05	148	64.91
动物医学院	189	174	92.06	100	52.91
食品科技学院	198	186	93.94	109	55.05
信息科技学院	167	143	85.63	63	37.72
公共管理学院	214	177	82.71	107	50.00
外国语学院（英语专业）	78	69	88.46	51	65.38
外国语学院（日语专业）	79	77	97.47	51	64.56
人文社会科学学院	187	134	71.66	82	43.85
理学院	112	106	94.64	47	41.96
农村发展学院	49	43	87.76	23	46.94
草业学院	18	16	88.89	8	44.44
金融学院	305	296	97.05	223	73.11
工学院	1 211	1 108	91.49	517	42.69
渔业学院	41	29	70.73	12	29.27
合计	4 080	3 700	90.69	2 070	50.74

注：“英语专业”四级为专业四级通过人数，六级为专业八级通过人数。

本 科 生 教 育

【概况】 2015 年，学生工作部（处）紧紧围绕学校加快建设世界一流农业大学的战略目标，坚持以“立德树人、勤学敦行，全面推进学生工作的科学化、规范化、民主化、精细化”为学生工作指导思想，扎实开展学生思想政治教育、招生、就业创业及学工队伍建设等工作，切实为学生成长成才提供优质、高效的管理和服务。

深入开展各项主题教育活动，凝聚校园青春正能量。组织开展“跃说・越精彩”班级脱口秀、“勤学励志、敦行致远”和“正青春·好学习”主题宣誓系列主题教育活动。通过班级班会、辩论赛、主题宣誓、个人脱口秀等形式，引导学生明确学习目标、端正学习态度、严明学习纪律、培养学习兴趣，鼓励学生分享身边的故事、讲述成长的历程，传递青春正能量。着力推进学生素质提升，邀请国内知名专家来校开讲“钟山讲堂”文化素质教育讲座6期，学院层面共举办各类讲坛、讲座451场，55 600余人次参与。持续开展学风建设工作，积极落实学生工作队伍听课查课制度，针对全校本科生到课情况开展随机抽查、调研工作。结果显示学生迟到早退情况较少，课堂纪律良好，学生主动学习的氛围浓厚。

全方位开展心理健康教育工作，增加心理健康知识宣传教育的覆盖面，促进学生健康生活，快乐成长。面向全体新入学本科生和研究生开展心理健康普查并建立心理档案，逐一约谈问题学生，建立有效的心理危机防控机制。加强心理健康教育队伍建设，聘任2名校外心理健康教育特聘专家，全校专兼职心理咨询师16人，年度咨询服务1 000余人次。开设1门必修课、5门选修课，覆盖大一及其他年级近5 000名学生。组织团体辅导35场并指导学院开展主题辅导工作，开展“3·20”心理健康教育宣传周、“5·25”心理健康教育宣传月大型主题教育活动，参与近10 000余人次，出版《暖阳》报7期，有效扩大心理健康教育工作覆盖面。成功承办江苏省大学生心理健康教育“精彩一课”仙林大学城赛区决赛，林静和崔滢两名专职心理教师分获“精彩一课”二等奖。20余名班级心理委员参加仙林大学城心理手语操比赛获得二等奖。在2015年仙林大学城心理情景剧比赛中，参赛剧目《不畏浮云遮望眼》获得三等奖。

加强学校资助体系建设，拓展资助育人途径。全年共认定家庭经济困难学生6 469人，占全校学生总人数的36.67%。发放各类资助款4 701.04万元。其中，奖学金、助学金3 292.64万元、国家助学贷款1 028.13万元、勤工助学费用181.06万元、代偿费用102.36万元，发放各类一次性临时补助96.85万元。充分发挥社团育人功能，提高学生的主体意识，开展资助社团的特色活动，有效地拓展服务育人、管理育人、资助育人途径。资助工作获全国学生资助管理中心资助绩效考核优秀单位，并连续4年获“江苏省学生资助绩效评价优秀单位”荣誉称号。

调动全员招生宣传的积极性，有效提升生源质量。制定《本科招生宣传工作实施办法（试行）》；完善“学校领导、学院组织、专人联络、全员参与”的招生宣传工作机制；选拔学校176名教职工担任招生宣传联络专员；高考志愿填报期间共向省内外派出86支宣传队伍；驻点、走访重点中学212所；参加各类大型咨询会54场；校园开放日接待来访师生700余名；向全国1 156所中学邮寄学生获奖喜报2 064份；优秀学子回访全国中学1 200余所。全年累计开展与中学共建交流活动20余次，通过与重点生源中学共建特色校本课程、开展科普讲座进校园、大学生文化科技作品展演、召开生源基地中学校长座谈会、与宣传部共同制作招生宣传片、征集招生吉祥物等活动，进一步提高了学校的影响力和美誉度。2015年，录取本科生4 325人，院校一志愿率99.99%，专业一志愿率46.35%，与往年基本持平。其中，29个省份实现了理科一志愿率100%，22个省份实现文科一志愿率100%。

深入推进就创业指导与服务工作，提升学生就业能力和就业质量。新编《大学生职业发展与就业指导》校本教材首次在全校4 000余名三年级本科生中启用，学生反馈较好。开展师资队伍团体辅导（GCT）培训、就业指导（TTT2）培训、创业实务培训等近150人次，提升了专任教师教学咨询辅导能力。开展“大学生职业生涯规划季”简历大赛、模拟面试大赛、职业生涯规划大赛等活动。两名学子获江苏省第十届大学生职业规划大赛"十佳职业规划之星"、学校获"最佳组织奖"1项和"优秀指导老师奖"1项，位于全省前列。在全校2015届毕业生研究生中首次开展就业质量抽样调查，面向全校和社会发布2015届毕业生就业质量年度报告，社会反响较好。着力开拓重点就业市场，校领导亲自带队、就业中心与各学院协同走访了江苏省农垦集团、正邦集团、京博控股集团、海利尔药业等一批行业领军企业、学校对口重点单位。同时，积极参加省、市、高校联盟供需交流会13场，举办大中小型各类供需洽谈会18场，组织麦德龙集团等企业专场宣讲会274场次，网站发布招聘信息6 200余条，全年合计来校招聘单位1 100余家，提供岗位信息数20 000余个，圆满完成"每周都有企业进校招聘，每月有小型招聘会，每学期有中型专场招聘会，每年有大型招聘会"的校园招聘目标。2015届毕业生年终就业率本科生为96.18%，研究生为91.5%。完成行政北楼学生创业空间的筹建工作，与南京市大创办、南京银行合作，在学校首次开辟创业大学生贷款"绿色通道"。与省科技厅合作，在校首次举办江苏省大学生科技创业精英训练营，近40个创业项目团队、200人参加培训路演。与南京市人社局合作开设创业基础类培训班2期，培训学生120人。举办"创业导师进校园"、大学生创业文化节等沙龙、讲座活动10多场、参与学生近千人。启动"农业高校大学生创业教育模式的创新探索"课题研究，探索新形势下南农特色创业教育模式。据不完全统计，2015年全校新增自主创业案例逾30个。

进一步优化辅导员队伍结构，2015年公开招聘专职本科生辅导员7名、"2+3"模式辅导员8名，兼职辅导员23名。积极搭建多层次培训交流平台，先后选派23名辅导员参加全国各级辅导员骨干培训，累计开展辅导员沙龙等各类培训47场。开展第三届辅导员职业技能大赛、辅导员入职宣誓、辅导员工作精品项目检查与评选等，进一步促进辅导员队伍专业化、职业化建设。不断完善制度建设，根据高校辅导员职业能力标准研究制定了《南京农业大学本科生专职辅导员考核细则（暂行）》。2015年，立项校级学生教育管理课题20项，累计发表学生工作研究论文23篇。其中，两篇成果分获第十四届全国高等农业院校学生工作研讨会优秀论文一、二等奖。汇编的《立德树人、勤学敦行，推进高校学生工作科学化、规划化、民主化和精细化的理论与实践》一书入选教育部高校德育成果文库并出版发行。

（撰稿：赵士海　审稿：吴彦宁　审核：高　俊）

[附录]

附录1　本科按专业招生情况

序　号	录取专业	人数（人）
1	农学	131
2	种子科学与工程	63
3	植物保护	125
4	农业资源与环境	67

（续）

序　　号	录取专业	人数（人）
5	环境工程	30
6	环境科学	61
7	生态学	30
8	园艺	131
9	园林	37
10	设施农业科学与工程	35
11	中药学	60
12	风景园林	61
13	茶学	31
14	动物科学	118
15	水产养殖学	60
16	国际经济与贸易	30
17	农林经济管理	64
18	市场营销	31
19	电子商务	30
20	工商管理	32
21	动物医学	114
22	动物药学	25
23	食品科学与工程	67
24	食品质量与安全	60
25	生物工程	60
26	信息管理与信息系统	60
27	计算机科学与技术	60
28	网络工程	60
29	土地资源管理	74
30	人文地理与城乡规划	31
31	行政管理	60
32	人力资源管理	62
33	劳动与社会保障	30
34	英语	82
35	日语	72
36	旅游管理	62
37	法学	62
38	公共事业管理	29
39	表演	40
40	信息与计算科学	60

（续）

序　　号	录取专业	人数（人）
41	应用化学	60
42	生物科学	50
43	生物技术	50
44	生物学基地班	37
45	生命科学与技术基地班	49
46	社会学	31
47	农村区域发展	30
48	草业科学	30
49	金融学	94
50	会计学	62
51	投资学	30
52	机械设计制造及其自动化	189
53	农业机械化及其自动化	126
54	交通运输	126
55	工业设计	60
56	农业电气化	67
57	自动化	124
58	工业工程	127
59	车辆工程	123
60	物流工程	94
61	电子信息科学与技术	123
62	材料成型及控制工程	128
63	工程管理	118
合计		4 325

注：2015年学校本科招生计划4 500人，面向全国31个省（自治区、直辖市）招生，完成计划4 325人（卫岗校区2 920人，浦口校区1 405人）。

附录2　本科生在校人数统计

序号	学院	专　　业	人数（人）
1	农学院	种子科学与工程	231
		金善宝实验班（植物生产）	125
		农学	491
2	植物保护学院	植物保护	475
3	资源与环境科学学院	农业资源与环境	252
		环境科学	236
		环境工程	144
		生态学	113

（续）

序号	学院	专　业	人数（人）
4	园艺学院	园艺	455
		园林	131
		设施农业科学与工程	120
		中药学	227
		风景园林	228
		景观学	63
5	动物科技学院	动物科学	432
		水产养殖	180
6	经济管理学院	国际经济与贸易	174
		农林经济管理	261
		市场营销	133
		电子商务	122
		工商管理	153
		金善宝实验班（经济管理类）	109
7	动物医学院	动物医学	609
		动物药学	128
		金善宝实验班（动物生产类）	135
8	食品科技学院	食品科学与工程	262
		食品质量与安全	249
		生物工程	226
9	信息科技学院	计算机科学与技术	249
		网络工程	221
		信息管理与信息系统	227
10	公共管理学院	土地资源管理	451
		资源环境与城乡规划管理	43
		行政管理	230
		劳动与社会保障	118
		人力资源管理	252
11	外国语学院	英语	358
		日语	331
12	人文社会科学学院	旅游管理	226
		法学	252
		公共事业管理	99
		表演	164
13	理学院	信息与计算科学	218
		应用化学	243

（续）

序号	学院	专　　业	人数（人）
14	生命科学学院	生物科学	194
		生物技术	187
		生物学基地班	122
		生命科学与技术基地班	192
15	农村发展学院	社会学	114
		农村区域发展	112
16	金融学院	金融学	643
		会计学	376
		投资学	63
17	草业学院	草业科学	137
18	工学院	机械设计制造及其自动化	733
		农业机械化及其自动化	435
		交通运输	416
		工业设计	255
		农业电气化与自动化	241
		自动化	646
		工业工程	455
		车辆工程	472
		物流工程	359
		电子信息科学与技术	457
		材料成型及控制工程	408
		工程管理	477
总数			17 640

注：数据截至2015年5月31日（2014—2015学年末）。

附录3　各类奖、助学金情况统计表

奖助项目					全校	
类别	级别	奖项	等级	金额（元/人）	总人次	总金额（万元）
奖学金	国家级	国家奖学金		8 000	165	132
		国家励志奖学金		5 000	517	258.5
	校级	三好学生奖学金	一等	1 000	965	96.5
		三好学生奖学金	二等	500	1 794	89.7
		三好学生奖学金	单项	200	1 268	25.36

（续）

奖助项目					全校	
类别	级别	奖项	等级	金额（元/人）	总人次	总金额（万元）
奖学金	社会	金善宝奖学金		1 500	52	7.8
		邹秉文奖学金		2 000	12	2.4
		过探先奖学金		2 000	2	0.4
		江苏人保财险奖学金		10 000	20	20
		先正达奖学金		3 000	15	4.5
		亚方奖学金		2 000	24	4.8
		姜波奖助学金		2 000	50	10
		中国邮政储蓄奖学金		2 000	30	6
		鑫冠奖学金		2 000	10	2
		中国银行光明奖学金		3 000	3	0.9
		山水奖学金		2 000	12	2.4
助学金	国家级	国家助学金	一等	4 000	1 420	568
		国家助学金	二等	3 000	1 214	364.2
		国家助学金	三等	2 000	1 420	284
	校级	学校助学金	一等	2 000	1 865	373
		学校助学金	二等	400	15 604	624.16
	社会	唐仲英奖助学金		4 000	123	49.2
		香港思源助学金		4 000	80	32
		伯藜助学金		5 000	289	144.5
		招行一卡通助学金		2 000	25	5
		张氏助学金（老生续发）		2 000	5	1
		大北农励志助学金		3 000	40	12
		宜商助学金		5 000	5	2.5
合计				总计	27 029	3 122.82
				人均获资助		0.11

附录 4　2015 届本科毕业生就业流向（按单位性质统计）

就业流向	合　计	
	人数（人）	比例（%）
企业单位	2 318	89.74
机关事业单位	169	6.54
基层项目	68	2.63
部队	9	0.35
自主创业	4	0.15
其他	15	0.58
总计	2 583	100

附录 5　2015 届本科毕业生就业流向（按地区统计）

就业流向		合计	
		人数（人）	比例（%）
派遣	小计	2 272	87.96
	北京市	34	1.32
	天津市	68	2.63
	河北省	78	3.02
	山西省	41	1.59
	内蒙古自治区	33	1.28
	辽宁省	57	2.21
	吉林省	19	0.74
	黑龙江省	21	0.81
	上海市	63	2.44
	江苏省	846	32.75
	浙江省	146	5.65
	安徽省	77	2.98
	福建省	59	2.28
	江西省	37	1.43
	山东省	83	3.21
	河南省	76	2.94
	湖北省	33	1.28
	湖南省	60	2.32
	广东省	75	2.90
	广西壮族自治区	40	1.55
	海南省	9	0.35
	重庆市	38	1.47
	四川省	50	1.94
	贵州省	32	1.24
	云南省	32	1.24
	西藏自治区	22	0.85
	陕西省	46	1.78
	甘肃省	14	0.54
	青海省	18	0.70
	宁夏回族自治区	19	0.74
	新疆维吾尔自治区	46	1.78
非派遣		297	11.50
不分		14	0.54
合计		2 583	100.00

附录 6　百场素质报告会一览表

序号	讲座主题	主讲人及简介
1	Nurture vs Nature：Role of dietary fat in cancer	陈涌泉　江南大学食品院教授，“千人计划”专家，长江学者
2	“文化反哺：网络化时代的代际关系”的学术报告	周晓虹　南京大学社会学院院长，长江学者
3	智能制造与机器人	王田苗　北京航空航天大学长江学者教授
4	“四个全面”与“五个新台阶”——中国梦与南京的新使命	叶南客　南京市社会科学界联合会主席，南京市社会科学院院长、博士生导师
5	公共管理讲坛第四十五期——中国共产党治国理政方略的新创造	叶南客　南京市社科联主席、党组书记、研究员、博士生导师，南京市社科院院长
6	“植物离子组学与养分利用效率”国际研讨会	Luis Herrera-Estrella　美国科学院院士 David Salt　爱丁堡皇家学会院士
7	“三农”政策的基本线索与重大突破	陈良彪　农业部农村经济研究中心研究员、副主任
8	我国水产科技发展现状与展望	朱健　中国水产科学研究院淡水渔业研究中心科研处处长
9	当代中国民俗学田野研究反思	张士闪　山东大学民俗学研究所教授、所长、博士生导师，文化部中国节日文化山东大学研究基地主任
10	“放飞梦想，我们同行”大学生公益创业巡讲活动	王琛　南京市公益创投协会项目主管
11	“三严三实”专题教育理论课堂	盛邦跃　南京农业大学纪委书记、党委副书记
12	Food Safety in China：Past，Present and Future	任筑山　美国农业部前副部长，国际食品科技联盟院士
13	《适应新形势，建设一流学科》学科建设专题报告	欧百刚　国务院学位办处长
14	力觉临场感遥操作机器人研究进展	宋爱国　南京大学教授，国家杰出青年科学基金获得者
15	Assessing Farmers' coping Strategies in Response to an Aggregate Shock：Evidence from the 2008 Wenchuan Earthquake in China	Kevin CHEN　博士，国际食物政策研究所（IFPRI）高级研究员、中国项目主任
16	非洲面具的艺术人类学研究	范丹姆　荷兰莱顿大学教授，国际著名学者
17	儒学智慧与职场人生	钱锦国　浙江大学特聘教授，国家一级人力资源管理师
18	Colloidal Mechanisms Influencing the Consumption and Digestion of Fast in Food	Peter. James. Wilde　英国食品研究所食品与健康研究中心主任
19	第六届农村社会学论坛——社会转型与农村社区治理学术研讨会	王晓毅、贺雪峰、李远行　“三农问题”学者

（续）

序号	讲座主题	主讲人及简介
20	Management options that increase herbage production in grassland-based livestock production systems	平田昌彦　教授，日本宫崎大学农学部副部长，日本草地学会会长
21	国外渔业发展态势与科技交流	袁新华　中国水产科学研究院淡水渔业研究中心渔业经济与信息研究室主任
22	坚持并完善现行土地制度	贺雪峰教授　华中科技大学特聘教授、博士生导师，华中科技大学中国乡村治理研究中心主任，《三农中国》主编
23	农学院专业教育专题讲座——欧洲种业概况	Christian Andreasen　教授，哥本哈根大学植物与环境科学部作物学系主任
24	中国土地问题研究中心·智库论坛第四期专家报告——现代农业发展与土地制度改革	朱守银　中共农业部党校副校长，农业部管理干部学院副院长
25	Consumer Food Attribute Preferences in China's Restaurants: The Perspective of Duck Industry	Holly Wang　教授，农业经济学领域的知名专家，美国农业与应用经济学学会（AAEA）中国分会创始人
26	学术论文出版	鲁索　国际科学计量学与信息计量学大会主席
27	Behavioral Economics and Green Goods	Alistair Munro　教授，日本国家政策研究大学院公共政策系主任，国际知名期刊 Environmental and Resource Economics 副主编，欧洲资源与环境经济学学会主委会成员
28	植物检疫学的现状与发展	冯晓东　中国农机推广中心质检处副处长
29	政府管理视野下的新媒体环境及其影响力问题研究	王兴亚　中共江苏省委政策研究室副主任
30	我国畜牧业的建设现状与发展战略	王恬　南京农业大学教务处处长
31	践行从严治党新要求，做又严又实好党员	吴群　南京农业大学党委组织部部长
32	Plant Nutrition and Sustainable Agriculture	Luis Herrera-Estrella　美国科学院外籍教授、院士
33	情商管理的现实意义	Mr Guy Armstrong　美国资深情商管理专家
34	“四个全面”解读	吴益东　南京农业大学植保学院党委书记
35	学术文章写作与投稿中应注意的问题	潘劲　研究员，《中国农村观察》杂志编辑部主任
36	“我的大学我的路——毕业七年：从记者到主编”专题讲座	宋厚亮　《中国慈善家》杂志执行主编，社会学 2007 届本科毕业生
37	“与心灵相约，与健康同行”	许浚　国际荣格分析心理学会（IAAP）认证心理分析师
38	“从 0 到 1——如何迈出毕业第一步”专题讲座	宋厚亮　南京农业大学管理工程系 2003 级校友，《中国慈善家》执行主编
39	江村人眼里的江村变迁	姚富坤　农民教授，苏州吴江区费孝通江村纪念馆负责人

（续）

序号	讲座主题	主讲人及简介
40	2015级新生专业教育主题报告——自动化	沈明霞　教授，南京农业大学工学院副院长
41	A century of nutrition transition in rural China	于晓华　德国哥廷根大学教授
42	使命决定未来	王东方　江苏大北农公司总经理，大北农集团饲料动保产业高级副总裁、华东大区总裁
43	新中国66年的社会主义现代化建设探索	邵刚　南京农业大学团委副书记，工学院学工处处长
44	An integrated approach to achieve high speed machining	Mustafizur Rahman　新加坡国立大学教授
45	怒放之逐梦故事	卢庚戌　内地流行乐坛“水木年华”主唱
46	Effort，luck，and voting for redistribution	Lars J. Lefgren　professor　Brigham Young University
47	IPM论坛之触碰世界前沿，植保家庭团圆	Gerardo Alcides Sanches-Monge、Walaa Mouse
48	Limited Attention of Individual Investors and Stock Performance：Evidence from the ChiNext market	张兵　南京大学教授
49	Peptides As Multi-functional-Ingredients For Meat Processing	熊幼翎　美国肯塔基大学动物与食品科学教授
50	呵护心灵，快乐成长——心理健康讲座	李献斌　副教授，南京农业大学学工处副处长
51	Sino-Brazilian beef trade—a global commodity chain approach	Susanne Knoll Federal University of Rio Grande do Sul/Nanjing Agricultural University
52	Soils and Carbon—quantity，impacts，global implications	David Powlson　英国洛桑研究所教授
53	The evolution of prices and incomes in agriculture over time	Stephan von Cramon-Taubadel　德国哥廷根大学教授
54	不完全信息、时间机会成本与食物浪费	白军飞　中国农业大学教授
55	曾国藩的用人之道	肖敏　《羊城晚报》高级编辑、记者
56	城市化，土地开发与土地财政：来自中国城市的证据	吴木銮　香港城市大学博士
57	城市建设理论与实践学术报告——我国海绵城市建设的理论与实践	赵永革　博士，国家住房城乡建设部城乡规划司调研员
58	从脚下的土壤到全人类的福祉	潘根兴　南京农业大学资源与环境学院教授
59	大棋局：一带一路的国家战略	米寿江　江苏省委党校教授

（续）

序号	讲座主题	主讲人及简介
60	Brazilian Agriculture and Recent Evolution of Brazil-China Trade Relations in Agriculture：a Brazilian Viewpoint	Antonio Buainain　University of Campinas 教授
61	大学科技创新与人才培养	沈其荣　南京农业大学资源与环境学院教授
62	动物健康养殖与动物源性食品安全	高峰　南京农业大学动物科技学院教授、党委书记
63	动物科学学科体系与专业设置，畜牧业在国计民生中的重要地位	刘红林　南京农业大学动物科技学院教授、院长
64	政治诉求及其实现路径	余林媛　南京农业大学政治学院党总支书记、院长
65	分布式技术与农业信息化	姜海燕　南京农业大学信息科技学院教授
66	Carbon Emission in the European Union：Driving Forces and Possibilities for Reduction	Tomas Baležentis　立陶宛国家农业经济研究中心高级研究员
67	奋斗之旅	金卫东　禾丰牧业董事长
68	公共管理学院第六届行知学术研讨会——“改革新征程：法治政府建设与治理制度创新”	陈江龙　南京师范大学强化培养学院院长
69	政治诉求及其实现路径——高校学生入党的现实与可能	余林媛　南京农业大学政治学院党总支书记、院长
70	国家意志、国家治理和治理能力	唐兴霖　教授，西南财经大学公共管理学院院长
71	国外畜牧业发展态势与前景	王根林　南京农业大学动物科技学院教授
72	互联网＋背景下如何做好团委工作	王超　南京农业大学团委书记
73	机构改革与政府管理创新	竺乾威　中国著名行政管理学家
74	激情现在，梦想未来	陈宏　溢佳创新（北京）生物科技有限公司总经理
75	我们都一样，年轻又彷徨	苑子文、苑子豪　北京大学
76	加强党性锻炼，力争早日入党	全思懋　南京农业大学党委宣传部常务副部长
77	加入人口模组的台湾动态可计算一般均衡（CGE）模型的研发与应用	徐世勋　台湾大学农业经济系教授
78	自觉践行社会主义核心价值观	高峰　南京农业大学动物科技学院教授、党委书记
79	加州大学戴维斯分校的车辆牵引性能研究进展	Shrini K. Upadhyaya　美国加利福尼亚大学教授
80	Non-meat ingredients in meat products	Dong. U. Ahn　美国爱荷华州立大学动物科学学院教授
81	解构中国古代农业社会	徐旺生　中国农业博物馆研究员
82	经济学思维：历史演进与任性基础	叶初升　武汉大学教授
83	不利选题如何发表到 SSCI 期刊	胡武阳　肯塔基大学教授
84	拉曼光谱在农学中的前沿应用	许鹏　资深拉曼工程师

（续）

序号	讲座主题	主讲人及简介
85	加强党性锻炼，力争早日入党	全思懋　南京农业大学党委宣传部副部长
86	情报学源起	黄水清　南京农业大学信息科技学院院长
87	From Grass to Class—Dairy Supply Chain Governance in New Zealand	Nicola Shadbolt　新西兰梅西大学教授
88	“中英关系”形势报告	朱娅　副教授，南京农业大学政治学院马克思主义原理教研室主任
89	实现中国梦，争做接班人	黄绍华　南京农业大学植保学院党委副书记
90	美国果树的冠层与水分的精准控制技术和装备	Shrini K. Upadhyaya　美国加利福尼亚大学教授
91	梦想照进现实	刘卓辉　著名音乐人，Beyond 乐队作词人
92	面向（农业）领域的计算机技术与应用	徐焕良　南京农业大学信息科技学院副院长
93	你只要记住，我叫 SRT	刘杨　南京农业大学农机系副教授
94	农机专业的发展前景分析	孟为国　南京农业大学农机系教研室主任
95	物联网在农业中的应用	徐焕良　南京农业大学信息科技学院副院长
96	平衡我国粮食安全与水资源安全的思考	仇焕广　中国人民大学教授
97	青春活力共青团	熊富强　南京农业大学动物医学院党委副书记
98	知电气天下事——实用电子技术浅析	李林　南京农业大学电气系电子信息教研室主任
99	2016 级新生专业教育主题报告——农机	何瑞银　教授，南京农业大学农机系主任
100	园艺院观赏园艺学术报告，Dogwood Improvement Program	Dr. Robert Trigiano　美国田纳西大学教授并任田纳西州诺克斯维尔市科技写作首席专家
101	做合格的党支部负责人，促进党支部活力提升	黄绍华　南京农业大学植保学院党委副书记
102	倾听党员故事，共话美好生活	于汉周　南京农业大学动物科技学院退休老教授、老党员、关工委副主任
103	情报学热点	茆意宏　南京农业大学信息科技学院教授
104	重器兴邦，制造繁荣——装备制造业变革发展的战略思考	石勇　南京农业大学机械工业信息研究院副院长
105	趣解水浒	魏新　央视《百家讲坛》主讲人
106	设施农业科学工程系学术报告	Prof. Dr.　Heiner Lieth　加大戴维斯分校环境园艺系系主任
107	诚信创业，走向世界	郭正水　南京农业大学杰出校友，南京联纺国际贸易有限公司董事长
108	Extension of tropical pasture production to southern Kyushu, in the corporation of regional prefectural agencies.	Y. Ishii（石井康之）　professor, Miyazaki University, Japan
109	渔业经济与信息学科现状与发展趋势	袁永明　南京农业大学无锡渔业学院副院长

（续）

序号	讲座主题	主讲人及简介
110	动物科学专业人才培养与产业发展之我见	杜文兴　南京农业大学动物科技学院教授
111	鲁迅先生与日本	藤井省三　东京大学文学部
112	小麦抗病育种前沿	Robert Mcintosh　悉尼大学植物育种研究所教授
113	非遗传承保护中存在的问题与对策	徐洪绕　江苏省连云港市文化局
114	古诗词音乐唱谈会	龚琳娜　著名民族音乐歌唱家
115	漫步文化长廊，感受民俗魅力	马连喜　中国剪纸艺术家

附录 7　学生工作表彰

表 1　2015 年度优秀学生教育管理工作者（按姓名笔画排序）

序号	姓名	序号	姓名	序号	姓名
1	马海田	13	杨海峰	25	陶书田
2	王未未	14	吴智丹	26	黄　颖
3	方　淦	15	何　健	27	曹兆霞
4	邓晓亭	16	汪　浩	28	崔春红
5	史文韬	17	张小虎	29	彭益全
6	庄　倩	18	陆德荣	30	葛　焱
7	刘秦华	19	陈　敏	31	程晓陵
8	刘素惠	20	邵春妍	32	蔡　薇
9	刘照云	21	岳丽娜	33	裴海岩
10	汤　静	22	於朝梅	34	谭智赟
11	孙荣山	23	夏　磊	35	潘军昌
12	李长钦	24	徐　文	36	戴　芳

表 2　2015 年度优秀辅导员（按姓名笔画排序）

序　　号	姓　　名	学　　院
1	王春伟	信息科技学院
2	王雪飞	食品科技学院
3	朱　鹏	公共管理学院
4	刘素惠	动物科技学院
5	李艳丹	植物保护学院
6	杨　博	生命科学学院
7	张　祎	工学院
8	邵星源	草业学院

（续）

序　　号	姓　　名	学　　院
9	武昕宇	公共管理学院
10	郭　荔	动物医学院
11	雷　波	工学院
12	窦　靓	公共管理学院

表 3　2015 年度学生工作先进单位

序号	单位
1	农学院
2	植物保护学院
3	园艺学院
4	食品科技学院
5	公共管理学院
6	工学院

附录 8　学生工作获奖情况

序号	项目名称	获奖级别	获奖人	发证单位
1	全国高等农业院校学生工作研讨会优秀论文一等奖	国家级	刘　亮 盛　馨	全国高等农业院校学生工作研究会
2	全国高校学生工作优秀学术论文二等奖	国家级	祖海珍	中国高等教育学会学生工作研究分会
3	2014 年全国高校学生工作优秀学术成果二等奖	国家级	崔　滢	中国高等教育学会学生工作研究分会
4	全国高等农业院校学生工作研讨会优秀论文二等奖	国家级	盛　馨 朱　珠	全国高等农业院校学生工作研究会
5	江苏省社会实践活动先进工作者	省级	王雪飞	共青团江苏省委
6	江苏省辅导员职业技能大赛三等奖	省级	殷　美	江苏省教育厅
7	千乡万村环保科普行动优秀指导教师	省级	王未未	中国环科协会
8	江苏高校团干部挂职先进个人	省级	李长钦	共青团江苏省委
9	江苏省青年志愿服务事业贡献奖	省级	韩　键	共青团江苏省委
10	2015 年度江苏省共青团研究成果三等奖	省级	汪　浩	共青团江苏省委
11	2015 年江苏省社会实践“先进工作者”	省级	王未未	共青团江苏省委
12	2015 年江苏省社会实践“先进工作者”	省级	刘素惠	共青团江苏省委

（续）

序号	项目名称	获奖级别	获奖人	发证单位
13	2015年江苏省社会实践“先进工作者”	省级	武昕宇	共青团江苏省委
14	江苏省大学生心理健康教育“精彩一课”授课比赛二等奖	省级	崔　滢	江苏省教育厅
15	2015江苏高校辅导员工作案例三等奖	省级	杨　博	江苏省高校辅导员工作研究会
16	2015江苏高校辅导员工作案例三等奖	省级	朱志平	江苏省高校辅导员工作研究会
17	江苏省第十届大学生职业规划大赛最佳组织奖	省级	南京农业大学	江苏省大学生职业规划大赛组委会
18	江苏省第九届大学生职业规划大赛优秀指导教师奖	省级	周莉莉	江苏省大学生职业规划大赛组委会
19	江苏省第十届大学生职业规划大赛十佳规划之星	省级	刘显洋	江苏省大学生职业规划大赛组委会
20	江苏省第十届大学生职业规划大赛十佳规划之星	省级	袁子韵	江苏省大学生职业规划大赛组委会

附录9　2015年本科毕业生名单

一、农学院

周　彬　马　雪　王永飞　王安宁　王俊阳　王振国　王啟梅　王璟毅　朱吉瑜
刘佩睿　刘海燕　刘　鹤　孙新素　李枚利　李佳乐　李经表　李鹏程　沈丽莉
沈佩绮　宋晓宇　张　帆　张晨旭　周文喜　周庆鹏　周忠正　宗国豪　侯秀莲
普　伟　戴　蓉　马晴晴　王苏静　冯裕才　朱敏秋　刘　飞　刘　慧　安怡昕
孙婷婷　李天元　李作栋　李祖安　张　娜　张嘉轩　金漪倩　周　冰　周　杏
周洋洋　周　燕　郑晨飞　胡　斐　徐振鹏　徐　峰　龚　静　崔人杰　韩　鹏
程燕好　马生辉　王　伟　王荣琪　王新通　龙润秋　乔　峰　刘　艺　刘文滔
刘　佳　孙　彦　苏圣甲　杜　甫　何　渊　佘　珺　张　圆　张　爽　张鑫楠
郑　芳　郝　硕　查奕青　陶　正　曹红军　梁智慧　彭　程　王汝琴　王　亮
文　旭　艾玉洁　左子健　兰雪斌　吕雪晴　朱星洁　朱勋格　刘航航　杨梦天
邱　雪　沈玲彤　陆宗炜　陈怡倩　陈星灼　罗金华　单玉姿　姜一梅　贾心晖
夏　赟　高初蕾　高　鹏　唐永强　常忠原　崔永梅　商　北　解双喜　霍　岩
王一然　王沛然　王雪然　石　诗　卢　苇　邢梦岱　齐　浩　许欣颖　李　云
李　纯　李　荣　李　鑫　谷　鹏　汪　锋　张　良　张　莉　陈　括　赵玲娜
赵垭雯　赵　梦　郗　希　顾小雨　徐伶俐　高　亮　郭昊伦　唐富伟　詹成芳
冀　晨　丁　园　王　云　王永燕　王莎莎　文　正　李剑桥　李　洁　李　航
李　婕　李　霄　杨馥泽　肖连杰　吴亚云　宋亚栋　张巧雯　张　章　陈　卓
和　慧　周　滢　胡欣阳　胡　航　费　澄　顾效铭　徐梦雪　赖朝圆　路长平
项友煌　胡月姮　曹俊峰　侯天成　荀勇铭　陈丽娟　陈　俞　靳伟艺　陈志豪

黄昕怡 高敬文 宋　航 葛晓康 宋任重 陈依晗 石燕楠 王国祥 杨楠楠
郝永利 盛春晓 刘乐生 刘松源 谢开锋 阿布力孜·阿布迪克然木
吾力米拉·努尔沙哈提 阿卜杜迪力拜尔·阿卜杜拉

二、植物保护学院

许越美 郭健达 马靖宇 王丽萍 王雨蒙 王　嫱 司杰瑞 吕新月 朱许慧
孙　然 李言蹊 杨泉峰 何家梁 余　童 张　斌 陆超群 陈彦羽 范　影
屈　勇 荣　星 姜　卓 耿海霞 高　兴 高博雅 龚雨晴 康恺暄 董丹丹
韩　絮 喻博文 王丹凤 王柏英 王星伟 王浩南 王　磊 毛辰辰 叶　晶
付文曦 白月亮 许小琴 李祥芬 李晨浩 沈鸿赟 张轩瑞 张倩倩 陈　江
陈安琪 陈晓晨 范海燕 罗舜文 周　密 郑张瑜 徐愿鹏 黄雨晴 崔　阳
程　琛 鄢麒宝 薛曙光 丁烨晖 王　壮 王梦飞 王　静 王嘉乐 王露燏
邓　蕾 代　探 司芳芳 刘凯舟 李晓琳 杨晓璇 吴庭荣 余雅蓉 张　娴
张　雪 陈少雷 周晨橙 赵　延 赵　瑞 顾　成 徐　薇 韩　鹏 丁　园
王苗润 王昌江 王春燕 王　琪 王楚南 方　艳 孔祥一 朱　玲 刘学勇
刘艳军 李霖涛 吴志慧 吴茂强 吴　薇 张孟姗 陈　辰 范晓盈 周　琳
秦晓宇 黄坤炫 崔彦丽 覃鑫健 喇忠萍 谭　晔 潘玮骅 郑蕾琦 陈东凯
陈尚君

三、资源与环境科学学院

麻妍妮 丁云开 王文肖 王雅舒 卢生威 白彤硕 朱慧敏 刘纯安 刘　奇
刘超楠 许　斌 苍　岩 李　旭 李春楷 李　强 何　花 张　峠 苗　茜
周驿之 周　爽 赵林丽 胡聪雪 姜和利 姚亮宇 聂　欣 颜学宾 潘莉芳
薛　李 王义军 王子萱 王慧颖 付清新 冯哲叶 邢佳佳 任毛瑞 刘铭龙
刘斯博 李丹阳 李泳霓 何足道 宋　杰 张　杉 张　勃 陆相榕 陈吉菲
陈亚珍 陈　欣 范先锋 林若蒲 周雨珺 袁双婷 袁振强 顾嘉晨 唐　骁
黄雅玮 蒋梦迪 植军章 覃榴滨 程尧峰 窦　妍 马　静 王新宇 王黎芸
匡玉珠 孙宇佳 孙善晶 李　爽 李博文 李舜尧 杨　甜 汪羽蓝 宋　睿
张　宁 张　远 张宏扬 陈　卓 周雨婷 赵建京 顾　闻 高　焱 唐超群
黄鹏程 康　晶 章质君 董子英 蒋宇婷 熊嘉诚 丁庆旻 于　盈 王冰玉
王笑宇 王　璐 朱志麟 许亚峰 纪宇琛 寿炜君 李　晨 杨晓理 杨　娟
吴　忧 吴振宇 余永涛 余　迪 邵天韵 郑　堃 赵诗晨 倪　茜 徐思雨
徐培焱 徐　燕 高　季 郭　宇 黄龙平 眭　杉 王亚丽 王若斐 叶　琦
生艳菲 吉鑫磊 任晓明 刘　淦 刘榕焱 刘　镇 安子见 孙希超 严经天
李来武 李　梅 杨佳莹 吴瑞豪 张　琪 陈　明 范珍珍 林源野 罗　茜
罗　珙 周诗竹 郑　祎 夏　天 万　里 万金鑫 王一鸣 王　盼 王渊明
支　杨 车今淑 冯裕超 毕文丽 朱　洁 朱瑜超 刘秀丽 吴亚寒 邱　强
应　多 汪玉蓉 张慧慧 陈怡先 陈　笑 赵　政 郭志创 梁志浩 温敬宇
谢天宁 樊亚男 盖晓涵 赵健桥 努尔妮萨·诺如孜 塔吉古丽·合力力

帕提古丽·亚生

四、园艺学院

殷　瑞 王亚楠 王曦莹 朱心怡 华祥龙 华梦玉 刘奕辰 刘　涛 孙曙光
李静静 吴清扬 吴　蓓 邱春龙 何　畅 余思玥 沈　波 张　璇 张馨月
陈　旭 陈　婷 邵天恒 罗笑赐 徐嘉烨 崔梦杰 谭　端 马理邦 计天茹
艾　爽 吕思莹 朱帅蕾 齐晓坤 孙敏译 杨红静 杨　煊 吴美娇 沈先桐
张　芳 张　玥 张林菁 陈沂岭 苗雪莹 周　栩 赵嘉安 咸　煇 袁蓬莱
袁　满 郭　旭 唐舜凤 黄贤颖 黄思杰 黄鑫鑫 鲁秀梅 雷　香 蔡　轲
王中喜 王玉萍 王　真 王　森 支　肖 牛雅彤 田星凯 朱铣秋 朱　媛
刘艳艳 孙　睿 李天宇 李昕悦 李　磊 吴天舒 吴　劭 何　琼 张　珂
陈　晨 罗承栋 罗新希 金　玉 赵　策 倪桢燚 覃国专 童　灿 丁　宁
王维泽 王　煜 卢贤佩 朱紫萱 许海峰 李　溯 何晓倩 张　荣 张菊芳
张雅莉 林小明 周可鑫 柯亚琪 聂小凤 夏　琴 顾天彤 倪　可 徐　睿
喻　强 傅齐珂 谢明华 漆非凡 瞿瑜珑 丁安娜 王巩丽 王佳琳 王　琦
王　雅 王　蓓 田松花 田　燕 吕　芬 安　聪 孙　忆 孙国祥 肖彦莹
张娅洁 陈柿岑 林宏文 罗　佳 郑逸飞 赵力霄 赵　佳 赵浩杰 姜雅雯
骆星宇 奚仁杰 黄　婧 梅梦琰 戚小楠 焦伯晗 谭思婷 马晓蓉 马雪莲
马紫兰 白　钰 江　浩 许家楠 李羽晗 李　姿 李　艳 杨　月 张　欣
张　毅 苗俊晨 季文杰 周博雅 庞　令 赵敏杰 祝丽琴 高　晗 黄光远
盖天博 梁永富 焦琳莉 谢冠宇 裘媛媛 赖珍晶 慕孟洋 潘丽婷 薛晨曦
戴道新 魏慧玲 王卫华 王永中 王星月 王　婧 尹　静 卢光照 司敏洁
刘立涛 刘晨希 汤雨萌 李亚晴 李　肖 李若玉 李　玲 余史丹 宋　宁
张宛竹 张皖晋 陈红丽 陈　杰 陈　怡 茅玉炜 林乙达 费华昕 徐益祥
凌　峰 曹　璇 谢雪阳 丁孝蓉 王　羽 王陀陀 卢　屹 申佳慧 成　康
朱雪沁 刘亚西 刘美伶 关　赛 江　茜 孙俊轩 邹　云 闵祥凤 张　鑫
陈雅屏 陈雅楠 陈　辞 林晓梅 尚千然 赵星淇 荣坤云 秦　健 黄梦婷
龚嘉慧 瞿雨竹 万　乐 王　菁 王晶晶 厉　妍 刘方齐 关　健 杨　欢
杨欣露 邹家阳 张舒瑶 张瀚文 范芸彦 林文洁 周思悦 荐晓峰 胡　娉
顾梦遥 徐芸申 徐　柯 涂　钧 黄俏俏 常欲好 景琦坤 谢佳窈 蓝　岚
马晨睿 王文翔 王玉丹 王丽丽 王佳悦 王晓雯 王　颖 王　磊 申志杰
朱梦爽 刘　芳 汤园园 李健楠 吴芯夷 邹忠幸 宋　然 张　悦 武文龙
苗　艳 金　翰 赵晋辉 姜晓帆 贺稀琛 倪嘉琪 徐露露 凌　祥 康森森
傅正浩 朱婕妤 刘珍珍 沈　晨 李　奥 周姝雯 薛　蕾 李春艳 王　雷
刘　琪 于明洋 张杨青慧

五、动物科技学院

马　磊 邓　毛 刘　壮 许　莉 孙　凯 李雅芹 杨晓波 杨锦浩 邹云鹤
张月桥 张礼根 张　科 张瑞强 罗舒月 周励夫 段清瑶 贾　堃 高　瑞

崔珍珍	樊星语	魏　薇	王玉珏	龙梦瑶	田时祎	刘雪林	许　巧	杜陶然
李子安	杨　谦	杨　趫	余嘉瑶	张　林	张晓东	张　钰	张鑫宝	陈德斌
林芳慧	赵　琛	栗艳茹	钱佳敏	徐顺明	葛开放	傅夏思	谢　晨	魏天雨
马童鹤	王　迪	王朝彬	付佳兴	冯云洁	邢文杰	李晶晶	李　璇	应志雄
陈思潭	范元芳	卓思凝	赵国庆	钟一帆	段　涛	俞少博	姚　峣	黄戎耀
曹若愚	蒋静乐	潘梦浩	薛永强	薛茗元	任二都	关惠一	苏伟鹏	杜明芳
陈倩倩	章佳蓉	饶时庭	彭珠妮	徐慧男	曹　贤	朱秋霞	李全杰	万钦煊
冯超群	汤雪君	吴　灿	余华清	张　芮	张佳佳	陈　龙	陈晓艳	赵　琳
胡长岁	施丽娜	费茜旎	袁　辉	贾仑锦	夏　琪	徐天朔	徐芳军	梅　寒
麻智芳	韩　程	程　星	丁　苗	王　欢	王海玥	王　鑫	吕朋安	刘　旭
羊黄菲	孙旋辉	李　智	张立强	张　超	陈宁宇	罗志阳	柳一方	侯媛媛
徐圆凤	黄敏康	盛　云	盘文静	彭书平	蒋志海	曾鼎立	尚子超	尚建勋

克热木·吾斯曼　胡西塔尔·吐尔孜　哈尔勒哈什·笑汗

古丽沙拉·哈力阿斯哈尔　丽娜·努尔旦阿力　阿力普·托合尼亚孜

帕亥里丁·吐尔逊　月木尔阿力·阿布都如苏　阿布来·那斯哈特

帕丽哈·亚森江

六、经济管理学院

康　晨	王　琪	张　爽	张　靓	叶夏青	唐沛遒	孙岫琴	周艺彤	于　雯
戈　阳	巩学健	朱　莹	仲　漫	许晨康	李　瑶	佘正昊	邹　运	宋　杉
张化宇	张在一	张若吟	陈宏程	陈雨佳	陈秋霞	陈馨蕾	赵　玮	俞丹丹
徐　言	徐　威	徐　煦	高　婷	唐　涛	唐路鸣	蒋仕鹏	蒋知非	焦　娅
蔡程希	丁振峰	王文昊	王含露	尤　游	卢宇桐	叶晟桐	多　吉	刘一尘
刘淑怡	汤梦煦	李必然	吴冰清	沈　芳	张　环	陆岐楠	陈怡霖	周一明
郑　建	孟家顺	袁　天	徐菊芬	奚圣明	郭巧云	陶君君	陶润疆	盛淑妮
麻祎红	彭乙申	潘柳梦	胡畯皓	于林功	王寻寻	王　钊	王琭璠	王斯怡
戈屹宇	左　胜	朱亚露	朱怡文	孙　政	苏智龙	李　丹	李冬霞	李美佳
吴雅凤	沈苑婧	宋瑞芳	张丹虹	张　尧	张　莹	张　鹏	陆语琳	陆　涛
陈天然	陈　栋	陈　鹏	郑　帅	赵明一	顾佳佳	徐佳佳	徐梦月	唐苗苗
辜雅君	魏　青	王　婷	王　福	石梦青	朱博文	刘素伊	刘晓彤	刘晨星
许亚宁	李灵芝	李昕耀	李　静	李　蔚	吴晓佳	吴　琪	张　亮	陈　艳
陈　虔	陈　婷	赵亚贤	顾玉凤	徐广潇	殷可心	黄莹莹	葛嘉威	韩林杏
楼天然	谭　悦	薛　帆	魏芃芃	吴永昕	王申申	王梓璇	公　俐	田　华
冯　静	刘广军	刘雄斌	刘　頔	李书婷	李　然	张　妍	张　强	陈　婷
邵跃龙	金岭桥	周　艺	周玮琛	赵一璠	胡玉香	侯　健	黄丽阳	黄丽娟
曹佳宇	商思廷	葛元昊	曾慧芳	谢冰男	潘晨楠	薛超颖	薛　静	万　明
王友静	邓洪福	刘海洋	闫丹丹	许太铭	孙瑞雪	李千慧	杨兴月	杨照磊
何孟春	汪月明	沈屹浩	张　瑜	陈一珊	陈颂言	陈　琦	陈慧娟	罗丹阳
金晓荣	周　晶	单玲钰	赵　庆	赵书颜	鹿鑫鹏	翟艳晓	王　越	李　轩

王露涵　张　硕　祝晓天　夏伟峰　高芸洁　张嘉琪　李露露　姜雨婷　宋　捷
赵国梁　高　诚　董福国　周露露　谢　涵　李　檬　孙　喆　曹　举　毛曜晨
张河洁　许燕山　王　姣　杨　森　蒋　奇　何超峰　梁　潇　左雨荷　王文亭
颜　杰　张　炯　伏其其　刘　余　孟桓宽　沈　怡　胡琳琳　沈璐丹　康　凯
阿旺拉珍　扎西旺姆　洪刘明明

七、动物医学院

荣文玲　俞　磊　任星驰　李邈宇　韩娇娇　严莉君　王　哲　王添翔　冯苍旻
史佳惠　石佳莹　刘小倩　刘次东　刘　莲　刘　瑾　孙兴臣　余远楠　吴俊杰
吴　铭　宋嘉欣　张瑞杰　李　欣　杨　丽　陆宗阳　周昌娈　周　静　苗洪伟
侯起航　姚方珂　钟孝俊　骆　佳　徐令东　崔　辰　葛　康　解祎朦　赖丽颖
熊　挺　马梅芳　刘　希　吉迎丰　吉春苗　朴俊企　阮莎莎　张　帅　李占占
李明哲　李　勇　李倩琳　李慕瑶　杜　颖　陈　茜　陈超伦　周亚娇　欧　宁
俞　京　姜晓旭　赵长菁　徐皆欢　徐　敏　袁坤朋　袁诚洋　黄　睿　董亚伦
蒋　浩　谢闻予　熊英俏　赫　丹　潘晓慧　丁　雪　王　甲　王幸娟　韦懿仙
叶穗芬　刘芝余　刘　彬　华灿枫　朱　倩　朱碧梧　何　方　张津鹏　张　莹
张嘉雯　李　俊　李思怡　李唯一　杨益蓓　杨媛媛　沈懿娟　赵云鹏　赵孟孟
蒋　宇　谢慕可　韩　婷　路晓杰　鲍　宇　管迟瑜　颜辉孟　魏韵清　方　茜
王广旭　王书杰　王　澜　宋天琪　张立岩　张　凯　张皓博　李林俐　李思成
李敏婕　杨　帆　汪　瑶　陆　辉　陈　杰　陈隋隋　国梦婕　金　磊　施　尧
胥婧祎　赵彬彬　徐文雯　徐　艳　袁瑜楠　钱芸芸　黄卓艺　程勇翔　赖柳媚
熊晓妍　阚啸诚　潘星岑　王园园　王　静　王　璐　方　信　代　娇　朱　艳
朱娴丹　后霞芳　刘　丽　刘　晶　江　强　阮　玢　孙　悦　苏苗苗　杜柳阳
李鹏飞　李臻臻　吴秋月　张馨尹　张梓良　张　琳　张瑞雪　陈　丽　陈　强
周碧玉　孟先越　赵天娇　赵利柯　胥　恒　唐振亚　谈之舟　屠筱菁　董保磊
蔡梦玮　滕　佩　魏德康　滕　云　时恒枝　陆亦斌　胡琳娟　顾春霞　黄　卉
杨珊珊　张亦凯　胡星星　韩　冰　安雅聪　杨小丽　王晓东　何英俊　白徐林佩

八、食品科技学院

李　直　刘　杨　温德兰　丁艳茹　于晓丽　马兰花　马亚芳　王思捷　王　梦
王　婧　古焱湖　左晓维　石　翀　叶扬帆　匡柏瑞　乔　颖　刘天阔　刘　威
刘静伟　李　媛　肖　慧　吴美丹　吴　晶　何　叶　茅　年　林学成　郝国凤
种　珊　侯　楠　袁　敏　徐颖婕　黄　瑶　符雨欣　彭开敏　操雯迪　王　卓
卞光亮　冯晓云　刘　恕　李　沆　李　童　李　婷　李韫博　杨孟伽　吴斐娇
沈佳琳　张志宽　张静林　陈颖文　和　悦　单　唯　赵雅楠　秦一禾　秦德利
贾　坤　徐家乐　徐　璐　高　君　高　梦　梅俞濛　曹泉东　梁安琪　彭星月
蒋晓玲　惠倩汝　傅振萃　谢静雯　魏　肖　卫璐琦　马晓雨　王玉婷　王绍勤
王　榕　毛倩艳　占　胤　卢剑平　白倞怿　邬　娜　刘思余　李　鸣　李　茜
李　爽　杨玉玉　邱丽淳　汪昱莹　张一旻　张嘉芃　张　灏　陈昕然　金　翰

周思思 郑锦晓 赵葵儿 赵　颖 钱文娟 徐聪敏 唐兆康 浦郑强 陶丽佳
董啸宇 蒋星仪 舒　琛 窦珺荣 蔡豪亮 王韦华 王田华 王轶群 王堇瑾
邓苹玲 付强林 邬　靖 刘　今 孙　甜 孙慧仪 李艳芳 李煜彬 李　鑫
何雪莲 张俞昊 张媛媛 陈雨泰 陈艳霞 陈楚婕 周羽珊 赵睿秋 秦祎芳
袁亚燕 钱　畅 倪佳艺 徐　婷 凌旦夏 高贞旸 浦绍辉 黄庄艳 谢晓锋
雷　露 虞姣姣 蔡方圆 戴　杭 颜　丹 谷士雄 方宝庆 付雨婷 丛宝磊
乐　田 刘彤彤 许　烨 孙伟凌 苌生远 杨义瑞 杨远鹏 杨迎康 吴光亮
张　岩 张学慧 张　宸 张　晶 陈肖影 陈俊秀 范硕增 孟晓露 赵弘博
侯　双 俞治平 黄佳莹 章　霞 阎川川 董子阳 程章埮 谢宇锋 丁德辉
马风光 王志超 方　甜 危志福 刘洪文 刘　颖 许　雯 李　洋 杨冬艳
宋海舟 张泽惠 张　洋 张蕴琦 林　然 赵　玮 赵　静 钟易利 钟　梁
姚丛丛 顾拯华 晏承梁 高　睿 诸卓颖 韩　宇 缪俊青 唐思颉 许婷婷
杨秋慧子

九、信息科技学院

于乐乐 文　静 朱婷婷 刘雪慧 刘　遥 李云飞 李　宁 杨　盼 杨　晔
张　琪 张超杰 张博智 张裕凯 张　磊 张　蕾 陈　亮 陈　鹏 赵炳容
赵　越 胡延超 秦坤达 袁　源 黄　莹 章学建 梁柳琼 谢云鹏 王　卓
王金啼 王宝珍 王悦悦 韦玉梅 叶文豪 朱永昌 朱梦佳 刘　畅 刘思琦
李新生 李潇洋 杨嘉荣 时若涵 吴玺煜 沈晴慧 陈莹莹 封志广 项佳栋
赵明明 赵春雨 姜　卓 夏丽君 徐　刚 徐　莹 黄　洁 程竹仪 温子潇
戴希曦 王妍娇 王　坤 王　涛 尤　艺 付　剑 刘泽宇 许　昊 孙道宇
苏晓春 李志明 李明明 肖　尧 张中楫 张丹东 张伟婷 张俊云 张　翔
张雷玺 陆雨婕 陈飞飞 邵　沛 武江涛 赵岚菁 赵振涵 胡嘉伟 查梦成
唐华发 王南天 王　霞 毛新玥 孔　浩 刘欣然 孙　畅 李小敏 李艳伟
李葛玲 邹　博 张大伟 张兴邦 陈振浩 陈　曦 季　宸 赵宇飞 赵　敏
冒融融 洪　震 袁清亮 黄亚锋 曹鲁豫 隋　意 鲁可琦 薛　晗 戴一范
魏帅杰 姜雪峰 万小灵 马　伟 马筱贝 王　旭 王轩哲 王馨亚 方之梵
龙世强 朱　彬 刘维轩 刘斌斌 李梓兴 吴　凡 吴　琦 张吉鹏 林　臻
周世元 孟　琳 段慧芳 侯赛英 袁万松 高慧寒 黄琼蓉 崔　雯 隋旭阳
傅海燕 颜灏澜 方贺贺 刘云龙 刘晨晖 江明飞 许　杨 李连强 吴　硕
张丛丛 张　健 张馨予 陈　立 陈坤荣 陈　杰 陈建宇 陈　曦 罗　苗
金新生 郑　杰 赵　强 胡　靖 施粤木 宣　飞 徐　叶 高晓煜 唐　果
程碧云 谢景源 戴　超 朱剑松 黄若凡 周　杭 郭宏健 陆广泽 郑光磊
蒋晓筱婕

十、公共管理学院

仲天泽 刘　模 杨　克 高　冉 张雨垚 雷天成 王　红 王曦雯 权鑫磊
朱玲娣 刘走红 许卫青 孙　茜 杜梦冉 李　欣 李定美 杨　蕾 吴　洁

佘珺怡　余学文　宋　颜　张　迪　胡习妍　胡林林　施丹凤　姜凯宜　贾予宁
夏　璠　徐　爽　殷　昊　高鹤榕　谢榕穗　鲍明慧　谭安月　熊双双　缪梦娇
瞿佳蓓　那嘉明　马弘炜　田　进　付　斌　许晓敏　孙如昕　孙蕴川　李文斌
杨　洋　肖　蕾　吴高品　吴　楠　邱艳灵　余俊桥　张中举　张正盛　张媛媛
陈守明　陈　艳　金　晶　周焓柔　顾　滢　殷　玮　黄典典　韩　萍　甘婉霖
乔　杨　汤文豪　严春燕　杨茂梅　肖　芳　吴　童　吴　强　沈啸驰　张战鹏
张雪微　张　楠　范　伊　罗　蒙　周　琳　宗小盛　赵命君　赵晨亦　胡浩然
姜书婷　顾　博　徐泽欢　蒋　兴　鄢　鑫　熊春江　丁洁馨　上官靖　王子坤
王　元　王思聪　韦　卓　付诗淇　代旭焕　成吉航　朱弘军　杨俊捷　杨超越
张伦嘉　张　丽　张倍成　张　晗　周　竞　郑博健　姜宇钟　韩文静　储丹宁
曾碧柯　解明远　蔡佳莹　黎　清　丁　炜　丁家桢　马　鑫　王思懿　王家炜
王　颖　刘惠东　关　楠　杜　芳　肖　琪　宋梦美　张海波　茅凯健　钦国华
俞舒挺　徐　拓　提一昊　鲍彦然　解　嫡　谭育芳　戴　蕊　王雨岑　王　雪
厉　超　刘孔傲　闫　厉　孙　焱　杨　奕　吴　瑶　何　凯　何梦雪　陈云天
范　佩　孟令仪　赵　鹏　段娟娟　侯婷婷　姚　尧　倪晨玮　郭盼盼　韩晓松
喻　峰　德　吉　李淑芳　汤　绮　陈海容　罗忆宁　金　雯　马莹莹　王亚勤
王洋洋　王　寅　王　琴　吕　翔　全铁森　刘　宁　刘奕兵　刘　洋　刘彬彬
刘　溪　李斯洋　初　雪　陈　亮　陈莹磊　茅　秦　赵呈杰　都福裕　徐　达
徐晓婷　高　晗　唐安康　龚雪莹　鲍兴妍　鲍佳奇　潘　芮　魏晓雪　倪郁楠
薛　荣　曹　琦　李　扬　黄万鹏　田浩辰　汪　珺　陆郴彦　谢路平　郑佳卓
管艳蓉　彭　杰　林洪金　韩　璐　边巴次仁　珠央嘎姆　索朗德吉　索朗达吉
达娃坚增　永旦扎西　益西旺姆　扎西达杰　巴桑扎西　彭何林译
阿尼古丽·托哈西　租丽批亚·买明　达吾提江·依马木　别克扎提·马地里

十一、外国语学院

陈　聪　何妍娇　刘晓斐　杨苗苗　于滢瀛　王　昕　王　润　代浩渺　朱以妮
刘紫嫣　汤闻天　孙小娇　李一凡　李　俊　李俊杰　李祥芳　杨竹青　杨惠茹
吴丹婷　吴佳燕　沈甜甜　宋文慧　宋春霞　张凌雁　张　硕　陈　文　陈文超
武　景　赵国文　荣静娴　侯中华　夏允婧　徐士杰　郭　凯　蒋雨廷　喻萍萍
焦　旭　王玮明　王欣竹　王　美　王　娜　王雪敏　方　丽　方　昱　石慧慧
吕　琳　朱　琳　刘娜娜　孙文苑　孙雪娇　李　川　李　鑫　杨陆薇　余俐斌
张玉玲　张英群　张　晗　陈梦珂　陈梦瑶　郑灿杰　赵雨竹　赵晓薇　栗洁歆
贾中宝　顾　俊　顾兼美　徐　娜　郭　静　唐颖灵　梁耀阳　谢　莉　王　乐
王亦陈　王秀君　王凌燕　王益梅　田普凡　吉炜燕　朱怡晨　李晓晔　杨　帆
杨楚薇　吴航宇　张安琪　张羽帆　茅　楠　林　欢　周翊君　周　婷　单　川
姜芸纤　袁　帅　唐红敏　黄佳乐　章　玲　章梦岚　简　迪　于佩佩　王文杰
王珊珊　王睿婧　朱晓清　许　珺　李晓晴　杨　轩　杨　洋　何田田　狄梦洁
张　珂　邵可雯　范　超　宗梦瑶　胡琬颖　袁宇桐　殷敏娟　高朱莲　高　佩
黄辉君　黄　瑶　薛雨婷　戴园园　王安悦　王婷瑜　王　曦　牛悦恺　叶　潇

付潇　付慧　朱园园　刘斯莹　闫忆开　汤岚晴　汤晴　许茜琳　孙煜
杨阳　吴珍　汪婷　沈若楠　张晓桐　陈亚男　陈翊炜　陈舒媛　赵梓旭
唐丹　曹熠　韩硕　曾梦姣　吴欢子　曹晶晶　陈雅婷　陆海琴　裘洋洋
齐彩露　徐文茜　张洁琪　欧阳弘弦

十二、人文社会科学学院

从小堞　许智超　周颖珊　朱海悦　万捷　孔雁婷　叶放　田小雨　朱明艳
任一鸣　刘倩楠　许世成　孙亚云　孙质　纪璐　严银　李琬琰　杨贤念
吴小爽　邱艳英　张传斌　张艳梅　张润桃　陈丽丽　陈妙璇　陈亭　范文朋
林晶晶　周琪　孟雨薇　凌雨薇　展继超　曹嘉文　王云静　王玉婷　王乐乐
王爽　仇泰安　石聪　冯威　芮敏　杜婵　李云　李同笑　李欣
李婧　李楠　杨岑岑　肖记　吴丹丹　吴美婷　张抒　陈爽　赵勇超
费玥　姚雪聪　倪小晖　徐庆颖　容冰妮　黄坤龙　蒋成　谢贤鹏　穆浩
王茜　王颖　王静怡　车国泰　牛炳秉　刘聃　李凡　李亚朋　李振华
吴越超　邹爽　陈柳　陈筱　林杨　林诗慧　周颖　郭琪　崔慧超
韩颖　童肖　樊潇潇　王远坤　于明秋　王兰君　王岚　左右　石晓辉
刘雪婷　孙丽　杜克　李昊旻　吴秋婉　何欢　张迪　张颖　陆峥嵘
陈捷　欧忆虹　旺堆　周思民　庞育娟　姜瑜　柴利慧　徐方圆　徐佳慧
黄园妹　彭家新　董瑞雪　储天阳　路娇娇　糜晓娜　王昊翔　王超然　石真
刘帅　刘家瑞　李文娇　李婷钰　杨博伦　沈美琳　张俊杰　张楚琪　张韵儒
陈琦慧　林韵　周恬静　胡顺红　夏源　徐沅钤　黄艺瑶　黄月宁　黄丽芳
黄鹏飞　崔幸芳　韩笑　解丹丽　管仁清　濮钰敏　王珏　卢柯帆　华睿
刘宴冰　许愿　孙佐君　杜超　李永健　李俊彦　李梦真　杨粟　吴桐
吴雅晴　余文洁　余思毅　谷建　冷天　张文　张龙雨　张茜杨　张晨光
张超　陈润东　陈潇　邵祯雯　季灵　周丽莎　周彤　赵瑞端　胡潇然
俞进涯　姜丰丽　袁媛　徐艺侨　殷圣席　凌玲　郭芷新　黄杰　黄薇嫚
彭清　韩诗琪　管玥　管金谊　谭华舟　谭伊娜　颜佩珊　张颖　格桑央宗

十三、理学院

周雪勤　程艳宇　陈锐　于文哲　王帅　王建卓　王爽　牛岩溪　孔彪
叶凯　兰锟　刘晓飞　刘琪　杜京伦　李军　李志超　李梦珂　吴建兵
邱楠茜　余晓娜　张语嫣　陆慧萍　周正馗　周围　居梦月　相志康　徐琳
郭祖建　陶冶　龚霖枫　于淼　王小峰　韦少榜　司祎莹　朱鹏云　任美芳
刘婷婷　阳鹏鹏　芮敏　李书婕　李静田　李睿璇　吴锞雄　张思奇　张哲
张晓玉　张慧敏　张蕾蕾　武阳　周琳　周路明　俞展弘　姜林杉　顾海山
陶晓林　黄蓉　崔悦　彭昊　丁旺成　马丽雅　王亚坤　王雅正　王慧然
王磊　方国翰　尹晓璐　卢风帆　刘诗宇　关凯中　孙琳　李彪　吴虹锦
余友杰　张亚玲　张哲　张桐　周玲玉　赵叔阳　赵娜　胡德坤　施宇箭
姜鹤旻　梁佩　韩一杰　焦健　谢博文　于翔　王云宇　史维聪　吕佳翰

刘　欢　孙佳祺　孙晓涛　孙　康　李佑军　杨　芳　杨德坤　吴　瑶　张来强
张　玲　卓诗韵　项宪政　胡美辰　修少敏　姚　杨　姚敏霞　顾　晨　徐善钦
高建行　郭　康　蒋双双　蔡鸣杰　朱傲哲　李朋飞　韩文生

十四、生命科学学院

于　韵　王　健　朱　晖　朱家民　刘健宇　齐　欢　李　可　李彤彤　吴　文
谷梦阳　沈宁珺　张玉婕　张越飞　陈俊青　陈智伟　茅喻丰　林　辉　周新成
郭金贺　唐赢超　彭海蓉　雷　瀚　熊彩虹　马铁群　马　维　马　越　王艺霖
王若愚　吕宇庆　仲天庭　刘飞燕　刘忆霖　刘玉雪　刘　洋　刘舒婷　杨兆颖
杨　涛　何镇宏　张俊杰　张梦玥　居　昊　骆天鹏　郭　涛　黄　菲　曾维伟
王　北　王　坤　王继鹏　王戴君　刘　书　刘众杰　刘琬菁　刘　款　李岳虎
杨　威　吴　炜　张方觉　张旭明　陈　妍　陈道明　杭新楠　郑丹宁　赵超然
荆若男　钟　华　聂金阁　桂菊灿　夏桂雯　倪天鹰　郭金两　韩贤舟　于　蜓
丰　琳　王文栋　付豪逸　边文举　吕朝阳　朱方明　朱紫菱　刘宇飞　江　烽
李　蕾　沈　娇　宋佳鸣　张晓昉　周俞志　顾晨磊　曹洁杨　康　肸　程　丽
曾予兴　阚智慧　黎元斌　魏清鹏　马雨微　王　璟　甘弘勋　冯顺宇　刘文华
李云霞　李英铭　宋　旋　张大上　张广安　张金星　张莉莉　张　晗　张　蓓
范潇儒　范　霞　周齐宁　荀冠华　施凯文　洪文轩　陶　源　曹恬馨　彭莉润
蒋　昱　裴一飞　银婞芷　窦文诚　丁圆圆　王　纯　尹书剑　石　婷　江　津
许灵俊　许晶月　严戏雪　李知夏　杨雪伟　沈晨冬　张亚鹏　张　帆　张　敏
张　斌　欧阳轩　周　艳　庞静文　赵　晶　钱正宗　蒋　倩　蒋　浩　谢　宾
廖仕秒　马清越　王　硕　韦剑欢　牛梦圆　卢书洋　朱涵莹　刘腾飞　阮哲璞
李　闯　李宪刚　李海锋　张志明　张　奇　张紫薇　陈晓妍　周飞飞　项　辉
段博文　贾凯雯　高宗玉　曾　璐　谢林锋　谢翔飞　解妙榕　魏　楠　李娇娇
李彤洲　鲍英杰　王菲儿　祝欣培　王雪晴　马欢欢　朱玉康　张炜俊　刘杨才奇
罗宫临风　孙虹嘉祺　霍珺好慧

十五、农村发展学院

王　佳　叶　菲　冯　欣　朱　旭　朱胡敏　刘艳东　杜晨浩　李迎松　吴佳慧
张　柳　张　萌　陆泽亚　胡佳丽　徐利达　高富伟　益　西　彭芳芳　杨曼君
胡红强　马　群　王嘉诚　车　霞　吕蕊蕊　朱晨斓　孙毓彤　李含章　李海燕
李敏丽　张　旭　张明礼　张莉莉　张皓瑄　陈森蔚　范天昊　胡佳欣　贾舞阳
夏梓昊　殷　奕　郭玉磐　蔡　慧　薛　帆　魏晶晶　卞丽娜　王一旻　杨昊琪
土登江措　吾坚顿珠　欧阳金凯　格桑登珠

十六、金融学院

周益宽　黄宏斌　郭　琛　李诗雨　李晓静　沈九霞　李晨冉　王心怡　王继权
卞晓婷　田博雅　包娟好　冯　韵　乔　智　庄嘉荣　刘平鑫　许雯杰　孙　溥
严华坤　李若楠　杨　书　邱楚翘　陆　烽　陈三三　茆　琳　易　超　赵　易

钱梦琪 徐　畅 曹婷婷 曹　璐 符琼予 彭媛媛 韩梦逸 蔡宇程 缪静雯
马倩倩 王丽颖 王洛美 王琪瑶 尤　嘉 毛小涵 朱宁宁 朱迪曼 刘书伶
刘宝亮 许浩东 李一晓 李宏伟 张　柯 张皓翔 林　聪 欧亚东 赵思远
费　凡 钱欣欣 徐　凡 徐开颜 徐霁月 郭　涛 黄洁玉 梅　岭 蒋　章
程乐蕾 童梦蝶 樊屹秋 戴　璐 王　栋 王　毓 王璐瑶 卢　清 叶　璐
朱妍瑶 朱欣悦 朱晓婷 汤雨哲 孙　琳 孙献贞 孙嘉琪 孙榕榕 纪恒玲
杨婷婷 何元睿 何　宁 张若晗 张　蓓 陈　立 陈　唯 罗　淏 孟　茹
胡文婷 钱　成 徐玢杏 殷浩文 高　煜 浦明娴 裘跃仕 戴　燕 王昊宇
王梦迪 王　融 毛健儿 文若愚 艾　歆 朱人豪 刘兴超 芮丹丹 李　珺
何苗苗 何　臻 谷　伟 汪佳琳 汪　涵 沈嘉逸 沈魏敏 宋雅雯 张益鸣
陆　晨 陈　鹏 侍　玉 郑　冲 胡慧娴 俞　靖 柴　倩 高昀皓 黄　妍
曹　芮 虞　倩 潘智慧 王子凡 朱君说 朱　翔 刘晓童 汤辰雨 苏睿芯
李秀梅 李维维 李媛媛 杨　光 杨　洋 何叶青 张中辉 张超奇 陆倩瑜
陈冬梅 陈　峰 陈　圆 周明明 姜一童 贺　佳 桂　钰 夏　禹 顾琪儿
徐　硕 徐　晛 高景宇 陶思洁 堵智佳 黄　薇 蒋玥涵 王艺瑾 王文忻
王成竹 王　岭 毛　琛 左　娟 石　琪 石翔宇 冉　征 刘晓烨 李梦雅
肖怿昕 汪雨辰 沈　萱 张艳伟 陆臻础 陈　燕 赵　旭 赵　珺 赵梧凡
段逸飞 侯亚硕 侯泳亦 姜晨晨 姚元凯 顾　青 顾婷婷 蒋子威 蒋　飞
解方圆 徐宇彤 夏源畦 高园媛 丁六一 马　峥 王云帅 王艺芃 王　巧
王安琪 王　珏 王　淼 牛　彪 方梦远 石　璐 吕牧南 朱雪茜 伍　文
庄　伟 刘　沙 刘　钥 安永玺 孙　玮 孙　莹 李　韵 肖　凡 吴仕江
张一帆 张　璐 郝　冲 查　静 钱琪瑶 殷晏茹 摆　琪 蔡明高 薛　超
魏　英 丁书娟 丁　宁 王　钰 王梦笔 石沁雨 朱　沁 朱德鹏 刘奕琨
刘姿麟 许迎会 李丝雨 李　娟 李　熠 杨　斌 吴家钰 张少婷 张春辉
张　彪 陆唯一 陈　涵 邵芷彬 尚雅坤 赵茹雪 侯雲祥 夏林楠 顾江南
顾泽宇 徐杉杉 高　益 葛鹏鹏 蒋　悦 樊　旭 潘佳文 马秋琳 王白雪
王亚莉 王　优 王梦璟 王惠雯 尤俊逸 孔婷婷 史立娜 史逸秋 冯　旻
毕康杰 刘方圆 汤沁涵 汤梦柯 李永红 李　曦 吴　轩 何　晖 张子昉
陈景聪 易　丹 周　颖 宗庆明 秦　丹 夏语冰 徐　怡 高利菊 龚　璇
薛雯君 薛　霁 戴晓阳 胡　慧 徐章星 张　正 杨　菁 季洁云 王　蓓
袁振昶 浦晨怡 郝庆月 荣佳伟 王少楠 张昕怡 王　景 陈　洁 朱明洋

十七、草业学院

刘坤宇 李　慧 吴思莹 吴彦頔 张倩丽 陈均辉 陈　星 周佳佳 赵海莉
胡毅飞 姜佩彤 娄诗语 唐雪娟 逯亚玲 董来伟 景戍旋 喻登丽 路小丽

十八、工学院

李霄霄 张桂林 闫泽滨 田　雨 陶星星 杨　林 王有祥 陈　瑶 余　壮
陈海亮 戴翌尔 黄小可 姜帅琦 李　凯 蔺泽虹 刘　贺 刘少辉 罗　曼

马玉梅 牛昆 谭珂 王豪 王玉 吴岩 邢巍 徐梦佳 杨海慧
杨涛 袁东亚 张顺垚 朱明 陈永旺 董晔晖 郭永 郝柯翔 季林
景怀江 李永佳 刘芳 刘思达 罗玥 宁鹏泽 史庆强 万坤东 韦玮
相恒高 徐聪 徐志伟 殷文鑫 张肖肖 赵斌 朱建祥 曹聪 常旭慧
陈晓琳 丛宇洁 段路路 顾佳峰 胡珂 黄细旺 李睿琪 林曦 刘强
栾宇 毛霄 宁煦棋 宋评 陶越岳 王硕 王亚森 谢辉 杨涛
尹红超 曾钦平 赵惠敏 郑彧彤 周洋 朱琦 陈达奇 陈雨健 崔彦博
方敏 韩聪 胡祚尧 贾娇 李婷婷 刘博涵 刘晓华 任闯 宋新云
王蓓 王婉娇 魏爽 熊崟 余雪健 赵伟 钟杨 周子良 朱庆昕
陈明畅 陈玥秀 董佳纬 冯尔鹏 郝琪 黄昊 金之俊 刘浩 罗杰
蒙家健 荣昭强 孙少杰 王佳伟 向丽平 徐志馨 杨莹 喻珏 张凯瑞
赵雯 周超 朱高祥 曹宇芳 陈平 丛文杰 董义方 葛徐婷 李茂
李振杰 刘恒衡 陆宇 罗思敏 孟睿 钱梦姣 阮麟然 孙侠 王亮
王鑫 向耘赤 杨思灶 姚丽斐 曾浩 张燕琳 郑浩楠 周日健 张明
陈子军 曹露 陈海宜 陈卫宁 董天宇 范凌俊 顾叶锋 何隆为 胡卫
焦江帆 李彬彬 李明月 李状 刘辉 刘洋 鲁鸣 马靓 聂亮
沈张彬 孙凯强 王飞 王琴 韦长敬 吴宇明 杨帆 杨叶飞 于洋
张大猛 甄秀 周艺伟 邹强 曹征方 陈槅 陈子龙 杜鞠乐 范易奇
郭畅 纪媛媛 金颖智 李德信 李仁胜 廖维强 刘瑞星 刘奕玮 陆放
马祥云 钱波 宋灵杰 孙伦杰 王文磊 卫瑶瑶 徐伟健 杨宇 臧志勋
张莉 郑允宝 周茂清 朱春莹 陈超 陈龙 杜俊廷 盖雪莹 郭楠楠
侯羽佳 简科 瞿知涛 李林锋 李文全 林启航 刘杉 陆光虎 孟祥光
任其远 宋逸婷 田丹丹 王露阳 王子琦 温士明 许雪艳 杨添麟 尤毅
占红艳 张文星 周兵兵 周飘儿 朱垌橦 陈管花 陈启光 戴恒昱 范博文
高殿阳 郭飘扬 胡军华 雷南林 李敏 李雪城 林石星 刘亚军 陆宇
倪建阳 孙凡博 王超 王梦雅 韦斌源 吴鹏程 杨二雷 杨武 于淼
张纯壕 张怡炜 周国聪 周扬 朱心雨 赵汉卿 白雪 陈柳燕 褚晓佳
杜强强 顾凡 韩冰 华健 姜宇 李然 刘芳 龙欢 吕思达
马珺玮 祁勤杰 沙川力 束成 孙晓华 覃磊圩 王璀璨 王鑫蕊 魏子豪
肖婷 许闻多 杨镇菱 张剑 郅然 朱洪祥 柴强飞 陈新星 崔阔
方海波 桂周 华柯 姜中洋 黎思洁 李旭莹 刘维赫 陆凯 罗林
梅亭煜 乔小朵 邵润杰 苏承 孙鑫 谭月 田枢堂 王佳玉 王涛
王永升 文雅 肖雪 杨美蓉 姚景煜 岳林飞 张晶 钟宏飞 庄梦苏
常莉莉 丁施瑶 冯青松 郭立程 纪玥 蒋连群 李博 李洋 刘洋
陆智健 罗鹏 潘双双 乔钰涵 申琪 孙桥 孙禹平 王畅 王倩
王小清 王越 巫维云 徐红燕 杨权 冶琼 张浩 张蕾 周鹏
陈佳亮 谌园园 丁智科 郭书悦 胡媛媛 江林燕 解雨臻 李承峰 李叶秋
柳伟 吕杰 彭宁 卿耽 史梦娜 孙文静 孙悦 田超 王春月
王若沣 王晓婷 魏海舰 夏思思 徐雨程 杨伊凡 尹琪 张嘉祥 郑婧

周　顺　曹　臻　陈泓宁　董若瑾　樊　迟　冯　琳　韩　映　侯璐丹　李　静
李楠楠　李小路　刘秦伊　刘新旻　罗太容　潘俊锋　秦　臻　石　峰　覃　婷
王安琪　王丽娜　吴琦婧　肖　婷　许　佳　张梦婷　章婧媛　周婵婵　朱　良
鲍　蕊　查　迅　陈　君　董　妤　范小燕　付　瑶　郭　恺　何永铭　胡佳升
黄　璐　李　斌　李　林　李絮影　刘秋实　刘远卓　骆光炬　潘有财　全　艳
寿露祎　唐胜果　王丹华　王　森　魏靖桐　夏振洲　徐松梅　杨兆丰　于亚男
张润杰　郑叶倩　朱欣波　曹美丽　陈　繁　崔华春　董宇轩　方应扬　高　雅
郭梦迪　洪乃欢　胡　强　江宵烽　李　博　李　梦　李　雯　梁秋瑜　刘　赛
龙盈君　马文婷　裴芸志　任津禾　束倩怡　田柳青　王　珊　温　馨　向文韬
徐　洋　姚敦樟　张　虎　张小慧　钟　鑫　周婷婷　朱宇萌　曹树康　陈　芳
邓生娣　段艳芳　冯丽侠　葛东辉　郭晓静　侯岱佶　胡诗汇　孔燕燕　李方方
李默梓　李　潇　刘文长　卢晓燕　聂咏霖　彭思程　师　琪　孙　健　王洁琼
王辛玥　吴立业　肖　佩　徐　悦　尤　波　张靖阳　张颐颖　周安琪　周星雨
陈梅香　陈　哲　樊继庞　顾　琦　何欣苑　胡　敏　黄　意　李霈莹　李　喆
刘　爽　卢　萌　罗新枫　毛英俊　钱露露　邱克仲　孙　超　谈　远　王世佳
谢　宇　徐　雯　阳启明　姚　伟　余苏峰　曾繁祺　张芮郗　赵　谦　周　强
庄世雄　曹　汕　陈威龙　邓中耀　符　渝　管晨阳　贺梦莹　胡煜焜　蒋振林
李星佐　梁冠盈　刘　园　陆燕婷　马　坤　茆建国　秦　敏　邵　骞　孙　洁
唐树英　熊　鑫　许军军　杨　迎　尹建鹏　袁怡文　张　凯　张　振　赵艺颖
朱锦圣　曹誉丹　陈炜林　董小凤　高奇峰　韩　悦　胡美琴　胡媛媛　李秉宣
李亚芳　刘荣基　龙雨行　吕　强　马牧茵　梅　浩　秦　玉　宋庆芳　孙克书
王琮涵　王　耀　徐　凯　许力丹　姚荣正　于　珊　袁卓君　张倩岑　赵丹阳
周明月　朱　鹏　任金强　边　姜　陈珊珊　方鑫瑞　郭晓庆　胡婷婷　姜　皓
金瑞琦　兰亚平　李博阳　李伟强　刘　畅　刘建锋　刘　宁　吕中梁　米　雪
秦　强　冉锦帅　唐永迪　童　舟　王妤琦　王鹏程　吴璟玥　谢　斌　徐明松
严文强　杨柳柳　张皓天　赵　晴　赵　正　周　星　陈　川　陈煜杰　江天天
瞿振林　乐姗姗　李容宇　林　芝　刘海翔　刘洁波　吕　然　孟森浩　曲光旻
石健夫　宋　丹　唐龙勇　陶源栋　王　浩　王　颖　吴添鸿　谢　奕　许智勇
严亚俊　余婷婷　张月伟　赵振东　周伟达　左　琪　徐　扬　白如月　曹　燕
陈鹏起　陈星龙　范永辉　洪　达　黄帅婷　江华健　金龙云　李岿林　李文轶
刘飞飞　刘明珠　刘永平　路亮亮　缪　杰　宋炳鑫　唐　林　王嘉薇　吴鸿智
项　炜　徐英帅　杨柳博　姚　访　喻金标　张　威　郑子彧　朱治昊　陈　昊
陈万垒　崔　勋　符果成　侯思旋　贾　晗　蒋东霖　鞠炜麟　李　蕾　李稳毯
李子林　刘赫宇　刘腾飞　鲁碧瑶　栾蕾萍　欧阳磊　宋日成　田　鑫　王　江
王权强　吴家盛　谢宇辰　许昱洲　杨献坤　姚莉佳　岳　园　张煜中　钟佩仪
庄庆泉　蔡思宇　陈　靖　陈　威　单栋梁　韩　林　胡文涛　贾君桐　蒋　红
康浩然　李润田　李雪冬　林倩闽　刘佳磊　刘　杨　马金瑾　彭世晶　覃　彬
王功德　王　磊　王术静　武文强　徐　坤　杨　波　杨永红　游　洪　张　浩
张正飞　周传欣　曹恺婷　陈　敏　陈　鑫　段玉婷　贺　丹　黄莎芮　贾宇恒

蒋　臻　李嘉位　李天煌　李云杉　凌振宇　刘佳鹭　刘　毅　陆思琪　马靖博
齐　萱　唐　波　王　浩　王铭超　魏甜甜　向家兴　徐明理　杨　玲　杨勇哲
于小雪　张　欢　赵子云　周　缘　陈玉红　丁俊朋　冯一帆　郭家来　江　峰
李　杰　李　鑫　刘　苗　卢　露　毛誉杰　戚浩森　盛世豪　孙　梦　汪明皓
王　凯　王秀茵　吴元芳　肖童童　许崇吾　杨　衍　张玮男　章　辉　赵　颖
周慧成　邹建锋　蔡伟康　程　坤　董嘉琪　江　惠　李　杰　李　岩　刘思齐
蒙焕楠　钱文杰　任　海　石　圳　谭　浩　汪汝端　王　磊　王玉娇　伍书婷
许德权　姚洁妮　余　玮　张　晨　赵　斌　朱俊强　邹盛俊　曹瑶瑶　褚文栋
董旭斌　宫　月　郝国亮　金　涛　李敬东　李政华　刘思奇　陆　瑶　苗　鑫
秦俊雪　尚　海　苏文举　陶　醉　王东友　王　宁　王元帅　夏桂萍　谢馨仪
薛　洋　叶景春　袁思宇　张　杭　张　阳　赵晶晶　郑烨帆　周思琪　朱全勇
左　棪　陈　军　代书文　范忠辉　顾　静　郝晓霞　亢梦婕　李石军　凌献尧
刘秀峰　马馨琦　庞加磊　秦瑜莲　邵　林　田　甜　王　皓　王炜晨　王　悦
夏实阳　徐世超　杨　帆　尹　璐　曾藩迪　张　勍　张悦迪　赵雄志　郑英模
周银牌　陈善宏　丁晋宙　冯文钊　顾毓榕　李　健　李文荣　刘　迪　刘毓焘
毛彦玲　彭正祥　邱学武　沈振飞　孙　策　田泽宁　王佳平　王　枭　吴其生
夏　志　徐晓瑞　杨小瑞　于晶森　张帅堂　张祖成　赵亚想　周华君　朱建月
朱晓燏　杨文涛　刘　宇　李永一　柏殷琪　陈　鹏　陈烁宇　杜云瑞　顾凌风
何昱超　姜　韬　孔祥凯　李冬清　李　想　廖　强　刘龙斌　刘小平　逯丽扬
倪伟欣　邱琳娇　汤　杰　汪德朋　王德隆　王　顺　王祖盛　吴禹岐　辛　璐
闫　清　衣鹏举　曾火英　张　也　郑云超　蔡建恒　陈　鹏　陈仔颖　冯白芳
光震宇　胡　俊　姜　岩　况云洋　李　鹏　李娱乐　刘灿辉　刘巧溪　刘　洋
马嘉懿　牛恒泰　尚　鹏　史先孟　唐　靖　汪远远　王根圣　王文杰　魏日佳
吴正龙　徐　冰　尹　力　张志强　周　健　曹　艺　陈　鹏　崔家卿　冯　宇
郭超朋　黄　冬　蒋光超　李宝龙　李　尚　李　珍　刘　传　刘清辉　娄星辉
毛冠锦　邵　哲　宋欣燃　唐礼贤　王　彬　王嘉宁　吴加俊　武江琦　杨灿威
杨先进　尤启力　张凯博　赵　萍　周　朦　陈　刚　陈　睿　邓　冉　郭应馨
黄海浪　金永洙　李必发　李志伟　刘国强　刘若兰　龙飞宇　蒙艺元　庞召鑫
沈桢桢　孙晨钧　唐少欢　王常志　王建桥　王友松　吴　恺　肖　强　许　超
杨　俊　叶瑶瑶　于克阳　张　然　赵秀玲　周世调　陈嘉禾　陈尚军　董德芳
高琴琴　惠宇斌　康东杨　李　硕　梁健程　刘加朋　刘盛尔　裴子健　孙菲菲
陶世金　王晨笑　王　凯　王兆骞　吴钱钱　肖　祥　许　健　杨　灵　叶张俊
郑美珍　周维朋　陈铭新　陈　双　董　微　何永吉　孔　孟　李春芝　李　伟
刘文韬　卢太永　莫靖乾　秦华男　盛　剑　孙秀峰　陶　韬　王翠英　王禄浩
吴学安　谢建平　许明劼　杨　路　伊国彪　岳双杰　张　扬　郑宇鹏　邹永安
仲小菁　卜子琳　陈　功　陈祺琳　付伟峰　何　瑗　胡　斐　黄　凡　黄敏敏
蒋　冲　李灏霖　李文俊　李转转　刘金玲　罗晓飞　齐　乐　王　骁　王心玙
吴晓栋　徐冬冬　徐文香　杨松霖　易　武　张明铭　张世超　赵佼佼　周晟达
朱思晴　常　乐　陈　猛　单　悦　韩　莹　黄嘉成　黄雪清　蒋天智　李婉莹

李政霖　陆　谦　潘　标　邵　芬　孙小禾　王思童　王梓光　夏文懿　徐梓豪
羊成祥　姚竣翔　张晨煜　张秋林　张馨丹　周　芳　朱　晶　包赫宇　陈冠宇
陈雨潇　方睿舟　龚晓娟　郭宝慧　贺紫钰　李　龙　李鲜花　廉　鹏　刘　臻
罗全墩　牛晓娜　钱　正　沈　彪　宋林洋　童　山　王丽娜　吴筱珺　杨连航
余传贵　袁　晓　张　拓　张晓雯　赵贺洋　赵雅楠　周　鑫　朱思雨　蔡智然
陈凯琪　邓钧中　顾海兵　过佩文　胡佳奇　柯　兵　李天宇　李贤清　梁化鹏
刘天昊　龙　坚　罗润清　庞晓琳　任　聪　施　念　孙建兴　王　华　王朋旭
吴　磊　肖长达　姚　伟　俞圣贤　张佳晨　张　娴　张孝富　赵君山　周　颖
陈　旋　董　利　高　宇　韩玲玉　李　彤　李雅文　刘　昶　刘　雨　卢孟之
马广旭　容　艳　施威岑　孙兴林　王　珂　王小康　吴立程　姚　泽　虞元涛
张　园　赵　苗　周东辉　朱辉煌　陈成伟　陈　宇　范致远　耿　恒　桂和仁
韩　旭　季宏飞　李林丰　李婉妮　李　煜　刘冠男　刘玉萍　孟　欣　阮奕川
施莹莹　田　雨　王　力　王宇裘　吴晓慧　于　琦　袁　敦　张　沛　张晓华
张志军　赵琦琦　赵博群　刘译阳　靳　晓　安若晨　雷自恒　王海伦　李　中
王　茜　刘可可　朱锦堂　高静秋　杨鹏飞　于　谦　龚　军　刘　俊　洪淑莹
阚文强　王叶奔儒　罗布旦巴　央吉卓嘎　赫连晓倩　于龙子飞　艾克拉·瑞斯坦
苏来曼·艾西丁　哈拿提·公社别克　蒋雍天晟　努尔艾力·尤勒瓦斯　欧阳诗婉

研究生教育

【概况】2015 年，研究生院以培养质量保障体系建设为重点，推进各项工作的开展并取得显著成效。共录取全日制博士生 441 名，全日制硕士生 2 240 名。其中，少数民族博士生 2 名，学术型硕士 1 320 名，全日制专业学位硕士生 920 名。接收推免生 437 人。其中，外来生源 204 名。录取在职攻读专业学位硕士生 421 名。其中，兽医博士 8 名。承担江苏省在职专业学位研究生招生报考点工作，共接收农业硕士等 8 个类别 2 255 名考生的报名。承担江苏省公共卫生硕士、艺术硕士、法律硕士和兽医博士 4 个学位类别，3 611 位考生的考试任务。被评为江苏省 2015 年度非全日制攻读硕士学位全国考务工作先进工作单位和 2015 年江苏省研究生招生优秀单位。

修订研究生培养方案。以提高研究生培养质量和研究生创新能力为核心，围绕创新型国家和人才强国的战略需要及学校建设世界一流农业大学的发展目标，大胆吸收和借鉴国内外研究生教育的先进经验和成果，突出学校特色，设计和修订研究生培养方案。学术型研究生培养方案按一级学科进行修订，全日制专业学位硕士研究生培养方案按学位类别或专业领域进行修订。注重博士生创新能力培养。举办第五期博士生创新技能培训，共有 78 位博士生参加了培训。继续组织第五届农业与生命科学五年制直博生学术论坛，22 位直博生和 2 位博士生做了学术汇报。

创新校企合作人才培养的新模式。新增 20 家省级企业研究生工作站，1 个工作站获评江苏省优秀研究生工作站。与浙江明康汇生态农业集团合作，建立了农业领域人才培养和科学研究进行深度全面合作的新模式。2015 年，学校 11 个学院的 33 位导师带领研究生团队参与了与明康汇生态农业集团的对接活动。

召开四次学位评定委员会会议，授予 376 人博士学位，其中兽医博士学位 7 人；授予1 966 人硕士学位，其中专业学位 959 人（包括全日制专业学位硕士 704 人，在职攻读专业学位硕士 255 人）；完成相应批次毕业研究生的毕业信息和学位信息上报和学籍档案的整理工作。

面向全体师生和广大校友征集新版学位证书、毕业证书设计方案，共征集作品 38 套。通过网上评审、专家现场评审、学位委员会委员评阅的方式产生作品前 8 名。在征集作品的基础上，邀请学校优秀设计教师成立设计指导小组，委托南京艺术学院专业人员进行设计。

作为理事长单位，学校成功举办了中国东部地区农林学科研究生教育研究会第二届学术研讨会。完成教育部 2015 年高等教育学校（机构）基层统计报表和财政部 2016 年预算编制基础数据表统计工作。

【推进研究生培养国际化】国家公派研究生项目累计 91 人获得资助。其中，联合培养博士生 58 人，攻读博士研究生 14 人，联合培养硕士生 3 人，攻读硕士研究生 4 人，博士生导师短期出国访学项目 12 人。

立项建设的 30 门全英文课程共开出 29 门，平均班级选课人数 27 人。高级植物营养学、有机肥与土壤微生物、高级生态学、农业遥感原理与技术、高级微观经济学和高级宏观经济学 5 门课程入选江苏高校省级外国留学生英文授课精品课程。

举办南京农业大学 2015 年研究生国际学术研讨会——“农业与生活”。来自美国堪萨斯州立大学、加州大学戴维斯分校等 8 个国家 15 所高校以及南京农业大学共计 200 余名研究生参加了此次会议。全年共资助 40 名研究生参加国际学术会议。组织 24 名优秀直博生赴美国斯坦福大学、加州大学伯克利分校等著名高校进行了短期访问和学术交流。

【强化研究生教育质量保障体系】开展学位授权点自我评估前期调研工作，召开学位授权点自我评估工作启动会、学位授权点自我评估培训会议，制定《学位授权点自我评估工作实施细则》。组织应用经济学等 9 个学位授权点参加国家组织的专项评估，全部顺利通过。完成社会学等 3 个硕士学位授权一级学科点参加江苏省硕士学位授权一级学科点自我评估材料报送工作。积极开展学位授权点动态调整，自主撤销轻工技术与工程硕士学位授权一级学科点。

制定《专业学位类别（领域）博士、硕士学位授予标准》。结合学校人才培养特色和专业学位发展规划，分专业学位类别（领域）制定学位授予标准，为学位授权点自我评估工作奠定基础。

积极开展校级和江苏省优秀学位论文评选。获得江苏省优秀博士学位论文 7 篇，江苏省优秀学术型硕士学位论文 10 篇，江苏省优秀全日制专业学位硕士学位论文 3 篇；评选出校级优秀博士学位论文 10 篇，校级学术型优秀硕士学位论文 20 篇，校级全日制专业学位硕士优秀学位论文 10 篇。

资助 8 个博士学位论文创新工程项目，每人每月资助 6 000 元。

【导师队伍建设】召开第六次研究生指导教师培训工作会议，共有 300 多名新导师参加培训。邀请国务院学位委员会领导、优秀研究生指导教师、学术规范指导名家开展专题讲座，拓展研究生导师视野、提升研究生指导能力。修订 2014 年《南京农业大学增列博士生指导教师申报条件量化指标》《南京农业大学增列学术型硕士生指导教师申报条件量化指标》和各全日制专业学位研究生指导教师聘任及管理办法。全年增列博士生导师 40 名，全日制学术型硕士生导师 32 名，全日制专业学位硕士生导师 22 名。

【研究生教育管理】 以“国际化”和“精品化”为特色，开展研究生校园文化建设活动。成功举办了 2015 年研究生国际学术会议，资助 8 个“精品学术论坛”和 28 个“精品学术沙龙”活动。组织“百名博士老区行”和“研究生三农三地行”两支团队开展研究生暑期社会实践活动。相关成果获 2015 年度江苏省研究生培养模式改革成果三等奖。奖助育人工作取得新成效。直博生金琳同学入选“2014 全国大学生年度人物提名”和“2014 江苏省大学生年度人物”。开展“研究生神农科技文化节”活动，认证“南农研会”微信公众服务号，新增“南农研究生”微信订阅号，完成第 31 届校研究生会换届工作。完成本年度研究生奖助学金评审工作，共 5 209 人次获得各类研究生奖学金，总金额 5 208 万元。

【全国兽医专业学位研究生教育指导委员会秘书处工作】 组织召开新增单位培训会暨兽医专业学位研究生培养模式改革项目调研会、全国兽医专业学位研究生教育指导委员三届八次全会暨第二届兽医教学案例培训会。组织开展兽医专业学位研究生培养模式项目研究和兽医专业学位研究生教育专项调研工作。形成了《2014 年全国兽医专业学位研究生培养问卷调查总结报告》和《2014 年全国兽医专业学位研究生培养模式改革实地调研总结报告》。开展对北京农学院和河南科技大学两所学校的专项评估工作。

（撰稿：林江辉　审稿：陈　杰　审核：高　俊）

［附录］

附录 1　南京农业大学授予博士、硕士学位学科专业目录

表 1　全日制学术型学位

学科门类	一级学科名称	二级学科（专业）名称	学科代码	授权级别	备　注
哲学	哲学	马克思主义哲学	010101	硕士	硕士学位授权一级学科
		中国哲学	010102	硕士	
		外国哲学	010103	硕士	
		逻辑学	010104	硕士	
		伦理学	010105	硕士	
		美学	010106	硕士	
		宗教学	010107	硕士	
		科学技术哲学	010108	硕士	
经济学	理论经济学	政治经济学	020101	硕士	硕士学位授权一级学科
		经济思想史	020102	硕士	
		经济史	020103	硕士	
		西方经济学	020104	硕士	
		世界经济	020105	硕士	
		人口、资源与环境经济学	020106	硕士	

（续）

学科门类	一级学科名称	二级学科（专业）名称	学科代码	授权级别	备　注
经济学	应用经济学	国民经济学	020201	博士	博士学位授权一级学科
		区域经济学	020202	博士	
		财政学	020203	博士	
		金融学	020204	博士	
		产业经济学	020205	博士	
		国际贸易学	020206	博士	
		劳动经济学	020207	博士	
		统计学	020208	博士	
		数量经济学	020209	博士	
		国防经济学	020210	博士	
法学	法学	经济法学	030107	硕士	二级学科硕士点
	社会学	社会学	030301	硕士	硕士学位授权一级学科
		人口学	030302	硕士	
		人类学	030303	硕士	
		民俗学（含：中国民间文学）	030304	硕士	
	马克思主义理论	马克思主义基本原理	030501	硕士	二级学科硕士点
		思想政治教育	030505	硕士	二级学科硕士点
文学	外国语言文学	英语语言文学	050201	硕士	硕士学位授权一级学科
		日语语言文学	050205	硕士	
		俄语语言文学	050202	硕士	
		法语语言文学	050203	硕士	
		德语语言文学	050204	硕士	
		印度语言文学	050206	硕士	
		西班牙语语言文学	050207	硕士	
		阿拉伯语语言文学	050208	硕士	
		欧洲语言文学	050209	硕士	
		亚非语言文学	050210	硕士	
		外国语言学及应用语言学	050211	硕士	
历史学	历史学	专门史	0602L3	硕士	二级学科硕士点

（续）

学科门类	一级学科名称	二级学科（专业）名称	学科代码	授权级别	备　注
理学	数学	应用数学	070104	硕士	硕士学位授权一级学科
		基础数学	070101	硕士	
		计算数学	070102	硕士	
		概率论与数理统计	070103	硕士	
		运筹学与控制论	070105	硕士	
	化学	无机化学	070301	硕士	硕士学位授权一级学科
		分析化学	070302	硕士	
		有机化学	070303	硕士	
		物理化学（含：化学物理）	070304	硕士	
		高分子化学与物理	070305	硕士	
	地理学	地图学与地理信息系统	070503	硕士	二级学科硕士点
	海洋科学	海洋生物学	070703	硕士	硕士学位授权一级学科
		物理海洋学	070701	硕士	
		海洋化学	070702	硕士	
		海洋地质	070704	硕士	
	生物学	植物学	071001	博士	博士学位授权一级学科
		动物学	071002	博士	
		生理学	071003	博士	
		水生生物学	071004	博士	
		微生物学	071005	博士	
		神经生物学	071006	博士	
		遗传学	071007	博士	
		发育生物学	071008	博士	
		细胞生物学	071009	博士	
		生物化学与分子生物学	071010	博士	
		生物物理学	071011	博士	
		生物信息学	0710Z1	博士	
		应用海洋生物学	0710Z2	博士	
		天然产物化学	0710Z3	博士	
	科学技术史	科学技术史	071200	博士	博士学位授权一级学科，可授予理学、工学、农学和医学学位
	生态学		0713	博士	博士学位授权一级学科

（续）

学科门类	一级学科名称	二级学科（专业）名称	学科代码	授权级别	备　注
工学	机械工程	机械制造及其自动化	080201	硕士	硕士学位授权一级学科
		机械电子工程	080202	硕士	
		机械设计及理论	080203	硕士	
		车辆工程	080204	硕士	
	控制科学与工程	检测技术与自动化装置	081102	硕士	二级学科硕士点
	计算机科学与技术	计算机应用技术	081203	硕士	硕士学位授权一级学科
		计算机系统结构	081201	硕士	
		计算机软件与理论	081202	硕士	
	化学工程与技术	应用化学	081704	硕士	二级学科硕士点
	轻工技术与工程	发酵工程	082203	硕士	硕士学位授权一级学科（2015 年已撤消）
		制浆造纸工程	082201	硕士	
		制糖工程	082202	硕士	
		皮革化学与工程	082204	硕士	
	农业工程	农业机械化工程	082801	博士	博士学位授权一级学科
		农业水土工程	082802	博士	
		农业生物环境与能源工程	082803	博士	
		农业电气化与自动化	082804	博士	
		环境污染控制工程	0828Z1	博士	
	环境科学与工程	环境科学	083001	硕士	硕士学位授权一级学科，可授予理学、工学和农学学位
		环境工程	083002	硕士	
	食品科学与工程	食品科学	083201	博士	博士学位授权一级学科，可授予工学和农学学位
		粮食、油脂及植物蛋白工程	083202	博士	
		农产品加工及贮藏工程	083203	博士	
		水产品加工及贮藏工程	083204	博士	
	风景园林学		0834	硕士	硕士学位授权一级学科
农学	作物学	作物栽培学与耕作学	090101	博士	博士学位授权一级学科
		作物遗传育种	090102	博士	
		农业信息学	0901Z1	博士	
		种子科学与技术	0901Z2	博士	

（续）

学科门类	一级学科名称	二级学科（专业）名称	学科代码	授权级别	备　注
农学	园艺学	果树学	090201	博士	博士学位授权一级学科
		蔬菜学	090202	博士	
		茶学	090203	博士	
		观赏园艺学	0902Z1	博士	
		药用植物学	0902Z2	博士	
		设施园艺学	0902Z3	博士	
	农业资源与环境	土壤学	090301	博士	博士学位授权一级学科
		植物营养学	090302	博士	
	植物保护	植物病理学	090401	博士	博士学位授权一级学科，农药学可授予理学和农学学位
		农业昆虫与害虫防治	090402	博士	
		农药学	090403	博士	
	畜牧学	动物遗传育种与繁殖	090501	博士	博士学位授权一级学科
		动物营养与饲料科学	090502	博士	
		动物生产学	0905Z1	博士	
		动物生物工程	0905Z2	博士	
	兽医学	基础兽医学	090601	博士	博士学位授权一级学科
		预防兽医学	090602	博士	
		临床兽医学	090603	博士	
	水产	水产养殖	090801	博士	博士学位授权一级学科
		捕捞学	090802	博士	
		渔业资源	090803	博士	
	草学		0909	博士	博士学位授权一级学科
医学	中药学	中药学	100800	硕士	硕士学位授权一级学科
管理学	管理科学与工程	不分设二级学科	1201	硕士	硕士学位授权一级学科
	工商管理	会计学	120201	硕士	硕士学位授权一级学科
		企业管理	120202	硕士	
		旅游管理	120203	硕士	
		技术经济及管理	120204	硕士	
	农林经济管理	农业经济管理	120301	博士	博士学位授权一级学科
		林业经济管理	120302	博士	
		农村与区域发展	1203Z1	博士	
		农村金融	1203Z2	博士	

（续）

学科门类	一级学科名称	二级学科（专业）名称	学科代码	授权级别	备　注
管理学	公共管理	行政管理	120401	博士	博士学位授权一级学科，教育经济与管理可授予管理学、教育学学位
		社会医学与卫生事业管理	120402	博士	
		教育经济与管理	120403	博士	
		社会保障	120404	博士	
		土地资源管理	120405	博士	
		信息资源管理	1204Z1	博士	
	图书情报与档案管理	图书馆学	120501	硕士	硕士学位授权一级学科
		情报学	120502	硕士	
		档案学	120502	硕士	

表 2　全日制专业学位

专业学位代码、名称	专业领域代码和名称	授权级别	招生学院
0852 工程硕士	085227 农业工程	硕士	工学院
	085229 环境工程	硕士	资源与环境科学学院
	085231 食品工程	硕士	食品科技学院
	085238 生物工程	硕士	生命科学学院
	085240 物流工程	硕士	工学院
	085201 机械工程	硕士	工学院
	085216 化学工程	硕士	理学院
0951 农业推广硕士	095101 作物	硕士	农学院
	095102 园艺	硕士	园艺学院
	095103 农业资源利用	硕士	资源与环境科学学院
	095104 植物保护	硕士	植物保护学院
	095105 养殖	硕士	动物科技学院
	095106 草业	硕士	草业学院
	095108 渔业	硕士	渔业学院
	095109 农业机械化	硕士	工学院
	095110 农村与区域发展	硕士	经济管理学院
	095111 农业科技组织与服务	硕士	人文学院
	095112 农业信息化	硕士	信息科技学院
	095113 食品加工与安全	硕士	食品科技学院
	095114 设施农业	硕士	园艺学院
	095115 种业	硕士	农学院
0953 风景园林硕士		硕士	园艺学院

（续）

专业学位代码、名称	专业领域代码和名称	授权级别	招生学院
0952 兽医硕士		硕士	动物医学院
1252 公共管理硕士 （MPA）		硕士	公共管理学院
1251 工商管理硕士		硕士	经济管理学院
0251 金融硕士		硕士	金融学院
0254 国际商务硕士		硕士	经济管理学院
0352 社会工作硕士		硕士	农村发展学院
1253 会计硕士		硕士	金融学院
0551 翻译硕士		硕士	外国语学院
1056 中药学硕士		硕士	园艺学院
0351 法律硕士		硕士	人文学院
1255 图书情报硕士		硕士	信息学院
兽医博士		博士	动物医学院

表 3　非全日制专业学位

专业学位名称	专业领域名称	专业领域代码	授权级别	备　　注
工程硕士	农业工程	430128	硕士	
	环境工程	430130	硕士	
	食品工程	430132	硕士	
	生物工程	430139	硕士	
	物流工程	430141	硕士	
	机械工程	430102	硕士	
	化学工程	430117	硕士	

（续）

专业学位名称	专业领域名称	专业领域代码	授权级别	备　　注
农业推广硕士	作物	470101	硕士	
	园艺	470102	硕士	
	农业资源利用	470103	硕士	
	植物保护	470104	硕士	
	养殖	470105	硕士	
	草业	470106	硕士	
	渔业	470108	硕士	
	农业机械化	470109	硕士	
	农村与区域发展	470110	硕士	
	农业科技组织与服务	470111	硕士	
	农业信息化	470112	硕士	
	食品加工与安全	470113	硕士	
	设施农业	470114	硕士	
	种业	470115	硕士	
兽医硕士		480100	硕士	
兽医博士			博士	
公共管理硕士		490100	硕士	
风景园林硕士		560100	硕士	

附录 2　入选江苏省 2015 年普通高校研究生科研创新计划项目名单

表 1　省立省助 24 项

编号	申请人	项目名称	项目类型	研究生层次
KYZZ15 _ 0161	文　博	煤炭资源枯竭型城市采煤工矿用地时空演化与退出路径研究——以江西省萍乡市为例	人文社科	博士
KYZZ15 _ 0162	李　宁	农地产权结构变迁研究：权利束与主体组合变动的分析	人文社科	博士
KYZZ15 _ 0163	邵子南	江苏省建设用地空间配置效率测度、成因与提升研究	人文社科	博士
KYZZ15 _ 0164	杜春林	农村基础设施项目制供给碎片化研究	人文社科	博士
KYZZ15 _ 0165	李祎雯	普惠金融体系下农村金融市场准入门槛降低的影响——基于农户投资	人文社科	博士
KYZZ15 _ 0166	程　超	信贷市场抵押物及其替代机制——基于贷款技术的视角	人文社科	博士
KYZZ15 _ 0167	卢　华	土地细碎化对非农劳动供给的影响——基于劳动力供给视角	人文社科	博士
KYZZ15 _ 0168	陆五一	农村人口变迁对我国粮食生产影响研究	人文社科	博士
KYZZ15 _ 0169	张晓恒	农业补贴、经营规模与粮食生产力研究	人文社科	博士
KYZZ15 _ 0170	魏艳骄	健康饮食视角下饮食结构变迁对粮食安全影响研究	人文社科	博士

（续）

编号	申请人	项目名称	项目类型	研究生层次
KYZZ15_0171	王　哲	东北豆酱传统制作工艺研究	人文社科	博士
KYZZ15_0172	李　娜	《方志物产》数字化整理研究——以山西分卷为例	人文社科	博士
KYZZ15_0173	段二超	水稻调控穗发育基因 *Osapa1* 的克隆与功能分析	自然科学	博士
KYZZ15_0174	袁　瑗	筛选大豆抗 SMV 候选基因及其功能验证	自然科学	博士
KYZZ15_0175	王　淦	镇痛活性物质的结构功能研究	自然科学	博士
KYZZ15_0176	张兴兴	两个品种箭舌豌豆响应镉的转录组分析	自然科学	博士
KYZZ15_0177	张　昶	OsYSL15 在铁向地上部转移中的作用	自然科学	博士
KYZZ15_0178	柏　杨	大豆油质蛋白在油脂代谢及种子耐寒性中的作用研究	自然科学	博士
KYZZ15_0179	陈　敏	ABA 信号转导中 OsDMI3 介导 OsMPK1 活化的机理研究	自然科学	博士
KYZZ15_0180	陈子平	拟南芥 HY1 介导褪黑素缓解盐胁迫伤害的分子机理	自然科学	博士
KYZZ15_0181	唐锐敏	马铃薯 *Hsf* 基因家族的全基因组分析	自然科学	博士
KYZZ15_0182	张　龙	取代脲类除草剂微生物降解关键基因克隆及功能菌群研究	自然科学	博士
KYZZ15_0183	余　飞	蚯蚓分泌物对线虫取食偏好性影响及其作用机制研究	自然科学	博士
KYZZ15_0184	李卫红	水稻中 REF1.1 转录因子对钾离子转运体 KUP/HKT/KT 家族基因表达调控的研究	自然科学	博士

表 2　省立校助 94 项

编号	申请人	项目名称	项目类型	研究生层次
KYLX15_0536	王　敏	保护农民收益权视角下的集体建设用地流转增值收益分配研究	人文社科	博士
KYLX15_0537	方　超	研究生教育与区域增长相关性研究——以江苏省为例	人文社科	博士
KYLX15_0538	王　岩	农地流转的交易费用与合约选择：基于东中西部农户调查	人文社科	博士
KYLX15_0539	赵爱栋	土地价格市场化下产业集聚空间演化与产业结构升级研究	人文社科	博士
KYLX15_0540	孟　霖	建设用地扩张的景观格局响应及其管制研究	人文社科	博士
KYLX15_0541	李成瑞	基于土地财政治理的国有存量建设用地增值收益分配研究	人文社科	博士
KYLX15_0542	周明栋	农村合作准金融化机理与风险研究	人文社科	博士
KYLX15_0543	陈丹临	董事网络、负债融资与公司治理效应	人文社科	博士
KYLX15_0544	张　倩	长江流域农户稻作制度选择与政府支持效应研究	人文社科	博士
KYLX15_0545	聂文静	基于消费者偏好差异的生鲜农产品质量分级研究	人文社科	博士
KYLX15_0546	朱国忠	野生二倍体戴维逊氏棉盐胁迫下 LTR 转座子的转录活性与功能分析	自然科学	博士
KYLX15_0547	韩同文	表观等位基因杂合性对玉米自交系生活力的影响	自然科学	博士
KYLX15_0548	董春兰	营养缺乏条件下的水稻可变剪接研究	自然科学	博士
KYLX15_0549	汤阳泽	外生菌根真菌对重金属镉的耐性机理研究	自然科学	博士
KYLX15_0550	孙玉明	植物对生物和非生物胁迫的生理响应研究	自然科学	博士
KYLX15_0551	李君风	西藏牦牛瘤胃高效纤维素降解菌的分离及在青贮中的应用	自然科学	博士

（续）

编号	申请人	项目名称	项目类型	研究生层次
KYLX15_0552	龚 婷	小鼠睾丸味觉受体 T1R3 及其下游蛋白 Gα 与生精的相关性研究	自然科学	博士
KYLX15_0553	段 星	LIMK1/2 通过调节微丝组装影响小鼠卵母细胞的胞质分裂	自然科学	博士
KYLX15_0554	唐 娟	环境内分泌干扰物对大鼠肝肠损伤及营养干预研究	自然科学	博士
KYLX15_0555	李袁飞	厌氧真菌与产甲烷菌共培养体系对不同秸秆的降解及菌群变化的研究	自然科学	博士
KYLX15_0556	彭 宇	瘘管技术研究抗生素干预下后肠微生物的氮利用规律	自然科学	博士
KYLX15_0557	张晓辉	Aspirin 在鸡体内诱导 Hsp90 表达抗热应激损伤及其机理的研究	自然科学	博士
KYLX15_0558	吴 镝	鸡心肌细胞中 Hsp27 表达及磷酸化修饰对抗热应激损伤的作用	自然科学	博士
KYLX15_0559	王 鲲	ACE2 联合间充质干细胞对奶牛乳腺炎的治疗及其分子机制的研究	自然科学	博士
KYLX15_0560	马志禹	神经介素 B 在猪睾丸间质细胞作用机制的研究	自然科学	博士
KYLX15_0561	谢 星	犬流感病毒体外感染细胞模型的建立及其致病的分子基础	自然科学	博士
KYLX15_0562	张 茜	鸡血脾屏障构筑及淋巴细胞归巢的研究	自然科学	博士
KYLX15_0563	黄燕平	母体日粮添加丁酸钠对子代肌内脂沉积的代谢程序化机制	自然科学	博士
KYLX15_0564	郭 俊	秸秆还田一体机刀具部件与土壤力学性能的研究	自然科学	博士
KYLX15_0565	杨 军	复杂光学曲面慢刀伺服加工的路径规划与数值模拟研究	自然科学	博士
KYLX15_0566	杨艳山	精准农业智能旋耕耕作技术研究	自然科学	博士
KYLX15_0567	曹中盛	高温胁迫下小麦抽穗后功能叶片衰老的高光谱监测技术研究	自然科学	博士
KYLX15_0568	牛二利	棉花中 COBRA-Like 基因家族的全基因组发掘及功能鉴定	自然科学	博士
KYLX15_0569	潘 根	水稻抗褐飞虱基因 *Bph30*（*t*）的图位克隆	自然科学	博士
KYLX15_0570	石治强	小麦籽粒不同部位蛋白质品质分布规律及其对半胱氨酸的响应机制	自然科学	博士
KYLX15_0571	唐伟杰	水稻耐低氮胁迫相关基因克隆	自然科学	博士
KYLX15_0572	徐 君	棉花几丁质酶家族基因的鉴定、表达及功能分析	自然科学	博士
KYLX15_0573	徐婷婷	一个水稻法尼基化蛋白参与黑条矮缩病机理探究	自然科学	博士
KYLX15_0574	许昕阳	水稻千粒重基因 *qTGW*（*t*）的功能研究	自然科学	博士
KYLX15_0575	闫海生	小麦抗赤霉病基因 *Fnb5* 的精细定位及候选基因克隆	自然科学	博士
KYLX15_0576	张胜忠	水稻小粒基因 *DS3* 的图位克隆和功能分析	自然科学	博士
KYLX15_0577	陈英龙	花铃期增温与短期土壤渍水耦合对棉纤维发育的影响	自然科学	博士
KYLX15_0578	刘燕敏	鹰嘴豆 NAC 转录因子参与应对干旱胁迫的分子机制研究	自然科学	博士
KYLX15_0579	刘骕骦	大豆基质金属蛋白酶基因 *Gm-MMP* 参与种子田间劣变抗性的功能验证	自然科学	博士
KYLX15_0580	柴骏韬	水稻窄叶基因 *N18* 的克隆与功能分析	自然科学	博士

（续）

编号	申请人	项目名称	项目类型	研究生层次
KYLX15_0581	高珍冉	基于多源信息耦合的稻田水分在线感知技术研究	自然科学	博士
KYLX15_0582	纪洪亭	拔节孕穗期低温冷害对小麦生长发育及产量形成影响的模拟研究	自然科学	博士
KYLX15_0583	姜苏育	小麦幼苗根系生长对低氮营养的响应特征及其生理机制	自然科学	博士
KYLX15_0584	靳　婷	大豆耐盐碱基因的挖掘与功能分析	自然科学	博士
KYLX15_0585	李　阳	大豆耐铝毒候选基因及其优异单体型的挖掘	自然科学	博士
KYLX15_0586	柳聚阁	大豆在铝毒胁迫下的表达谱分析及耐铝相关基因的功能鉴定	自然科学	博士
KYLX15_0587	龙武华	水稻谷蛋白突变体D118的图位克隆与功能研究	自然科学	博士
KYLX15_0588	施丽愉	杨梅原花色素合成调控机制研究	自然科学	博士
KYLX15_0589	陈　星	超高压均质实现肌原纤维蛋白水溶解及其机制研究	自然科学	博士
KYLX15_0590	康大成	超声波辅助腌制对牛肉品质影响研究	自然科学	博士
KYLX15_0591	焦彩凤	NO在UV-B促进发芽大豆异黄酮积累中的信号转导作用	自然科学	博士
KYLX15_0592	方东路	纳米包装对金针菇木质化劣变的影响及其作用机制研究	自然科学	博士
KYLX15_0593	宦　晨	SODs在桃果实生长和成熟过程中对ROS的调控机制	自然科学	博士
KYLX15_0594	肖　愈	功能性蛹虫草发酵食品的研发及其功能性机理的研究	自然科学	博士
KYLX15_0595	王梦琴	小分子热激蛋白对牛肉嫩度的影响	自然科学	博士
KYLX15_0596	缪凌鸿	离体条件下高糖抑制团头鲂外周白细胞呼吸爆发活性机理	自然科学	博士
KYLX15_0597	王美尧	刀鲚饥饿胁迫的糖、脂代谢响应研究	自然科学	博士
KYLX15_0598	朱　璐	菊花MYB2转录因子调控花期的分子机理研究	自然科学	博士
KYLX15_0599	王晶晶	菊花转录因子CmTCP20参与花瓣生长调控的分子机制研究	自然科学	博士
KYLX15_0600	张凤姣	菊花远缘杂交胚胎败育的机理研究	自然科学	博士
KYLX15_0601	董　彬	菊花脑多倍体化对耐盐和开花影响的分子机制研究	自然科学	博士
KYLX15_0602	李晓鹏	葡萄赤霉素受体基因的挖掘及转基因验证	自然科学	博士
KYLX15_0603	朱旭东	蔗糖合成酶在葡萄果实发育中的研究	自然科学	博士
KYLX15_0604	王广龙	激素在胡萝卜肉质根发育过程中的调控作用	自然科学	博士
KYLX15_0605	阎依超	转化*RdreB1BI*基因'红颊'草莓的耐寒分子机理研究	自然科学	博士
KYLX15_0606	陈忠文	不结球白菜中*ERFO70*基因影响抗坏血酸含量调控机制研究	自然科学	博士
KYLX15_0607	王　成	SCP及其互作蛋白CBP在自交不亲和反应中的功能研究	自然科学	博士
KYLX15_0608	韦艳萍	褪黑素代谢途径在芸薹属全基因组三倍化过程中的进化解析	自然科学	博士
KYLX15_0609	王荣花	萝卜抗热性相关的MIRNA与关键基因的鉴定	自然科学	博士
KYLX15_0610	胡恩美	利用转录组测序筛选番茄果皮开裂的关键基因	自然科学	博士
KYLX15_0611	郭　燕	基于Wolbachia调控的灰飞虱细胞凋亡基因数据库构建	自然科学	博士
KYLX15_0612	李　佳	番茄斑萎病毒核衣壳蛋白与RNA互作的结构与功能研究	自然科学	博士
KYLX15_0613	尹梓屹	蛋白激酶MoMkk1在稻瘟病菌生长发育及致病过程中的功能研究	自然科学	博士

（续）

编号	申请人	项目名称	项目类型	研究生层次
KYLX15_0614	武　健	申嗪霉素抗黄单胞菌不同种的选择性机制	自然科学	博士
KYLX15_0615	潘　浪	茵草抗精噁唑禾草灵相关代谢酶基因的挖掘及其机理解析	自然科学	博士
KYLX15_0616	蒋　晨	农药扑草净在土壤表面光降解行为的研究	自然科学	博士
KYLX15_0617	张静静	阿特拉津对紫花苜蓿的毒理效应及其代谢途径的研究	自然科学	博士
KYLX15_0618	盛恩泽	乙氧氟草醚单域重链抗体的制备及分析方法研究	自然科学	博士
KYLX15_0619	孟庆伟	亚致死剂量氟虫腈影响马铃薯甲虫变态的机制	自然科学	博士
KYLX15_0620	朱冠恒	利用 CRISPR/Cas9 系统敲除斜纹夜蛾 *PBPs* 基因并探究 *PBPs* 的功能	自然科学	博士
KYLX15_0621	王康旭	昆虫 *ds*RNA 基因干扰的脱靶效应研究	自然科学	博士
KYLX15_0622	李先伟	菜蛾啮小蜂的产卵策略	自然科学	博士
KYLX15_0623	江守林	不同 CO_2 浓度和 N 素浓度下，转 BT 水稻外源基因甲基化程度检测	自然科学	博士
KYLX15_0624	王招云	small RNAs 在水稻抗稻瘟病菌侵染中的作用研究	自然科学	博士
KYLX15_0625	钟凯丽	稻瘟病菌 Dynamin 家族基因的生物学功能研究	自然科学	博士
KYLX15_0626	蒋春浩	蜡质芽孢杆菌基于改变番茄根系结构防治根结线虫病的机理研究	自然科学	博士
KYLX15_0627	金　辰	内生泛菌协同百慕大草修复重金属污染土壤的机制研究	自然科学	博士
KYLX15_0628	吴秋琳	地形效应下白背飞虱迁入种群分布及降落规律的研究	自然科学	博士
KYLX15_0629	南江宽	石膏与有机肥对滨海盐土改良效果研究	自然科学	博士

附录 3　入选江苏省 2015 年普通高校研究生实践创新计划项目名单

表 1　省立省助 10 项

编号	申请人	项目名称	项目类型	研究生层次
SJZZ15_0070	丁万宇	中国农地信托产品设计与可行性研究	人文社科	硕士
SJZZ15_0071	周通平	城镇化下中等收入家庭金融资产选择行为研究	人文社科	硕士
SJZZ15_0072	陶雯岩	农地抵押贷款信用评价体系构建——以江苏试点地区为例	人文社科	硕士
SJZZ15_0073	姚　涵	兴化市大垛镇土地流转与发展家庭农场	人文社科	硕士
SJZZ15_0074	葛　昭	中国核桃产品出口影响因素及政策建议	人文社科	硕士
SJZZ15_0075	郝雪沛	失独老人交往互助服务项目	人文社科	硕士
SJZZ15_0076	谢　杰	特殊老年人个案管理服务项目	人文社科	硕士
SJZZ15_0077	漆　军	江苏省农户秸秆利用的行为意愿及其影响因素分析——以 x 市为例	人文社科	硕士
SJZZ15_0078	葛　锐	景点日译标语的翻译特点与方法——以南京景点为例	人文社科	硕士
SJZZ15_0079	张　黎	中国文化对外传播方法与策略研究：以农谚英译为例	人文社科	硕士

表 2　省立校助 33 项

编号	申请人	项目名称	项目类型	研究生层次
SJLX15_0243	卞晓宇	农业上市公司价值评估研究——基于 EVA 与传统财务指标比较	人文社科	硕士
SJLX15_0244	掌　政	民间借贷互补效应与创新路径分析——以江苏省为例	人文社科	硕士
SJLX15_0245	沈　烽	商业信用、中小微企业与信贷约束缓解——以靖江为案例	人文社科	硕士
SJLX15_0246	唐　峥	江苏省新三板上市企业融资效果案例分析——以常州市为例	人文社科	硕士
SJLX15_0247	何雪静	农民资金互助社呆账准备金制度构建——以盐城地区为例	人文社科	硕士
SJLX15_0248	陈文璐	农民资金互助社备付金变动分析及存量测定——以盐城为例	人文社科	硕士
SJLX15_0249	郭文卿	“格莱珉中国”范式苏北农村实践十二年追踪	人文社科	硕士
SJLX15_0250	金婉怡	“一带一路”战略对江苏省外向型农业的影响分析	人文社科	硕士
SJLX15_0251	杨　勇	农户种子购买行为研究——以江苏省水稻种植户为例	人文社科	硕士
SJLX15_0252	王思然	不同类型牧草青贮过程中乳酸菌多样性的变化规律研究	自然科学	硕士
SJLX15_0253	赵明飞	基于微小孔内工作液流场分析的电解修形研究	自然科学	硕士
SJLX15_0254	肖登松	基于 HST 全液压驱动的南方水田喷杆喷雾机关键技术研究及优化	自然科学	硕士
SJLX15_0255	李延华	果园作业机器人定位与导航技术开发	自然科学	硕士
SJLX15_0256	陈文冲	不确定情景下离散型混合装配车间生产决策优化研究	自然科学	硕士
SJLX15_0257	刘　腾	钯催化膦氧联烯酯与苯并呋喃的 C—H 活化偶联反应研究	自然科学	硕士
SJLX15_0258	黄鼎鼎	“青苹果乐园”青少年发展项目	人文社科	硕士
SJLX15_0259	王　宇	需要视角下城市儿童社区福利服务体系研究——以南京市为例	人文社科	硕士
SJLX15_0260	程朝泽	棉花 nsLTP 家族基因的全基因组鉴定及其功能分析	自然科学	硕士
SJLX15_0261	曹胜男	冬小麦对夜间增温与氮磷钾配施的响应特征	自然科学	硕士
SJLX15_0262	蒋　楠	麦棉秸秆还田的化肥减量化研究	自然科学	硕士
SJLX15_0263	邓　鹏	洋葱高频离体诱导四倍体体系建立及其抗霜霉病病特性初探	自然科学	硕士
SJLX15_0264	李俊平	利用园林废弃物研制齐整小核菌（Sclerotium rolfsii）生物除草药肥	自然科学	硕士
SJLX15_0265	肖腾伟	水稻甲硫氨酸亚砜还原酶基因的功能鉴定	自然科学	硕士
SJLX15_0266	王　芳	纳米 Au@Ag 功能改性聚乙烯醇基矿物油复合膜及对清洁鸡蛋的保鲜效果	自然科学	硕士
SJLX15_0267	韦明明	酸汤中优势菌群筛选及研发	自然科学	硕士
SJLX15_0268	张　聪	木糖葡萄球菌对发酵香肠品质的影响	自然科学	硕士
SJLX15_0269	侯思宇	基于 MATLAB/Simulink 和 Fluent 协同平台的设施温室环境 CFD 预测模型研究	自然科学	硕士
SJLX15_0270	雷　丹	高校生物信息学研究机构的组织模式与绩效评价研究	自然科学	硕士

（续）

编号	申请人	项目名称	项目类型	研究生层次
SJLX15 _ 0271	林延胜	社会资本视角下农民日常生活信息行为实证研究	自然科学	硕士
SJLX15 _ 0272	廖　尧	南京芦蒿细菌软腐病发生流行机制与防控技术研究	自然科学	硕士
SJLX15 _ 0273	贾艺凡	迁飞性害虫稻飞虱和麦蚜的上灯行为规律研究	自然科学	硕士
SJLX15 _ 0274	吕佳昀	耐盐植物海滨锦葵杀虫、杀菌活性评价	自然科学	硕士
SJLX15 _ 0275	刘　径	双组分 PilS-PilR 各结构域在产酶溶杆菌新颖抗菌物质合成中的功能研究	自然科学	硕士

附录 4　入选江苏省 2015 年研究生教育教学改革研究与实践课题

表 1　省立省助

序号	课题名称	主持人	单位
JGZZ15 _ 068	研究生教育内部质量保证体系建设的研究与实践——以南京农业大学为例	侯喜林 李占华	研究生院
JGZZ15 _ 069	研究生课程质量监督与激励机制研究与实践——以南京农业大学为例	张阿英 朱中超	研究生院
JGZZ15 _ 070	利益公正与人才选拔相统一的硕士研究生招生复试改革研究	薛金林 戴青华	研究生院
JGZZ15 _ 071	公共管理类研究生课程案例教学改革与实践研究	郭忠兴	公管学院

表 2　省立校助

序号	课题名称	主持人	备注
JGLX15 _ 109	高校研究生教育管理的法治思维研究	张桂荣 姚志友	研究生院
JGLX15 _ 110	植物保护领域全日制专业学位研究生培养现状及优化措施研究	高学文 岳丽娜	植物保护学院
JGLX15 _ 111	农学研究生文化素质培养探索	黎星辉	园艺学院
JGLX15 _ 112	卓越型研究生选修课教学中专业知识迁移能力的培养研究	王昱沣 叶　红	食品科技学院
JGLX15 _ 113	增进研究生学术规范性的教学尝试——以《地学导论》课程教学为例	徐梦洁	公共管理学院
JGLX15 _ 114	农业院校来华留学研究生的留学需求调研与招生策略研究——以“一带一路”沿线国家为例	程伟华	国际教育学院
JGLX15 _ 115	农业与生命科学博士生创新中心信息系统和区域共享建设的研究及实践	林国庆	生命科学学院

附录5 入选江苏省2015年研究生工作站名单

序号	学　　院	企业名称	负责人
1	农学院	苏州市同里科技农业示范园发展有限公司	朱　艳
2	农学院	徐州佳禾农业科技有限公司	戴廷波
3	植物保护学院	江苏沃纳生物科技有限公司	范加勤
4	植物保护学院	淮安华萃农业科技有限公司	郭坚华
5	园艺学院	盐城呈祥园艺育苗有限公司	陈发棣
6	园艺学院	江苏绿港现代农业发展股份有限公司	郭世荣
7	园艺学院	扬州市圣灵农业科技特种经济作物专业合作社	汪良驹
8	园艺学院	金湖千艺莲农业科技有限公司	徐迎春
9	园艺学院	南京市园林建设总公司第二分公司	陈发棣
10	动物科技学院	常州市焦溪二花脸猪专业合作社	黄瑞华
11	动物科技学院	淮安市新淮猪资源开发中心	黄瑞华
12	动物科技学院	江苏奥迈生物科技有限公司	刘　强
13	经济管理学院	江苏丰收大地投资发展有限公司	刘爱军
14	食品科技学院	江苏益客食品有限公司	徐幸莲
15	食品科技学院	南通千鹤食品有限公司	王昱沣
16	食品科技学院	徐州恒基生命科技有限公司	董明盛
17	工学院	东台恒舜数控精密机械科技有限公司	康　敏
18	工学院	南京东南工业装备股份有限公司	康　敏
19	生命科学学院	苏州润正生物科技有限公司	赵明文
20	农村发展学院	南京市江宁区悦民社会工作服务中心	姚兆余

附录6 荣获江苏省2015年研究生培养模式改革成果

部　　门	成果名称	成果完成人	获奖级别
党委研究生工作部	以第二课堂为阵地培养具有实践创新能力的高素质研究生	侯喜林　姚志友　王　敏 刘兆磊　张桂荣　杨海峰	三等奖

附录7 荣获江苏省2015年优秀博士学位论文名单

序号	作者姓名	论文题目	所在学科	导师姓名	学院
1	刘　丹	农户视角下的中国农村二元金融结构研究	农村金融	张　兵	经济管理学院
2	穆大帅	灵芝基因沉默体系的建立及NADPH氧化酶基因家族功能分析	微生物学	赵明文	生命科学学院
3	方　磊	高强纤维海岛棉染色体片段导入系的表达谱分析及高强纤维基因的发掘鉴定	作物遗传育种	张天真	农学院

（续）

序号	作者姓名	论文题目	所在学科	导师姓名	学院
4	吴　寒	水稻抗褐飞虱基因 *Bph3* 的图位克隆和功能研究	作物遗传育种	翟虎渠	农学院
5	周　峰	水稻矮化多分蘖基因 *DWARF* 53 的图位克隆和功能研究	作物遗传育种	万建民	农学院
6	王　敏	土传黄瓜枯萎病致病生理机制及其与氮素营养关系研究	植物营养学	郭世伟	资源与环境科学学院
7	刘军花	亚急性瘤胃酸中毒对山羊瘤胃上皮屏障功能的影响及其机制研究	动物营养与饲料科学	朱伟云	动物科技学院

附录 8　荣获江苏省 2015 年优秀硕士学位论文名单

序号	作者姓名	论文题目	所在学科	导师姓名	学院	备注
1	熊　强	工业用地效率差异及其影响因素研究——以江苏省为例	土地资源管理	郭贯成	公共管理学院	学硕
2	邵伟波	社会网络环境下用户参与图书馆数字教学资源一体化建设模式研究	图书馆学	刘　磊	信息科技学院	全日制学术型硕士
3	孙金丽	具有免疫刺激活性的 CpG ODNs 借助氧化石墨烯有效进入细胞的研究	微生物学	钟增涛	生命科学学院	全日制学术型硕士
4	仲文君	基于转录水平研究植物激素在果梅季节性休眠中的作用	果树学	高志红	园艺学院	全日制学术型硕士
5	付茂强	转基因小麦表达 Harpin 蛋白功能片段 Hpa1 诱导对麦长管蚜的韧皮部防卫反应	农业昆虫与害虫防治	张春玲	植物保护学院	全日制学术型硕士
6	李浩森	基于形态与分子标记的瘿螨分类与系统进化研究（蜱螨亚纲：瘿螨总科）	农业昆虫与害虫防治	薛晓峰	植物保护学院	全日制学术型硕士
7	井龙晖	颈静脉灌注脂多糖对奶牛血液生化指标、瘤胃发酵和瘤胃微生物区系的影响	动物营养与饲料科学	毛胜勇	动物科技学院	全日制学术型硕士
8	黄叶娥	地黄多糖及其脂质体的免疫增强作用研究	临床兽医学	王德云	动物医学院	全日制学术型硕士
9	贾雪娟	磷酸法再生纤维素的制备、表征及其稳定乳状液机理研究	食品科学	吴　涛	食品科技学院	全日制学术型硕士
10	王晓敏	盐生海芦笋及其内生真菌 Salicorn 46 次级代谢产物研究	食品科学	辛志宏	食品科技学院	全日制学术型硕士

（续）

序号	作者姓名	论文题目	所在学科	导师姓名	学院	备注
11	韩　旭	基于语料库的科技英语新词复合名词汉译机理研究	翻译硕士	曹新宇	外国语学院	全日制专业学位硕士
12	李晋玉	黄瓜绿斑驳花叶病毒的RT-LAMP检测和番茄斑萎病毒的胶体金免疫层析试纸条检测	农业推广硕士植物保护	陶小荣	植物保护学院	全日制专业学位硕士
13	刘沛增	我国9省养禽场5种禽病的病原流行病学调查	兽医硕士	费荣梅	动物医学院	全日制专业学位硕士

附录9　2015年校级优秀博士学位论文名单

序号	学院	作者姓名	导师姓名	专业名称	论文题目
1	农学院	周　峰	万建民	作物遗传育种	水稻矮化多分蘖基因*DWARF* 53的图位克隆和功能研究
2	农学院	吴　寒	翟虎渠	作物遗传育种	水稻抗褐飞虱基因*Bph3*的图位克隆和功能研究
3	农学院	方　磊	张天真	作物遗传育种	高强纤维海岛棉染色体片段导入系的表达谱分析及高强纤维基因的发掘鉴定
4	植物保护学院	陈　岳	张正光	植物病理学	转录因子MoAp1调控的相关基因在稻瘟病菌生长发育和致病中的功能分析
5	资源与环境学院	程　琨	潘根兴	土壤学	农田减缓气候变化潜力的统计计量与模型模拟
6	动物科技学院	刘军花	朱伟云	动物营养与饲料科学	亚急性瘤胃酸中毒对山羊瘤胃上皮屏障功能的影响及其机制研究
7	动物医学院	刘　捷	姜　平	预防兽医学	宿主细胞热应激蛋白在猪圆环病毒2型复制中的作用
8	食品科技学院	王虎虎	徐幸莲	食品科学	肉源沙门氏菌生物菌膜的形成及转移规律研究
9	生命科学学院	穆大帅	赵明文	微生物学	灵芝基因沉默体系的建立及NADPH氧化酶基因家族功能分析
10	经济管理学院	刘　丹	张　兵	农村金融	农户视角下的中国农村二元金融结构研究

附录10　2015年校级优秀硕士学位论文名单

序号	所在学院	作者姓名	导师姓名	专业名称	论文题目	备注
1	农学院	许光莉	黄　方	作物遗传育种	大豆裂荚关联分析及裂荚相关基因*GmSHPa*的功能分析	全日制学术型硕士
2	植物保护学院	付茂强	张春玲	农业昆虫与害虫防治	转基因小麦表达Harpin蛋白功能片段Hpa1诱导对麦长管蚜的韧皮部防卫反应	全日制学术型硕士
3	植物保护学院	李浩森	薛晓峰 洪晓月	农业昆虫与害虫防治	基于形态与分子标记的瘿螨分类与系统进化研究（蜱螨亚纲：瘿螨总科）	全日制学术型硕士

（续）

序号	所在学院	作者姓名	导师姓名	专业名称	论文题目	备注
4	资源与环境科学学院	陈林梅	蒋静艳	环境科学	典型稻麦除草剂对农田温室气体（CH_4 和 N_2O）排放的影响研究	全日制学术型硕士
5	资源与环境科学学院	汪　超	李福春	土壤学	黄土高原古土壤中有机碳的垂向分布和现代黑垆土不同粒级团聚体中有机碳的分配	全日制学术型硕士
6	资源与环境科学学院	席　庆	李兆富	土壤学	基于 AnnAGNPS 模型的中田河流域土地利用变化对氮磷营养盐输出影响模拟研究	全日制学术型硕士
7	园艺学院	范　练	吴　俊	果树学	梨 SSR 标记的开发应用及 PyNAC 基因的功能研究	全日制学术型硕士
8	园艺学院	仲文君	高志红	果树学	基于转录水平研究植物激素在果梅季节性休眠中的作用	全日制学术型硕士
9	动物科技学院	傅颖滢	陈　杰	动物遗传育种与繁殖	*KDR* 基因启动子区变异影响猪肌内脂肪含量的分子调控机制	全日制学术型硕士
10	动物科技学院	井龙晖	毛胜勇	动物营养与饲料科学	颈静脉灌注脂多糖对奶牛血液生化指标、瘤胃发酵和瘤胃微生物区系的影响	全日制学术型硕士
11	动物医学院	黄叶娥	王德云	临床兽医学	地黄多糖及其脂质体的免疫增强作用研究	全日制学术型硕士
12	动物医学院	郭梦婕	王丽平	基础兽医学	P-糖蛋白在健康和大肠杆菌感染肉鸡组织中的表达差异及其对口服恩诺沙星药动学的影响	全日制学术型硕士
13	食品科技学院	王晓敏	辛志宏	食品科学	盐生海芦笋及其内生真菌 Salicorn 46 次级代谢产物研究	全日制学术型硕士
14	食品科技学院	贾雪娟	吴　涛	食品科学	磷酸法再生纤维素的制备、表征及其稳定乳状液机理研究	全日制学术型硕士
15	生命科学学院	孙金丽	钟增涛 宋海云	微生物学	纳米氧化石墨携带 CpG ODNs 有效进细胞的功能性研究	全日制学术型硕士
16	生命科学学院	胡　蔚	夏　妍 沈振国	植物学	水稻细胞壁关联蛋白激酶（OsWAK11）启动子对非生物胁迫的响应及其激酶域活性初步测定	全日制学术型硕士
17	经济管理学院	刘金金	许　朗	技术经济及管理	农户节水灌溉技术选择行为及其影响因素的分析——基于山东省蒙阴县的调查研究	全日制学术型硕士
18	公共管理学院	熊　强	郭贯成	土地资源管理	工业行业用地效率差异及其影响因素研究——以江苏省为例	全日制学术型硕士
19	工学院	朱金荣	周　俊	机械电子工程	基于条件随机场的农业环境推理研究	全日制学术型硕士
20	信息科技学院	邵伟波	刘　磊	图书馆学	社会网络环境下用户参与图书馆数字教学资源一体化建设模式研究	全日制学术型硕士
21	植物保护学院	李晋玉	陶小荣 李　彬	农业推广硕士植物保护领域	黄瓜绿斑驳花叶病毒的 RT-LAMP 检测和番茄斑萎病毒的胶体金免疫层析试纸条检测	全日制专业学位硕士

（续）

序号	所在学院	作者姓名	导师姓名	专业名称	论文题目	备注
22	资源与环境科学学院	俞梦妮	刘　玲 黄玉玲	农业推广硕士农业资源利用领域	南菊芋1号高果糖浆和叶蛋白的制备技术研究	全日制专业学位硕士
23	园艺学院	李　鹤	孙　锦 刘　涛	农业推广硕士园艺领域	砧用南瓜种质资源遗传多样性分析及抗逆性鉴定	全日制专业学位硕士
24	草业学院	李君风	邵　涛	农业推广硕士草业领域	添加剂对西藏混合青贮发酵品质和有氧稳定性的影响	全日制专业学位硕士
25	动物医学院	刘沛增	费荣梅	兽医硕士	我国9省养禽场5种禽病的流行病学调查	全日制专业学位硕士
26	生命科学学院	陈　萌	沈文飚	工程硕士生物工程领域	富氢水通过降低一氧化氮含量缓解铝胁迫对紫花苜蓿主根伸长的抑制	全日制专业学位硕士
27	经济管理学院	沈未越	林光华	工商管理硕士（MBA）	对A公司的财务诊断与对策研究	全日制专业学位硕士
28	经济管理学院	韩倩倩	应瑞瑶	工商管理硕士（MBA）	南京市现磨咖啡市场的分析及新品牌营销策略研究	全日制专业学位硕士
29	工学院	陆文华	李　建	工程硕士物流领域	带容量和最大工作时间约束的集散货物车辆路径问题研究	全日制专业学位硕士
30	外国语学院	韩　旭	曹新宇	翻译硕士	语料库协助下的科技英语新词复合名词汉译机理研究	全日制专业学位硕士

附录11　2015级全日制研究生分专业情况统计

学　院	学科专业	总计（人）	录取数（人）					
			硕士生			博士生		
			合计	非定向	定向	合计	非定向	定向
南京农业大学	全校合计	2 681	2 240	2 053	187	441	422	19
农学院（287人）（硕士生208人，博士生79人）	遗传学	8	3	3	0	5	5	0
	★生物信息学	1	0	0	0	1	1	0
	作物栽培学与耕作学	72	58	58	0	14	13	1
	作物遗传育种	173	119	119	0	54	51	3
	★农业信息学	4	0	0	0	4	4	0
	★种子科学与技术	1	0	0	0	1	1	0
	作物	20	20	19	1	0	0	0
	种业	8	8	8	0	0	0	0
植保学院（234人）（硕士生181人，博士生53人）	植物病理学	78	55	55	0	23	23	0
	农业昆虫与害虫防治	71	53	53	0	18	18	0
	农药学	37	25	25	0	12	12	0
	植物保护	48	48	48	0	0	0	0

（续）

学 院	学科专业	总计（人）	录取数（人）					
			硕士生			博士生		
			合计	非定向	定向	合计	非定向	定向
资源与环境科学学院（243人）（硕士生191人，博士生52人）	海洋科学	12	12	12	0	0	0	0
	★应用海洋生物学	2	0	0	0	2	2	0
	生态学	22	16	16	0	6	6	0
	★环境污染控制工程	9	0	0	0	9	9	0
	环境科学	17	17	17	0	0	0	0
	环境工程	30	30	30	0	0	0	0
	环境工程（专业学位）	1	1	1	0	0	0	0
	土壤学	45	36	36	0	9	9	0
	植物营养学	76	50	50	0	26	26	0
	农业资源利用	29	29	29	0	0	0	0
园艺学院（263人）（硕士生226人，博士生37人）	风景园林学	7	7	7	0	0	0	0
	果树学	55	41	41	0	14	13	1
	蔬菜学	49	37	37	0	12	12	0
	茶学	9	7	7	0	2	2	0
	★观赏园艺学	34	26	26	0	8	8	0
	★设施园艺学	8	8	8	0	0	0	0
	中药学	16	16	16	0	0	0	0
	园艺	54	54	53	1	0	0	0
	风景园林	30	30	30	0	0	0	0
	★药用植物学	1	0	0	0	1	1	0
动物科技学院（129人）（硕士生105人，博士生24人）	动物遗传育种与繁殖	45	32	32	0	13	13	0
	动物营养与饲料科学	44	33	33	0	11	11	0
	动物生产学	8	8	8	0	0	0	0
	动物生物工程	8	8	8	0	0	0	0
	养殖	24	24	24	0	0	0	0
经济管理学院（216人）（硕士生186人，博士生30人）	区域经济学	0	0	0	0	0	0	0
	产业经济学	19	14	14	0	5	5	0
	国际贸易学	15	14	14	0	1	1	0
	国际商务	9	9	9	0	0	0	0
	农村与区域发展	21	21	21	0	0	0	0
	企业管理	12	12	12	0	0	0	0
	旅游管理	0	0	0	0	0	0	0
	技术经济及管理	10	10	10	0	0	0	0
	农业经济管理	42	18	18	0	24	21	3
	★农村与区域发展	0	0	0	0	0	0	0
	★农村金融	0	0	0	0	0	0	0
	工商管理	88	88	15	73	0	0	0

（续）

学　院	学科专业	总计（人）	录取数（人）					
			硕士生			博士生		
			合计	非定向	定向	合计	非定向	定向
动物医学院（203人）（硕士生168人，博士生35人）	基础兽医学	48	38	38	0	10	10	0
	预防兽医学	67	50	50	0	17	16	1
	临床兽医学	39	31	31	0	8	7	1
	兽医	49	49	49	0	0	0	0
食品科技学院（161人）（硕士生132人，博士生29人）	发酵工程	8	8	8	0	0	0	0
	食品科学与工程	106	77	77	0	29	28	1
	食品工程	30	30	30	0	0	0	0
	食品加工与安全	17	17	17	0	0	0	0
公共管理学院（195人）（硕士生167人，博士生28人）	人口、资源与环境经济学	7	7	7	0	0	0	0
	地图学与地理信息系统	8	8	8	0	0	0	0
	行政管理	24	19	19	0	5	4	1
	教育经济与管理	8	5	5	0	3	3	0
	社会保障	10	8	8	0	2	2	0
	土地资源管理	56	38	38	0	18	15	3
	公共管理	82	82	0	82	0	0	0
人文学院（46人）（硕士生38人，博士生8人）	经济法学	10	10	10	0	0	0	0
	★专门史	7	7	7	0	0	0	0
	科学技术史	15	7	6	1	8	7	1
	法律（法学）	3	3	3	0	0	0	0
	法律（非法学）	4	4	3	1	0	0	0
	农业科技组织与服务	7	7	7	0	0	0	0
理学院（26人）（硕士生25人，博士生1人）	数学	3	3	3	0	0	0	0
	化学	10	10	10	0	0	0	0
	化学工程	12	12	12	0	0	0	0
	生物物理学	1	0	0	0	1	1	0
工学院（111人）（硕士生99人，博士生12人）	机械制造及其自动化	2	2	2	0	0	0	0
	机械电子工程	1	1	1	0	0	0	0
	机械设计及理论	2	2	2	0	0	0	0
	车辆工程	5	5	5	0	0	0	0
	检测技术与自动化装置	3	3	3	0	0	0	0
	农业机械化工程	21	11	11	0	10	9	1
	农业生物环境与能源工程	3	2	2	0	1	1	0
	农业电气化与自动化	7	6	6	0	1	1	0
	机械工程	22	22	22	0	0	0	0
	农业工程	29	29	29	0	0	0	0
	物流工程	13	13	13	0	0	0	0
	农业机械化	1	1	1	0	0	0	0
	管理科学与工程	2	2	2	0	0	0	0

（续）

学院	学科专业	总计（人）	录取数（人）					
			硕士生			博士生		
			合计	非定向	定向	合计	非定向	定向
渔业学院（55人）（硕士生48人，博士生7人）	水产	7	0	0	0	7	7	0
	水产养殖	23	23	23	0	0	0	0
	渔业	23	23	23	0	0	0	0
	水生生物学	2	2	2	0	0	0	0
信息科技学院（41人）（硕士生39人，博士生2人）	计算机科学与技术	1	1	1	0	0	0	0
	农业信息化	19	19	19	0	0	0	0
	图书馆学	5	5	5	0	0	0	0
	情报学	4	4	4	0	0	0	0
	图书情报	10	10	10	0	0	0	0
	信息资源管理	2	0	0	0	2	2	0
外国语学院（45人）（硕士生45人，博士生0人）	外国语言文学	4	4	4	0	0	0	0
	翻译	41	41	41	0	0	0	0
生命科学学院（184人）（硕士生151人，博士生33人）	植物学	55	42	42	0	13	13	0
	动物学	9	7	7	0	2	2	0
	微生物学	51	42	42	0	9	9	0
	发育生物学	2	2	2	0	0	0	0
	细胞生物学	11	8	8	0	3	3	0
	生物化学与分子生物学	29	23	23	0	6	5	1
	生物工程	27	27	27	0	0	0	0
政治学院（12人）（硕士生12人，博士生0人）	科学技术哲学	4	4	4	0	0	0	0
	马克思主义基本原理	4	4	4	0	0	0	0
	思想政治教育	4	4	4	0	0	0	0
金融学院（170人）（硕士生166人，博士生4人）	金融学	20	16	16	0	4	3	1
	金融	26	26	26	0	0	0	0
	会计学	7	7	7	0	0	0	0
	会计	117	117	90	27	0	0	0
农村发展学院（34人）（硕士生34人，博士生0人）	社会学	6	6	6	0	0	0	0
	社会工作	28	28	27	1	0	0	0
草业学院（26人）（硕士生19人，博士生7人）	草学	17	10	10	0	7	7	0
	草业	9	9	9	0	0	0	0

注：带“★”者为学校自主设置的专业。

附录 12　2015 年在职攻读专业学位研究生报名、录取情况分学位领域统计表

学位名称	报名录取数（人）	领域名称	报名数（人）	录取数（人）
工程硕士	报名 74 人，录取 46 人	环境工程	25	16
		食品工程	21	14
		生物工程	7	3
		机械工程	8	8
		物流工程	11	4
		农业工程	2	1
农业硕士	报名 385 人，录取 189 人	作物	23	10
		园艺	40	17
		设施农业	6	2
		农业资源利用	19	12
		植物保护	16	6
		养殖	25	17
		渔业	27	10
		农业机械化	21	8
		农村与区域发展	102	51
		农业科技组织与服务	31	14
		农业信息化	17	11
		食品加工与安全	24	13
		种业	34	18
风景园林硕士	报名 119 人，录取 69 人	无	119	69
兽医硕士	报名 116 人，录取 37 人	无	116	37
公共管理硕士（MPA）	报名 192 人，录取 77 人	无	192	77
兽医博士	报名 58 人，录取 17 人	无	58	17
合　计（人）			944	435

附录 13　2015 年博士研究生国家奖学金获奖名单

（56 人）

序号	姓名	学院	序号	姓名	学院
1	胡　伟	农学院	7	胡乃娟	农学院
2	张雪颖	农学院	8	查满荣	农学院
3	刘二宝	农学院	9	刘美凤	农学院
4	高秀莹	农学院	10	任　锐	农学院
5	张　欢	农学院	11	何永奇	农学院
6	陈　于	农学院	12	王　鑫	植物保护学院

（续）

序号	姓名	学院	序号	姓名	学院
13	李　佳	植物保护学院	35	聂文静	经济管理学院
14	梁晓宇	植物保护学院	36	张晓恒	经济管理学院
15	张　青	植物保护学院	37	杨泳冰	经济管理学院
16	尹梓屹	植物保护学院	38	陈　云	动物医学院
17	卢一辰	植物保护学院	39	高珍珍	动物医学院
18	盛恩泽	植物保护学院	40	诸葛祥凯	动物医学院
19	邵文勇	植物保护学院	41	张　茜	动物医学院
20	刘　婷	资源与环境科学学院	42	肖　愈	食品科技学院
21	熊　武	资源与环境科学学院	43	袁清霞	食品科技学院
22	文永莉	资源与环境科学学院	44	陈　星	食品科技学院
23	杨天杰	资源与环境科学学院	45	王　博	公共管理学院
24	孙雅菲	资源与环境科学学院	46	李　宁	公共管理学院
25	黄　科	资源与环境科学学院	47	王雨蓉	公共管理学院
26	张　静	资源与环境科学学院	48	刘启振	人文社会科学学院
27	张要军	资源与环境科学学院	49	陈　满	工学院
28	段伟科	园艺学院	50	付菁菁	工学院
29	李　超	园艺学院	51	贾　睿	无锡渔业学院
30	李甲明	园艺学院	52	邬　奇	生命科学学院
31	吴致君	园艺学院	53	倪海燕	生命科学学院
32	朱程程	动物科技学院	54	张　浩	生命科学学院
33	高　天	动物科技学院	55	颜景畏	生命科学学院
34	李　悦	动物科技学院	56	程欣炜	金融学院

附录 14　2015 年硕士研究生国家奖学金获奖名单

（149 人）

序号	姓名	学院	序号	姓名	学院
1	孟庆玲	农学院	12	徐蒋来	农学院
2	邵巧琳	农学院	13	张　贺	农学院
3	朱　莹	农学院	14	许蓓蓓	农学院
4	王莉欢	农学院	15	陶宝瑞	农学院
5	马宏阳	农学院	16	曾思远	农学院
6	任雅琨	农学院	17	胡　立	植物保护学院
7	陆伟婷	农学院	18	林　玲	植物保护学院
8	褚美洁	农学院	19	朱　林	植物保护学院
9	侯　富	农学院	20	黄　静	植物保护学院
10	孙爱伶	农学院	21	孔里微	植物保护学院
11	刘永哲	农学院	22	李　倩	植物保护学院

（续）

序号	姓名	学院	序号	姓名	学院
23	孙丹丹	植物保护学院	59	宋　爽	园艺学院
24	王文晶	植物保护学院	60	耿天华	园艺学院
25	张　娇	植物保护学院	61	何晨蕾	园艺学院
26	周亮亮	植物保护学院	62	孟　希	园艺学院
27	赵妙苗	植物保护学院	63	张馨月	园艺学院
28	胡媛媛	植物保护学院	64	马守庆	动物科技学院
29	丁银环	植物保护学院	65	姚　望	动物科技学院
30	管　放	植物保护学院	66	王翘楚	动物科技学院
31	冯　璐	植物保护学院	67	杨敏馨	动物科技学院
32	李挡挡	植物保护学院	68	王　菲	动物科技学院
33	李纯睿	植物保护学院	69	李佩真	动物科技学院
34	叶程晨	资源与环境科学学院	70	黎佳颖	动物科技学院
35	樊　艳	资源与环境科学学院	71	吴　凡	动物科技学院
36	覃孔昌	资源与环境科学学院	72	冯紫曦	经济管理学院
37	孙敏霞	资源与环境科学学院	73	杨　多	经济管理学院
38	罗永霞	资源与环境科学学院	74	周铮毅	经济管理学院
39	虞凯浩	资源与环境科学学院	75	凌　玉	经济管理学院
40	邬建红	资源与环境科学学院	76	陈玉珠	经济管理学院
41	王晶萍	资源与环境科学学院	77	陈凯渊	经济管理学院
42	李　根	资源与环境科学学院	78	刘坤丽	经济管理学院
43	房志颖	资源与环境科学学院	79	蒋艳芝	经济管理学院
44	周武先	资源与环境科学学院	80	李全富	动物医学院
45	谭雅文	资源与环境科学学院	81	申育萌	动物医学院
46	李水仙	资源与环境科学学院	82	郑　胜	动物医学院
47	杨　慧	资源与环境科学学院	83	董文阳	动物医学院
48	李瑞霞	资源与环境科学学院	84	薛红霞	动物医学院
49	陈易依	园艺学院	85	徐亚萍	动物医学院
50	郭绍雷	园艺学院	86	黄璐璐	动物医学院
51	刘清文	园艺学院	87	李　林	动物医学院
52	文　杨	园艺学院	88	马　可	动物医学院
53	陈逸云	园艺学院	89	朱洁莲	动物医学院
54	薛泽云	园艺学院	90	徐海滨	动物医学院
55	李柯妮	园艺学院	91	陈长超	动物医学院
56	却　枫	园艺学院	92	高珊珊	动物医学院
57	高立伟	园艺学院	93	张向阳	动物医学院
58	李庆会	园艺学院	94	苏亚楠	动物医学院

（续）

序号	姓名	学院	序号	姓名	学院
95	李友英	动物医学院	123	赵振新	无锡渔业学院
96	张新笑	食品科技学院	124	王　珂	信息学院
97	张丹妮	食品科技学院	125	常颖聪	信息学院
98	王　凯	食品科技学院	126	葛　锐	外国语学院
99	张孙燕	食品科技学院	127	崔祥芬	外国语学院
100	王丽夏	食品科技学院	128	刘长浩	生命科学学院
101	陈　琳	食品科技学院	129	史晓婷	生命科学学院
102	栗军杰	食品科技学院	130	贺　瑶	生命科学学院
103	刘　玮	食品科技学院	131	姚慧敏	生命科学学院
104	陈天浩	食品科技学院	132	臧胜刚	生命科学学院
105	刘　康	公共管理学院	133	简珊珊	生命科学学院
106	章　明	公共管理学院	134	梅丛进	生命科学学院
107	戚焦耳	公共管理学院	135	蒋　丹	生命科学学院
108	赵雪程	公共管理学院	136	朱　丹	生命科学学院
109	包　倩	公共管理学院	137	陈　燕	生命科学学院
110	殷小菲	公共管理学院	138	肖腾伟	生命科学学院
111	范诗薇	公共管理学院	139	郭　欣	政治学院
112	唐　盈	人文学院	140	王梦珺	金融学院
113	李　惠	人文学院	141	祁　艳	金融学院
114	刘　腾	理学院	142	金　幂	金融学院
115	吴静雨	理学院	143	包欣耘	金融学院
116	刁秀永	工学院	144	施　烨	金融学院
117	钱　林	工学院	145	顾　慧	金融学院
118	常萧楠	工学院	146	郑　阳	金融学院
119	程　准	工学院	147	刘　佳	农村发展学院
120	陈　晨	工学院	148	范梦衍	农村发展学院
121	孙　博	无锡渔业学院	149	贾春旺	草业学院
122	马昕羽	无锡渔业学院			

附录 15　2015 年校长奖学金获奖名单

序号	姓名	学院	获奖类别
1	马振川	植物保护学院	博士生校长奖学金
2	廖汉鹏	资源与环境科学学院	博士生校长奖学金
3	阴银燕	动物医学院	博士生校长奖学金
4	秦　涛	动物医学院	博士生校长奖学金

（续）

序号	姓名	学院	获奖类别
5	杜春林	公共管理学院	博士生校长奖学金
6	丛路静	植物保护学院	硕士生校长奖学金
7	刘新平	植物保护学院	硕士生校长奖学金
8	赵百萍	植物保护学院	硕士生校长奖学金
9	田明明	植物保护学院	硕士生校长奖学金
10	夏忆寒	植物保护学院	硕士生校长奖学金
11	刘莉萍	资源与环境科学学院	硕士生校长奖学金
12	贾晓玲	园艺学院	硕士生校长奖学金
13	杨玉霞	园艺学院	硕士生校长奖学金
14	纠松涛	园艺学院	硕士生校长奖学金
15	谢　洋	园艺学院	硕士生校长奖学金
16	刘　俊	动物科技学院	硕士生校长奖学金
17	牛　清	动物科技学院	硕士生校长奖学金
18	李　博	动物科技学院	硕士生校长奖学金
19	侯园龙	动物医学院	硕士生校长奖学金
20	陶诗煜	动物医学院	硕士生校长奖学金
21	高　琪	动物医学院	硕士生校长奖学金
22	李　茜	动物医学院	硕士生校长奖学金
23	刘　婕	动物医学院	硕士生校长奖学金
24	刘振广	动物医学院	硕士生校长奖学金
25	赵富林	动物医学院	硕士生校长奖学金
26	李　腾	食品科技学院	硕士生校长奖学金
27	王璐莎	食品科技学院	硕士生校长奖学金
28	温斯颖	食品科技学院	硕士生校长奖学金
29	徐冬兰	食品科技学院	硕士生校长奖学金
30	李　霄	食品科技学院	硕士生校长奖学金
31	陈耀忠	理学院	硕士生校长奖学金
32	袁少勋	生命科学学院	硕士生校长奖学金

附录 16　2015 年研究生名人企业奖学金获奖名单

一、研究生金善宝奖学金（15 人）

袁召锋　江守林　刘英烈　魏庆镇　朱程程　罗玉峰　谢　星　李　霄　丁琳琳
张荣荣　余洪峰　汪　珂　郭诗云　孙志斌　蒋浩君

二、研究生陈裕光奖学金（27 人）

孙永旺　张新城　王　琰　张玉华　杨媛雪　范长华　陈　潇　朱凯凯　孙小川
于峰祥　魏　明　毛　慧　卢　华　郝　澍　谢青云　郭　佳　靳晓琳　沈费伟
文　博　李　娜　孙诚达　缪凌鸿　王倩倩　卫培培　朱敏杰　季跃飞　李　梦

三、研究生大北农奖学金（45 人）

王　琼　徐伟风　梁化亮　黄经纬　周　杰　孙志广　张文明　褚志鹏　王楠楠
孟祥坤　王洋坤　周利平　李孟孟　王玉俭　苗珊珊　黄　鹏　丁　良　岳婵娟
梁　姗　马　明　李丽红　张永婧　王艺璇　高　雪　杨　昱　姚敏磊　马瑞雪
胡俊发　朱怀森　张　震　丁雪妮　张志静　张瑜娟　郭素会　蔡义强　刘燕敏
吴秀林　刘宽辉　于林鹭　杨亚兰　吴亚男　杨　慧　胡莉斯　褚翠伟　任维超

四、研究生欧诺罗氏奖学金（10 人）

陶　源　钟国荣　李　晨　戴亚军　黄　炎　李英瑞　申　飞　宋美芸　马家乐
袁晓民

五、研究生江苏山水集团奖学金（8 人）

刘木星　张　宇　韩伟铖　孟晓青　肖　威　张梦玺　潘　超　谢光园

附录 17　2015 年优秀研究生干部名单

（143 人）

龙　瑶　齐　澄　杜红旭　何燕富　施　烨　陈虞雯　尚骁原　李恩涛　贵淑婷
倪　慧　柯裴蓓　唐　皓　孙嘉瑞　罗园晶　戚雪银　樊安琪　郑世燕　邢宪平
姚　珊　祁舒展　曹胜男　陈易依　王艺璇　刘媛媛　黄宇轩　徐文正　郑　丹
王世旗　李　娜　颜如雪　张　栩　周　珩　李美琳　董二甲　杨　坤　周　凯
韩玉辉　季　悦　陈亚茹　晏百荣　邵丽萍　沈　盟　王丽夏　肖腾伟　李　琳
刘　扬　范青青　陈文彬　赵梦君　郝瑜琪　尤小满　邓　叶　谢翌冬　黄　琼
张　诚　牛景萍　陈风晨　赵　雪　田娜娜　张　征　陈雅婷　施晟璐　郭泽广
徐　宁　徐一丹　黄立鑫　黄蕊蕊　陈　明　陈秋月　杜　扬　胡媛媛　潘俊廷
包　倩　李偲婕　肖　勇　高树照　金雯雯　张　健　王　婕　李纯睿　李胜利
李佩真　张　哲　高耀远　陆倩倩　董　彦　宁彩波　吴一恒　张　瑞　黄一帆
冯　璐　蔡洁琼　聂少华　朱春娟　仲　杰　陈　龙　纪婷婷　雷　昊　王　卉
王云超　王　闯　刘坤丽　朱梦佳　徐　琳　王婉菁　任林荣　赵世鑫　李潇云
唐　瓴　李　林　丁银环　袁　斌　陈　娇　纪红叶　李俊平　郭加汛　白晓磊
陶月红　白　璐　马资厚　蒋林惠　刘　琦　黄　相　宋　雄　李　腾　李翔宇
沈艳斌　孙琼琼　靳泽文　李成果　王雪琦　王莉婷　唐惊幽　王　丹　王　欣
马　磊　高修歌　李雪英　高　珊　南琼琼　胡冬民　张武肖　邬家栋

附录 18　2015 年优秀毕业研究生名单

（合计 492 人）

一、2015 届优秀博士毕业研究生名单（87 人）

刘兵　常圣鑫　林赵淼　樊永惠　李佳佳　王诗博　高乐　许扬　王超龙
李晓慧　张淑文　柴启超　祝燕飞　梁俊超　殷从飞　唐秀云　汤蔚　王勇
李明　徐洪乐　谢珊珊　葛成　方庆奎　杨思霞　王锦达　曹科伟　陈婧
马瑞　胡伟桐　李伟明　郭九信　刘晓芹　廖汉鹏　孙虎威　廖德华　杨波
马媛春　冷翔鹏　孙欣　王镇　杨永恒　任莉萍　王军伟　黄鲜菊　曾涛
张柏林　张春暖　董丽　张婧菲　张明杨　陈杰　王全忠　郑旭媛　王亚楠
郑微微　甘芳　刘翠　杨凌宸　庞茂达　刘星　阴银燕　秦涛　李君珂
李可　高雪琴　王永丽　王雷　王坤　顾汉龙　武小龙　汪险生　顾剑秀
汪洋　盛业旭　李昕升　朱冠楠　方会敏　孙国祥　孙倩　李法君　董维亮
高帅　郜彦彦　刘清泉　史高玲　李鹏鹏　翁辰

二、2015 届优秀硕士毕业研究生名单（405 人）

耿雅楠　卢少林　黄宇　刘明　许慧阁　缪学宽　郭红叶　刘颖　张黎妮
张凡　张宇晓　陈群　吴俊松　孙玉彤　刘宇倩　翟锐　孙萍东　高萌萌
周小琼　许娜　韩少怀　刘莉　白苏阳　孙立亭　牛静　汪鹏　李兴河
杨淑明　丁检　郑永杰　周传玉　徐俊　黄玉龙　王洪　丁正权　赖燕燕
陈慧　董冠杉　齐宏　张亚琴　李成　曹明娜　许静　曾文韬　李响
许媛　张阳　张小芳　孟芳　夏忆寒　刘新平　徐曼宇　梁江涛　吕凤功
侯晓青　庄安祥　郭静凤　苏营　葛赏书　侯佳丽　安志芳　王曼曼　张万方
王思豹　赵百萍　戴志成　丛路静　刘晓凤　徐从英　武东霞　张晓柯　张荣升
姚蓉　谭利蓉　唐铭一　杨春云　彭博　许欢欢　张松　刘莉萍　邓绍欢
夏昕　徐青龙　盛月慧　桑蒙蒙　武瑾玮　李欣　王辰　张鸣　李秋霞
杨旺鑫　陈雄　李瑞月　葛序娟　王恒钦　李露　武法池　马菁华　孙立飞
吴彦良　潘彬　孙莉　钟书堂　黄驰超　魏天娇　王万清　颜成　崔巍
杨朝昆　胡亚男　杨巍　孙富生　李焱　赵买琼　何玉华　冯媛媛　曲丹
王誉茜　汪骄阳　李玉　辛璐　王德孚　杨勇　秦安　李海梅　马华
李彦肖　马清华　张云霞　贾晓玲　李岩　岳冬　赵真　施旭丽　施晓梦
亓钰莹　徐芳　杨玉霞　楚玲玲　曹亚悦　王红娟　胡荣　田畅　陈羡
林之林　余阳　郭静　彭丹　谢静静　李蒙　常路伟　李雅婷　侯志慧
罗畅　徐雁菁　徐芃　张薇　赵祖淇　党小勇　穆甜　杜学海　刘泽群
郭南南　王亚磊　孔令法　许木林　刘洋　王菲　殷雨洋　方令东　姜晓林
罗振　李博　薛文月　章小婷　洑琴　冷智贤　何香玉　李静　曹丽萍
姚玮　李天芳　黄飞　沈茹　蔡怡静　罗东玲　谭国金　夏璐　姜愉

韩天琪 杜林华 张懿琳 谈晓燕 苏文 陈静静 王倩 陈文婷 郑琳
虞银泉 顾澄龙 徐月娥 钱翔宇 黄婕 汤智慧 刘亚飞 姚雪 徐健
夏鹖晏 石岩 陆炳静 商可心 张瑜 段宇婧 李茜 高琪 韩婧
宗昕如 李鹏飞 李荣佳 刘婕 潘升驰 熊文 陶阳 胡林 杨婧
曹铁楠 陈海超 张哲纤 胡燕丽 王帅 韩立秋 李文清 刘贝贝 邹垚
张挺杰 徐倩倩 慕艳娟 张小敏 王凤芝 方谱县 朱晓明 涂浩 李腾
马宇潇 耿程欣 张雅君 程欣 王璐莎 陈宇婷 温斯颖 史爽 胡鹏程
刘森轩 雷云 束浩渊 吴海伦 蔡子康 王伟 张俊楠 陈林 赵颖颖
蒋林惠 费群勤 殷燕 顾凤兰 陈琛 聂晓开 尹正宇 温其玉 孙萌丽
房娟娟 杨希越 刘刚 张翔宇 李小曼 石美慧 虞炎冷 查荣林 唐井环
张宇 钱家俊 徐亚清 李春 肖雅 彭斌霞 张茜 夏红 张松
李金景 黄琦 陈琦月 郝淼 田诚 杨帆 张建 赵天天 胡莉
郭彩玲 刘敏 刘艳 陈加晋 李燕茹 张立志 周凌凌 周园美 李琴
李玉姣 金世伟 李春林 陈刚 徐刚 梅士坤 徐浩 袁昀 李杨
康建斌 狄娇 杨凯 陈景波 高雅 刘乐 潘宁 邵越 章夏夏
周晶 公翠萍 马晓飞 夏斯蕾 邓康裕 张宗利 刘英娟 白鸿坤 江晓浚
田彬 许一骅 付盼 于琪 张超群 黎欢 孙静 韩畅畅 蔡雅蕾
白宝焱 吴柯蓉 李祝 薛超月 包远远 顾佳宇 张晓楠 刘小龙 杨帆
巩丽 肖惠瑗 陆露 韩悦 魏圣军 施超 张涛 吴佳乐 赵文婷
陈玲 张彩云 吴亚东 齐学会 袁少勋 赵圣青 居述云 牟小颖 贾兴军
孙斌 杨林 梁雅丽 房亚群 陈雅婷 柯希欢 耿殿祥 巩欢 王太文
梅兴桐 陶钧 虞晨阳 张筱月 吴奇蒙 徐佳 刘强 康泽清 曹青
李静 祝楠 李伟 沈一旎 蒋怡 王悦雯 韩淑英 袁迪 李亚运
蔡旭东 曹智玲 王梦怡 赵婕 苗莉晨 崔鑫 崔棹茗 端木镀洋
甘玉婷婷

附录 19　2015 年毕业博士研究生名单

（合计 507 人，分 16 个学院）

一、农学院（88 人）

顾蕴倩 布素红 赵婧 崔亚坤 常圣鑫 李鹏 余海兵 罗佳 郑明
任财 樊永惠 孙艳妮 苏秀娟 周继阳 张俊杰 陈丽萍 王立伟 唐忠厚
曾研华 周勇 范昕琦 王占奎 赵绍路 王云龙 杨小雨 卢媛 陈献功
林添资 于善祥 王宗帅 张星 刘亮 李浩 刘强明 王超龙 戴艳娇
杭晓宁 牛梅 张夏香 郭杰 冯志明 许扬 梁俊超 吴涛 罗国富
彭军 李曙光 胡金龙 刘洋洋 李晓慧 张龙 王诗博 林赵淼 王伟威
林秋云 祝燕飞 殷从飞 沈雨民 周博 许俊旭 王衍坤 张金龙 秦娜
梁文化 禹阳 冯璐 张巫军 柴启超 张璟曜 李佳佳 刘海伦 张怀仁

郑天慧　张　晔　马　卫　秦　琳　高　乐　曾旋睿　孔维一　袁　熹　陈杰丹
司占峰　费云燕　宋普文　王莹莹　刘　兵　余山山　张淑文

二、植物保护学院（58 人）

盛玉婷　葛　成　陈大嵩　方庆奎　赵婧妤　杨思霞　迟元凯　张　鑫　唐秀云
姜良良　赵杨扬　刘永磊　车午男　刘乃勇　李　琦　孙　杨　葛　军　蒋　磊
肖花美　万贵钧　宋志伟　谢珊珊　严曙玮　李　亮　马振川　付开赟　张　国
鞠玉亮　周　雪　侯洋旸　何　锋　李连伟　郭文超　徐洪乐　张　进　陆辰晨
田　珊　王荣波　梁晋刚　刘　媛　宋萍萍　李晓红　汤　蔚　宋天巧　臧昊昱
王奎杰　曲绍轩　李　明　杨保军　王锦达　杨　扬　王　超　李兆群　张元臣
左海根　朱文超　周裕军　王　勇

三、资源与环境科学学院（66 人）

高文玲　吴　迪　蒋洋杨　胡志强　王　泓　吴云成　杨东清　徐君君　宋修超
王新军　杜臻杰　郭九信　袁　军　孙虎威　杨　波　闫　明　雒珺瑜　陆芸萱
胡香玉　刘晓芹　杨　瑛　丁　雷　郝珖存　陈则友　李伟明　任彬彬　杨天元
赵第锟　邵佳慧　荀卫兵　赵　京　邵梅香　朱海凤　黄代民　宋　科　刘　威
杨秀娟　全桂香　虞　丽　张风革　姜海波　沈宗专　薛　超　廖德华　赵　力
陈　德　朱　震　廖汉鹏　王蓓蓓　曹　越　曹科伟　胡伟桐　吉春颖　袁赛飞
王中华　王文勇　陈　光　於叶兵　马　瑞　李子川　付　琳　刘云鹏　张　曼
赵静文　陈　婧　王振宇

四、园艺学院（41 人）

程春燕　宋小明　陈建清　王　镇　李　睿　高姣姣　缪媛媛　田　洁　关　玲
靳　丛　曹学伟　刘　广　任莉萍　王琳珊　张功臣　马媛春　李雷廷　曾爱松
朱文莉　韩浩章　慕　茜　万　青　冷翔鹏　魏树伟　余如刚　李贞霞　王军伟
李春霞　周宏胜　孙　欣　虞夏清　周　蓉　齐香玉　王　旭　杨永恒　沈　佳
冯新新　彭　晨　孙海楠　贾晓东　荆赞革

五、动物科技学院（29 人）

于继英　陈　清　王　斐　曾　涛　张春暖　孙雨晴　颜　瑞　褚维伟　黄鲜菊
王立中　张　亮　胡　健　郭玉光　周　磊　喻世刚　李君荣　张国敏　张柏林
董　丽　林　勇　慕春龙　魏成斌　郑开之　孙　宇　王　彬　张婧菲　周振金
杨宇翔　张瑞阳

六、经济管理学院（32 人）

赵周华　张玉娥　马　凌　殷志扬　王亚楠　吴怀军　廖小静　郑微微　董晓波
于敏捷　黄冠军　熊皛白　赵明正　陈　畅　高蓉蓉　张明杨　陈　杰　陆建珍
王全忠　李天祥　陈清华　巩世广　张晓月　柯　立　郑旭媛　尹小玲　李秀建

马艳艳　郭继涛　周光霞　张宇青　周顺兴

七、动物医学院（40人）

陈　新　王　辉　孙　勇　蒋　卉　包银莉　朱立麒　赵秀美　唐　姝　章琳俐
陈萌萌　李　月　何　赏　杨凌宸　郑亚婷　吉利伟　高　颖　姜雪元　范宝超
肖根辉　刘　翠　刘亭岐　顾　莹　靳蒙蒙　蔡德敏　刘　星　尼　博　甘　芳
桂红兵　施志玉　曹　静　韩正强　王　帅　秦　涛　薛俊欣　戴小华　李秀萍
王经满　庞茂达　阴银燕　赵志勇

八、食品科技学院（36人）

丁　超　赵圣明　王新坤　李君珂　黄继超　王晓晴　王　雷　应　琦　王大慧
段旭初　王复龙　李　可　扶庆权　李影球　翟立公　王　坤　卢河东　胡海江
熊国远　高雪琴　刘晓晔　李文娟　高　岳　钱时权　刘　檀　王利斌　单成俊
唐长波　姜　建　郭丽萍　王　娟　马　龙　张双双　王永丽　蔡志鹏　狄华涛

九、公共管理学院（35人）

项锦雯　武小龙　李　远　张　兰　伍玥蓉　刘玉山　肖长江　吉登艳　葛倚汀
顾剑秀　汪险生　顾汉龙　黄美均　张　娜　姚科艳　卢冬丽　王欣然　李凡凡
陈前利　张志林　赵亚莉　吉　鹏　金久仁　胡平峰　杨黎光　陈姝洁　盛业旭
翟腾腾　陈　明　汪　洋　荆　晅　孔　伟　周来友　仇新明　上官彩霞

十、人文社会科学学院（11人）

陈海珠　刘　涛　刘　琨　邓丽群　莫国香　王世红　刘　畅　朱冠楠　王志斌
沈丽君　李昕升

十一、理学院（1人）

宋大杰

十二、工学院（16人）

张　莹　夏建春　方会敏　钟成义　傅雷鸣　丁　冬　焦学磊　于　旻　周良富
方益明　孙　倩　李国利　孙国祥　李勇伟　吴　威　张　楠

十三、渔业学院（5人）

熊　瑛　李法君　李　冰　范立民　罗永巨

十四、生命科学学院（42人）

沈　悦　张振东　钱　猛　成明根　陈　未　王玉宁　汪小福　李桂俊　周敬伟
姜燕琴　董维亮　李　娅　程继亮　褚姗姗　郜彦彦　史高玲　刘清泉　蔡　舒
王雪娟　邓　平　高　帅　张晶旭　曾　杨　庄　凯　姚　利　杨洪杏　肖龙云

宣　云　陈琼珍　傅　雷　孟　娜　孟　平　吴凤礼　赵艳雪　崔　静　席　珺
管福琴　申　望　杨甲月　孙丽娜　李鹏鹏　胡花丽

十五、金融学院（5）

杨恒雷　陆桂贤　刘晓玲　王　东　翁　辰

十六、草业学院（2）

陆晓燕　郑　凯

附录20　2015年毕业硕士研究生名单

（合计2 051人，分20个学院）

一、农学院（205人）

刘燕敏　刘　颖　宋光雷　裔　新　柳聚阁　钟明生　王自力　黄玉龙　蒋　琪
张宇晓　曹永策　陆　亮　赖燕燕　张　烨　刘文星　李　岩　问　涛　从亚辉
马　箫　贾亚军　刘　晨　徐欢欢　王　琰　吴　丹　王婷婷　李丽凤　许　娜
李　娜　张少峰　吴晓然　徐文栋　张志鹏　王佳佳　彭超军　翟　锐　秦　琦
程玉柱　曹中盛　董明超　刘骕骦　周　汐　仲勇坤　丁先龙　万　林　司海洋
贾　欢　张亚琴　孙萍东　高　翔　韩少怀　司　彤　石治强　杨　力　王　祥
周小琼　杨　彪　杜弘杨　田由甲　吴晓静　余坤江　虞　东　刘智怡　赵　汀
潘孟乔　张黎妮　沈天垚　丁　检　张金锋　唐伟杰　刘　朋　刘　权　刘　明
张常赫　牛二利　刘志涛　周　露　宋云攀　刘　茜　杜　康　张　盼　徐　君
杨　阳　朱强宾　李　坦　翁乐羽　谢源泉　张政文　杨淑明　耿广涛　杜文丽
牛　静　吴俊松　李亚兵　黄　宇　郑永杰　江晨亮　方能炎　汤阳泽　张文婷
孙玉彤　商贵艳　刘　洋　齐　宏　黄　鹏　王秀琳　董继飞　王伟男　肖浏骏
朱长丰　王　藩　李兴河　邹修栋　卢少林　张　凡　杨　雪　宫　宇　王家昌
梅高甫　程瑞如　陆震洲　常瑞佳　史　波　马玉杰　刘燕清　王　琼　段二超
赵胜利　耿雅楠　张　莹　陈　慧　丁正权　汪　鹏　胡　婷　陈英龙　张　玲
邢书娟　穆　融　项春艳　尤小满　徐婷婷　杨洪坤　田晓雅　周传玉　刘世蓉
杨建伟　柳　洪　许昕阳　陈　群　查满荣　王林森　王　洪　陈　妍　宋　健
郭志凯　侯雯嘉　王　建　刘明明　白苏阳　程江月　易　灿　缪学宽　郭红叶
许慧阁　刘延凤　何旎清　徐　俊　张寒竹　任　孟　刘　扬　郭林涛　王莉莉
高萌萌　孙立亭　刘　莉　邢晓鸣　丁桃春　黄丽燕　陈荣俊　安百伟　梁帅强
廉盛兴　钟秀娟　王维领　华督军　丁成龙　王　杰　刘　迪　张　晨　梁彦丽
蔡林运　李天伟　郭树峰　魏子尧　彭　洋　张雅楠　张志良　李亚丽　徐新春
刘宇倩　周晓双　罗骏飞　陶伯玉　马旭辉　熊　琰　董冠杉

二、植物保护学院（189人）

谢　馨　汪顺娥　孟　芳　李　瑶　张纬庆　刘晓凤　田金艳　盛　超　王招云

沈浩 王颖颖 邵文涛 殷维 张金龙 李茹 方亦午 翟春花 刘新平
梁江涛 赵百萍 卢唯 戴秀华 李鸿 张小芳 吕凤功 郭静凤 赵正
许笠 韩丽萍 魏洪岩 倪海平 孟庆伟 刘佳 谭利蓉 赵红艳 李成
张龙 江守林 杨耀 施雨 曹玲玲 陈艳丽 田沂民 陈园 苏营
王雷英 张双双 戴志成 单诚 王亚军 苏振贺 常贺坦 徐文秀 范淑琴
章英英 王嘉驹 李宛霖 王苏妍 王思豹 武爱华 方帆 潘夏艳 杨春云
林艳玲 周兴扬 夏忆寒 安志芳 张洁 徐从英 叶廷跃 许静 卫甜
朱冠恒 马琳 徐曼宇 张荣升 刘岩 曾文韬 刘永庭 彭英传 钱秋
邵文勇 王路遥 王鑫鑫 阳刘科 王硕 张万方 薛来震 武东霞 张雄
陈利民 张鹏飞 黄莹 赵钧 葛赏书 张晓柯 董文霞 陈阳 赵文浩
李淳 郭超 杨媛雪 程琦 李柏村 赵庆杰 李响 赵小慧 鞠佳菲
庄安祥 王琼 丁正 叶丽华 许媛 曹明娜 孙兵 侯佳丽 吴宪
王丹 万秀秀 张阳 丁发 王曼曼 李广花 夏文文 唐铭一 王冰
李可 李海洋 赵秀亭 邱燕 魏琪 郭梦湘 奚一名 李咏梅 吴旭东
琚阳 丁宁 姚蓉 李晓琪 王骥 谢平 李兵 侯晓青 王子微
张巍 周蓓蕾 余华洋 陈艳鸿 李莹 林芳芳 周云磊 蔡杨杨 疏燕
李冬梅 李乐书 刘木星 周金成 王敬 郭子木 高彦林 李敏 缪林玉
王婧臻 高尚 王硕 马春平 李环环 刘纪松 乔露露 刘秀 揭文才
魏亦云 丛路静 刘杨杨 杨廷廷 石娅琼 宋必 戴瀚洋 梁齐 孙文荣
章丰礼 郭晓强 张伟星 杨洁 管文芳 彭博 朱月月 崔淼 李路

三、资源与环境科学学院（185 人）

陈海涛 闫小梅 朱青藤 姚春雪 徐艳玲 崔晓双 陈婷 张聿琳 桂娟
李欣 韩晓霞 郭俊杰 周璇 乐恺宸 陶庆 王慧 杨晓倩 李盼盼
孔亚丽 陶晋源 卢丽英 吴婷 娄颖梅 郑菲菲 罗川 孙玉明 康园园
吴春蕾 许欢欢 曹婷婷 聂婧 王明伟 王慧敏 王呈呈 熊浩徽 张松
李该霞 邵娟 李彬 武法池 魏天娇 杨朝昆 成永洲 谢丽芳 王辰
李瑞月 李静 周金泉 陈思 李玲玲 徐元崇 顾兵 王维锦 马菁华
顾玉骏 黄铮 刘莉萍 马啸驰 潘浩鹏 葛序娟 王磊 张皓驰 冯海超
潘如佳 王从 都江雪 王恒钦 黄晓磊 毛学伟 刘尚俊 汪益洲 王蕾
朱满党 周志文 孙立飞 黎广祺 吴学能 王程惠 胡小婕 靳德成 李露
吴彦良 黎睿智 赵建琦 吴明珠 盛月慧 张鸣 李巧玲 郭蓉 张阳
胡亚男 常子磐 王淑 陈旭 张晓旭 潘彬 王万清 杨巍 李诗卉
杨亚洲 李秋霞 康熙龙 施文 马苏婷 张瑞卿 石全梅 桑蒙蒙 杨军
李大伟 孙莉 吴春宇 王铖 王小贝 阙弘 卢焱焱 刘东琦 钟书堂
赵钱亮 易荣菲 李文慧 武瑾玮 高波 王磊 孙雅菲 秦莉 颜栋
龚鑫 程珂 魏志红 周惠民 常明星 周小同 沈荣杰 刘生辉 邱晓蕾
杨旺鑫 宗雅婕 陈潇 查慧 谢橦 邓绍欢 于高伟 田智宇 苏兰茜
张雯琦 陈雅萍 顾佳宝 石坤 袁润杰 陈雄 王洁 孙少伟 颜成

韦祎旸　夏　昕　胡玲萍　郑文波　王　硕　叶素银　房　蔚　石　岩　阚　尚
刘时旸　唐良梁　赵　鹏　黄驰超　白超超　孙富生　徐青龙　辛华东　王潇敏
陆海燕　文永莉　崔　巍　邸攀攀　李　敏　包婉君　蒋岁寒　刘小玉　赵买琼
李　焱　唐露润　贺　笑　付瑶瑶

四、园艺学院（219人）

陈　璐　陈易依　孟　菲　杨　赟　王迎春　陈小丽　唐　瓴　谢光园　张宇佳
刘玉洁　焦慧君　景迎辉　陈国栋　刘盼盼　白　彬　郭绍雷　侯应军　黄开会
纠松涛　李　洁　李晓龙　李英俊　刘　玲　刘龙博　刘　伦　刘清文　刘　帅
刘　雅　吕照清　马　娜　倪维晨　宁传丽　汤　超　王继源　王　剑　温璐华
文　杨　许延帅　余心怡　袁　月　张　成　张　杰　郑　丹　王　晶　周　珩
张振涛　杜兰天　许　庆　安亚虹　陈逸云　程雅琪　崔红米　冯海洋　韩玉辉
黄菲艺　黄　莹　李　超　李丽娜　李　琳　李亚茹　李　妍　刘海龙　刘金平
刘世拓　刘　伟　刘　伟　吕善武　吕文静　罗小波　孟永娇　彭　珍　任　帅
山　溪　沈　盟　宋　雄　孙敏涛　王　平　王希希　王　永　王宇钰　魏　斌
吴　鹏　谢　洋　许玉超　张　川　张开京　张仕林　张　婷　只升华　钟　珉
周骏千　疏再发　刘志薇　郑梦霞　米雨荷　徐　辉　薛　珩　范青青　种昕冉
赵　楠　邓　叶　杜新平　费江松　冯晓燕　关双雪　黄婉璐　李针针　刘凉琴
刘亚男　毛雅超　盛丽萍　舒　珍　孙玉英　谭素娥　吴　丹　薛泽云　张乃元
周姝杉　杨小花　陈风晨　陈　璐　李柯妮　李　丽　李蒙蒙　施晟璐　宋玲珊
赵智芳　宁云霞　周乐霖　曲爱爱　王炫清　刘　慧　张　恒　陆　俊　徐亚婷
袁　震　刘小旋　宋　爽　杜碧云　韩　宇　耿天华　李　翔　邓　鹏　徐玮玮
胡秀英　陈庆刚　何晨蕾　林明露　刘　燕　孙　茜　李　琳　郭　达　李　曼
张　杰　李婉雪　朱　洁　王桂珍　胡康兴　李进兰　徐佼佼　李　娜　段云晶
牛灵慧　吴如燕　李金雷　李然然　臧君诚　闫允青　陈出新　周天美　王　欣
祝有为　陈国军　王友须　司聪聪　闫圆圆　刘丹丹　刘　盼　廖亚运　唐致婷
姚征宏　蔡少帅　舒伟桑　郇国磊　茆吉健　齐增园　张艳晖　高倩倩　柳婧雯
张梦玺　潘　超　余　超　王晓燕　王　晴　程亚兰　刘丝语　王伟力　孟　希
陈思静　郭玉煜　许　康　张雪华　张　波　黄佳娣　杨胡贝　张蓉蓉　乔小菊
邵秋晨　韩流莉　李　萌　徐佳一　丁　丁　王雅萌　李　欢　武孟哲　戴　婷
张　璐　程利召　李佳魁

五、动物科技学院（99人）

党小勇　段　星　刘玉洁　袁　婧　汪　蓉　计　徐　曹　云　谷淑华　王　腾
殷雨洋　刘明明　徐　杰　章小婷　高　天　韩海银　刘　鑫　杨晓丹　唐　磊
侯烁烁　邹雪婷　王　菲　林　凯　任才芳　方令东　付亚楠　金箫峰　白建勇
安亚南　穆　甜　王　丹　姜晓林　汤平丽　张福哲　姜发彬　陈　练　奚雨萌
毛　杰　罗　振　王亚琼　陆长慧　洑　琴　周定勇　牛　清　唐　娟　胡志萍
左　丽　王　强　冷智贤　蔡东森　汪　涵　余　盼　寇　涛　薛文月　黄俊杰

杨　雪　孙存鑫　王霄鹏　郭保平　李　博　戴子淳　乔永浩　何香玉　田红艳
郑　月　孙　浩　李梦娇　孟祥龙　周志刚　李袁飞　高擎燏　杨希祥　徐明龙
陈　晨　王　欢　周艳红　朱益志　刘泽群　杜　星　石　磊　牛　欢　王　政
孔令法　郭南南　周　玮　李伯江　林　猛　曲明姿　曹伟东　许木林　王亚磊
杜学海　李新宇　刘　洋　张　政　孟梅娟　代小新　滕　菲　刘凯清　于长宁

六、经济管理学院（161 人）

卢　华　李媛媛　聂　丹　夏鷃晏　陈　平　姜　玲　佘　俊　张晓恒　汤　旭
高　亚　徐笑冰　仇　逸　姜　苏　沈二伟　张懿琳　常征宇　徐月娥　陈静静
戴　璟　李超宁　盛锦秀　蔡怡静　沈　茹　胡凌啸　杜林华　董　陈　李广欣
孙　尧　聂文静　虞银泉　朱哲毅　卞　正　范家驹　李　松　王海旭　刘亚洲
叶海燕　王　倩　石　岩　冯仰秋　李雅卿　王建立　王　慧　黄　婕　蒋　枫
赵晗羽　伏开歌　林　欢　王　磊　王艺潼　谈晓燕　乔　辉　韩天琪　傅淑园
刘　亮　王文军　蔡少杰　夏　璐　夏　秋　蒋乐航　高　雷　刘珊珊　王亚兰
顾澄龙　谭国金　赵璐瑶　焦美玲　高丽丽　刘　为　王　艳　杨金阳　冯丽英
陈伟健　李　静　葛金鑫　刘臻真　闻荣荣　曹丽萍　罗东玲　顾　皓　刘亚飞
顾礼霞　卢　平　吴红光　魏　龙　陈　欢　陆炳静　马齐齐　郭政忠　陆　军
吴　江　白雪飞　刘成龙　钱翔宇　钱　阳　杭　玲　陆晓飞　吴　勤　潘雨蓉
张照辰　汤智慧　王党委　郝　俊　罗　希　吴中泼　黄　飞　陈文婷　韩水莲
卞宏伟　何　昊　骆勤霞　武　伟　刘婷婷　申靖华　姜　愉　卞银虎　胡一鸣
毛相飞　夏　蕾　徐　健　包　发　苏　文　常晓燕　黄　婷　孟令旗　邢　栋
毛牧野　李天芳　姚　雪　陈婧婧　江　蕾　潘　卫　徐健理　韩中阳　姚　玮
郑　琳　陈　科　江　田　潘　寅　徐　锴　宣蕾蕾　姚建虎　张　轶　周虎成
朱卫林　赵玉波　朱　山　薛　猛　袁凯华　张　瑜　周丽华　朱娴娟　周德辉
朱　为　闫士强　袁　玥　张　植　周星洁　宗康平　严潇睿　张建文

七、动物医学院（161 人）

吴　镝　商可心　涂　浩　陈俊红　贾　惠　刘瑞瑞　彭　婕　吴　垒　张　瑜
张　辉　黄　薇　丁　阳　陈雪晴　徐　彬　宗昕如　高　琪　朱晓明　姜　斌
周　鑫　鞠明霞　刘可姝　陈　兵　牟春晓　邹　垚　候冉冉　陈耀钦　王凤求
尹晓彤　陈　微　郭　俊　马茜茜　刘　婕　李荣佳　吴凤云　董　静　乐　源
刘智清　王楠楠　岳婵娟　任逸懿　范　煜　方谱县　刘　丽　孙海林　吴亚锋
潘升驰　张　弦　柳　畅　孙海凤　潘明明　李会敏　徐艳楠　钱　刚　崔　军
王钟毓　张挺杰　张　伟　田　静　安春霞　袁久云　李鹏飞　邹玖零　李燕荣
郭停停　艾　阳　王　新　陈　云　顾逸如　张峥嵘　隋煜霞　马志禹　代　斌
宋伟翔　熊　文　李秋璇　安凤娇　慕艳娟　陈　迪　刘红蕊　李梦辉　曾　玲
周雪晨　崔　杰　孙　敏　单衍可　杨维维　彭　伟　杨玉澜　曹轶男　黄　芸
许崛琼　韩　婧　李　茜　何　玉　郝政林　陈海超　薛　勇　李珊珊　刘冠星
宋浩刚　孙　冰　潘金龙　韩立秋　徐美云　陈绵绵　刘亚平　闵智宇　金　笛

胡　林　宋丹丹　杜德超　段宇婧　胡　贺　刘华洁　徐天乐　黄文娟　王丽丽
李　权　陶诗煜　王　钰　王凤芝　党莹莹　景　娇　顾一奇　徐倩倩　侯园龙
王颢锦　王　芳　冯贻波　李文清　胡燕丽　张小敏　姜正乾　马　芳　张萌萌
陶　阳　李照伟　黄　江　王　娟　张哲纤　王梦蕊　王　帅　涂冲智　马娜娜
雷梦尧　翟路峰　周　异　王　敏　王旭远　杨　婧　彭　晗　厉　成　周梅玲
荣　超　喻　利　张冠军　沈琪琦　刘贝贝　谢青云　周　君　端木永前

八、食品科技学院（128 人）

党丽娟　顾昕琪　陈　欢　邓少颖　朱　玉　陈　晨　蔺茜莎　郭添玥　黎云龙
杨　雪　陈　林　陈　琛　陈婷婷　王　颂　喻　倩　耿程欣　刁含文　谢　翀
苏倩倩　陈阳阳　邢广良　高钰淇　孙雨茜　卢　静　赵颖颖　姜璐璐　高纯阳
张亚红　唐　伟　王志英　任　娣　宦　晨　王焕宇　高月皎　许志芳　徐林敏
李丽倩　谢亚娟　蒋林惠　喻　譞　顾凤兰　郭晓玉　郭利娜　王明慧　崔昱清
杨　爽　丁世杰　李保华　吴　凡　黄　坤　张雅君　刘　彪　费群勤　王光宇
刘晓茜　齐　凯　王毛毛　赵黎平　刘森轩　王艳丽　邢　通　马宇潇　孙道勇
高　玲　方东路　吕慧超　李玉品　杨慧娟　史　爽　王晓娟　孟攀攀　程　欣
王金花　刘　瑞　李　清　束浩渊　张凤倩　朱会杰　蒋南琪　郑　锌　田妃抒
谷晓擎　司琳媛　贡雯玉　黄　璐　王璐莎　雷　云　王　娟　刘　念　苏丽娟
郝晓霞　李　腾　陈宇婷　尹晓婷　殷　燕　邵俊杰　孙笑梅　胡鹏程　王　丹
王　伟　赵秀洁　程　晶　宋　野　王国庆　丽　牧　吴　寒　温斯颖　张生生
陈　肖　王诗琳　吴海伦　梁红云　肖　愈　赵　凡　郭帅帅　黎良浩　齐丹萍
王淑芳　郭　佳　李世科　杨　蓉　聂晓开　唐　静　王周圆　许　佳　张俊楠
王　远　蔡子康

九、公共管理学院（159 人）

尹正宇　查荣林　黄金升　张玲燕　董大伟　葛　冬　翁文璐　张　婷　唐井环
李鹏举　王秀旺　何剑波　郭峥鹏　姚慧娜　温其玉　张　宇　张　松　纪陈飞
孔韵溪　韩效楼　阴鹏程　孙萌丽　钱家俊　任广铖　田　诚　李　飞　韩　彧
俞元真　赵爱栋　徐亚清　李金景　杨　帆　李婷婷　黄珊珊　郁凯荣　房娟娟
许丹阳　薛　婷　胡余挺　沈小钧　黄　瑶　袁　媛　杨希越　詹　群　付文凤
刘敬杰　王仰光　金宇峰　张凤琴　刘　刚　刘泽文　黄　琦　张周青　张鑫磊
劳倚乐　张　静　张翔宇　朱立芳　陈　贤　古芳怡　周　佳　李　琼　郑国环
朱　洁　门振生　陈琦月　于梦洋　周　乐　李　缨　郑　虹　谢贵德　李　春
叶　琦　周　琦　潘　宁　周荷平　谢　丽　马　冰　郝　淼　张　建　朱伟峰
施红兵　程　辉　段春晓　肖　雅　毛露雪　赵天天　杨　曦　谈　丽　单伟伟
李小曼　王　艳　胡　莉　陈　洁　唐　雅　刘　晖　陈晓平　吕　伟　袁薇锦
张　红　陈　丽　童益红　庞晶榕　石美慧　王云云　李　芳　陈　娟　陈　韦
王可力　裴　蓓　李　烊　彭斌霞　王　珏　郁晓非　邸诗洁　王善华　沈伟晔
戚后柯　张　茜　颜玉萍　孙飞洲　董　桐　王　涛　王栋澄　赵若言　夏　红

关长坤　陈　博　范全佳　王　维　夏　婷　虞炎泠　肖　毅　凌　杨　单煜东
干　琦　韦霏虹　邢　涛　杨丁丁　俞启蓉　赵之昱　陈　彦　刘　洋　周振中
魏　丹　杨　洁　张菲飞　宗东耀　刘琳琳　沈金凤　陈凯翔　葛人文　余兰兰
张彦存　曹　铖　蒋明利　陈　光　端木镀洋　甘玉婷婷

十、人文社会科学学院（27 人）

郭彩玲　何彦超　刘　艳　刘倩文　刘素娴　张　线　余　君　沈　伟　江海燕
王　昇　宋　健　陈　沫　孙思思　井泰明　刘　敏　刘西峰　陈加晋　齐岩波
李燕茹　周　慧　张　楠　宋少华　韩　丛　李　青　王方铮　阚　云　刘启振

十一、理学院（26 人）

黄　婷　黄　博　刘培亚　尹文正　刘　莹　鲍倩倩　赵　婕　杜倩男　周凌凌
张立志　牛青霞　胡筱希　陈秀叶　柳林浩　周园美　李玉姣　蒋　晨　钟来进
丁伟杰　朱　乐　张　文　李　琴　杨丽姣　张静静　耿浩然　郭　丽

十二、工学院（92 人）

程　同　赵丽梅　徐　浩　李　洁　王　欢　郑志敏　杨艳山　刘连涛　张　永
石　勇　狄　娇　盛琼芬　熊　静　李国红　陈　刚　彭　星　董盛盛　黄义乔
龚田华　王　兵　金世伟　刘　峰　袁　昀　孙诚达　徐恩兵　陈丽君　李　明
贺亭峰　童　邦　李　杨　徐高明　杨　凯　张慧清　刘　成　李春林　徐　刚
何正婷　张　杰　叶长文　黎宁慧　翁　玮　胡　晨　梅士坤　刘志强　康建斌
沈子尧　孟　鹏　王亮龙　张莹莹　周　晶　朱宏超　张文华　徐伟悦　邵　越
马冰青　葛　波　高　雅　苏静文　张　军　李宝瑄　王恒兵　张伟伟　王　霞
徐　冰　朱志强　张　毅　赵　阳　张　炜　黄红亮　康　睿　蔡　俊　赵游泳
闫子愚　廖雅君　王　健　姜　丹　施　龙　陈景波　闫翠珍　李　俊　杨　柳
王军洋　章夏夏　朱　冰　房银龙　成佩庆　李龙飞　李苗苗　林小兰　潘　宁
刘　乐　李朝鲁蒙

十三、渔业学院（41 人）

白鸿坤　公翠萍　季　丽　张亚楠　宋江腾　张　聪　于冠军　邓康裕　江晓浚
陆春云　马晓飞　何娜娜　童苗苗　申玉金　魏国华　夏斯蕾　徐　杨　雷　旭
胡亚成　房珊珊　房冬梅　李丹丹　杜兴伟　刘英娟　王建锋　韦庆杰　孙裔雷
马学艳　李志波　章　琼　丁　娜　宋长友　吕　洋　卢剑达　张宗利　王晓玲
刘骏恂　夏德鹏　吴文静　王浩伟　王翠翠

十四、信息科技学院（30 人）

于　琪　孙龙文　黎　欢　朱郑良　许一骅　王　双　孙婷婷　杨　薇　汪　暘
曾　通　刘　浩　余佳莹　吴　畏　王自园　刘佼佼　张　云　轩双霞　李旭东
孟凡伟　付　盼　佘曾溧　王一珺　张超群　田　彬　郑怿昕　王念培　龚　玥
许嫣然　吴龙凤　胡　瑜

十五、外国语学院（37 人）

郝丽运　蒋亚男　王峥晨　白宝焱　张静婷　黄　妍　王薇佳　孙　静　鹿鸣昱
曹　蓉　陈文娟　黄睿婷　欧旭姣　王筱曼　马娅同　麻瑞泽　赵冲颖　崔　瑛
孙　涓　沈倩倩　吴柯蓉　徐　娟　赵　敏　李　祝　魏　倩　蔡雅蕾　孙　冰
修姝娴　张久婷　张曼铃　余欣悦　王　琴　韩畅畅　王海玲　薛超月　仉晓丽
张宏娟

十六、生命科学学院（152 人）

滕　娇　王　彬　张立存　李玉双　许　妮　吴佳乐　顾佳宇　孟继荣　齐学会
霍　垲　庞莉莉　王　锋　辛　岩　袁彤彤　袁少勋　魏圣军　倪　琳　王晓婧
刘伟慧　崔世瑞　吴　广　朱　顺　张帮华　杨　林　王玉琦　包浩然　吴亚东
杨　帆　王晓雄　金　颢　杨向宏　张晓楠　陈　龙　邹彩连　张　荣　高楠雄
伍　宏　李　璐　卫培培　李朋朋　贾兴军　宋　嫚　居述云　李　溪　李泽源
徐　琳　景音娟　施　超　孙　斌　白雪维　王　瑶　王　建　刘卫娟　钱明媚
赵加栋　张　浩　韩亚君　刘小龙　张庆玲　盛　玉　周　杰　包远远　刘晓伟
张彩云　张俊玲　陈建伟　毕蓉蓉　张　涛　肖惠瑗　孟　超　周　帆　武冬霞
江　淼　刘利英　巩　丽　寇小兵　张　龙　陈　玲　周瀚瀛　陈　洁　戚楠楠
李晨旸　李鹏祥　张　袒　高　山　魏巧娥　芮庆臣　杨金玲　缪志刚　陈　敏
张　娟　韩　辉　周家乐　史志轩　付健美　毛怡玲　陈彬彬　陆　露　陈雅婷
王庆璨　陈　墨　沈浩宇　邱　蔚　张兴兴　宋小艳　朱晓玲　危蓉萍　刘　朔
黄　鹞　饶　蓓　赵圣青　安　靖　张雅丽　刘　敏　徐大超　梅焱朝　赵文婷
吕高强　梁雅丽　李玲燕　魏国玲　林行众　耿殿祥　陈　冰　原　蕾　石兴宇
刘　超　卜　多　王倩倩　田薆楠　韩　悦　牟小颖　张传朋　柯希欢　陆楚月
佟　坤　王　珏　马　刚　唐锐敏　郭之杰　邹　芳　吴亚红　房亚群　裴　涛
陈鼎斌　李博文　颜素雅　李海波　徐圣佳　王　雨　赵　洁　宋　俊

十七、政治学院（12 人）

刘高吉　秦文臣　刘文兵　柯　婷　姜志祥　王太文　邢　俊　方　圆　封　顺
巩　欢　程雨彤　孙　禄

十八、金融学院（78 人）

吕　沙　罗静静　虞晨阳　倪佳洁　黄庆庆　管　莉　杨亚辅　孙　奥　钱卓林
蒋　怡　徐　佳　孙　蔚　凌海微　陈俊桦　陶月琴　范　琳　王悦雯　祝　楠
徐庆凯　陶　钧　郭　志　朱敏杰　曹　琦　刘　强　吴燕楠　朱青青　李　莉
刘　祎　法　宁　李超群　任晚嘉　彭　晨　徐明园　李　鑫　柳明村　李　伟
杨新薇　徐静雅　毛求真　万俊豪　夏文洁　吕一田　沈一旋　严心怡　俞　漪
黄　河　卞昕华　吴　丹　刘　朋　郝张斌　万　千　张筱月　章　磊　陈卓娅
吴奇蒙　骆　成　蒋荣干　陶苏亚　张　燕　陈　琦　薛天瑜　张　洋　梅兴桐

刘恒昕　邢小曼　曹　青　肖龙铎　施沁玥　朱艳华　施　森　胡未央　徐佳雨
丁　倩　韩　乔　王　舒　王祝英　康泽清　李　静

十九、农村发展学院（36 人）

郭　振　雷　芸　洑梦菊　徐　丹　张　莹　高欢欢　陶佳漪　王梦怡　曹智玲
何建春　赵　华　袁　迪　高晓珍　王娅舒　尤一栋　何晓航　刘　浩　赵　旻
蔡旭东　胡　蓉　吴　茜　赵　婕　刘　纯　缪　芸　宋　雪　冯　渊　黄贝妮
杨婧娴　张昕宜　蒋小纯　石凡巧　韩淑英　李亚运　贾　佳　赵彦青　宗春燕

二十、草业学院（14 人）

崔　鑫　崔棹茗　樊子菡　孙凯燕　刘璐璐　杨智然　杨　牧　胡宝云　丁晓青
张文芝　梁珂珂　王彬彬　周德馨　苗莉晨

继　续　教　育

【概况】2015 年继续教育学院工作概况：①党建工作方面做好学院党总支委员增补工作，发展一名同志加入党组织；②招生规模持续保持高位运行，招生人数再创历史新高；③教学方法信息化，管理过程规范化，检查督导常态化，教育教学管理再上新台阶；④拓展培训领域，改“培训”为“培育”，承担农业部的新型职业农民培育项目，将短期的一次性培训改进为分阶段分步骤实施的培育过程，2015 年培训人数再创历史新高、培训层次不断提升，社会影响力显著增强；⑤稳步推进远程教学，2015 年校外试行网上教学的教学点由 5 个扩大到 8 个。继续教育学院设有院办公室、招生自考办公室、教务科、培训科、远程教育科，共有工作人员 18 人。

2015 年共录取各类新生 6 468 人，比 2014 年增加 76 人。二学历的招生人数 193 人，累计在籍学生 608 人。因受到专业限制，专接本的学生规模有所减少，注册入学 274 人，在籍学生总数 647 人。

继续教育学院高度重视函授站（点）办学过程管理，2015 年全年通过各种形式抽查学生 3 502 人次、教师 120 人次，抽考课程 14 门次，不断提高函授站（点）的教育质量。

组织学校农村自学考试实验区（专科段）企业管理、现代农业管理、农艺三个专业考生的实践性环节考核工作。2015 年春季考核 303 人，秋季考核 552 人。

2015 年共举办各类专题培训班 80 个，培训学员 8 548 人次。与 2014 年相比，培训班次增长 23%，培训人次增长 50%，培训班次和人数再创历史新高，取得了较好的社会效益和经济效益。

【召开 2014 年度函授站工作会议】2015 年 1 月 16 日，召开南京农业大学 2014 年函授站工作会议，来自全国 31 个函授站（教学点）的 74 名代表和继续教育学院全体教职工参加了会议，会议对 2013—2014 年度在教学管理方面表现突出的 5 个优秀函授站及 16 名先进管理工作者进行了表彰。

【召开 2015 年度招生工作动员会】2015 年 4 月 10 日，召开 2015 年成人招生工作研讨动员会。会议回顾总结了 2014 年南京农业大学成人招生工作的成绩与不足，分析了 2015 年成人招生工作面临的形势和问题，动员布置了2015年学校成人招生工作任务，研讨了2015年及今后一定时期成人招生改革发展的有关问题，为南京农业大学成人招生工作的规范、稳定、科学发展奠定了坚实的基础。

【2015年第二期农牧渔业大县局长轮训农机局长班开班】2015年3月25日，农业部2015年全国农牧渔业大县局长轮训第二期农机局长班在南京农业大学学术交流中心开班。农业部总农艺师孙中华、南京农业大学校长周光宏、农业部农机化司副司长胡乐鸣、农业部人事劳动司教育监督处处长陈华宁出席开班典礼。典礼由农业部管理干部学院党委书记、院长蒋协新主持。

（撰稿：董志昕　孟凡美　陈辉峰　章　凡　曾　进
审稿：李友生　陈如东　审核：高　俊）

[附录]

附录1　2015年成人高等教育本科专业设置

学历层次	专业名称	类别	科别	学制（年）	上课地点
高升本	会计学	函授、业余	文、理	5	校本部、无锡、苏州、南通、盐城、无锡、南京、徐州
	国际经济与贸易	函授、业余	文、理	5	校本部、无锡、南通、南京
	电子商务	函授、业余	文、理	5	校本部、南通、盐城
	信息管理与信息系统	函授、业余	文、理	5	南京
	物流管理	函授、业余	文、理	5	南通、扬州
	旅游管理	业余	文	5	南京
	旅游管理	函授	文	5	南通
	农学	函授	文、理	5	校本部
	园艺	函授	文、理	5	校本部、南通
	园林	函授	文、理	5	校本部、盐城、徐州
	土地资源管理	函授	文、理	5	高邮
	工商管理	函授	文、理	5	南通、高邮
	人力资源管理	函授	文、理	5	校本部、高邮
	车辆工程	函授	理	5	扬州
	环境工程	函授	理	5	南通
	机械设计制造及其自动化	函授、业余	理	5	南通、南京、盐城、扬州、徐州
	计算机科学与技术	函授	理	5	南通、扬州、徐州
	土木工程	函授	理	5	盐城、扬州、高邮

（续）

学历层次	专业名称	类别	科别	学制（年）	上课地点
高升本	网络工程	函授	理	5	扬州
	应用化学	函授	理	5	盐城
	动物医学	函授	理	5	校本部、徐州
	农林经济管理	函授	文、理	5	徐州
	生物工程	函授	理	5	徐州
专升本	金融学	函授	经管	3	校本部、高邮
	工商管理	函授、业余	经管	3	常熟、无锡、溧阳、苏州、宿迁、盐城生工、泰州、高邮、苏州
	会计学	函授、业余	经管	3	校本部、淮安、常熟、南京、无锡、溧阳、苏州、苏州、南通、徐州、泗水、盐城、无锡、泰州、盐城、南京、无锡、连云港
	国际经济与贸易	函授、业余	经管	3	校本部、苏州、南通、南京、无锡
	电子商务	函授、业余	经管	3	校本部、南京、南通、无锡
	信息管理与信息系统	函授、业余	经管	3	南京、苏州、泰州
	物流管理	函授、业余	经管	3	常熟、南京、苏州、南通、宿迁、盐城、无锡
	市场营销	函授、业余	经管	3	校本部、南通、无锡
	行政管理	函授	经管	3	南通、高邮
	土地资源管理	函授	经管	3	校本部、盐城、高邮
	人力资源管理	函授	经管	3	溧阳、徐州、盐城、高邮、无锡
	园林	函授	农学	3	校本部、淮安、常熟、常州、苏州、南通、徐州、宿迁、盐城、泰州、连云港
	动物医学	函授	农学	3	校本部、淮安、宿迁、盐城、镇江、泰州、南通、广西
	水产养殖学	函授	农学	3	泰州、无锡

（续）

学历层次	专业名称	类别	科别	学制（年）	上课地点
专升本	园艺	函授	农学	3	校本部、淮安、溧阳、苏州、南通、盐城、镇江、泰州、连云港
	农学	函授	农学	3	校本部、南通、徐州、宿迁、盐城、镇江、盐城
	植物保护	函授	农学	3	校本部、南通
	环境工程	函授	理工	3	南通
	计算机科学与技术	函授	理工	3	南通、无锡
	食品科学与工程	函授	理工	3	苏州、南通、镇江
	机械工程及自动化	函授	理工	3	溧阳、苏州、南通、无锡、泰州
	网络工程	函授	理工	3	南通
	车辆工程	函授	理工	3	高邮
	农业水利工程	函授	理工	3	徐州
	土木工程	函授	理工	3	南京、无锡、溧阳、苏州、南通、盐城、泰州、高邮、常熟
	社会学	函授	法学	3	常州、无锡、苏州、徐州、高邮、无锡
	农业机械化及其自动化	函授	理工	3	常州、盐城

附录2　2015年成人高等教育专科专业设置

专业名称	类别	学制（年）	科类	上课地点
会计	函授	3	文、理	校本部、淮安、常熟、南京、溧阳、苏州、徐州、宿迁、泗水、盐城、扬州
国际经济与贸易	函授	3	文、理	校本部、无锡
计算机信息管理	函授	3	文、理	无锡
经济管理	函授	3	文、理	校本部、常熟、溧阳、苏州、盐城
农业技术与管理	函授	3	文、理	校本部、宿迁、盐城
畜牧兽医	函授	3	文、理	校本部、淮安、宿迁、盐城、广西
物流管理	函授	3	文、理	常熟、南京、苏州、扬州、无锡、盐城

（续）

专业名称	类别	学制（年）	科类	上课地点
园艺技术	函授	3	文、理	校本部、淮安、溧阳、盐城
园林技术	函授	3	文、理	校本部、淮安、常熟、连云港、常州、宿迁、盐城
园林技术	业余	3	文、理	校本部、句容
电子商务	函授	3	文、理	校本部、盐城、扬州
建筑工程管理	函授	3	文、理	常熟、南京、无锡、溧阳、盐城、扬州、高邮
工程造价	函授	3	文、理	扬州
市场营销	函授	3	文、理	校本部、无锡
图形图像制作	函授	3	文、理	扬州
人力资源管理	函授	3	文、理	校本部、高邮、无锡
国土资源管理	函授	3	文、理	高邮
农业水利技术	函授	3	理	徐州
机电一体化技术	函授	3	理	盐城
化学工程	函授	3	理	盐城
机械设计与制造	函授	3	理	扬州
电气设备应用与维护	业余	3	理	句容
土木工程检测技术	函授	3	理	盐城、高邮
汽车运用与维修	函授	3	理	常熟、盐城、高邮
汽车检测与维修技术	函授	3	理	扬州
数控技术	函授	3	理	盐城
动漫设计与制作	函授	3	理	扬州
计算机应用技术	函授	3	理	淮安、盐城
计算机网络技术	函授	3	理	扬州
航海技术	函授	3	理	南京
轮机工程技术	函授	3	理	南京
农业机械应用技术	函授	3	理	盐城
酒店管理	函授	3	文	扬州
电子商务	业余	3	文、理	校本部、南京
会计	业余	3	文、理	校本部、南京、无锡
国际经济与贸易	业余	3	文、理	校本部、无锡、南京
计算机信息管理	业余	3	文、理	南京
旅游管理	业余	3	旅游	南京
交通运营管理	业余	3	理	南京
烹饪工艺与营养	业余	3	旅游	南京

（续）

专业名称	类别	学制（年）	科类	上课地点
机电一体化技术	业余	3	理	南京
机械设计与制造	业余	3	理	句容
汽车运用与维修	业余	3	理	句容
电气设备应用与维护	业余	3	理	句容
铁道交通运营管理	业余	3	理	南京
水产养殖技术	函授	3	理	盐城
家政服务	函授	3	理	扬州
农村行政与经济管理	函授	3	理	校本部、连云港、盐城
社区管理与服务	函授	3	理	常州、溧阳、苏州、无锡、宿迁、高邮
农业经济管理	函授	3	理	校本部、徐州、盐城

附录3　2015年各类学生数一览表

学习形式	入学人数（人）	在校生人数（人）	毕业生人数（人）
成人教育	6 392	18 378	3 713
自考二学历	193	608	160
专科接本科	274	647	350
总数	6 859	19 633	4 223

附录4　2015年培训情况一览表

序号	项目名称	委托单位	培训对象	培训人数（人）
1	太仓现代农业培训班	太仓市农业委员会	农技人员	40
2	农牧渔业大县农机局长班	农业部	农机局长	116
3	克州经济管理专题研修班	克州党委组织部	机关干部	20
4	溧水新型职业农民培训班	溧水区农业广播电视学校	职业农民	81
5	芜湖市农技人员培训班（共2期）	芜湖市农业委员会	农技人员	268
6	南京市处级干部食品安全班	南京市委组织部	处级干部	118
7	南京市处级干部房地产班	南京市委组织部	处级干部	108
8	江苏省农机购置补贴基层工作人员培训班	江苏省农机局	农机工作人员	1 422
9	山东省利津县畜牧专题培训班	利津县畜牧局	畜牧系统干部	66
10	克州“三农”培训班	克州党委组织部	农技骨干	39
11	克州综合治理培训班	克州党委组织部	政法系统干部	23

（续）

序号	项目名称	委托单位	培训对象	培训人数（人）
12	郑州畜牧系统业务素质提升培训班	郑州市畜牧局	畜牧系统干部	101
13	四川资阳精准扶贫专题培训班	资阳市扶贫局	扶贫干部	30
14	广西柳州市粮食生产现代化专题培训班	柳州市农业局	农业系统干部	33
15	广西柳州水产畜牧系统领导干部培训班	柳州市水产畜牧局	科级以上干部	50
16	涉农大学生创新创业培训班	江苏省农业委员会	大学生	2 130
17	井冈山应用科技学校教师综合素质提升班	深圳国泰安科技有限公司	教师	8
18	浙江北仑农业科技创新培训班	北仑农业局	农业系统干部	42
19	四川简阳市现代农业与新农村发展专题研修班	简阳市农工办	农业系统干部	30
20	三亚市农业龙头企业负责人培训班	三亚市工科信局	农业龙头企业负责人	25
21	句容市现代高效农业发展培训班	句容市委组织部、农业委员会	乡镇分管领导	45
22	苏州农产品质量安全监管培训班	苏州市农业委员会	系统人员	62
23	新疆维吾尔自治区基层农技推广人员重点培训班	新疆农业厅	农技人员	73
24	太仓农机人员高级研修班	太仓市农业委员会	农机人员	25
25	太仓市畜牧兽医技术高级进修班	太仓市农业委员会	畜牧系统干部	43
26	克州青年科技英才	克州党委组织部	机关干部	20
27	生产经营型职业农民种植业班（六合、浦口）	江苏省农业委员会	职业农民	200
28	生产经营型职业农民种植业班（溧水、高淳）	江苏省农业委员会	职业农民	100
29	安徽宣城宣州区基层农技人员能力提升班	宣城市宣州区农业委员会	农技人员	100
30	浙江宁波市双学双比女能手高级培训班	宁波妇联	机关干部	33
31	江苏省种子站检验员培训班	江苏省种子站	检验员	200
32	青岛市农机人员培训班	青岛市农机局	农机人员	24
33	克州人才发展班	克州党委组织部	机关干部	20
34	甘肃省人大农业监督与农产品质量安全培训班	甘肃省人大农业与农村委员会	机关干部	130
35	克州宣传文化班	克州党委组织部	机关干部	25
36	常熟新型职业农民粮食生产培训班	常熟市农业委员会	职业农民	100
37	四川安岳县推进农业现代化示范区建设研修班	安岳县农业委员会	机关干部	39
38	生产经营型职业农民种植业班（六合、浦口）	江苏省农业委员会	职业农民	100
39	江苏省青年农场主培训班第1期	江苏省农业委员会	职业农民	100
40	南京市处级干部食品安全班	南京市委组织部	处级干部	130
41	生产经营型职业农民种植业班（溧水、高淳）	江苏省农业委员会	职业农民	100
42	克州青年科技英才进修班	克州党委组织部	机关干部	20
43	克州高层次人才进修班	克州党委组织部	机关干部	30
44	涉农大学生创新创业精英班	江苏省农业委员会	大学生	29
45	克州经营管理专题研修班	克州党委组织部	机关干部	21
46	资阳市现代农业发展专题培训班	资阳市农工委	机关干部	30

（续）

序号	项目名称	委托单位	培训对象	培训人数（人）
47	资阳市政协委员研修班	资阳市政协	机关干部	26
48	克州从严治党专题研修班	克州党委组织部	机关干部	35
49	江苏省农技推广县级畜牧1班	江苏省农业委员会	农技人员	129
50	南京市农业职业经理人培训	南京市农业委员会	职业农民	200
51	宣州区2015年新型职业农民培育培训班	宣州区农业委员会	职业农民	100
52	东营市河口区畜牧人员培训班	东营市河口区畜牧局	畜牧干部	40
53	江苏省农技推广县级畜牧2班	江苏省农业委员会	农技人员	146
54	贵州麻江县80后年轻干部专题培训	麻江县委组织部	机关干部	50
55	生产经营型职业农民水产养殖班（溧水、高淳）	江苏省农业委员会	职业农民	50
56	南京市农业职业经理人培训	南京市农业委员会	职业农民	100
57	芜湖农业干部培训班第1期	芜湖市农业委员会	农业干部	80
58	长丰县基层农技人员培训班1期	长丰县农业委员会	农技人员	86
59	芜湖新型职业农民培训班	芜湖市农业委员会	职业农民	40
60	安徽池州现代农业研修班	池州市农业委员会	农业干部	47
61	芜湖农业干部培训班第2期	芜湖市农业委员会	农业干部	80
62	常熟新型职业农民蔬菜园艺培训班	常熟市农业委员会	职业农民	60
63	长丰县基层农技人员培训班2期	长丰县农业委员会	农技人员	95
64	江苏省农技推广省级种植业班	江苏省农业委员会	农技人员	225
65	生产经营型职业农民水产养殖班（溧水、高淳）	江苏省农业委员会	职业农民	50
66	黄山市休宁县农业技术干部能力提升高级研修班	休宁县农业委员会	农业干部	50
67	生产经营型职业农民蔬菜园艺班（溧水、浦口）	江苏省农业委员会	职业农民	50
68	江苏省农资营销员培训班	江苏省农业委员会	农资营销员	100
69	江苏省青年农场主培训班第2期	江苏省农业委员会	职业农民	100
70	安徽和县农技人员培训班	和县农业委员会	农技人员	110
71	新疆农业委员会农技人员培训班	新疆维吾尔自治区农业委员会	农技人员	50
72	公共营养师	江苏省人社厅	大学生	117

附录5　2015年成人高等教育毕业生名单

南京农业大学继续教育学院2010级电子商务、国际经济与贸易（高升本）
（南京长江电脑专修学院）

马苏悦　刘　宏　刘　丹　高　雅　范海云　孟彦廷　焦　杨　杜　蕾　张　璐
朱　丽　徐敏康　沈　洋　柳亚伟　王寒静　杨　通　沈海红　窦　欣　陈　越
王　莹　孙　晗　丁梦云　王　洲　张月娥　杜晨雯　费立雪　王大伟　王乃如
曹伟明　吉　雷　姚爱娟　宋学祥　常峻巍　沈　祎　魏雨晨　白凤楠　陈　晨
范　雪　王　琳　张　楚　辛艳艳　吕冰冰　张唤唤　王国青　张学未　袁　柳

南京农业大学继续教育学院 2010 级会计学（高升本）

（南京长江电脑专修学院）

刘乔　张露文　叶海洋　杨爱平　王金凤　徐婷　吴荟萃　邹余娟　顾兰兰
辛华静　佘晓丹　唐贝贝　沈菁　蔡夏青　王静　钱佳晔　曹蓉蓉　尹智斌
徐梦琦　蒋月月　杨娟　朱亚辉　王尧　张艳　王荣　时俊丽　丁秀娟
丁晓玲　许琳萍　卢欢　王少飞　程莉琴　陈红　栾圣飞　马铭访　陆玮
薛海荣　李响　马靖　顾雪洁　魏文树　倪玲　郭峰成　夏世芳　孙荣骏

南京农业大学继续教育学院 2010 级旅游管理（高升本）、2012 级电子商务（专科）

（南京长江电脑专修学院）

邢铭忠　胡圣　陈鑫玥　安祥　刘言　吉友慧　左红艳　陈娇　戴晶晶
王玲　刘俊材　周春亮　孙振　吴昊　张浩明　鲁轩畅　钱泓宇　邹丹枫
刘娇娇　魏超　靳月

南京农业大学继续教育学院 2012 级会计、2012 级计算机信息管理（专科）

（南京长江电脑专修学院）

陈文　岳晴宇　白琼琼　岳青云　易丽莉　陈露露　王柳虹　朱环环　秦冉
薛金玉　周宏丽　张莉　徐娜　梁环　胡蒙蒙　杨晟　殷雨晴　秦臻
周玲　沈星　李瑶瑶　范璐　杨晓琪　张珍　祁现芝　王文娟　程希
吕强　柏桧娟　赵丹丹　肖琴　黄文倩　陈雪　李婷　王晨光　岑沙沙
吴奇晴　刘宝霜　窦成光　张磊　张洪法

南京农业大学继续教育学院 2012 级旅游管理、2012 级物流管理（专科）

（南京长江电脑专修学院）

刘湘萍　郑佳琪　张又菱　郭婉清　孙萍　李慧　胡翔翔　涂璐　谢佳容
张铮　乔亚林　许波　姜涛　王丹　张亮亮　王琨　陈林林　朱文霞
庄晶晶　田玲　周航远　胡赛　范锡雯　程天明　陶银霜　赵娜　王敏
陈芙蓉　郭厚青　郭燕　张芸　刘永晨　刘文文　蒋鸣　朱迪　李浩
吴佳炜　姚琪　王恬恬　张志连　祝万燕　裴刚刚

南京农业大学继续教育学院 2012 级国际经济与贸易、2012 级会计学、2012 级信息管理与信息系统（专升本）

（南京长江电脑专修学院）

孙良　邱井丽　崔静静　戚玮　陈岑　吴志君　陈妤　洪萍萍　冯莉莉
熊丽娟

南京农业大学继续教育学院 2012 级畜牧兽医（专科）

（广西水产畜牧学校）

郭炳坚　周金永　黄冬梅　李振兴　方瑶　陶柏龄　滕明作　欧盛勇　苏柏胜
李荣响　梁琼兰　陈洪波　黄能杨　王祥飞　黄朝臣　李春宗　梁宁　唐秀宁
何鑫　李忠克　梁家海　马端志　李小玲　廖承勇　黄柏　陶建卿　甘子平
朱子艺　黄宁　黄文考　韦铖　梁海著　颜凤鹰　黄华艳　黄闪明　罗宇山
庞厚平　李海锋　莫婷婷

南京农业大学继续教育学院 2012 级动物医学（专升本）
（广西水产畜牧学校）

李建勋　覃金海　冯廷稳　黄有丰　莫　斌　凌文浩　黄禹程　陆帅彬　周国冠
黄佐宣　唐桂芳　陈　雪　李沛艳　宋高飞　杨彭斯　王天武　杨中芳

南京农业大学继续教育学院 2012 级会计（专科）、会计学（专升本）
（高邮市财会学校）

周方园　俞小花　胡永芳　蔡　丽　郑宝兰　辛增秋　周达群　李　智　朱　蕾
龙武炀　沈丹丹　施晓君　夏　雨　张　萍　顾芳蕾　胡萍燕　俞　鑫　陶志芳
丁荣梅　黄继红　王　芳　季　娟　仇　玲　花天存　张　瑛　吴　翠　夏永航
从　俊　吴桂凤　戴　艳　王晶薪　吕　慧　柏　俊　赵　慧　陈小翠　钱晓媛

南京农业大学继续教育学院 2012 级会计（专科）
（江都市第一职业高级中学）

窦培鑫　王璐萍　樊婷婷　闫雪君　廖　凤

南京农业大学继续教育学院 2012 级会计、经济管理（专科）
（常熟市总工会职工学校）

黄志峰　费建明　徐菊英　程咚咚　龚悦芳　马亚玉　叶鸣洲　汪佳益　吴　丹
金　琪　陈双妹　葛春梅　曹楠楠　余丽亚　陈　静　邹　华　顾　艳　冯瑞瑞
司德凤　陆敏亚　霍丽玲　谢　静　翁晓丹　朱秋红　王菊芬　尤　婵　谢伊曼
朱　敏　鱼　磊　丁宇超　薛玉峰　张　琦　丁雯怡　袁成瑜　姜　燕　金翠凤
俞刘蓉　庄亚芳　潘君超　王　维　成　吴　杨　阳　周　清　陈志丰　张洪娟
周　彦　陶建飞　瞿梦茜　顾仁亚　周　洁　山　峰　徐　斌　沈　怡　王春林
时美新　姚　伟　王丽花　汤洁宇　孙建琴　周　斌　张　超　倪丽芳

南京农业大学继续教育学院 2012 级工商管理（专升本）
（常熟市总工会职工学校）

陈思远　俞思遥　陶　敏　花丛华　季　舫　曹冬梅　朱　曦　钱　静　杨　扬
庞　健　王欢庆　顾伟清　陆志良　陈　胜　周靖怡　陈　璐　陆　叶　罗顺飞
吴　纬　薛梦柯　朱建红　时春华　孙　仪　钱宇晨　居茹斌　张　奇　奚晓虹
施　敏　俞敏甜　吕　旦　陈佳伟　王洞玮　王　子　孙明诚　王　芳　秦丽明

南京农业大学继续教育学院 2012 级会计学（专升本）
（常熟市总工会职工学校）

徐天鹏　翁志娟　曹　燕　尤耀红　夏一泓　徐倩雯　陈　婷　江　玮　金小妹
朱梦茜　曹　英　陆春燕　徐娴佳　孙恺悦　张蓓瑶　陈　宇　金　怡　郑艳婷
姜　燕　谢雪芳　杨　慧　朱逸雯　王　英　俞梦倩　谢艳菲　沈　迪　朱　颖
周　红　陆义斌　徐艺榕　顾晓英　黄怡丹　朱　倩　陶丽雯　杨梦琪　周丹枫
姚洁萍　丁晓婷　陈　玲　顾　婷　钱红艳　范婷婷　周星能

南京农业大学继续教育学院 2010 级国际经济与贸易、2010 级会计学（高升本）
（南京农业大学工学院）

王多文　周　芹　嵇　普　许　宁　冯百琴　孙前龙　倪安刚　郝荣春　张　翠
沈　健　陈文菲　陶　玥　彭精灵　王　芳　张平平　邱梦娇　顾书鹏　王冯庆
姜淑涓　缪　俊　耿海慧　庞伟伟　杨　柳　马凯伦　孙　慧　黄　苏　钱丹益

缪　诚　吴玉琪　武德静　徐梦云　顾从卫　封雅芝　吉庆霞　肖宇卿　秦　玲
夏晓健　王月芹　黄　静　郑　彤　陈　珊　史玉萍　祖兆云　王利萍　华志强
代　娟　仓基萍

南京农业大学继续教育学院 2010 级旅游管理（高升本）、2010 级信息管理与信息系统（高升本）、2012 级国际经济与贸易（专科）

（南京农业大学工学院）

葛　婷　孙玉环　钱　悦　徐心怡　张万俊　卢克东　潘　尧　沈　慧　丁　伟
徐　翔　周　珊　冯珍珍　高水平　朱萌萌　张正棠　王　婷　吴静婷　殷俊麒
卞　云　孙云叶　徐高峰　刁含伟　陈　林　余　杨　顾　娜　顾　芸　李佳能
樊文祥　陈　灏　李　欣　陶佳伟　陆述云　邱鸣远　姚臻臻　吕星阳

南京农业大学继续教育学院 2012 级会计、2012 级机电一体化技术、2012 级计算机信息管理、2012 级汽车运用与维修（专科）

（南京农业大学工学院）

潘　洁　许姣姣　周立坤　冯志丹　王　蓓　杨会会　杨　洋　庄　姣　顾　静
蒋晓霞　雷振华　王　浩　李　文　高先宝　张　羽　杨晓金　付志伟　朱志晖
何顺杰　王金鑫　徐蒙蒙　吴耀辉　张　雷　曹磊磊　李　洋　李　侠　王　建
王　亮　张　羽　徐　涛　郭　婷　刘黄鹤　张洋洋　徐　军　王缘竹　王　晶
吴　炜　何彩云　嵇月新　王　晓　陆　超　龚杰伟　徐都都　朱敏炯　姚　晓
戴　健　沈丹天　盛　成　张成扬　樊冯伟　夏佳青　王　刚　芦志豪　夏洞韬
王金虎

南京农业大学继续教育学院 2012 级会计（专科）、机电一体化技术（专科）、计算机信息管理（专科）、畜牧兽医（专科）、园林技术（专科）、动物医学（专升本）、会计学（专升本）、园艺（专升本）

（淮安生物工程高等职业学校）

潘思思　朱　颖　杨　芷　李　卉　袁春辉　颜　超　夏正权　刘晓洁　高月月
曹海波　戴春雷　支云婷　沈志敏　宋　冰　马　健　马　杰　张　雷　张淑娟
郑　涛　汪润伟　周迎接　李　戎　曾　敏　张　松　马竞征　杨　平　王汉祥
马　越　胡梦蝶　谢　天　吕治顺　吴盼盼　刘　龙　闻　滢　徐技松　田　野
金　龙　陈巳阳　夏立琼

南京农业大学继续教育学院 2010 级会计学（高升本）、2010 级信息管理与信息系统（高升本）、2012 级工程造价（专科）、2012 级会计（专科）

（高邮市建筑工程职业学校）

周学兵　丁长勇　时光华　何燕玉　顾　霞　翟春花　张　松　吴业军　郑安林
张学义　王永茂　严　聂　李小稳　仲晓寅　刘　敏　蔡　荣　陈　越　崔群峰
顾加波　闫翠梅　徐　静　陈　香　刘小青　钱来星　吴红兰　周　慧　唐来凤
沈海艳　徐　洁　卞　琴　赵　欣　王　华　张　艳　陈志香　王晓燕　季蓉蓉

南京农业大学继续教育学院 2012 级机电一体化技术（专科）、2012 级计算机网络技术（专科）、2012 级计算机信息管理（专科）、2012 级建筑工程管理（专科）、2012 级经济管理（专科）、2012 级物流管理（专科）、2012 级房地产经营管理（专科）

（高邮市建筑工程职业学校）

查绪峒　陈　荣　张明强　张春年　丁小明　卢　磊　钱　磊　臧金艳　张　睿
戴峻峰　仲　月　蒋　俊　陈　丽　苏伟伟　王　卉　赵　江　崔均军　戴　汶
陈　峰　季媛媛　陈亚婕　潘　莉　赵益梅　韩　丹　王　磊　夏　芳　施德林
张梅珍　何学勇　夏　梅　高怀成　赵　霞　陈　斌　孙群燕　吴　玲　顾　通
周　明　谢传宝　陆　露　金恒俊　赵　波　冯吉霞　徐曹红　秦晓庆　吴　晴
秦　天　马　杰　冯春艳　杨　群　郭　婷　郭　鑫　糜长琳

南京农业大学继续教育学院 2012 级工商管理（专升本）、2012 级国际经济与贸易（高升本）、2012 级会计学（专升本）、2012 级建筑工程管理（专科）、2012 级经济管理（专科）、2012 级房地产经营管理（专科）

（高邮市建筑工程职业学校）

宋　佳　谢小韫　陶美琴　张　宇　俞　双　许　飞　刘　冬　高旭辰　陈　晨
张　蓓　陈　淋　丁加玉　周秀琴　李弘宇　高　静　吴义群　王　波　解满怀
张　龙　徐雪冰　钱　静　高天霞　徐红婕　王　丽　张小燕　李　玲　林　琳
王　颖　高　抒　陆加芳　王雪莹　黄署蓉　居　叶　刘雪娇　徐雪清　毛玉洁
胡　祥　刘晶晶　陈凤娟　严冬芸　童　瑶　丁　瑶　周　婷　马叶悦　徐　莉
方巧华　白秀丽　韩芙蓉　张　娟　秦丹丹　张丹丹　高佳音　王学飞　金　爽
韩　洁　陈正堂　管玉婷　李　吉　陈　锦　张　静　吴　霞　姬　静　姜罗娟
徐媛媛　姚凤良　茆光华　金　倩　秦　峰　陈福琴　丁园园

南京农业大学继续教育学院 2012 级机械工程及自动化（专升本）、2012 级金融学（专升本）、2012 级土木工程（专升本）、2012 级农业水利工程（专升本）

（高邮市建筑工程职业学校）

赵　凯　张维进　张　林　郭长龙　宦志朋　秦　宇　顾　慧　李　群　杨木易
戴　璐　郑汪亮　陈　杰　陈　旻　李明余　刘　悦　张敬新　李小慧　赵映霞
徐昕昕　高为香　张　艳　全承健　范义海　杨慧敏　蒋　华　丁学军　全承燕
谈洪玲　莫　燕　徐　路　严玉铭　赵　琴　阚正兰　叶正亚　孙高霞　刘　琴
秦龙海　周莹莹　王思思　李杰芳　施维霞　吴　昕　李　婷　徐旭东　李永萍
徐　静　吴秀梅　肖　勇　吴　磊　潘为祥　房　震　朱在洋　宋育东　吴尔海
孙　捷　赵国彬　赵文龙　孙明星　殷爱梅

南京农业大学继续教育学院 2012 级土地资源管理（专升本）、2012 级网络工程（专升本）、2012 级物流管理（专升本）、2012 级信息管理与信息系统（专升本）、2012 级园林（专升本）、2012 级自动化（专升本）

（高邮市建筑工程职业学校）

李　珊　孙　硕　王英慧　朱　江　高　昊　徐广杰　仲　娟　戴　玲　孙　磊
范智华　张娟娟　梁　明　冀　艳　吴克敬　朱　波　刘宇军　王晓平　姜　波
李永进　朱维国　倪　波　毛春镔　雍猛娣　曹媛媛　王　祥　罗伟家　顾佳萍
孙　霞　吴春林　蒋凯波　张静静　杨　健　陆元晴　尤传华　丁　佳　熊　薇
熊　剑　王旭兵　张安华　盛　凡　徐　佳　杨召英　朱　珠　卓　飞　陈　军
曹　凯

南京农业大学继续教育学院 2012 动物医学（专升本）、2012 级食品科学与工程（专升本）、2012 级信息管理与信息系统（专升本）、2012 级园林（专升本）、2012 级园艺（专升本）

（江苏农林职业技术学院）

郭　伟　刘　莉　薛　平　储　浩　孙乃峰　赵　燕　刘　笑　浦整伟　徐姗姗
姜　雪　李　倩　马　浩　张顺智　陈　栋　薛　明　张　燕　葛　菲　张汉锋
凌梦宇　裘永亚　应　巍　葛亚伟　方奔奔　王　锐

南京农业大学继续教育学院 2012 级国际经济与贸易（专科）、2012 级会计（专科）、2012 级计算机信息管理（专科）、2012 级电子商务（专科）

（南京财经大学）

李光强　赵　晓　周　余　王　云　陈　鹏　陈华美　徐　君　张建华　李　宁
王志清　朱　娜　孙海荣　陈卫娟　顾　青　孙正巧　陈冰倩　高海云　陶　锐
吕福军　冯　蓉　吴雅萍　贺帅锋　崔　健　朱慧敏　徐青青　单琳琳　许梦超
滕桂平　杨　柳　陈　凤　吕彩玲　吕彩瑜

南京农业大学继续教育学院 2012 级农业技术与管理（专科）、2012 级畜牧兽医（专科）、2012 级园艺技术（专科）、2012 级动物医学（专升本）、2012 级工商管理（专升本）、2012 级国际经济与贸易（专升本）、2012 级会计学（专升本）、2012 级机械工程及自动化（专升本）、2012 级农学（专升本）

（江苏农牧科技职业学院）

陈国洋　翟建海　杨　明　李金奎　申小军　唐元月　孙爱琴　曹亚萍　武子谦
刘满意　孙　文　严文俊　蒋思敏　叶晶晶　薛军华　张伟峰　夏银呈　殷浚浚
翟海辉　季凤娟　马子涵　张　莲　任吉祥　宋桂芬　刘东兵　沈玉柱　张军霞
何伟华　刘永明　吴玉婷　李　惠　孙　兴　辛明胜　高慧娟　柯晓旭　李晓锋
钱　立　陈　伟　陈玉峰　王珉瑶　蔡明敏　唐婷婷　徐建婷　高　雅　侯晨晨
李寅俊　孙益东　徐　杰　徐翠芳　尹恒军　姜月霞　董　梅　黄建华

南京农业大学继续教育学院 2012 级食品科学与工程（专升本）、2012 级水产养殖学（专升本）、2012 级信息管理与信息系统（专升本）、2012 级园艺（专升本）

（江苏农牧科技职业学院）

李　静　强　旭　张　艳　刘　曦　钱永玲　施　虹　蒋　丽　张建武　王新亚
程晓军　韩常敏　杨剑璐　张　青　薛龙妹　吴芳芳　郭　森　孟　曼　张　耀
陈玉涛　苏　嫚　田　洁　蔡　骏　徐　飞　吉　祥　张新玉　罗书星　刘路路
于正彦　戴飞虎　吉彩红　成利光　李　新　朱加刚　于　娅　陈　萍

南京农业大学继续教育学院 2010 级国际经济与贸易（高升本）、2010 级会计学（高升本）、2010 级计算机科学与技术（高升本）、2010 级信息管理与信息系统（高升本）、2012 级国际经济与贸易（专科）、2012 级会计（专科）、2012 级计算机信息管理（专科）、2012 级国际经济与贸易（专升本）、2012 级会计学（专升本）、2012 级信息管理与信息系统（专升本）

（金陵职业教育中心）

黄　浩　龚靖喻　秦　磊　吴雅纯　胡明杰　王　睿　金　鑫　袁　慧　吴锦鹏

傅安琪 陈思聪 韩 勇 张 明 余甜甜 陶永园 孙 婕 赵 丽 陈颖倩
陶 佳 潘婷婷 谷业飞 侯 夏 王 晶 郑彩云 陶 洁 周晓敏 陈 诚
李文婷 严力伟 孙 丽 谈雅倩 叶 寒 范 萌 刘 蕾 干华芳 吴园园
黄海燕 王 月 张 露 林 超 史万超 韦家惠 吴雅倩 陈 聪 沙宛龙
王祖尧 张赟莲 倪 杰 王媛媛 涂家玲 王成瑜 李颜心 李晚亭 崔超凡
江润东 李文文 张 健 苗后波 杨 靖 夏 玥 余 敏 朱启笑 麻雯沁
张 瑜 张睿鸣 杨 帆

南京农业大学继续教育学院2012级工程造价（专科）、2012级会计（专科）、2012级机电一体化（专科）、2012级建筑工程管理（专科）、2012级经济管理（专科）、2012级旅游管理（专科）、2012级工商管理（专升本）、2012级会计学（专升本）、2012级金融学（专升本）

（溧阳市人才交流服务中心）

徐煜飞 孙雯杰 费 杨 陈 峰 张文静 沈亚维 陈 兰 黄天义 沈 珺
扈 叶 赵 聪 汤 倩 刘文慧 史秀娣 陈丽华 刘琴芳 张 博 王 力
徐建军 胡一鸣 吴建忠 邱 圆 常 浩 任科卫 王立楚 陈 敏 黄 慧
李 敏 解 静 王照银 朱国栋 赵 辉 王会东 白汶艳 王建勇 汪彦羽
李照秀 吴奔月 史 萍 高 麒 蒋 艳 雷 春 狄 欣 王 菲 孙璐赟
宋 涛 徐 晶 戴 莉 姚 霞 李 瑶 张翠宁 沙 科 欧银银 潘 菁
张冰燕 黄怡然 田 犇 董 媛 韩 云 王 娟 谢文雅 周 言 万 翔
徐 珏 高 燕 乐思罕 刘 琳 史晨晓 桂相菊

南京农业大学继续教育学院2012级园艺（专升本）

（连云港职业技术学院）

窦岑岑 戴雪娇 徐梦华 胡安琪 徐 恒 嵇 凯 卞海阳 杜凯美 孙丽丽
戴 琴 蒋红霞 伏建坤 李玉娇 于 惠 唐巍巍 何 娟 董 瑶 盛丹樱
张 佐 陈蓉蓉 朱琼娇

南京农业大学继续教育学院2010级会计学（高升本）、2012级会计（专科）、2012级机电一体化技术（专科）、2012级经济管理（专科）、2012级农业技术与管理（专科）、2012级物流管理（专科）、2012级工商管理（专升本）、2012级会计学（专升本）、2012级环境工程（专升本）

（苏州市农村干部学院）

秦芳芳 查道广 郭亚静 徐剑云 祝小林 何宗良 徐晓英 王川苓 吴 娟
梁玉兵 胡爱林 徐 进 殷敏萍 洪 波 唐红妹 张玲玲 邵永华 陆志明
缪长双 宋 平 徐 超 张 琴 范 骏 谢振伟 许春华 平殿静 顾圣洁
安 笑 袁许梅 盛 颖 陈 健 叶 青 任利君 刘 星 朱剑峰 俞国华
张美玲 张 莹 柳 敏 徐静雯 司继伟 许琴英 王海艳 蒯晓芬 蒋世佩
施小英 冒志云 邵 华 王林燕 周伟华 曹璐璐

南京农业大学继续教育学院2012级金融学（专升本）、2012级农学（专升本）、2012级物流管理（专升本）、2012级信息管理与信息系统（专升本）、2012级园艺（专升本）

（苏州市农村干部学院）

何卫良　凌士平　徐华林　周丽琴　张新华　吴向阳　徐玉平　赵　英　马晓萍
朱旭雯　王珊珊　包荣荣　梁　香　徐　言　范文诚　陈　敏　沈　洁　孙金艳
杜思尧　蒋　赟

南京农业大学继续教育学院 2010 级国际经济与贸易（高升本）、2010 级动物医学（高升本）、2010 级会计学（高升本）、2010 级土地资源管理（高升本）、2012 级电子商务（专科）、2012 级国际经济与贸易（专科）、2012 级酒店管理（专科）、2012 级会计（专科）

（南京农业大学校本部）

徐　荣　顾宝平　宋　艳　高　鹏　孙骏川　陈　晨　汤世萍　周生浩　李丽丽
孙政魁　宁　静　周行兰　戴小燕　窦　倩　冯　乐　马云飞　王周阳　柳晓雪
谢　飞　周　君　吴未强　胡国强　汤　平　钱学智　汤荣芳　张秋虹　徐同专
郑　静　杜元静　董　芳　樊中琴　张秋红　张　婷　郑小兰　康　云　张　杉
俞争云　夏舒琴　赵友全　陈　平　赵红梅

南京农业大学继续教育学院 2012 级农业技术与管理（专科）、2012 级园林技术（专科）、2012 级园艺技术（专科）、2012 级动物医学（专升本）、2012 级工商管理（专升本）、2012 级国际经济与贸易（专升本）、2012 级环境工程（专升本）

（南京农业大学校本部）

高天强　金　幸　王君雅　窦丽萍　张　兵　夏文静　吉小平　朱言华　朱红亮
颜　斌　许婷婷　屠　鑫　刘文杰　路利军　戴晓迪　曾美玲　栾　军　董　萌
徐晓红　王宏宇　张小卫　陶　影　郦美伊　宋文超　周　萍　武宁宁　王恒强
陆国炎　安永平　殷　涛　李冬春　李震伟　陈丕仁　刘晓娟　秦广亚　梁　婧
周建国　林路婷　路慧东　戴日新　杨天宏　倪云成

南京农业大学继续教育学院 2012 级会计学（专升本）、2012 级农学（专升本）、2012 级市场营销（专升本）、2012 级信息管理与信息系统（专升本）、2012 级园林（专升本）、2012 级园艺（专升本）

（南京农业大学校本部）

陈月清　张　梅　周　健　张　微　曹　飞　薛晓原　王倩倩　周骥伟　赵　阳
刘　瑞　夏全福　经尔成　李金玉　孙雪花　吴　燕　刘庆叶　叶玉霞　王难俊
姜小波　许　巍　司传权　高　明　杨　帆　李　伟　尹志勇　田海峰　王志勇
陈　军　闫腾龙　胡　敏　孟令铜　朱　骏　黄海龙　陆凯峰　张　琪　施小光
程丹丹　刘远方　张　云　丁人侃　胡松博　赵朱玲　甘小虎　段修芳　夏　瑾
何从亮

南京农业大学继续教育学院 2012 级动物医学（专升本）、2012 级工商管理（专升本）、2012 级国际经济与贸易（专升本）、2012 级会计学（专升本）、2012 级农学（专升本）、2012 级物流管理（专升本）、2012 级园林（专升本）、2012 级园艺（专升本）

（南通农业职业技术学院）

陈　淼　吴文君　吴小琴　俞卫平　安亚兰　陈园园　林青霞　丁晓霞　石　浩
卢小娟　程宝琴　徐秀娟　赵中华　张　勇　熊素华　吴树娟　陈银梅　高　华
陈树乐　徐浩鹏　周爱军　黄柳松　周云青　陆海燕　李红梅　邓继珠　曹松美

徐新春　罗　岗　王淑玲　陆丽萍　赵进银　徐梦泽　范　军　张爱武　陈定国
陈凯伟　王晓峰　李　婷　蔡悦敏　吴红霞　沈春威　吴亚泉　胡　静

南京农业大学继续教育学院 2012 级农业技术与管理（专科）、2012 级农业水利技术（专科）、2012 级畜牧兽医（专科）

（射阳县兴阳人才培训中心）

周　萍　吴　莲　孙　蔚　陈必喜　王卫民　韩雪峰　沈春桃　宋体中　任丹丹
季　鹏　任新进　王忠明　史巧敏　韩　荣　严建明　郭小东　张　涛　刘　毅
王海军　张树才　陈昌龙　杨恒亮　刘爱中　于秀生　夏荣兰　孙　刚　许春华
陈力兵　程旭权　李　威　卞　策　许　平　汤如海　左东升　张　莹　颜华娟
李　震　卞庆军　孟庆丰　奚新祥　孙雪峰　周新丽　夏旭梅　贾　标　季　磊

南京农业大学继续教育学院 2012 级动物医学（专升本）、2012 级农学（专升本）

（射阳县兴阳人才培训中心）

沈　静　刘　承　皋冬梅　刘迎松　杨冬梅　杨柳香　孙　靖　王玲玲　宗斌斌
殷　瑛　李　卫　李　娜　刘永政　朱　萍　谷富强　汪露平　张　飞　唐俊超
周吉明　张　祥　顾　全　周建锋　蔡伟弟　王月琴　朱　敏　杨海波　李文科
周雪松　顾海松　高善华　管　伟　吴素琴　胡锡国　周建平　费明扬　王金宝
陈益红　蒋红花

南京农业大学继续教育学院 2012 级农业水利工程（专升本）、2012 级水产养殖学（专升本）

（射阳县兴阳人才培训中心）

王　鑫　孙　寅　周　磊　倪新军　韩朝胜　吴恒林　李红兵　王丽萍　姚建海
陈海艳　李兆兰　王礼海　陈德钊　尹海兰　潘锦荣　王玉娣　徐华雄　李　莉
刘玉柱　周仁兵　陈文华　陈友奎　戴曙光　孙莹莹　朱枫平　孔　静　郎　丽
唐友霞　魏海萍　陈大伟　刘守林　金　磊　戴启中　朱　成　姜惠华　赵　成
江　健　邹　成　黄永春　孙　权　周海红　郑步高　许　盛　朱永浩　陈桂华
韦正峰　胡存友

南京农业大学继续教育学院 2012 级工商管理（专升本）、2012 级国际经济与贸易（专升本）、2012 级会计学（专升本）

（苏州农业职业技术学院）

陆传中　顾正超　周　雷　徐美华　朱永泉　陈　明　谢　胤　陆　军　宋志翔
谭　俊　刘　伟　李　琪　李家珠　蒋志君　张春国　沈　净　唐彩凤　沈　兰
陈碧振　沈荷仙　杜璐希　顾情燕　周雅婷　陈　敏　夏　焰　陈　燕　董潇潇
丁朋志　张　泉　雷　艳　陈丽英　庞晴晨　戴国琴　金惠惠　高倩云　沈晓兰
丁文娟　王　云　贺振丽　陈园园　郭寒冰　邵一赟　时海梅　徐　婷　沈　婷
谯　烨　潘建萍　周红敏　章余超　缪春玉　韩伟新　冯子恩　唐　芳　华　颖
张　英　王亚兰　钱洋昌　徐晶晶　徐云娇　薛　妍　司马春红

南京农业大学继续教育学院 2012 级机械工程及自动化（专升本）、2012 级食品科学与工程（专升本）、2012 级物流管理（专升本）、2012 级信息管理与信息系统（专升本）、2012 级园林（专升本）、2012 级园艺（专升本）

（苏州农业职业技术学院）

杨胜蛟　沈　伟　朱昌明　叶根芳　齐　炜　管锋柳　李　亮　骆启国　姚洪惠
崔　钢　陆彩平　石爱驹　陶　红　王　程　宋　辉　申　瑶　陆庆方　蒋晓东
李　瑶　姚庆华　吴亚飞　徐　斌　金中男　陈　维　李　倩　杨　利　李燕峰
华　慧　徐　铭　夏厚康　高阿芹　卫　曦　吕元辰　王澄宇　张　杰　陈新浩
肖　涨　袁玉兰　庞　胜　原　杰　吴　菁　陈安辉　杨　优　丁余刚　储海霞
岳振荣　杨　丽　张辰骁　陈　佳　金磊菊　陈　涛　费　艳　周　翔　蒋福新
马　媛　陈　娟　华　纯　刘诗诗　季　敏　何玉江　顾玉婷　王昌荣　刘一云
金　鑫　袁嘉琦　张安红　沈　燕　陈华泉　陈　雍　张慧珠　王　峥　周士景
孙景鹤　杨晓华　王金金　李　静　石　磊　陈亚中　邵亚威　金　鹏　沈建康

南京农业大学继续教育学院 2012 级农业技术与管理（专科）、2012 级农学（专升本）

（江苏农民培训学院）

刘林锋　刘春梅　刘　勇　蔡武宁　于宏亮　李萨利　曹　孔　徐　玮

南京农业大学继续教育学院 2010 级会计学（高升本）、2010 级信息管理与信息系统（高升本）

（泰兴农业机械化技术学校）

周海燕　黄　成　姚　红　焦宏平

南京农业大学继续教育学院 2010 级国际经济与贸易（高升本）、2010 级会计学（高升本）、2012 级国际经济与贸易（专科、专升本）、2012 级会计学（专升本）、2012 级工商管理（专升本）、2012 级会计（专科）

（无锡市现代远程教育中心）

郁　昕　顾云斐　胡　焱　徐炜彬　孙江妹　李书豪　金云鹤　庄子戌　吴云丹
鲁梦月　李小凤　许　静　张春玲　任珂忞　王　俊　方竹倩　李云飞　陆　珂
陈淼瑛　陈　烨　殷振荣　徐志鹏　潘　鑫　诸嘉成　唐　强　顾嘉浩　刘　弘
汪　洋　王志城　刘晓斌　秦　珲　司应凯　李雯怡　顾全民　从路唯　吴　梦
施　烨　缪武燕　刘玉娟　余　雯　胡心星　华　梅　金晓东　李平平　刘　云
韩玉荣　肖　艳　夏　军　刘　晋　周晓欢　高　敏　何玠辰　蔡良祺　江昕园
华乙力　杭　馨　毛立峰　何晨霞　周　敏　周　豪　林亚洁　杜一萌　钱　烨
赵　勤　费　艳　王　静　朱　芸　柳重竹

南京农业大学继续教育学院 2012 级房地产经营管理（专升本）、2012 级国际经济与贸易（专科）、2012 级食品科学与工程（专升本）、2012 级园林技术（专科）、2012 级计算机信息管理（专科）

（徐州农业干部学院）

许金歌　赵　娟　蔡　猛　崔兴荣　张　鑫　胡道建　刘　静　刘伟伟

南京农业大学继续教育学院南京农业大学继续教育学院 2012 级化学工程（专科）、2012 级建筑工程管理（专科）、2012 级数控技术（专科）、2012 级园艺技术（专科）

（江苏省盐城技师学院）

杨　烨　吴方圆　孙登菊　蔡　菲　刘　谢　吴珊珊　姜　号　张　阳　李海涛
时加伟　汪雪松　曹　涛　王发宇　俞　铜　丁长月　刘　娟　赵宝加　唐　梦

李新宇　赵雅芝　王泽华　潘伟定　赵冬冬　印科进　徐　洁　崔佳堃　姜伟伟
张　建　季通辉　成长荣　张军军　洪云泉　张　城　秦玉兰　陈　蓓　张　晴
张雅楠　孙文提　王远宽　孙　伟　陈鑫鑫　朱　勇　仲　川　庄俊杰

南京农业大学继续教育学院2010级电子商务（高升本）、2010级动物医学（高升本）
（盐城生物工程高等学校）

钱彩运　杨　娟　杨　娟　江　华　王婷婷　李小马　张恒月　曾凤侠　张军霞
唐海郡　刘玉军　束晓玲　顾思思　赵　洁　朱彩萍　宋银银　李浩源　李平平
陈素素　王雪晴　李怀花　单文文　冯婷艳　孙秀敏　夏　军

南京农业大学继续教育学院2010级会计学（高升本）
（盐城生物工程高等学校）

葛淑华　郑春玲　陈佳佳　姜　芬　郑晓霞　范潺潺　刘　冰　陈海芳　尤飞琴
王大春　王莎莎　邢连杰　张　露　刘　洋　徐　萍　刘　进　杨蓉蓉　刘　洋
刘　虹　左星星　宋玲玲　刘　静　高紫阳　吴婷婷　卓盼盼　沈　慧　陈莉莉
征连杭　刘绍贤　高团燕　洪　岩　刘　科　穆维峰　王　星　胡学芹　周　正
高雪峰　王　振　苏　艳　栗小云　马换楠　石小同　潘　阳　姚晓东　袁红红
李赟赟　单安琴　韩　娟　左　艺　张　杰　王金晶　孙晓敏　李　婷　周飞静
张　婷　李冬梅　孙　青　冯京京　万芳园　汪　静　张爱莉　王　颖　祖明明
潘裘娜　李登辉　司会芳　洪　莲　杨梦婕　王　蓉　倪海云　贾良运　王云云
蒋　旭　陈　倩　左晶晶　王来娣　杨　凡　梁广梅　吴学超　吴春凯　陈晶晶
王　珩　崔　岩　朱　璇　皮丽梅　方明娥　徐爱霞　王　凤

南京农业大学继续教育学院2010级计算机科学与技术（高升本）
（盐城生物工程高等学校）

匡立进　王佳佳　尹秀连　高甜甜　孔全鹏　胡　校　马陛熙　孟　浩　王海燕
花　赛　王文亭　乔锦昌　翟良生　孙雨城　仇乐乐　吴亚西　邓　军　武　云
徐小强　祁龙龙　胡亚洲　胡增省　李　亚　桑美娟　高　悦　陈晓伟　孙　迪
张珊珊　杨　刚　刘　阁　薛　晖　郑　志　褚召猛　单　敏　王　勇　程　彬
郁　微　李威龙　晁　静　汪　静　王月影　刘　智　嵇美中　程仕奎　马　跃
谢堂正　李　燕　孙　莹　王祥羽　樊世超　王　茹　朱昌娜　林光辉　刘　洋
刘俊芬　陆慧华　胡仿青　陈海涛　朱银银　张道尹　刘　瑞　郭丽华　王　琴
王灿灿　臧玉杰　徐盼盼　张　慧　周　超　王　玮　游　鑫　周慧佳　张定健
刘巧朵　李丹丹　陈莹莹　姚　琦　冯　凡　钟华浩　吉正翔　李玉年　许登剑
胡金云　张苏龙　刘海洲　周向阳　杨培培　黄思祥　王文青　王　浩　夏江雪
陈　勇　刘惠云　潘龙生　汤　青　胡艳秋　杨泗松　程　雷　孙双双　李锦秀
袁梦焦　厉姗姗　张祥芳　朱方方　赵艳齐　王晟权　张晓娜　庄二欢　马　悦
王　静　刘淑侠　李　翎　胡森俊　司瑞瑞　张　原　朱　钦　蒋为民　王　韦
陈　松　侯浩浩　李　超　王龙龙

南京农业大学继续教育学院2010级信息管理与信息系统（高升本）、2012级电子商务（专科）
（盐城生物工程高等学校）

刘顺顺　李兰青　孙　艳　李丽红　杨丹丹　渠贺贺　谢书刚　刘满满　陈晓梅
王漫漫　周梅梅　张惠惠　金　铃　孙诗慧　倪佳佳　李　娟　陈　敏　张　丹
魏盼盼　马亚东　韩发强　杨　乐　刘冬梅　季　勇　蒋　政　严丹丹　张　曼
黄立华　宋丹丹　胡　波　孙毛毛　钟　颖　陈宜娜　卜琼琼　余芳芳　陈　飞
陈　娜　苏卓玛　刘星蒙　胡仁成　田文娟

南京农业大学继续教育学院 2012 级信电子信息工程技术（专科）2012 级动漫设计与制作（专科）

（盐城生物工程高等学校）

陈彬彬　王艳芳　张玲玲　梁勋轩　李荣辉　胡利利　钟丽丽　吴志国　岳　霞
孙　玉　万生红　祁彩莲　印蜜蜜　赵国香　邓生青　李显花　李　明　钟小云
李小花　李培园　张　成　李　花　尹桂儿　赵云跃　韩　英　沈　静

南京农业大学继续教育学院 2012 级电子商务（专科）

（盐城生物工程高等学校）

钱彩运　杨　娟　杨　娟　江　华　王婷婷　李小马　张恒月　曾凤侠　张军霞
唐海郡　刘玉军　束晓玲　顾思思　赵　洁　朱彩萍　宋银银　李浩源　李平平
陈素素　王雪晴　李怀花　单文文　冯婷艳　孙秀敏　孟　云　季　勇　蒋　政
严丹丹　张　曼　黄立华　宋丹丹　胡　波　孙毛毛　钟　颖　陈宜娜　卜琼琼
余芳芳　陈　飞　陈　娜　苏卓玛　刘星蒙　胡仁成　田文娟　刘　洋　夏　军
张莉莉　胡　锋　王　琰

南京农业大学继续教育学院 2012 级会计（专科）

（盐城生物工程高等学校）

高玲玲　张旺旺　臧　念　王　丹　唐　玲　信壹铭　朱梦婷　王一羽　杜艳萍
许玮玮　张新欣　赵丰娟　赵　媛　梁巾格　孙　毅　任　琦　张晶乔　张丽红
曹　倩　邵小兰　汤　君　栾　益　王璐璇　冯佳佳　陶玉洁　王梦雅　黄继丹
王　娟　唐媛媛　刘　跳　陈　玲　薛爱娣　谢迎霞　吴　霞　张　鹏　董茂群
金树慧　李　青　胡玲玲　吴亚芹　马星星　陈童杰　周文静　吴　婷　袁　晨
周丽丽　袁成权　马银歌　陈　静　周树倩　周　微　李英芬　孙田田　朱希希
卓起茹　陈佳佳　陈香秀　王　珍　魏晨晨　葛　莹　崔林妹　武春秋　金　震
马　艳　朱成艳　祝梦月　陆　梦　韩　瑾　田莹莹　孟晚晚　刘丹丹　冯廷廷
李敏杰　于云红　曹进进　朱雪梅　刘银朵　李　桃　葛媛媛　朱延选　徐冬冬
杨　越　王慧慧　朱惠敏　蔡　慧　马梦圆　徐海峰　董　良　周　瑞　印学唤
张　静　王启超　邹丹丹　赵世杰　陈海玉　张　赛　邵翠华　胡小丽　张小燕
徐　渠　王　艳　陈蒙蒙　张天舒　李春婷　潘雅洁　王盼盼　谷秀珍　葛亚星
徐婷婷　姚佳静　袁瑞芹　韩　磊　孙玉娣

南京农业大学继续教育学院 2012 级建筑工程管理（专科）

（盐城生物工程高等学校）

赵洪燕　赵海飞　陈明星　李　健　杜功宇　王　勃　郭　皓　汪　伟　吕海龙
俞仁贵　李志强　周梦龙　张子扬　施玉精　卓之雨　刘东东　王光建　张　琪
葛春来　蔡富成　张　岩　许　军　蒋新建　于勋勋　惠海霞　周汉志　徐　旭

孙　彪　郝其振　张文武　陈　迪　崔永胜　程　承　高　升　郭　康　胡鹏鹏
姜　爽　陆　洋　郑　威　姜　伟　江成周　刘福姐　李海芳　丁同同　刘佩丽
梁昌建　门西虎　梁永才　刘　猛　刘明亮　乔永波　史光明　孙萌利　王跃文
夏　文　王　腾　陶士军　张玉祥　宋庆文　赵　超　佟　威　张　俭　石登梅
庄臣风　时艳艳　王金航　刘磊磊　周　斌　张子胥　张修平　王梓懿　王友坤
臧天峰　徐　明　赵丰祥　张沛沛　沈　奇　夏浩峰　耿中俊　蔡盟弟　封其祥
高明俊　田　卫　丁超波　张玉全　崔　迹　张永平　韦倩倩　刘　婷

南京农业大学继续教育学院 2010 级交通运输（高升本）
（盐城生物工程高等学校）

许安东　张昌华　孙卫东　李保龙　徐　伟　杨凤磊　付　标　王森玉　张　飞
王　斌　周爱林　李章程　马朱青　田　剑　朱　翔　杨　林　潘高飞　邱波清
陈芙南　周红建　刘井能　张　超　赵昌友　刘　强　裴古松　闫广记　汪明宣
季选旺　王丹丹　王吉辉　郭召召　宋阿东　唐　帆　吴庆庆　徐　鹏　田　正
王星翔　龚深深　程宗强　陈晓龙　张作义　董　金　董　鹏　孙　岩　石　坚
朱　杰　王　雷　石敬儒　杨大志　周　鹏　姜　辉　张　超　于　志　李海静
张家虎　贺　龙　程　梦　孙金洋　刘　洁　刘浩浩　成　刚　孙克峰　凌其祥
沈上海　孙振洋　周寿俊　孙传龙　张　竟　赵　辉　张　帅　施亮飞　陈磊山
张　政　单硕奇　叶　磊　陈　雷　郭志鸿　胡笑天　渠芒芒　鲁统勇　张广杰
池占翔　姜翔峰　张光周　侯万里　范彬彬　戴尚财　陈建康　姜松鹤　宋　亮
胡道岭　孙　杰　王恒伟　干幸子　许　彪　徐　靖

南京农业大学继续教育学院 2012 级机电一体化技术（专科）
（盐城生物工程高等学校）

张汝将　沈玲玲　宗　毅　朱稳稳　杨冯万　陈一鸣　徐　帆　冶　明　唐善春
靳学良　张正伟　孙树财　蒋海龙　甘连成

南京农业大学继续教育学院 2012 级计算机信息管理（专科）
（盐城生物工程高等学校）

鲍连春　杨　旭

南京农业大学继续教育学院 2012 级计算机应用技术（专科）
（盐城生物工程高等学校）

濮栋文　姚绍杰　王玉凤　刘雨婷　翟佩佩　张琪羽　江　聪　梁文豪　涂明月
沈书文　蔡万龙　孔　政　张　杰　杨　帆　张　焱　陆燕慈　邹　倩　马伟伟
陈　蔓　蔡久永　范　巍　王二凤　严留成　武　林　武　群　韩知廷　孟　引
郭振兴　裔敏敏　李　敏　丁　源　陈同健　徐　勍　黄　雅　刘许宝　孟丽丽
张高云　陈慧娴　盛　胜　刘建琳　齐艳秋　卢长庆　陈　兰　朱月华　吴国红
蔡笑笑　钱　敏　杨玉玲　颜华萍　沈爱玲　陈　蔚　许俊华　朱　虹　周　涛
叶晶晶　潘健雄　陆海港　许家洋　秦玉霞　蔡永娟　王海艳　周柏莲　曹瑞莹
周迎改　王少辉　杨尚东　徐　彪　杨　琪　章刘洋　嵇海冬　陆永乐　曹咸康
李东臻　段　婷　蔡宏涛　时　翔　王国强　闫士豪　孙梦凡　陈　健　项　拓
王　楠　曹梦梦　陈加真　潘　婷　宋加凤　刘佳鹏　葛　伟　马奔腾　胡玉婷

陈　蓉　王　磊　晁　波　杨孝丹　李强强　吴　韩　穆加银　纪从祯　高　敏
张　洁　周澄威　王伟亚　韩美芹　顾　浩　陈晓娟　张　玉　马红根　陈　荣
吴　响　惠倩倩　王红梅　陈海亮　赵少锋　程　耀　张　圣　张　强

南京农业大学继续教育学院 2012 级经济管理（专科）、2012 级农学（专升本）
（盐城生物工程高等学校）

宣　扬　张林浩　刘　佳　严　静　李　萍　冯苏玲　杨清国　顾　飞　蔡陆婷
徐青龙　王亮亮　祁　慧　马丽丽　樊禄芹　孙文滨　邱　锋　吕永伟　赵长洋
马登玉　吴小萍　赵玉波

南京农业大学继续教育学院 2012 级农业技术与管理（专科）、2012 级农业水利工程（专升本）
（盐城生物工程高等学校）

罗小芹　王沭燕　周天宝　孙孝严　朱长欢　李洪国　司　艳　朱广军　徐　兵
濮之林　陈高业　孙　雷　孙海云　卞红梅　金　灵　刘立功　张　玲　顾玉莲
孙　刚　詹　燕　陆红梅　胡锦保　梁龙军　史　进　蒋卫东　濮芝兵　杨　明
张成剑　陈雪松　徐　飞　李　建　杨　明　周化新　王　春　胡成建　刘政恩
葛从春　丁海珠　高树雪　吕庆怀　王　勇　周海明　张志明　管其忠　陈　军
周定乾　吴维峰　钱　华　葛荣强　唐　军　王道天　李　红　倪胜旭

南京农业大学继续教育学院 2012 级汽车运用与维修（专科）
（盐城生物工程高等学校）

朱亚庆　张　声　杨朗标　杨　坚　徐二双　马兆雄　树　健　刘　鹏　高如盛
咸卫国　陈镜企　韩其桐　何正云　邓祥壮　王　勇　刘小龙　王侠健　吴苏闽
邵鹏飞　李　永　刘魏云　周冰冰　郎娇娇　汪士刚　李　权　仲　强　耿立操
葛善志　刘　项　胡大龙　周宪成　朱　枫　谢文品　吴　星　王长安　王星彭
温　鹏　姜　磊　徐增荣　张　瑞　孙艳伟　吴成成　史德龙　周恩谊　薛　望
朱凯祥　朱嘉琪　于建巷　夏咸东　胡其龙　郭良森　邓克龙　李　欣　陈明亮
蔡大伟　李　祥　王　吉　刘一辰　谷金远　徐倩倩　王　杰　王金秋　张　翔
梁　耀　韩正冬　丁　全　李明洋　谈耀龙　王　超　董成飞　陈伟伟　任永凤
梁　建　张　威　张　青　余子明　龚娇娇　陈　筱　郁金燕　王志杰　祁　谦
钱林东　张　强　孙太永　丁仁刚　方大伟　周小星　周　雪　陈守凯　潘志强
海　鹏　刘　健　倪红委　严　雷　汤志仁　陈逍遥　陈积进　蔡　伟　耿长健
黄成显　董天杰　郁　伟　刘　剑　刘　冬　盛新春　王　荣　吴凡之　张宇生
陈志鹏　张　滔　朱　健　罗洪刚　王　杰　刘　敏　丁　亮　乔小宁　王　洋
万永洋　蒋维军　徐　伟　王洪新　杨　杨　王东阳　张　尧　于方涛　毛承远
桑东东　顾萧萧　范承利　董得豪　杨红伟　刘雪芹　赵仕明　姜伯涛　高　勇
黄金屏　吕桂荣　杜剑彪　黄　静

南京农业大学继续教育学院 2012 级数控技术（专科）
（盐城生物工程高等学校）

范彬彬　潘　宏　李　龙　李体刚　姚志德　张　振　周国锦　周海彬　杨　宏
张为洋　邹海涛　牛习锦　戴乃中　陈　超　狄国祥　施　进　陈　凯　王方龙

文　鑫　李令文　陈　想　周俊华　任海兵　严卫军　庄　健　王荣路　刘　路
仲彬斌　王晓民　孙鑫媛　唐　浩　徐建忠　张　尖　王　申　王儒芝　苏雪强
刘　源　杨鹏程　孙　雪　张　亮　薛　奔　吴从雷　孟勤海　李志扬　罗　毅
赵　阳　张　林　范绍洲　孙小婷　骆未来　徐　卫　顾辉斌　徐大伟　徐宏林
赵继承　潘兆桃　刘相福　范蕊蕊　许广杰　张梦杰　孟锐杰　李亚标　卢玉豪
曹伊彬　徐振田　张　倩　叶　勇　张青华　朱晓伟　李海洋　陈　耀　张红森
蔡　标　方　恒　余永振

南京农业大学继续教育学院 2012 级网络工程（专升本）、2012 级物流管理（专科）
（盐城生物工程高等学校）

许剑飞　唐光喜　郑　林　段芸凤　张雪原　郁晶晶　严亚飞　姚卫春　孙　蕾
张静静　周　伟　孙晶晶　张　程　王行锋　周　杨　姚平平　张雨蒙　董恒铭
刘双双　刘　榴　何　娜　马明明　李鑫明　马福建　王　达　王海凤　李　军

南京农业大学继续教育学院 2010 级信息管理与信息系统（高升本）、2012 级畜牧兽医（专科）
（盐城生物工程高等学校）

严　晟　张建军　陈　瑾　漆雨露　任　毅　卢　洋　王礼想　刘　元　卢宁杰
李赛南　冯笑成

南京农业大学继续教育学院 2012 级园林（专升本）、2012 级园林技术（专科）、2012 级园艺（专升本）、2012 级园林技术（专科）、2012 级园艺技术（专科）
（盐城生物工程高等学校）

曹士冲　周士奇　陈志坚　仇玉超　虞　倩　郑　静　史岩松　周红燕　乔中庆
汪建宇　徐俊冬　陆培坤　刘丹阳　洪孔珍　陈　康　郭　雯　狄楚楚　万晓晓
丁　辉　韩成成　范丹丹　宋　曹　夏巧云　陈　珺　纪　琳　娄耀文　徐　水
徐婷婷　颜华夏　李　建　严振刚　尹　媛　张寅崟　陈思杰　王　猛　于永军
张　吉　庄　兰　盛立伟

南京农业大学继续教育学院 2010 级电子商务（高升本）
（江苏省扬州技师学院）

孟　娟　徐　婕　刘小勇　陈秋银　朱笑笑　林天文　刘　洁　殷洪敏　马益芳
魏　芳　孙　敬　高梦雪　陈　月　马　菁　王　智　侯玉珠　邹　红　张艳唤
夏　慧　许　悦　杨怡彤　王　莉　吕　琳　阚　清　王　芳　艾亿程　陶铭杰
崔　超　陆　萍　俞　蓉　谷松膛　徐　陈　周晓云　季俊男　羊树芹　顾　雪
徐　静　蒋国运　陈亚娟　王　燕　郑　静　张蓉蓉　景林伟　聂　慧　陆玉婷
任敬芝　孙琳洋　刘　玉　潘　芸　余国岭　刘珊珊　陈　瑶　蒋　欢　张艺敏
宋　颖　陈美玲　陆乔惠　辛　玲　陆艳波　胡　耀　翟晶晶　张　晴　潘希蕾
黄书丹　张莉莉　叶　星　杨　华　朱国燕　陈迎慧　朱　丹　赵一芳　刘仙念
林亚芹　宋雅文　刘旭萍　丁倩芸　魏蒙蒙　朱志稳　李　晶　徐　荣　顾佳丽
何　越　葛　薇　吴　娟　殷凤云　孔　静　张　雯

南京农业大学继续教育学院 2010 级机械设计制造及其自动化（高升本）
（江苏省扬州技师学院）

蔡辉康	韩　湘	李　强	王冠华	胡家明	张玉言	朱　峰	孙健健	黄　成
于　鹏	陈　立	杨　驭	朱　明	夏　飞	王　浩	马　健	柏志玮	姚　远
徐石磊	李　柏	孙　鑫	周良超	李　程	余　运	吴　杰	王　奥	陈　祥
武　强	张　森	许学仁	姜　桦	俞传标	张　翔	胡　驰	薛　凯	常雪姣
邱　凯	涂雪萍	薛映松	张　伟	徐　飞	陈　伟	孙元朋	黄　丹	冯　生
王　铭	郑　超	殷欣荣	张恒威	李　欢	唐　超	梁亚云	刘啸岳	王　伟
郭　蔚	郭旻昊	王　伟	孙宏宇	彭战战	邓春原	沈　淳	杨　飞	赵拾义
魏　巍	陈真龙	梅文龙	杨春阳	王伟贤	杨单丹	祁　清	闵　杰	左德俊
潘文娟	冯晶晶	徐高旭	孙　建	杨林云	王益淦	王　润	车成宇	郭　靖
王海镇	苏俊峰	徐　强						

南京农业大学继续教育学院 2010 级计算机科学与技术（高升本）

（江苏省扬州技师学院）

陶　菁	华　刚	吕　敏	张　兰	陈星宇	夏依咻	鲁万东	张　婷	汤世斌
李　凯	李　颖	肖　静	陈　凯	刁春明	冯　祥	仇娇娇	刘　林	陈亚露
徐　娇	韩　勇	陶善广	王　杰	胡　艳	王　婷	张瑞兵	李晓晓	吴开俊
王　昆	陈金铭	王　欢	王玲利	岑　超	张跃武	顾　文	刘羽扬	徐　青
王庆刚	金庆开	刘丽君	刘　颖	舒源媛	管明礼	聂　超	张　骄	刘　莉
王亚惠	金　静	薛　超	闫　明	董夏晴	万　跃	钱　颖	干立林	夏红峰
贾雪丹	姚　婷	陈书吉	王　丹	李　静	陈晓迎	王丹丹	庄翔宇	彭寰宇
赵　翔	李　汉	吴　娜	燕　海	杜丛丛	郭　晶	问琪琪	蒋玉华	蔡幼龙
陈　磊	王凤琴	毛春斌	周　越	高清芸	凡银锁	顾丽霞	李媛媛	

南京农业大学继续教育学院 2010 级物流管理（高升本）、2012 级电子商务（专科）、2012 级动漫设计与制作（专科）

（江苏省扬州技师学院）

肖星星	浦　江	吴向婷	张　琛	郑生文	冯兆民	严　猛	范庆云	王　娜
胡　月	霍　宇	丁长月	李　云	陈静明	于海金	徐云霞	孙雨婷	徐　晶
孙钰钦	招婧婧	张　兰	厉道敏	唐　欣	孙　丽	张雯雯	于潇宁	徐　丽
周　娟	姚　悦	赵红燕	杨　敏	丁　莹	汪　瑶	唐　月	朱　静	王梦雪
赵　丹	曹　华	王慧文	王　婷	郑金梅	梁悦月	夏成钰	谢　晶	茆　宁
徐　升	周　慧	马卓颖	周光英	张　琴	陈　蓉	吉梦云	沈　琪	吴玉婷
胥　洁	裴　蕾	吴　凤	曹婷婷	孙小梅	刘　莉	杨小欢	石巧宇	潘　婷
张　倩	沐　菲	温美玲	张晓雪	沈玥珣	高山尧	滕银花	刘　媛	卢　免
戴青云	孙玲丽							

南京农业大学继续教育学院 2012 级会计（专科）

（江苏省扬州技师学院）

宋　静	徐　婷	孙　玮	朱杏霞	张　玲	陈　玉	罗　月	古　霞	李　霞
张　颖	汤孟琪	周　萍	朱岚岚	张一梅	高雪娟	还　慧	范　昀	马　莉
杨　穗	杨　阳	吴婷婷	何文婷	吴　云	曹　璐	毕文静	魏　双	阚天琪
王惠琪	杨盼盼	朱曦媛	王　珊	张楚琼	周　茜	毛　露	王锦芳	朱雅洁

桑　萱 梁婷婷

南京农业大学继续教育学院 2012 级机电一体化技术（专科）

（江苏省扬州技师学院）

许　鹏 王　宇 朱星明 丁家琦 李成军 辛如生 王元兴 孙华斌 葛正兴
韩　涛 刘春丽 蒋晓洁 叶　桐 朱　蓉 刘　艳 廉璐璐 陶俊文 陈丽丽
张歆楠 张　莹 刘　淳 蔡园欣 李　悦 仲秋源 车　旺 施　辉 王昌炜
谭庆飞 何逸流 范　超 周　君 沈天威 张　鹏 宋良健 游　悦 周　天
朱国清 方　强 何加胜 张　林 刘　俊 乐世明 朱嘉懿 吕岐星 蔡元鹏
崔　谦 严　杰 王　健 姜　政 王　帅 张　宇 谢能宥 潘　瑶 费习俊
颜华磊 马思远 周建越 梁　驹 刘　健 刘　飞 鲁姣姣 费　骏 祁　鑫
徐　浩 颜庭威 卢　婷 周文康 仇　尧 项　磊 陈新佳 胡朋明 丁　俊
盛　莹 王昱尧 周佳伟 张峻烽 胡　杰 邵　波 黄　超 李　晨 吴晨晖
居　上 丁一帆 周　易 朱言林 吕　强 徐　畅 孟　楠 朱　海 王　文
徐包琪 王天宇 周锦龙 费锡顺 赵　斌 张建业 周　杨 曹　俊 秦琦竹
季　阳 李　想 万　超 王　峰 嵇红根 仲　奇 陈　晨 李　文 常国健
向玉豪 孙广月 张　黎 曹振兴 凌　峰 葛开杨 丁　立 严慧佳 范秉陈
卫　铭 陆园园

南京农业大学继续教育学院 2012 级计算机网络技术（专科）

（江苏省扬州技师学院）

夏春扬 叶照星 张　宁 王　超 袁弘毅 王小林 吴　卉 李　婷 申优优
吴丹丹 董　玲 韩　露 孙　敏 曾庆惠 刘书海 刘　伟

南京农业大学继续教育学院 2012 级汽车检测与维修技术（专科）

（江苏省扬州技师学院）

茆明祥 张祥瑞 刘皖苏 尹　刚 洪友健 方双进 郑孝婷 李鹏飞 吴祥祥
毛　宇 杨泽雨 朱　筠 张　松 徐　健 顾　飞 陈　穗 张仕杰 陈　超
高能磊 许欧龙 卜程德 黄永吉 孟　宁 朱俊豪 夏　浩 杨　盼 谢海翔
张　旭 孙根泉 王阳康 丁　宇 游子寒 谢　奇 高　雨 吴　东 唐　羽
吴　涛 曹之光 谈　莉 凌冬欣 冯起龙 胡朝志 戚　磊 陶　黎 虞世豪
张建国 陈鑫祥 姚　磊 张　宇 杭　健 刘　金 章丽兵 陈于平 卜　俊
郭　斌 徐　军 俞　涛 夏　权 黄健峰 周蓬辉 王景疆 吴振东 何　善
张　勇 季　乐 徐高禹 俞　杰 杨金铮 徐　晶 黄　鹏 刘　扬 崔森林
罗　飞 孙　林 刁宇星 陈　超 汪　洋 刘　艾 丁　政 王　军 张　宇
张　诚 简克轩

南京农业大学继续教育学院 2012 级市场营销（专科）、2012 级数控技术（专科）、2012 级图形图像制作（专科）

（江苏省扬州技师学院）

姚　磊 顾　欢 范家民 栾鹏祥 刘　甫 孙昊天 陆　凡 王爱俊 孙广日
吴　峰 陆星杰 赵一步 彭　城 陆文涛 高兴园 陈　瑛 朱　青 王　奕
李　薇 朱　婷 陈怡琳 刘　萍 杨安成 王　生 郑修荣 林晨旭 王晓晗

朱　涵　王　杨　陈　良　许映红　朱亚茹　王海凌　吴怡函　姚婷婷　孙　萍
吴韵蕊　徐　敏　胡杨杨　高　成　何　星　王　丹　张鑫玉　谢金婷　周　骋
叶松青

南京农业大学继续教育学院 2012 级物流管理（专科）、2012 级机电一体化技术（专科）、2012 级计算机信息管理（专科）、2012 级电子商务（专科）

（江苏省扬州技师学院）

俞海洋　胡章蕊　段夫莲　张　莲　李永华　夏　欢　何巧芸　陈　莹　张婷婷
徐　乔　夏宇辉　李明泽　梅锦晶　吕　振　朱荣栋　龚　伟　杨　畅　王　琪
华　婧

南京农业大学继续教育学院 2012 级工商管理（专升本）、2012 级国际经济与贸易（专升本）、2010 级国际经济与贸易（高升本）、2012 级化学工程（专科）、2012 级环境工程（专升本）

（无锡渔业学院）

柏爱梅　陆陈龙　宋海洋　陈　建　邵　刚　王祎杰　陈　斌　刘建明　陈　燕
尹伟伟　叶绪元　陆贵娟　潘　楠　郭甜甜　陈永锋　沈　婷　司　爽　郑晓婷
姜海荣　杨梦莹　席行文　杨光婷　杨　峰　徐大鹏　马支荣　陆　敏　杨玉婷
李孟霞　孙振虎　闫朝霞　孙　健　王书芳　陈怀祥

南京农业大学继续教育学院 2012 级会计（专科）、2012 级会计学（专升本）、2012 级机电一体化技术（专科）、2012 级机械工程及自动化（专升本）

（无锡渔业学院）

王东平　程楚兰　胡秀娟　张晓莉　陈　惠　顾　陈　曹振国　张小云　韦小滨
陈　娟　杜从英　王　芳　陆红梅　施　燕　周　静　董立军　刘　文　钱婷婷
刘新亮　张敬华　李　星　陈红亚　沈莉莉　张　静　周　林　康婷婷　王赛花
韦晓丽　马　琳　姚丽丽　成雪梅　单君梅　施玉娥　董兰兰　仇　伟　王嘉凌
吴小龙　王　春　陆海娣　顾维波　王贵兵　皋耀东　孙正展

南京农业大学继续教育学院 2012 级农业技术与管理（专科）、2012 级水产养殖学（专升本）、2012 级经济管理（专科）、2012 级计算机信息管理（专科）、2012 级建筑工程管理（专科）

（无锡渔业学院）

戴　鹏　张　健　陈旭东　尚玉蕾　刘守映　沈海永　张　雷　顾春华　陈　飞
苏　鹏　秦广萍　陈秋蓉　许林丽　伍海丽　季明香　倪同利　杨新义　徐东海
吉荣华　段太滨　陈　静　周宝香　郑　杰　朱伟明　孟令军　吴红霞　胡华蓉
张立胜　周祖波　饶跟娣　薛敬新　陈士琳　陈明娟　徐钟升　刘　牧　方云东
李　智　陈　瑜

南京农业大学继续教育学院 2012 级土地资源管理（专升本）、2012 级园林（专升本）、2012 级园艺（专升本）、2012 级园林技术（专科）、2012 级园艺技术（专科）、2012 级自动化（专升本）

（无锡渔业学院）

顾金陵　季　平　王志慧　王　浩　金培红　刘成浩　唐莉莉　缪学田　刘道霞

张红梅　施玉珍　周　松　夏何意　刘　浩

（撰稿：董志昕　孟凡美　陈辉峰　章　凡　曾　进
审稿：李友生　陈如东　审核：高　俊）

留学生教育

【概况】 2015年度招收长短期留学生共710人。其中，长期留学生388人，包括学历生305人（博士生151人、硕士生86人、本科生68人）和进修生83人。毕业留学生共29人。其中，博士生15人，硕士生10人，本科生4人。2015年学校留学生来自80多个国家和地区，今年毕业学生共发表SCI论文25篇。

招收渠道多元化，专业结构日益合理。长期留学生包括中国政府奖学金生155人，江苏省茉莉花奖学金招生7人（全额奖学金4人，部分奖学金3人），南京市和校级联合奖学金生46人，外国政府奖学金生102人，校级交流生78人。留学生分布于动物医学院、农学院、经济管理学院、资源与环境科学学院、食品科技学院等14个学院，学科专业主要为动物医学、农学、农林经济管理、环境科学、食品科学与工程等。学历生中以研究生为主，研究生占学历留学生的比例为77.7%。南非自由州省的联合培养项目学生一年汉语学习结束后，共47人入本科专业学习。

留学生培养过程中，建立“趋同化管理”和“个别指导”相结合的培养机制，严把质量关。同时，突出学校学科优势与特色，开展英语授课课程建设，推进课程国际化和师资国际化进程，确保高质量国际人才培养。截至2015年底，面向研究生专业共建设56门全英语授课课程。其中，关雪莹负责的基因组概论和田旭负责的高级宏观经济学入选“2015年高校省级英文授课精品课程”。

留学生新生系列入学教育规范化开展，促使留学生新生尽快融入校园生活。留学生会组织自我管理能力和服务意识日益加强，积极组织和参加系列文化体验活动，在活动中荣获多项荣誉。例如，学校获得中外民间体育嘉年华活动优秀组织奖，留学生30多人次获得校级不同荣誉奖项。

本年度学校举办了第八届国际文化节，共吸引了40个国家的留学生参与。在总结以往成功经验的基础上，本届活动由团委、国际教育学院和人文社会科学学院共同举办。同时，得到了学校研究生院、教务处、党委宣传部、图书馆、保卫处、体育部等诸多部门的通力支持，也得到了学校广大师生的大力支持和积极响应。凸显了本届国际文化节由多部门、多学院搭台，中外学生为主体参与并交流各国文化的特色，真正达到了学校上下齐心，全员参与建设国际化校园的喜人局面。来自不同国家地区、宗教和文化背景的南农人在活动中达到了“将世界带到校园”的目标，从而加深了各国青年朋友间的了解和友谊。

【基因组概论等两门课程入选“2015年高校省级英文授课精品课程”】 2门课程基因组概论和高级宏观经济学入选“2015年高校省级英文授课精品课程”。

【第八届国际文化节系列活动】 2015年11月25日，南京农业大学第八届国际文化节开幕，由国际教育学院、团委主办，人文学院承办。本届活动为期两个月，多国文化风情展之后，中外学生足球友谊赛、“我的留学故事”征文比赛、“感知中国”等一系列精彩的文体活动还将陆续登场。本届国际文化节吸引了《中国日报》《南京日报》《新华日报》等多家媒体的关注和报道。

（撰稿：程伟华　审稿：刘志民　审核：高　俊）

［附录］

附录 1　2015 年外国留学生人数统计表

单位：人

博士研究生	硕士研究生	本科生	进修生	合计
151	86	68	83	388

附录 2　2015 年分学院系外国留学生人数统计表

单位：人

学部	院系	博士研究生	硕士研究生	本科生	进修生	合计
动物科学学部	动物科技学院	14	4	6	1	25
	动物医学院	28	7	16		51
	草业学院	5	1		2	8
	渔业学院	3	26			29
动物科学学部小计		50	38	22	3	113
食品与工程学部	工学院	13	4		3	20
	食品科技学院	13	4	3	3	23
	信息科技学院		1			1
食品与工程学部小计		26	9	3	6	44
人文社会科学学部	公共管理学院	7	3	2		12
	经济管理学院	5	15	9	1	30
	金融学院		1			1
人文社会科学学部小计		12	19	11	1	43
生物与环境学部	理学院			2		2
	生命科学学院	4	1	4		9
	资源与环境科学学院	9	5	13	3	30
生物与环境学部小计		13	6	19	3	41
植物科学学部	农学院	22	5	9		36
	园艺学院	13	5	3	2	23
	植物保护学院	15	4	1		20

（续）

学部	院系	博士研究生	硕士研究生	本科生	进修生	合计
植物科学学部小计		50	14	13	2	79
国际教育学院					67	67
体育部					1	1
合计		151	86	68	83	388

附录 3　2015 年主要国家留学生人数统计表

单位：人

国家	人数	国家	人数
埃塞俄比亚	7	苏丹	32
巴布亚斯几内亚	2	土库曼斯坦	1
巴基斯坦	93	西班牙	1
赤道几内亚	2	乌干达	4
多哥	5	伊朗	2
多米尼克	2	印度	1
厄立特里亚	1	越南	4
斐济	1	赞比亚	1
佛得角	1	坦桑尼亚	2
牙买加	1	巴西	4
圭亚那	2	阿富汗	1
韩国	7	日本	2
加纳	4	菲律宾	1
柬埔寨	5	塞内加尔	1
喀麦隆	5	叙利亚	2
肯尼亚	30	朝鲜	2
老挝	3	哈萨克斯坦	1
利比里亚	1	马来西亚	2
卢旺达	4	乌兹别克斯坦	1
马达加斯加	2	奥地利	1
乌克兰	1	波兰	1
美国	3	德国	1
蒙古	3	法国	1
孟加拉	4	荷兰	1
莫桑比克	5	委内瑞拉	1
纳米比亚	3	尼日利亚	1
南非	110	马拉维	6
塞拉里昂	1	科特迪瓦	1
圣卢西亚	1		

附录 4　2015 年分大洲外国留学生人数统计表

单位：人

大　洲	人　数
亚洲	135
非洲	229
大洋洲	3
美洲	14
欧洲	7

附录 5　2015 年留学生经费来源

单位：人

经费来源	人　数
中国政府奖学金	155
江苏省茉莉花奖学金	7
南京市政府和南农联合奖学金	46
本国政府奖学金	102
校级交流	78
自费	0
合计	388

附录 6　2015 年毕业、结业外国留学生人数统计表

单位：人

层　次	人　数
博士研究生	15
硕士研究生	10
本科生	4
合计	29

附录 7　2015 年毕业留学生情况表

序号	学院	毕业生人数（人）	国籍	类别
1	动物医学院	5	巴基斯坦、莫桑比克、纳米比亚、苏丹	博士 2 人，硕士 3 人
2	动物科技学院	1	巴基斯坦	博士 1 人
3	资源与环境保护学院	1	巴布亚新几内亚	硕士 1 人

（续）

序号	学院	毕业生人数（人）	国籍	类别
4	农学院	7	巴基斯坦、莫桑比克、加纳、多哥、赤道几内亚	博士 2 人，硕士 3 人，学士 2 人
5	经济管理学院	2	多哥、赤道几内亚	学士 2 人
6	植物保护学院	4	巴基斯坦、苏丹、肯尼亚	博士 4 人
7	食品科技学院	1	巴基斯坦	博士 1 人
8	园艺学院	4	巴基斯坦、肯尼亚、莫桑比克	博士 2 人，硕士 2 人
9	公共管理学院	1	肯尼亚	博士 1 人
10	工学院	2	巴基斯坦、苏丹	博士 2 人
11	渔业学院	1	纳米比亚	硕士 1 人

附录 8　2015 年毕业留学生名单

一、博士

（一）农学院

瓦加德 Wajad Nazeer（巴基斯坦）
哈克姆 Abdul Hakeem（巴基斯坦）

（二）动物医学院

沙克布 Shakeeb Ullah（巴基斯坦）
迪尔达 Kalhoro Dildar Hussain（巴基斯坦）

（三）食品科技学院

佘阿里 Rajput Sher Ali（巴基斯坦）

（四）植物保护学院

鞠马 Mafura Joseph Juma（肯尼亚）
沙加翰 Shah Jahan（巴基斯坦）
伊尔扎克 Mohammed Esmail Abdalla（苏丹）
沙扎德 Shahzad Muhammad Faisal（巴基斯坦）

（五）园艺学院

塔瑞克 Pervaiz Tariq（巴基斯坦）
万吉茹 Ngure Joyce Wanjiru（肯尼亚）

（六）动物科技学院

穆格海 Gulfam Ali Mughal（巴基斯坦）

（七）工学院

菲安斯 Ahmad Fiaz（巴基斯坦）
法瑞德 Farid Abdallah（苏丹）

（八）公共管理学院

西蒙 Kipchumba Simon Kibet（肯尼亚）

二、硕士

（一）渔业学院

贾瑞 Ndakalimwe Naftal Gabriel（纳米比亚）

（二）动物医学院

妮朵 Nido Sonia Agostinho（莫桑比克）

安杰 Shituleni Andreas Shituleni（纳米比亚）

伊拉尔 Ejlal Ahmed Mohammed Adam（苏丹）

（三）资源与环境保护学院

葛卡威 Goikavi Caspar Tupar（巴布亚新几内亚）

（四）农学院

马五力 Edzesi Wisdom Mawuli（加纳）

丹尼 Abacar Jose Daniel（莫桑比克）

海德 Sitoe Helder Manuel（莫桑比克）

（五）园艺学院

李米拉 Limera Cecilia Omuyako（肯尼亚）

阿里 Riquicho Ali Ramuli Maquina（莫桑比克）

三、本科

（一）经济管理学院

玫瑰 Vovor Abrafui Mawusi（多哥）

奥巴马 Obama Monayong Reginaldo Andres Owono（赤道几内亚）

（二）农学院

约瑟 Jose Esono Nkulun（赤道几内亚）

斯瓦丹 Sowadan Ognigamal（多哥）

六、发展规划与学科、师资队伍建设

发 展 规 划

【概况】 通过广泛收集、跟踪研究国内外一流农业大学的学科发展、组织结构、师资队伍建设、人才培养及科学研究等情况，在深入研究学校发展战略、学科建设和内部管理体制改革的基础上，编制了《南京农业大学"十三五"发展规划》，科学引领学校的建设与发展。不断推进现代大学制度建设，完成《章程》修订核准工作，以及综合改革方案报送备案工作。发布《南京农业大学2014年校情要览》，全面展示学校建设发展的主要成就。

【制定《南京农业大学"十三五"发展规划》】 对学校"十二五"取得的主要成绩及不足进行归纳总结，对"十三五"面临形势、发展目标、发展思路、重点任务及主要举措等进行认真分析，完成《南京农业大学"十三五"发展规划》（征求意见稿）。组织召开学术委员会会议、民主党派代表会议、各学院院长和书记会议、骨干教师代表和工会代表会议、离退休人员会议以及工学院专场等，听取各方意见，并对规划文本进行修改完善。

【完成《南京农业大学章程》修订核准工作】 根据教育部政法司2015年5月和6月反馈的修改意见，对《章程》文本进行二次修订和多次复查。6月30日教育部正式核准《南京农业大学章程》。

【完成《南京农业大学综合改革方案》】 2015年1月向教育部报送了《南京农业大学综合改革方案》，并于11月获批备案。撰写《南京农业大学综合改革自查报告》报送江苏省政府督查室和江苏省教育厅政策法规处。

【发布《南京农业大学2014年校情要览》】 编写并发布了《南京农业大学2014年校情要览》。作为学校对外交流的主要宣传材料，以图文并茂的形式全面展现了南京农业大学2014年所取得的成就。

【校学术委员会工作】 2015年第七届学术委员会共召开3次工作会议，修订了《南京农业大学学术委员会章程（试行）》，制定了《南京农业大学学术委员会议事规则（试行）》。向教育部报送《南京农业大学学术委员会调研报告》。处理3起学术纠纷等。

学 科 建 设

【概况】 根据学校的总体部署，深入推动"学科建设年"活动的实施，进一步强化学科建设的顶层设计，推动学科建设综合改革，努力打造一批一流学科，全面提高学校学科的核心竞争力。重点建设农业科学、植物与动物学、环境生态学、生物与生物化学 4 个进入 ESI 学科排名全球前 1%的学科，努力培育发展潜力较好的学科群。2015 年，学校的各项学科排名均取得佳绩，在世界大学科研论文质量评比结果（NTU Ranking）农业领域的总体排名从 2014 年的 94 位上升到 2015 年的 78 位；已进入 ESI 前 1%的 4 个学科领域排名均不断前移，其中，农业科学进入全球排名前 1‰；2015 年，《美国新闻与世界报道》发布了“全球最佳大学排行榜”及其分国家、区域、学科领域排行榜，在其“全球最佳农业科学大学”排名中，南京农业大学位居第 23 位，比 2014 年前进了 13 位。

【调研一级学科发展状态】根据国家建设一流大学和一流学科的导向，结合教育部学位中心一级学科评估的相关要求，2015 年 9 月发展规划与学科建设处会同研究生院、科学研究院、人事处、教务处、人文社科处、新农村发展研究院办公室、国际合作与交流处、国际教育学院、图书馆等部门组成工作小组，对学校现有一级学科点的发展状态进行了一次较为系统的梳理和分析。学科分析以一级学科为口径，在明确各一级学科专任教师归属的基础上，以管理部门采集分析数据为主，根据定量定性指标相结合的原则，进行校内外的比较，分析学科发展中存在的差距和问题，比较各一级学科的投入产出水平和贡献比重，评估各一级学科的国内、国际竞争力与发展目标，为学校制定“十三五”学科发展规划提供依据。

【制定“十三五”学科建设专项规划】在深入总结学校“十二五”学科建设发展的基础上，2015 年 10 月启动“十三五”学科发展规划的编制，结合学科综合改革方案，全面规划学校今后五年的学科建设目标、重点任务及主要举措。

【完成江苏高校优势学科二期项目立项学科中期检查】根据《关于做好江苏高校优势学科二期项目立项学科和省重点序列学科中期报告工作的通知》（苏学科办〔2015〕2 号）要求，2015 年 11～12 月组织作物学、农业信息学、植物保护、农业资源与环境、现代园艺科学、农林经济管理、兽医学、食品科学与工程 8 个优势学科做好二期项目中期报告工作。

【完成“十二五”省重点学科考核验收】根据《省教育厅办公室关于开展“十二五”省重点学科考核验收工作的通知》（苏教办研〔2015〕2 号）和《省教育厅办公室关于开展“十二五”省重点学科考核验收评审工作的通知》（苏教办研〔2015〕3 号）要求，11 月发布《关于做好“十二五”省重点学科考核验收工作的通知》，组织校内专家对学校科学技术史、公共管理、畜牧学、生态学、草学 5 个省重点学科进行“十二五”省重点学科校内考核验收工作，并组织学校省重点学科带头人参加全省重点学科专家互评工作。12 月，根据《省教育厅办公室关于公布“十二五”省重点学科考核验收结果的通知》（苏教办研〔2015〕4 号）文件，学校 5 个参评学科均通过考核且验收结果为“良好”。

【开展校级重点学科建设调研工作】在总结前两轮校级重点学科建设经验基础上，按照“问题引领、任务驱动”模式，3 月 16～17 日发展规划与学科建设处先后对农村发展学院、生命科学学院、工学院等学院开展学科调研，编制第三轮校级重点学科立项建设方案和经费预算。

【完善学科建设专项经费管理】组织召开学校江苏高校优势学科二期项目建设促进会，交流学科建设进展情况及经费使用情况，通过在校内网上公布项目任务书、年度预算表，及每两个月公布一次经费使用进度等措施，进一步推进项目建设。

（撰稿：张　松　潘宏志　江惠云　审稿：周应堂　审核：高　俊）

［附录］

2015 年南京农业大学各类重点学科名单

一级学科国家重点学科	二级学科国家重点学科	国家重点（培育）学科	江苏高校优势学科建设工程立项学科	江苏省重点学科	所属学院或牵头学院
作物学			作物学		农学院
			▲农业信息学		农学院、工学院、信息技术学院
植物保护			植物保护		植物保护学院
农业资源与环境			农业资源与环境		资源与环境学院
				生态学	资源与环境学院
	蔬菜学				园艺学院
			▲现代园艺科学		园艺学院、生命科学学院
				畜牧学	动物科技学院
				草学	草业学院
	农业经济管理		农林经济管理		经济管理学院
兽医学			兽医学		动物医学院
		食品科学	食品科学与工程		食品科技学院
	土地资源管理			公共管理	公共管理学院
				科学技术史	人文社会科学学院

注：带“▲”者为交叉学科。

师资队伍建设和人事人才工作

【概况】2015 年，人事人才工作以高水平师资和人才队伍建设为主线，开拓创新，锐意进取，按照学校党委和行政的统一部署，积极推进各项人事制度改革，切实提高人事管理和服务水平，完成各项年度工作任务，为世界一流农业大学建设进一步夯实了人才和智力保障。

学习先进经验，确立人事制度改革工作目标。先后赴浙江大学、武汉大学、东南大学、中国科学技术大学、哈尔滨工程大学、华中农业大学、安徽大学、东北林业大学等高校学习人事人才工作经验。通过学习先进经验，结合学校实际，确立人事制度改革基本理念和思路，逐步形成人事制度改革的整体方案：以建立适合学校事业发展的人力资源管理模式为目标，以分配制度改革为突破点，以“定编定岗、分类管理、评聘分离、能上能下、以岗定薪、岗变薪变”为导向，适时调整用人制度、考核管理制度和薪酬分配制度，实行岗位分类管理，合理配置学校和二级单位的人力资源，充分调动广大教职工的积极性和创造性。

凝聚各方共识，制定人事制度改革方案。在大量前期调研工作的基础上，起草了《南京农业大学教师编制管理办法》《南京农业大学教师岗位分类管理实施意见》《南京农业大学教师聘期考核办法》《南京农业大学学院年度绩效考核与分配实施办法》等人事制度改革文件，目前已经完成征求意见的工作。为完善相关方案，先后组织教师代表，各机关部处、各学院负责人，民主党派代表等不同层面教职员工征求意见。同时重点走访农学院、经济管理学院、工学院、理学院等代表性学院，摸排不同类型学院的实际状况，全方位评估系列改革方案对学校“建设世界一流农业大学”的重要作用和影响，为顺利实施人事制度改革做好充分的准备。完成配套文件《南京农业大学专职科研岗位设置与管理办法》《南京农业大学教师聘任办法》的起草工作。

做好高层次人才引进工作，加强高端人才项目申报。努力克服空间资源的制约，全年引进高层次人才 8 人。其中，教授 6 人，副教授 2 人。促成草业学科高层次人才郭振飞（教授二级）全职到岗履职，为学校草业学科的发展提供强劲动力；积极申报各类人才项目，在 2015 年度“千人计划”青年人才项目申报中，汪鹏、关雪莹已通过专家评审，学校“千人计划”青年人才项目继续保持良好增长势头；组织申报的“长江学者”特聘教授候选人有 10 人，“青年长江” 16 人，目前进入二轮答辩的“长江学者”特聘教授有 1 人，“青年长江”申报 5 人；陶小荣获中组部“青年拔尖人才”；3 人入选江苏省“双创计划”；2 人入选“江苏特聘教授”；6 人入选江苏省“六大人才高峰”项目。

遴选“钟山学者”学术新秀。2015 年下半年，组织实施第三批“钟山学者”学术新秀的遴选工作，经学院推荐、学部遴选、校学术委员会投票，共选出 30 位“钟山学者”学术新秀。为带动学校“崇尚学术、学术自由”氛围的形成，5 月 23～24 日“钟山学术论坛”在淮安市召开，学校“钟山学者”学术新秀、淮安市农委负责人、南京农业大学淮安研究院技术人员等 70 多人出席论坛。论坛旨在促进产学研对接，加强对“钟山学者”学术新秀的培养，推动高校智力服务社会，拓宽青年人才的研究思路。9 月 14 日，2015 年“海外留学人员江苏行考察联谊活动”（引凤工程）南京农业大学座谈会举行。来自美国、英国、德国、加拿大、意大利、澳大利亚等 20 个国家 57 所世界名校或科研机构的 56 名留学博士、博士后来学校参观考察交流。

完善高层次人才考核评估工作。制定高层次人才考核办法，依据工作协议约定内容，对 Josef Voglmeir 等 18 位引进的高层次人才开展中期评估，努力建立高层次人才产出的激励与保障机制，营造“引得进、留得住、用得好”的人才环境。

岗位分级工作。完成了 2015 年专业技术职务岗位分级工作，共聘任 367 人。其中，正高二级 6 人、三级 32 人；副高一级 34 人、二级 48 人；中级一级 55 人、二级 171 人；初级一级 21 人。充分体现了高级岗位的标杆和导向作用，较好地处理了行政权力和学术权力的配置关系，保证了评审的质量。完成了校二、三级教授岗位申报条件的修订和征求意见工作。

专业技术职务的评聘工作。组织2015年职称评聘工作。全校申报职称人数总计206人，经校职称评定委员会审定，最终正高通过人员20人（教学科研系列18人，其他系列2人）；副高通过人员59人（教学科研系列46人，其他系列13人）；中级通过人员23人。完成2013年以来引进人才职称特聘工作。完成初级和中级职称初聘工作：上半年申报142人，人事处（校职改办）根据初级职称和中级职称申报条例认真审核并确认，其中135人均符合条件，予以发文聘任，下半年共有43人申报，正在进行资格审查、评聘工作。

建立以绩效为导向的薪酬分配体制。根据国家、江苏省的有关文件精神，调整并补发了离退休职工基本离退费，年增资约800万（已补发667万）；一次性预发在职人员工资约407万；大幅度提高机关事业单位在职职工上下班交通补贴标准，年新增交通补贴260万。完成各类人员的招聘工作。全年共有121人参加教学科研岗面试。通过专家评审，有44人进入学校教学科研岗工作。其中，13人具有海外留学或工作经历，24人来自“985工程”大学，8人具有博士后研究经历。49人进入师资博士后岗位。学校2015年公开招聘非编人事代理人员20名，涉及14个用人单位。其中，管理岗位11个、其他专业技术岗位9个。组织2次租赁人员共42个岗位的招聘面试工作，办理增人、办卡、报到手续38人，退回手续22人。

流动站自主招收博士后进出站工作。目前在站人数187人，2015年进站人数54人。其中统招统分9人（包含4名外籍博士后）；师资博士后23人。出站人数24人，退站人数3人。联合工作站在站人数31人，进站人数5人，出站人数14人。完成2015年博士后评估工作15个流动站的动员组织，材料汇总整理，总结撰写，审核报送工作。

博士后资助工作。国家资助招收博士后名额上升到14名，获得博士后日常资助112万；获中国博士后科学基金第八批特别资助7人，获资助105万；获第五十七批中国博士后科学基金面上资助人数18人，获资助120万；获第五十八批中国博士后科学基金面上资助人数18人，获资助105万；获2015年度江苏省博士后科研资助计划人数10人，获资助63万元。

加快人事管理信息化建设。一是人事招聘系统投入使用。实现招聘工作网上申请、网上审核、结果网上公示，大大提高了人事人才招聘的效率。二是成功完成招聘系统及报到注册系统的设计开发。实现招聘全程信息化、透明化、简便化，同时配套注册报到系统，与现行人事管理信息系统完美对接，实现从应聘到履职的人事信息全程一体化管理。三是完善已建成的信息系统。重点对职称评审、岗位聘任和人事管理信息系统运行的问题进行整改，确保专人实时维护全校人员基础信息。

成功举办第十二届全国农林水高校人事管理研究协作组年会。11月5日，第十二届全国农林水高校人事管理研究协作组年会在南京农业大学召开。来自中国农业大学、华中农业大学等45所高校的163名代表参加了会议。会议邀请了南京大学商学院名誉院长、著名人力资源专家赵曙明教授做大会报告；南京农业大学、河南农业大学、山东农业大学、沈阳农业大学代表先后做了大会交流。

关怀老龄生活，做好老龄工作。学校投资150多万元，对教职工活动中心进行整体装修，对原有功能区块进行适当的调整，改善办公、办学条件，确保各项老年活动有序开展。成功举办纪念抗战胜利70周年离退休教职工书画展，并在南京开展巡回展；承办在南京高校老年乒乓球赛等一系列文体活动，营造出良好的“老有所养、老有所学、老有所为、老有所乐”氛围。

【董莎萌、吴玉峰入选第十一批“千人计划”】2015 年 6 月 16 日，中共中央组织部、教育部正式下发通知，公布第十一批“千人计划”入选者名单。学校植物保护学院董莎萌教授、农学院吴玉峰教授入选“千人计划”青年人才项目。董莎萌是学校 2014 年引进的高层次人才，从事疫病菌的功能基因组学研究。研究内容包括解释作物疫病田间发生、变异和流行的重要分子机理等，已发表 SCI 论文 27 篇。其中，以第一作者身份在 *Science*、*PLoS Pathogens* 等杂志上发表论文 7 篇；论文被 *Faculty* 1 000、*Science*、*Nature Review* 系列专刊评论。先后主持国家自然科学基金 2 项（含优秀青年基金 1 项），农业公益性行业专项子课题 1 项，作为项目骨干参加欧盟 ERC 重大科研项目、Gatsby 慈善基金会项目、国家自然科学基金重点项目各 1 项。现为美国植物病理学会、国际卵菌遗传学会会员。吴玉峰是学校 2014 年引进的高层次人才，从事植物比较基因组学、表观基因组学和生物信息学研究。已发表 SCI 论文 10 篇，总影响因子 110。其中，在 *Molecular Biology and Evolution*、*Plant Cell*、*Genome Research* 杂志上发表第一作者和共同第一作者论文 6 篇，累计影响因子超过 69。目前主要从事基于第二代测序技术的植物表观基因组学研究，内容包括全基因组 DNase I 超敏感位点、组蛋白修饰和 DNA 甲基化修饰的鉴定及其生物学意义。

【举办 2015 年“钟山学术论坛”】5 月 23 日至 24 日，南京农业大学 2015 年“钟山学术论坛”在淮安市举行。学校副校长董维春、淮安市副市长王兴尧出席开幕式并致辞。学校特邀嘉宾、“钟山学者”学术新秀、淮安研究院技术人员以及淮安市农业委员会业务骨干等共 60 多人参加，开幕式由人事处处长、人才办主任包平主持。

论坛旨在引导“钟山学术新秀”于产业需求中凝练科学问题、在潜心研究中享受工作乐趣、在服务社会中实现人生价值。论坛由“学术·人生”沙龙、专家主旨报告、新秀学术交流、产业发展考察等一系列活动组成。在活动设计上，本次论坛试图实现“三个结合”，即促进资深专家与青年才俊的聚合、推动相关学科的交叉与融合、实现基础研究与应用研究的契合；在活动效果上，力求做到助力青年才俊职业发展与推动校地合作兼顾、提高学术新秀的业务能力与提升职业素养同步。

【陈发棣入选“长江学者奖励计划”特聘教授】2015 年 1 月 28 日，教育部发文公布了 2013、2014 年度“长江学者奖励计划”特聘教授和讲座教授名单，学校园艺学院陈发棣教授入选特聘教授。

陈发棣教授长期从事菊花优异种质资源挖掘、创新利用与新品种选育研究。近五年来，以通讯作者在 *BMC Biol*、*Scientific Reports*、GenomBiolEvol、*Planta* 等学术刊物上发表 SCI 论文 70 余篇。其中，JCR 一区论文 27 篇。以第一发明人获授权国家发明专利 18 项、国家植物新品种权 18 个；获国家科技进步奖二等奖（第三完成人）、省部级一等奖（2 项）、华耐园艺科技奖等奖励；受聘担任江苏省特聘教授和国际学术期刊 *Horticulture Research* 副主编。育成系列抗性观赏性综合改良的自主知识产权菊花新品种，改变了以往中国菊花商业品种花色单调、抗性弱、花期多集中在秋季、依赖进口等状况，推动了中国菊花品种更新和产业升级。此外，陈发棣教授还曾获 2014 年国家杰出青年科学基金资助。

（撰稿：袁家明　审稿：包　平　审核：高　俊）

[附录]

附录1　博士后科研流动站

序号	博士后流动站站名
1	作物学博士后流动站
2	植物保护博士后流动站
3	农业资源利用博士后流动站
4	园艺学博士后流动站
5	农林经济管理博士后流动站
6	兽医学博士后流动站
7	食品科学与工程博士后流动站
8	公共管理博士后流动站
9	科学技术史博士后流动站
10	水产博士后流动站
11	生物学博士后流动站
12	农业工程博士后流动站
13	畜牧学博士后流动站
14	生态学博士后流动站
15	草学博士后流动站

附录2　专任教师基本情况

表1　职称结构

职务	正高	副高	中级	初级	未聘	合计
人数（人）	406	564	462	56	150	1 638
比例（%）	24.79	34.43	28.21	3.42	9.18	100.00

表2　学历结构

学历	博士	硕士	学士	无学位	合计
人数（人）	1 055	438	132	13	1 638
比例（%）	64.41	26.74	8.06	0.79	100.00

表 3 年龄结构

年龄	30岁及以下	31～35岁	36～40岁	41～45岁	46～50岁	51～55岁	56～60岁	61岁及以上	合计
人数	170	378	322	249	223	220	64	12	1 638
比例（%）	10.39	23.08	19.66	15.20	13.61	13.43	3.91	0.73	100.00

附录 3 引进高层次人才

一、植物保护学院

马文勃

二、资源与环境科学学院

宣 伟

三、园艺学院

王长泉

四、动物医学院

李建荣

五、理学院

朱映光 万 群

附录 4 新增人才项目

一、国家级

（一）中国青年女科学家

郭旺珍

（二）青年“千人计划”

吴玉峰 董莎萌

（三）青年“长江学者”

朱 艳 刘裕强 冯淑怡

（四）国家优秀青年基金

吴巨友 刘 斐 刘裕强

（五）“万人计划”青年拔尖人才

陶小荣

二、部省级

（一）“双创人才”

吴玉峰

（二）“双创博士”

李　真　田　旭

（三）江苏特聘教授

马文勃　陶小荣

三、校级

第三批“钟山学者”学术新秀

（一）农学院

王　笑　杨海水

（二）植物保护学院

李圣坤　张浩男　赵春青

（三）资源与环境科学学院

韦　中　刘树伟　张　隽　康福星

（四）园艺学院

王海滨　顾婷婷　谷　超

（五）动物医学院

吴文达　胡伯里　郭大伟

（六）动物科技学院

吴望军　黄　赞

（七）食品科技学院

王虎虎　李　伟　杨润强

（八）信息科技学院

韩正彪

（九）理学院

张　帆

（十）生命科学学院

陈　凯

（十一）工学院

郑恩来

（十二）经济管理学院

田　旭　田　曦　虞　祎

（十三）公管学院

刘红光　蓝　菁

（十四）金融学院

桑秀芝

附录 5　新增人员名单

一、农学院

陈　琳　冉从福　田瑞平　许娜　袁阳

二、植物保护学院

顾　沁　马文勃　王　燕　闫　祺　严　威

三、资源与环境科学学院

宣　伟

四、园艺学院

谷　超　蒋　励　汪　涛　王　燕　王长泉

五、动物医学院

顾金燕　李建荣　陆钟岩　潘升驰　施志玉　孙海凤　闫丽萍

六、食品科技学院

范　霞　史雅凝　束浩渊　陶　阳　吴俊俊　张雅玮

七、经济管理学院

史杨焱　谢　涵　周　德

八、公共管理学院

严思齐

九、理学院

陈荣顺　万　群　张明智　周玲玉　朱映光　祝　洁

十、人文社会科学学院

刘昊晰　徐　磊　薛　慧　张　萌

十一、生命科学学院

何宝叶　沈　宏　徐希辉

十二、金融学院

徐冰慧　于　引　张莉莉

十三、草业学院

陈　煜　迟英俊　任海彦　施海帆

十四、后勤集团

刘　锦　王　聪

十五、工学院

陈　菊　代德建　丁妤姣　范小燕　方　真　江亿平　李玉花　宋欣燃　王兴盛
张　瑜　朱　磊

十六、发展规划与学科建设处

郑艳妮

十七、国际教育学院

黄笑迪

十八、教务处、教师发展中心

陆　玲

十九、科学研究院

陈　荣　张　洛

二十、图书馆、图书与信息中心

蒋淑贞　彭　琛　谭敏敏

二十一、外国语学院

顾明生　周　萌

二十二、新农村发展研究院办公室

徐敏轮

二十三、研究生院、研究生工作部

高　婵

二十四、校医院

徐生亮

二十五、政治学院

杜何琪　邵玮楠

附录 6 专业技术职务评聘

一、专业技术职务晋升

（一）正高级专业技术职务

1. 教学科研系列

（1）正常晋升教授

农 学 院：姚 霞 黄 方

植物保护学院：张春玲 高聪芬

园艺学院：房婉萍 娄群峰

食品科技学院：陈志刚

资源与环境科学学院：范晓荣

生命科学学院：钟增涛

草业学院：杨志民

公共管理学院：欧维新 姜 海 郭贯成

人文社会科学学院：付坚强

工 学 院：薛金林

（2）破格晋升教授

农学院：刘裕强

2. 教育管理研究系列研究员

档 案 馆：刘兆磊

3. 教授级高级实验师

资源与环境科学学院：周权锁

（二）副高级专业技术职务

1. 教学科研系列

（1）正常晋升副教授

农 学 院：王 慧 李 凯 赵文青 蔡彩平

植物保护学院：华修德 孙荆涛 张浩男 胡 高

资源与环境科学学院：凌 宁 刘东阳 刘树伟

园艺学院：朱旭君 刘同坤 李 季 李 梦 张清海

动物医学院：吴文达 白 娟 陈兴祥 马 喆

动物科技学院：张 林 吴望军 于敏莉

草业学院：孙政国 于景金

食品科技学院：韩敏义 姜 丽

公共管理学院：刘述良

经济管理学院：巩师恩 严斌剑

人文社会科学学院：张 敏

农村发展学院：王小璐

信息科技学院：王浩云

理 学 院：张　瑾　任秀芳　李　瑛　安红利
生命科学学院：黄　彦　陈　熙　冉婷婷　师　亮
体 育 部：孙福成
工 学 院：卢　伟　陈桂云　丁兰英
（2）破格晋升副教授
理 学 院：张　帆

2. 其他系列

（1）教育管理研究系列副研究员
发展规划与学科建设处：江惠云
保 卫 处：何东方
学 工 处：周莉莉
国际合作与交流处：陈月红
校区发展与基本建设处：倪　浩
（2）思政副教授
生命科学学院：李阿特
工 学 院：崔　滢
（3）高级实验师
理 学 院：卢爱民
工 学 院：李　询
（4）副研究馆员
图 书 馆：陆红缨
人文学院：李　立
（5）副编审
动物科技学院：袁丽霞
（6）高级会计师
计 财 处：曹林凤

（三）中级专业技术职务

1. 教学科研系列（讲师）

人文社会科学学院：廖晨晨
外国语学院：廖心可
经营管理学院：周　琨
动物科技学院：苗　婧
资源与环境科学学院：李长钦
体 育 部：吕后刚

2. 其他系列

（1）教育管理研究系列助理研究员
信息学院：王春伟
经济管理学院：张　梅
工 学 院：颉慧芳　陈　卫

党委办公室：文习成
国际合作与交流处：夏　磊　丰　蓉
党委宣传部：许天颖
（2）实验师
动物科技学院：樊懿萱
工 学 院：邹春富
（3）工程师
工 学 院：金美付　张正伟
信息科技学院：严家兴
（4）会计师
计 财 处：崇小姣
（5）主治医师
校 医 院：丁正霞　周　丹　金　巾

二、专业技术职务聘任（初聘）

（一）讲师

徐　文　徐东波　于景金　章永年　陆德荣　胡冬临　孙荣山　安红利
陈园园　国　静　崔海燕　汪快兵　张　瑾　张　帆　殷志华　万永杰
陈兴祥　汤　芳　刘广锦　吴文达　罗　慧　王全祥　钱筱林　葛艳艳
魏　艾　张嫦娥　郑恩来　杨　松　芮　昕　杨润强　王绍琛　周　莉
叶可萍　顾家冰　吴智丹　熊　航　桑秀芝　李　莲　张　宁　张懿彬
杨　亮　杨海水　张小虎　李　刚　李国强　徐　良　安玉艳　王彦杰
朱旭君　张　楠　朱冰莹　张爱华　黎孔清　何海琳　邹山梅　孙明明
刘志鹏　顾　冕　唐　仲　刘秦华　原现军　陈　凯　韩正彪　庄　倩
沈立轲　刘　峰　张紫刚　戴　琛　师　亮　任　昂　崔为体　邹珅珅
叶文武　王兴亮　华修德　李延森　李平华　王　超　余凯凡　申军士
吴望军　田　亮　李向飞　肖　阳

（二）实验师

郑　颖　王晓莉

（三）助理研究员

陈志亮　任　阳　邢　鹏　吴　玥　贾媛媛　吴熙妹　郝佩佩　于　春

（四）馆员

胡文亮

（五）主治医师

吴妍妍

（六）助教

刘　方　于阳露　孙雅薇　赵　朦　王　彬　窦　靓　史文韬　姜晓玥
李艳丹　王晓月　吕一雷　曹晓萱　陆佳俊　卢茂春　朱　鹏　韩李美萱

（七）助理实验师

张　羽　滕　爽　孙　月　周少霞　徐晓红

（八）研究实习员

冯　薇　章　凡　陈　雷　刘　燕　毛　竹　张　璐　雷　翊　雷　颖
苏　怡　于　璐　吴　蕾　章利华

（九）助理馆员

郑新艳　陈宏原　高　俊　杜丰烨

（十）助理编辑

李　凌　尹　欢

三、专业技术职务聘任（同级转聘）

（一）副教授

周兆胜　吴　敏　刘馨秋　何红中

（二）讲师

车建华

（三）助理研究员

邱小雷　戴青华　桑大志　鞠卫平　夏德峰

（四）实验师

周　红

（五）研究实习员

孙　磊

（六）助理会计师

崇小姣

附录7　退休人员名单

武枫林　孙建平　康　健　阎品清　周义来　张　纵　陈则富　朱晓光
周晓阳　李建雨　展宁生　顾培章　陈　鸥　张　新　宋仁义　邵忠实
陈夕金　李　农　钱贻隽　陈铭达　邹文新　朱宗山　龚怡祖　刘晓忠
刘川宁　张毓梅　王　蓬　郝名禹　李　敏　刘再扬　丁林志　徐金秋
沈赞明　陈胜甫　杨　明　樊　平　李明月　刘松林　陈仁喜　黎小琴
赵　莲　纪子玉　张晓东　李开金　张效平　沙庭亮　向栏门　连小华
李宗梅

附录8　去世人员名单

一、校本部（25人）

张孝羲：植物保护学院
计维浓：理学院
佘光启：校区发展与基本建设处

张玉福：农学院
郭蔼平：理学院
韩高原：资源与环境科学学院
刘书楷：公共管理学院（含土地管理学院）
卢良俊：经济管理学院
缪宝山：农学院
钟觉民：植物保护学院
杨太华：后勤集团公司
沈盘坤：植物保护学院
庄玉尔：动物医学院
巢珊园：理学院
向秀华：工会
秦怀英：资源与环境科学学院
曹以勤：植物保护学院
龚怡祖：公共管理学院（含土地管理学院）
李大辰：校区发展与基本建设处
龙　俊：经济管理学院
朱元生：图书馆、图书与信息中心
龚义勤：图书馆
侯先胜：后勤集团公司
阮大伟：图书馆
陈鼎昌：组织部、党校、老干部办公室

二、工学院（含乡镇企业学院）（8人）

王识义　武源澄　陈景喜　张景明
周凤山　朱月仙　邹金鹤　董漠秀

三、江浦实验农场（5人）

邵云成　周达生　王德英
殷　鉴　孙明亮

四、实验牧场（1人）

李大新

七、科学研究与社会服务

科学研究

【概况】2015年，学校到位科研总经费6.65亿元。其中，纵向经费5.71亿元，横向经费0.94亿元。横向合作签订合同495项，横向合同金额1.2亿元。

新增国家自然科学基金立项资助166个，立项经费过亿元。其中，青年基金资助率41.24%，资助率高于全国平均水平21.11%。此外获重点项目3个，重点国际合作项目1个，新疆联合基金1个，优秀青年科学基金资助3个；江苏省自然科学基金获得立项资助54个，资助经费1 270万元，其中，青年基金项目获资助37个，重点项目1个，杰出青年项目3个；江苏省农业科技自主创新资金项目获得立项资助9个，资助经费2 310万元；948项目获得立项资助8个，资助经费710万元。

新增人文社科类纵向科研项目361个，与2014年相比，立项数增长20%，资助率提升3.9%。其中，国家社科重大招标项目1个，国家社科其他类项目9个，教育部人文社科一般项目7个、农业部软科学项目6个，省社科基金一般项目6个。纵向项目立项经费2 816万元，同比增长46.5%；到账经费3 213.1万元，同比增长34.4%。

申报自然科学类科技成果奖62项。其中，以南京农业大学为第一完成单位申报32项。以南京农业大学为第一完成单位荣获省（部）级以上奖励10项。其中，获国家科技进步二等奖2项，教育部高等学校科学研究优秀成果奖3项（一等奖1项、二等奖2项），江苏省科学技术奖3项（一等奖1项，二等奖2项），西藏自治区科学技术奖一等奖1项，农业部中华农业科技奖优秀创新团队1项。7项成果通过教育部、中国农学会、江苏省农业委员会鉴定评价。

新获人文社科科研成果奖励11项。其中，获教育部第七届高等学校科学研究优秀成果奖（人文社会科学）三等奖1项；江苏省社科联“江苏省社科应用研究精品工程奖”获奖8项（一等奖3项，二等奖5项）；江苏省人民政府研究室“江苏发展研究奖”获奖2项（一等奖1项，二等奖1项）；6篇咨询报告获得省部级以上领导批示。

2015年，学校人才团队建设取得重大进展。万建民教授当选为中国工程院院士；盖钧镒院士荣获第五届“中华农业英才奖”；郭旺珍教授荣获2015年“中国女科学家奖”；朱艳、刘裕强、冯淑怡等入选教育部“长江学者奖励计划”；汪鹏、关雪莹等入选“千人计划”青年人才项目；王源超、陈发棣、朱艳、吴益东、王秀娥、范红结等教授及其团队入选“第二批农业科研杰出人才与创新团队”；钟甫宁教授荣获“江苏省社科名家”称号；周应恒教授入选中共中央宣传部、中共中央组织部2014年文化名家暨“四个一批”人才；欧名豪教授领衔的“城乡统筹与农村土地制度创新”团队，被评为江苏高校哲学社会科学优秀创新团队。

以南京农业大学为第一通讯作者单位被 SCI 收录学术论文 1 275 篇，比 2014 年增长 12.83%；被 SSCI 收录学术论文 20 篇，比上年增长 25%；被 CSSCI 收录论文 304 篇。学校进入 ESI 前 1%的 4 个学科（领域）中，农业科学排名第 60 位，进入 ESI 前 1‰行列。2015 年，学校共申请国际专利、国内专利、品种权、软件著作权等 460 件，授权专利 250 件，获新品种权 14 项，获软件著作权 42 件，审定品种 18 个。其中，麻浩教授课题组和徐国华教授课题组各获 PCT 美国发明专利 1 件，姜平教授课题组发明的专利“高滴度猪圆环病毒 2 型培养细胞、制备方法及其用法”获第十七届中国专利优秀奖。

新增“国家梨改良中心南京分中心”“江苏省动物免疫工程重点实验室”“江苏省粮食安全研究中心”“江苏体育产业人才培养基地”4 个省级科研机构。积极落实学校农业部重点实验室（农业部动物生理生化重点实验室、农业部畜产品加工重点实验室）农业投资项目绩效考核试点工作。“农业部肉与肉制品质量监督检验测试中心”通过农业部专家组资质认证现场考核和评审，获得农产品质量安全检测机构考核合格证书及农业部审查认可证书；配合完成“国家梨改良中心南京分中心”和 3 项农业部重点实验室建设项目初步设计报告与概算。组织编写教育部和江苏省“十三五”国家重大科技基础设施项目建议；组织征集“十三五”农业部重点实验室指南建议；组织专家完成“南京农业大学优质粳稻原原种扩繁基地”验收；配合农业部、省农业委员会完成转基因科研基地建设检查工作。

积极布局校企合作平台，成立了苏州南农技术转移公司，新建了高邮技术转移中心，续签了如皋技术转移中心二期建设协议。深入推进与资阳市政府的全面合作；深入推进南京农业大学-康奈尔大学国际技术转移中心的建设。完成动物疫病诊断支持系统引进到国内商业化的可行性报告。科学研究院产学研合作处与食品科技学院合作，开展科技成果评估试点工作。积极参加各类校地对接、产学研服务活动，获工博会高校展区特等奖 2 项、先进个人奖 1 项，获“三农科技服务金桥奖”先进个人 1 项，以及 2015 年中国产学研合作促进奖创新成果奖一等奖 1 项。

2015 年，《南京农业大学学报（自然科学版）》核心影响因子 1.056，核心总被引频次 1 655。各项学术指标综合评价总分在 1 989 种核心期刊中排名第 141 位。在第六届江苏省科技期刊“金马奖”评选中，荣获“精品期刊奖”，获教育部科技发展中心“中国科技论文在线优秀期刊一等奖”，被江苏省新闻出版广电局评为“江苏省十强科技期刊”。同时，编辑部荣获“创新团队奖”，学报网站被评为“第三届中国高校科技期刊优秀网站”。

《南京农业大学学报（社会科学版）》在中国知网公布的影响因子年报（2015）中，影响因子为 1.767。在综合性经济科学期刊中名列第 13，在农业高校社科版学报中排名第一，《南京农业大学学报（社会科学版）》刊发论文被四大转摘机构转摘论文 24 篇次。《南京农业大学学报（社会科学版）》被省委宣传部评为省直重点社科理论“优秀期刊”，并获得资助。

《园艺研究》共接收稿件 123 篇，上线 35 篇，被 DOAJ 和 PubMed 数据库收录。10 月底，期刊编辑部成功在美国加州大学戴维斯分校举办“第二届国际园艺研究大会”，9 个国家的 100 多位专家与会，37 位专家做高质量报告。

组织开展高校科协建设与管理情况调研，形成《关于加强我校科协组织建设》报告；开展廉政防控风险排查工作，提升防腐拒变能力；承办在南京部属高校“国家科技体制与计划改革最新动态”专场宣讲会；组织策划第一届“钟山名家”讲坛，搭建高层次学术交流平台；组织召开 2015 年全校科学技术大会，助力“十三五”科技发展战略谋划；与园艺学院联合举办青年教师学术论坛5期。

修订《南京农业大学科学研究院内部管理办法》和《工作服务手册》；更新出版《南京农业大学科研成果与科研团队汇编》（中、英文版）、《南京农业大学2014年科技要览》（中、英文版）；编制完成《南京农业大学人文社科核心期刊目录（2015版）》，经学校学术委员会讨论通过并发布；启动《南京农业大学科技成果奖励办法》修订工作。

【科研成果获奖】曹卫星教授团队研究成果“稻麦生长指标光谱监测与定量诊断技术”及沈其荣教授团队研究成果“有机肥作用机制和产业化关键技术研究与推广”双双摘得国家科技进步奖二等奖。黄水清教授的专著《数字图书馆信息安全管理》获教育部第七届高等学校科学研究优秀成果奖（人文社会科学）三等奖。

【智库建设】金善宝农业现代化研究院于2015年11月10日获得江苏省首批重点高端智库授牌。金善宝农业现代化研究院是学校贯彻落实《关于加强中国特色新型智库建设的意见》文件精神，依托学校农业与农村发展优势学科、科研力量和学术积淀基础上建设的新型高端智库，旨在围绕江苏省的区域特色，整合国内外优势资源，着眼农业现代化进程的重要战略问题开展研究，精准高效地为江苏省委、省政府建言献策，加快推进国家特别是江苏省农业现代化进程。

（撰稿：李海峰　贾雯晴　毛　竹　审稿：俞建飞　陶书田
周国栋　姜　海　马海田　陈学友　审核：王俊琴）

［附录］

附录1　2015年纵向到位科研经费汇总表

序　　号	项目类别	经费（万元）
1	国家转基因重大专项	4 208.73
2	国家自然科学基金	8 878.04
3	国家“973”计划	2 177.84
4	国家“863”计划	1 877.13
5	国家科技支撑计划	3 080.56
6	科技部其他科技计划	266.50
7	国家公益性行业科研专项	7 370.80
8	现代农业产业技术体系	1 710.00
9	“948”项目	798.00
10	农业部其他项目	4 343.10
11	农业部重点实验室	3 177.00
12	国家重点实验室	700.00
13	教育部人才基金	3 970.00
14	教育部其他项目	604.67

（续）

序　　号	项目类别	经费（万元）
15	江苏省科技厅项目	2 854.26
16	江苏省其他项目	3 882.66
17	南京市科技项目	168.3
18	国际合作项目	111.02
19	其他项目	6 949.73
合　计		57 128.34

附录 2　2015 年各学院纵向到位科研经费统计表

序号	学院	到位经费（万元）
1	农学院	11 256.28
2	植物保护学院	5 754.8
3	资源与环境科学学院	6 893.3
4	园艺学院	4 916.86
5	动物医学院	3 693.21
6	食品科技学院	3 317.33
7	生命科学学院	1 969.51
8	动物科技学院	2 834.46
9	工学院	756.74
10	理学院	399.01
11	草业学院	218.6
12	经济管理学院	1 192.91
13	公共管理学院	759.08
14	信息科技学院	330.17
15	金融学院	337.28
16	农村发展学院	151.54
17	人文社会科学学院	288.1
18	政治学院	39.1
19	外国语学院	100.87
20	体育部	14
21	其他*	1 110.98
合　计		46 334.13

*：行政职能部门纵向到位科研经费，不含国家重点实验室、农业部重点实验室、国家梨改良中心南京分中心、教育部 111 引智基地及渔业学院等到位经费。

附录3　2015年结题项目汇总表

序号	项目类别	应结题项目数（个）	结题项目数（个）
1	国家自然科学基金	131	131
2	国家社会科学基金	9	9
3	国家“863”计划	3	3
4	科技部科技支撑计划	7	5
5	国家“973”计划	1	1
6	科技部农业科技成果转化资金项目	3	3
7	教育部科学技术研究重点项目	12	12
8	教育部科学技术研究重大项目	2	2
9	教育部新世纪优秀人才计划	6	6
10	教育部博士点基金	30	30
11	教育部人文社科项目	8	8
12	农业部“948”项目	6	6
13	江苏省自然科学基金项目	31	31
14	江苏省社科基金项目	2	2
15	重点研发计划——现代农业	22	17
16	重点研发计划——社会发展	6	6
17	江苏省软科学	4	4
18	江苏省教育厅高校哲学社会科学项目	10	10
19	江苏省社科联研究课题	13	13
20	江苏省农业三项工程项目	6	5
21	江苏省农业自主创新项目	8	6
22	人文社会科学项目	5	5
23	校青年科技创新基金	42	42
24	校人文社会科学基金	38	29
25	基本业务费人才引进项目	12	12
合计		417	398

附录 4　2015 年各学院发表学术论文统计表

序　号	学　院	论　文		
		SCI（篇）	SSCI（篇）	CSSCI（篇）
1	农学院	128		
2	植物保护学院	166		
3	资源与环境科学学院	153		
4	动物科技学院	124		
5	动物医学院	166		1
6	生命科学学院	118		
7	园艺学院	136		
8	食品科技学院	148		
9	草业学院	14		
10	信息科技学院	3	1	17
11	理学院	56		
12	工学院	28	1	4
13	渔业学院	23		
14	经济管理学院	6	8	75
15	公共管理学院	1	7	92
16	人文社会科学学院	1		28
17	农村发展学院	2		5
18	金融学院	2		42
19	外国语学院		1	8
20	政治学院			12
21	体育部			1
22	其他		2	19
合　计		1 275	20	304

附录 5　2015 年国家科技进步奖成果

成果名称	获奖类别及等级	授奖部门	完成人	主要完成单位
稻麦生长指标光谱监测与定量诊断技术	国家科技进步奖二等奖	国务院	曹卫星　朱　艳　田永超 姚　霞　倪　军　刘小军 邓建平　张娟娟　李艳大 王绍华　马吉锋　沈生元 丁　峰　武立权　徐志福	南京农业大学 江苏省作物栽培技术指导站 河南农业大学 江西省农业科学院
有机肥作用机制和产业化关键技术研究与推广	国家科技进步奖二等奖	国务院	沈其荣　徐阳春　杨　帆 杨兴明　薛智勇　陆建明 徐　茂　李　荣*　赵永志 黄启为　张瑞福　余光辉 冉　炜　李　荣**　沈　标	南京农业大学 全国农业技术推广服务中心 江阴联业生物科技有限公司 浙江省农业科学院 江苏省耕地质量保护站 北京市土肥工作站

*：完成人所属单位为全国农业技术推广服务中心。

**：完成人所属单位为南京农业大学。

附录 6　2015 年各学院专利授权和申请情况一览表

学院	授权专利		申请专利	
	件	其中：发明/实用新型/外观设计	件	其中：发明/实用新型/外观设计
农学院	33	29/4/0（1 件美国专利）	34	28/6/0
植物保护学院	11	9/2/0	35	28/7/0
资源与环境科学学院	14	14/0/0（1 件美国专利）	29	29/0/0（1 件 PCT 专利）
动物科技学院	12	4/8/0	28	12/16/0
动物医学院	7	7/0/0	10	9/1/0
生命科学学院	8	8/0/0	16	16/0/0（1 件 PCT 专利）
园艺学院	19	18/1/0	38	35/3/0
食品科技学院	25	22/3/0	46	38/8/0
信息科技学院			1	1/0/0
农村发展学院			1	1/0/0
理学院	2	2/0/0	4	4/0/0
工学院	116	8/84/24	140	34/82/24
图书馆	3	3/0/0	3	3/0/0
合计	250	121/105/24	385	224/137 /24

附录 7　主办期刊

《南京农业大学学报（自然科学版）》

2015 年，《南京农业大学学报（自然科学版）》共收到稿件 678 篇，退稿 489 篇，退稿率为 72%，刊出论文 150 篇。每期邮局发行 270 册，国内交换 400 册，国际交流 30 册，国外发行 2 册。从 2015 年开始对《南京农业大学学报（自然科学版）》刊登的论文进行 HTML 网页制作，并开展了最新目次的推送工作。根据中国科学技术信息研究所 2015 版《中国科技期刊引证报告（核心版）》的统计结果，《南京农业大学学报（自然科学版）》核心影响因子为 1.056，核心总被引频次为 1 655，在 1989 种科技类核心期刊中排在第 141 位，排名上升 100 多名。《南京农业大学学报（自然科学版）》在 2015—2016 年被中国科学引文数据库（CSCD）核心库收录，位于农业科学的 Q1 区；入选 2014 版中文核心期刊要目总览，在入选的 34 个综合性农业期刊中排名第四。《南京农业大学学报（自然科学版）》被江苏省新闻出版广电局评为“江苏省十强科技期刊”；荣获中国科技论文在线优秀期刊一等奖；荣获第六届江苏省科技期刊金马奖·精品期刊奖和金马奖·创新团队奖。《南京农业大学学报（自然科学版）》网站被评为第三届中国高校科技期刊优秀网站。

《南京农业大学学报（社会科学版）》

2015 年，《南京农业大学学报（社会科学版）》共收到稿件 2391 篇。其中，校外稿件

2 273篇，校内稿件 118 篇。全年刊用稿件 92 篇，用稿率为 3.8%。其中，刊用校内稿件 20 篇，校外稿件 72 篇；省部级基金资助论文 57 篇，基金论文占比达 0.619 6。2015 年《南京农业大学学报（社会科学版）》用稿周期约为 159 天。

在《中国学术期刊影响因子年报（人文社会科学）》2015 年第 13 卷中，《南京农业大学学报（社会科学版）》影响因子为 1.767，在综合性经济科学期刊中排名第九，在农业高校社科版学报中排名第一。被四大转摘机构全文或者部分转摘论文 24 篇次，转摘率达到 26%。

社 会 服 务

【概况】 2015 年，学校共签订各类对外科技服务合同 495 项，合同金额 1.2 亿元，横向到位经费 0.94 亿元。共办理免税合同 111 份，减免额 5 617.3 万元。江苏省 2015 年前瞻性研究项目申报 10 项，获资助 7 项，合计金额 125 万元，2013 年江苏省前瞻性研究项目结题 6 项。与常州市、苏州市张家港区政府合作项目分别获得 10 万元和 5 万元经费支持。南京农业大学技术转移中心申报的江苏科技副总项目共获得江苏省科技厅专项经费 70 万元。

2015 年，学校新农村发展研究院参加全国高等学校新农村发展研究院协同创新战略联盟筹备会议和成立大会并担任联盟常任主席单位。组织申报 2015 年农业部、财政部依托科研院校开展重大农技推广服务试点工作（农办财〔2015〕48 号）并获得立项，获得经费 3 000万元。打造“线下建联盟、线上做服务”的“双线共推”农村科技服务模式。建立了社会服务工作量认定网上申报管理系统，全年认定社会服务工作量 1 376 天。出台了《南京农业大学社会服务工作量认定管理暂行办法》。在东海县、泗洪县、射阳县、张家港市等地组织开展江苏省“挂县强农富民工程”项目。学校新农村发展研究院和国家信息农业工程技术中心联合申报国家科技部星火计划，获得立项经费 100 万元。承担的“十二五”国家科技支撑计划课题“长三角现代农业区大学农业科技服务模式关键技术集成与示范”顺利结题。

2015 年，资产经营公司完成主营业务收入 7 511.72 万元，利润 469.72 万元。把握“加强所属企业国有资产监管”和“推进学校科技产业化工作”两条主线，完成了检查、清理、规范、改革、发展五大任务。2015 年 12 月，学校制定印发了《南京农业大学经营性机构干部管理暂行办法》（党发〔2015〕110 号）。根据文件精神，资产经营公司及下属企业不设行政级别。

江浦实验农场教学科研实验基地 106.67 公顷，分别是农学实验站、环境工程实验站、动科实验站、园艺实验站和公共服务站；农业高新技术示范基地（实验农场）266.67 公顷，包括农业服务站、农机服务站等。完成了学校 900 余名学生的实习任务。

【基地与平台建设】 2015 年，新增安徽和县新农村发展研究院、滁州荣鸿农业专家工作站、大丰大桥果树专家工作站、南京湖熟菊花专家工作站、河北衡水冠农植保专家工作站和山东临沂园艺专家工作站 6 个新农村服务基地，拓展办学空间 4 800 平方米。获批农业部 2015 年度全国农业农村信息化示范基地。推进南京农业大学-康奈尔国际技术转移中心工作，对康奈尔大学筛选提供的科研成果进行分类，形成两类引进模式。根据康奈尔方的要求，完成了动物疫病诊断支持系统引进到国内商业化的可行性报告。与高邮科技局达成初步意向，建立企业化运行的苏中技术转移中心。加入中国产学研促进会、江苏技术转移联盟、国家农业科技成果转化创新战略联盟，成为理事或副理事长单位。完成江苏省互联网众创园申报工作。学校参加省内外多地的校地对接和科技成果展示活动10场。

【资产经营】 制定了《资产公司廉政风险点》《资产经营公司决策廉政风险识别图》《南京农业大学经营性资产管理委员会议事规则》。完成教育部国有资产管理专项检查工作，学校资产经营公司牵头，协调11个单位部门，完成78项材料的整理汇总。2015年11月承办全国农业院校产业协会2015年工作年会，重点讨论科技成果产业化工作。规划设计研究院公司于2015年1月9日取得城乡规划编制资质乙级证书，2015年度共接到规划设计类项目21项，到账金额215万元。完成《南京农业大学规划设计研究院有限公司岗位管理办法（暂行）》等12项规章制度的制定。食品科技公司完成“南农大”特色农产品的包装设计制作方案的选定，建立了产品的生产基地，完成了“南农大”品牌电商销售平台的建设，正式投入上线。肉类食品公司完成店面识别系统的选定，开设三号门门店，产品荣获第17届中国国际工业博览会高校展区特等奖。神州种业公司完成2015年度农业综合项目开发——原种基地建设项目申请工作，获得项目经费440万元。注册成立了苏州南农技术转移有限公司。

【获奖情况】 2015年度新农村发展研究院获得江苏省“三下乡”活动先进集体、2015年度“挂县强农富民工程”优秀单位、2012—2015年高校新农村发展研究院建设进展评估优秀。组织参加农业部“美丽乡村”建设博览会，获农业部领导好评和表扬信。学校食品科技学院黄明教授团队申报的科技成果项目“基于生物技术的安全传统肉制品”和农学院水稻组申报的科技成果项目“水稻机插水卷苗育秧技术”分别荣获第17届上海中国国际工业博览会高校展区特等奖，郑金伟获得高校展区先进个人奖项。农学院倪军荣获第二届“三农科技服务金桥奖”先进个人。刘兆普团队获得“2015年中国产学研合作促进奖创新成果奖”一等奖。

（撰稿：严　瑾　黄　芸　李海峰　王惠萍　许承保　审稿：陈　巍　李玉清　俞建飞　马海田　孙小伍　吴　强　乔玉山　审核：王俊琴）

[附录]

附录1　2015年各学院横向合作到位经费情况一览表

序　　号	学　　院	到位经费（万元）
1	农学院	1 217.636 0
2	植物保护学院	645.300 0
3	资源与环境科学学院	656.392 0
4	园艺学院	482.638 0
5	动物科技学院	360.878 0
6	动物医学院	1 140.593 9
7	食品科技学院	169.800 0

（续）

序　　号	学　　院	到位经费（万元）
8	生命科学学院	232.023 6
9	理学院	58.232 0
10	工学院	248.53
11	信息科技学院	194.167 48
12	公共管理学院	385.600 0
13	经济管理学院	369.090 0
14	人文社会科学学院	243.230 0
15	外国语学院	41.730 789
16	农村发展学院	203.200 0
17	金融学院	33.560 0
18	其他	2 700.398
合计		9 383.00

附录 2　2015 年科技服务获奖情况一览表

时　间	获奖名称	获奖个人/单位	颁奖单位
2015 年 1 月	江苏省文化科技卫生“三下乡”先进个人	钱春桃	中共江苏省委宣传部 江苏省文明办 江苏省教育厅 江苏省科学技术厅
2015 年 3 月	2014 年度“送科技、比服务、促增收”先进个人	王克其	江苏省农业委员会
2015 年 3 月	2014 年全省挂县强农富民工程挂县突出单位	南京农业大学	江苏省农业委员会
2015 年 3 月	淮安市 2014 年度成果转化与新兴产业培育先进集体	南京农业大学淮安研究院	淮安市国家创新型试点城市创建领导小组
2015 年 4 月	常熟市人才与科技创新工作先进个人	钱春桃	常熟市人民政府
2015 年 4 月	常熟市人才科技工作先进集体	南京农业大学常熟新农村发展研究院	常熟市人民政府
2015 年 9 月	十七届上海工业博览会高校展区特等奖	黄明	十七届中国国际工业博览会组委会
2015 年 9 月	十七届上海工业博览会高校展区特等奖	水稻组	十七届中国国际工业博览会组委会
2015 年 9 月	十七届上海工业博览会高校展区先进个人	郑金伟	十七届中国国际工业博览会组委会
2015 年 10 月	第二届“三农科技服务金桥奖”先进个人奖	倪军	中国技术市场协会
2015 年 12 月	中国产学研合作促进奖创新成果奖一等奖	刘兆普团队	中国产学研促进会

附录3 2015年南京农业大学准入新农村服务基地一览表

序号	基地类别	名称	合作单位	所在地	服务领域
1	综合示范基地	安徽和县新农村发展研究院	和县台湾农民创业园	安徽和县	蔬菜、养殖等
2	分布式服务站	滁州荣鸿农业专家工作站	安徽荣鸿农业开发股份有限公司	安徽滁州	生态农业
3	分布式服务站	大丰大桥果树专家工作站	江苏盐丰现代农业发展有限公司	江苏大丰	设施果树
4	分布式服务站	南京湖熟菊花专家工作站	南京农业大学（自建）	江苏南京	菊花
5	分布式服务站	河北衡水冠农植保专家工作站	河北冠龙农化有限公司	河北衡水	农药
6	分布式服务站	山东临沂园艺专家工作站	山东朱芦镇人民政府	山东临沂	园艺

八、对外交流与合作

外事与学术交流

【概况】2015 年，国际合作与交流处、港澳台办公室全体人员认真学习中共十八届三中全会和四中全会文件精神，深入开展“三严三实”主题教育活动，做好“廉政风险防控”工作。

2015 年，接待境外高校和政府代表团组 60 批 134 人次，包括韩国江原大学校长代表团、肯尼亚埃格顿大学校长代表团、法国梅斯国立工程师学校校长代表团和爱尔兰科克郡郡长代表团等；来访外宾总数达 760 人次，包括院士 14 名。2015 年签署和续签 26 个校际合作协议，包括 17 个校（院）际合作协议和 9 个学生培养项目协议。

2015 年获得聘专项目经费 860 万元。新增教育部“促进与美大地区科研合作与高层次人才培养项目”、国家外专局“高端外国专家项目”和“海外名师项目”“引进海外高层次文教专家重点支持计划”和“学校特色项目”等 90 多项。为了支持学院统筹规划、优化外国专家的结构和层次，学校设立校级特色项目、千人计划引智配套项目、引智计划院长基金项目等聘专项目，2015 年共立项资助 1 个引智计划院长基金项目、3 个校级特色项目和 3 个千人计划引智配套项目。组织实施“111 计划”、海外名师项目、学校特色项目、全英文课程建设项目等各类聘专项目 105 项，聘请外籍专家 570 人次，专家作学术报告 1 000 余场。新增“111 计划”项目 1 项，学校“111 计划”项目达到 5 项；新增国际科研合作项目 4 项。一名外籍专家获 2015 年度外国专家“江苏友谊奖”。

2015 年，选派教师出国（境）访问交流、参加学术会议和合作研究等共计 239 批 356 人次。其中，进修、合作研究、攻读学位等三个月以上的教师共计 68 人次。派出本科生和研究生 698 人次。其中，国家留学基金委资助“国家建设高水平大学公派研究生项目”63 人次，校际间学生联合培养和交换留学项目 78 人次。首次选派优秀博士生赴美国加州大学戴维斯分校承担两校“全球健康联合研究中心”培训班翻译工作。

【“作物生产精确管理研究创新引智基地”获批立项】丁艳锋教授牵头申报的 2016 年度高等学校学科创新引智基地“作物生产精确管理研究创新引智基地”项目获批立项（教技函〔2015〕58 号）。这是学校自 2006 年教育部、国家外专局启动“111 计划”以来获批的第五个学科创新引智基地。该项目聘请美国国家工程院院士、佛罗里达大学琼斯（James Jones）教授为海外学术大师，聘请来自美国、丹麦等国家的 13 名专家为海外学术骨干。该项目以“作物生产精确管理”为主题，设立作物丰产优质高效生理生态、作物系统模拟与优化设计、作物生长诊断与精确管理三个研究方向。

【英国籍专家米勒（Anthony Miller）教授荣获 2015 年度“江苏友谊奖”】2015 年 9 月，学校"111 计划"海外学术骨干，英国约翰英纳斯中心研究员米勒（Anthony Miller）博士荣获 2015 年度"江苏友谊奖"。米勒（Anthony Miller）博士是著名的植物生物学家，2002 年被聘为学校客座教授，至今已与学校植物营养学科保持了近 14 年的合作关系，与该学科多名教授合作，共同撰写 17 篇高水平论文，为学校植物营养学科的科学研究、人才培养、国际合作交流做出了重要贡献。

【举行第三届"世界农业奖"颁奖典礼】2015 年 9 月 20 日，第三届"世界农业奖"颁奖典礼在南京农业大学举行，获奖人为美国加州大学戴维斯分校辛格（R. Paul Singh）教授。辛格教授凭借其在食品科学、生物与农业工程的创新教育、研究、咨询及技术转让等方面的卓越贡献摘得该奖项。

【*Nature* 增刊专版介绍南京农业大学】2015 年 12 月 17 日，*Nature* 杂志增刊 *Nature Index* 2015 *China*（自然指数- 2015 中国）在线发表了对周光宏校长的专访，并用一个版面介绍了学校部分科研团队在其研究方向取得的尖端科研成果。周光宏从南京农业大学的历史及现状、教育与科研实力、未来十年发展目标及举措、学术研究和人才培养相互促进、大学在经济社会发展中的作用等几个方面系统介绍了学校建设世界一流农业大学的依据、路径和具体目标。

（撰稿：张　炜　魏　薇　丰　蓉　陈月红　杨　梅
蒋苏娅　郭丽娟　审稿：张红生　审核：王俊琴）

[附录]

附录 1　2015 年签署的国际交流与合作协议一览表

序号	国家	院校名称（中英文）	合作协议名称	签署日期
1	加拿大	阿尔伯塔大学 University of Alberta	校际合作备忘录	1月1日
2	美国	俄勒冈州立大学 Oregon State University	海外学习项目协议	4月23日
3		加州浸会大学 California Baptist University	校际合作备忘录	5月20日
4		佛罗里达大学 University of Florida	合作协议书	6月30日
5			双学位项目协议	6月30日
6		密苏里大学哥伦比亚分校 University of Missouri-Columbia	校际合作备忘录	11月6日
7	法国	拉舍尔博韦综合理工学院 Institut Polytechnique LaSalle-Beauvais	校际合作备忘录	4月15日
8		梅斯国立工程师学院 Ecole Nationale d'Ingénieurs de Metz	学生交换协议	4月24日
9	英国	皇家农业大学 Royal Agricultural University	校际合作备忘录	4月6日
10		亚伯大学 Aberystwyth University	校际合作备忘录	10月28日
11	意大利	乌迪内大学 University of Udine	校际合作备忘录	4月21日
12			学生交换项目协议	4月21日
13		比萨大学 University of Pisa	合作协议书	11月4日
14	以色列	以色列农业研究中心 The Agricultural Research Organization，Volcani Center	校际合作备忘录	11月12日

（续）

序号	国家	院校名称（中英文）	合作协议名称	签署日期
15	澳大利亚	悉尼大学 University of Sydney	学生海外学习项目协议	8月25日
16	日本	宫崎大学 University of Miyazaki	学术交流协议书	11月2日
17			学生交流备忘录	11月2日
18	泰国	泰国农业大学 Kasetsart University	学术交流合作协议书	11月10日
19		清迈大学 Chiang Mai University	合作交流协议书	4月24日
20			学生交换协议	4月22日
21	韩国	江原大学 Kangwon National University	校际合作备忘录	3月16日
22		光云大学 Kwangwoon University	交流协议书	10月26日

附录2　2015年举办国际学术会议一览表

序号	时间	会议名称（中英文）	负责学院/系
1	4月11～21日	生物质炭与绿色农业国际研讨会 International Conference on Biochar and Green Agriculture	资源与环境科学学院
2	5月11～14日	植物离子组学和养分高效利用国际研讨会 International Workshop on Plant Ionomics and Nutrient Use Efficiency	资源与环境科学学院
3	7月31日至8月3日	第四届植物-生物互作国际会议 The 4th International Conference on Biotic Plant Interactions	植物保护学院
4	9月19～22日	2015农业及生命科学教育与创新的世界对话国际会议 2015 GCHERA WAP & World Dialogue	
5	10月16～18日	第十二届中国蛋品科技大会暨蛋品科技国际研讨会 The 12th China Egg Science & Technology Conference and the International Egg Technology Seminar	食品科技学院
6	10月27日	研究生国际学术研讨会——农业与生活 International Academic Conference for Graduate Students—Agriculture and Life	研究生院
7	10月29日至11月2日	第二届国际园艺研究大会（美国加州大学戴维斯分校） The 2nd International Horticulture Research Conference	园艺学院
8	11月24～26日	猪链球菌防控东南亚培训班 Training Course for Swine Streptococcosis Control in ASEAN Countries	动物医学院

附录 3　2015 年接待重要访问团组和外国专家一览表

序号	代表团名称	来访目的	来访时间
1	英国皇家农业大学副校长代表团	探讨建立校际合作关系可能	1月
2	美国加州浸会大学副校长代表团	探讨建立校际合作关系、与食品科技学院开展合作科研、学生联合培养等事宜	2月
3	澳大利亚国家科学院院士、悉尼大学迈克托士（Robert A. McIntosh）教授	合作研究	3月
4	日本学术振兴会代表团	宣传日本学术振兴会相关项目，鼓励学校师生申报项目	3月
5	韩国江原大学校长代表团	签署校际合作备忘录，探讨合作科研、学生联合培养等事宜	3月
6	英国皇家科学院院士、牛津大学哈伯德（Nicholas Harberd）教授	合作研究	4月
7	英国皇家农业大学副校长代表团	签署校际合作备忘录，商讨合作办学项目和学生联合培养项目合作事宜	4月
8	美国国家科学院院士、阿拉斯加大学查宾（Stuart Chapin）教授	合作研究	5月
9	国际食品政策研究所代表团	与学校经济管理学院进行学术交流	5月
10	美国加州浸会大学副校长代表团	签署校际合作备忘录，与食品科技学院商谈海外实习项目	5月
11	澳大利亚国家科学院院士、墨尔本大学霍夫曼（Ary Hoffmann）教授	合作研究	6月
12	肯尼亚埃格顿大学理事会主席代表团	回顾双方合作成果，商讨共建“中肯作物分子生物学联合实验室”“中肯农业科技示范园区”等相关细节	7月
13	美国国家科学院院士、堪萨斯州立大学威能特（Barbara Valent）教授	参加第四届植物-生物互作国际会议	7月
14	德国科学院院士、马普陆地微生物学学会卡曼（Regine Kahmann）教授	参加第四届植物-生物互作国际会议	7月
15	美国国家科学院院士、密歇根州立大学何胜阳（Shengyang He）教授	参加第四届植物-生物互作国际会议	7月
16	英国皇家科学院院士、塞恩斯伯里实验室琼斯（Jonathan Jones）教授	参加第四届植物-生物互作国际会议	7月
17	美国国家科学院院士、杜克大学董欣年（Xinnian Dong）教授	参加第四届植物-生物互作国际会议	7月

（续）

序号	代表团名称	来访目的	来访时间
18	美国国家科学院院士、唐纳德植物科学中心卡瑞通（James Carrington）教授	参加第四届植物-生物互作国际会议	7月
19	美国国家科学院院士、加利福尼亚大学伯克利分校斯塔卡威（Brian Staskawicz）教授	参加第四届植物-生物互作国际会议	7月
20	德国科学院院士、马普植物育种研究所雷飞特（Paul Schulze-Lefert）教授	参加第四届植物-生物互作国际会议	7月
21	美国科学院院士、墨西哥生物多样性基因组学国家实验室罗伊斯（Luis R. Herrera-Estrella）教授	合作研究	8月
22	比利时皇家科学院院士、布鲁塞尔自由大学古德拜特（Albert Goldbeter）教授	合作研究	8月
23	新西兰怀卡托大学副校长代表团	探讨建立校际合作关系、开展学生联合培养项目可能	9月
24	美国加州州立理工大学农学院原院长	出席“世界农业奖”系列活动	9月
25	泰国清迈大学农学院副院长	出席“世界农业奖”系列活动	9月
26	全球农业与生命科学高等教育协会联盟（GCHERA）秘书长	出席“世界农业奖”系列活动	9月
27	美国康奈尔大学农业与生命科学学院副院长	出席“世界农业奖”系列活动	9月
28	第三届世界农业奖获奖人	出席“世界农业奖”系列活动	9月
29	第二届世界农业奖获奖人	出席“世界农业奖”系列活动	9月
30	GCHERA副主席、美国公立赠地大学联盟副主席	出席“世界农业奖”系列活动	9月
31	巴西农业高等教育协会主席	出席“世界农业奖”系列活动	9月
32	印度农业大学协会秘书长	出席“世界农业奖”系列活动	9月
33	肯尼亚埃格顿大学校长	出席“世界农业奖”系列活动，商讨进一步深化两校合作事宜	9月
34	GCHERA主席、加拿大阿尔伯塔大学农业与生命科学学院原院长	出席“世界农业奖”系列活动	9月
35	泰国农业大学副校长代表团	出席“世界农业奖”系列活动，商讨续签校际合作协议，拓展合作事宜	9月
36	美国加州大学戴维斯分校农业与环境科学学院院长代表团	出席“世界农业奖”系列活动，探讨两校在合作科研、学生联合培养等方面的合作事宜	9月
37	日本筑波大学生命与环境科学院长	出席“世界农业奖”系列活动，探讨拓展两校合作事宜	9月

（续）

序号	代表团名称	来访目的	来访时间
38	法国梅斯国立工程师学校校长代表团	商谈“3+2中法工程师班项目”和学术交换项目细节，探讨合作办学可能	10月
39	澳大利亚墨尔本大学副校长代表团	商讨进一步深化两校合作事宜	10月
40	英国亚伯大学生物、环境和乡村科学研究所所长代表团	签署校际合作备忘录，与草业学院进行学术交流，探讨师生交流、合作科研领域的合作可能	10月
41	美国加州大学戴维斯分校教授代表团	参加全球健康研讨会，进一步探讨在技术推广	11月
42	加拿大安大略省高校代表团	探讨在“江苏省-安大略省大学联盟”框架下开展师生交流、学生联合培养项目等合作	11月
43	爱尔兰科克郡郡长代表团	推动学校与爱尔兰科克郡相关高校、企业开展教育、科研和技术推广等合作	11月
44	澳大利亚悉尼大学兽医学院院长代表团	探讨本科生海外学习项目实施细节，拓展学术合作等事宜	11月

附录 4　2015 年学校新增国家重点聘请外国文教专家项目一览表

序　号	项目名称	项目负责人
1	“111 计划”——作物生产精确管理研究创新引智基地（B16026）	丁艳锋
2	引进海外高层次文教专家重点支持计划［荷兰瓦赫宁根大学汉瑞克（Nico Heerink）副教授］	石晓平
3	教育部特色项目（TS2015NJND031）	陈劲枫
4	海外名师项目［MS2015NJND023，美国俄亥俄州立大学丁飚（Biao Ding）教授］	陶晓荣
5	促进与美大地区科研合作与高层次人才培养项目（瘤胃产生的脂多糖内毒素对奶牛乳腺酪蛋白合成功能的影响与调控研究）	沈向真
6	高端外国专家项目［美国普渡大学菲力（Timothy R. Filley）教授］	潘根兴
7	高端外国专家项目［美国加州大学河滨分校克劳利（David Crowley）教授］	李恋卿

附录 5　2015 年学校新增国际合作项目一览表

序号	项目名称	外方合作者	项目资助机构	项目负责人
1	对流层臭氧污染对中国粮食安全的挑战	EEPSEA（Economy and Environment Program for Southeast Asia）	WorldFish	易福金
2	生物质炭与土壤可持续管理	肯尼亚（ICRAF），秘鲁（Universidad Cientifica del Sur / APRODES），印尼（Syiah Kuala University），越南（Thai Nguyen University），埃塞俄比亚（Jimma University），澳大利亚（Starfish Initiatives）	联合国环境署全球环境基金（Global Environmental Facility）	潘根兴

（续）

序号	项目名称	外方合作者	项目资助机构	项目负责人
3	中法国际合作研究项目——可持续食品供应链：实证分析、设计与评价	法国埃夫里大学的储风（Feng Chu）教授	法国外交部、法国高等教育与研究部	朱战国
4	提高转基因克隆胚胎生产	韩国忠北国立大学金南衡（Kim Nam Hyung）教授	韩国动物生物反应器及异种移植中心（CABX）	孙少琛
5	中国东盟（10+1）废弃生物质炭可持续农业技术及应用交流与合作		教育部	潘根兴

附录6　2015年学校新增荣誉教授一览表

序号	姓名	所在单位、职务职称	聘任身份
1	罗伊斯（Luis R. Herrera-Estrella）	墨西哥生物多样性基因组学国家实验室主任、教授，美国科学院院士	名誉教授
2	丹尼尔（Daniel Wallach）	法国农业科学研究院研究员	客座教授
3	金圣武（Sung Woo Kim）	美国北卡罗来纳州立大学教授	客座教授
4	顾玉诚（Yucheng Gu）	英国先正达集团首席科学家	客座教授

附录7　教师公派留学研究项目2015年派出人员一览表

序号	姓 名	院系/单位	留学国别	留学院校	出国时间	留学期限	留学身份	留学类别
1	张源淑	动物医学院	美国	佛蒙特大学	3月	6个月	访问学者	国家公派全额资助
2	宋小玲	生命科学学院	美国	阿肯色大学	3月	7个月	访问学者	国家公派全额资助
3	侯毅平	植物保护学院	美国	普渡大学	2月	1年	访问学者	国家公派全额资助
4	黄小三	园艺学院	美国	普渡大学	3月	1年	访问学者	国家公派全额资助
5	刘玉涛	工学院	美国	加州大学戴维斯分校	2月	1年	访问学者	国家公派全额资助
6	李惠侠	动物科技学院	美国	康奈尔大学	2月	1年	访问学者	国家公派全额资助
7	李永博	工学院	美国	俄亥俄州立大学	2月	1年	访问学者	国家公派全额资助
8	王　鹏	食品科技学院	美国	田纳西大学	3月	1年	访问学者	国家公派全额资助
9	王德云	动物医学院	美国	佛罗里达大学	3月	1年	访问学者	国家公派全额资助
10	杨　涛	理学院	美国	堪萨斯州立大学	9月	1年	访问学者	国家公派全额资助
11	刘广锦	动物医学院	美国	堪萨斯州立大学	9月	1年	访问学者	国家公派全额资助
12	王　暄	植物保护学院	英国	詹姆斯哈顿研究所	3月	1年	访问学者	国家公派全额资助

（续）

序号	姓 名	院系/单位	留学国别	留学院校	出国时间	留学期限	留学身份	留学类别
13	余光辉	资源与环境科学学院	美国	北卡州立大学	3月	1年	访问学者	国家公派 1∶1 配套
14	朱锁玲	图书馆	美国	伊利诺伊大学香槟分校	3月	1年	访问学者	国家公派 1∶1 配套
15	邢莉萍	农学院	英国	塞恩思伯里实验室	3月	1年	访问学者	国家公派 1∶1 配套
16	王翌秋	金融学院	美国	密西根州立大学	3月	1年	访问学者	国家公派 1∶1 配套
17	朱利群	农村发展学院	美国	北卡罗来纳州立大学	3月	1年	访问学者	国家公派 1∶1 配套
18	王 艳	经济管理学院	新西兰	梅西大学	3月	1年	访问学者	国家公派 1∶1 配套
19	沈 薇	理学院	美国	哈佛大学	3月	1年	访问学者	国家公派 1∶1 配套
20	杨新萍	资源与环境科学学院	美国	加州大学尔湾分校	4月	1年	访问学者	国家公派 1∶1 配套
21	高聪芬	植物保护学院	美国	加州圣塔芭芭拉分校	7月	1年	访问学者	国家公派 1∶1 配套
22	郭 杰	公共管理学院	美国	亚利桑那州立大学	8月	1年	访问学者	国家公派 1∶1 配套
23	黄 星	生命科学学院	美国	罗格斯大学	8月	1年	访问学者	国家公派 1∶1 配套
24	葛继红	经济管理学院	美国	普渡大学	8月	1年	访问学者	国家公派 1∶1 配套
25	刘同坤	园艺学院	美国	华盛顿大学	9月	1年	访问学者	国家公派 1∶1 配套
26	陈爱群	资源与环境科学学院	美国	肯塔基大学	9月	1年	访问学者	国家公派 1∶1 配套
27	郑聚峰	资源与环境科学学院	美国	普渡大学	10月	1年	访问学者	国家公派 1∶1 配套
28	钱国良	植物保护学院	美国	怀俄明大学	9月	1年	访问学者	国家公派 1∶1 配套
29	张 群	生命科学学院	德国	明斯特大学	7月	3个月	访问学者	国家公派 1∶1 配套
30	王凤英	外国语学院	英国	考文垂大学	8月	6个月	访问学者	国家公派 1∶1 配套
31	陆明州	工学院	比利时	鲁汶大学	10月	1年	访问学者	国家公派 1∶1 配套
32	任守纲	信息科技学院	荷兰	瓦赫宁根大学	8月	1年	访问学者	国家公派 1∶1 配套
33	王 超	校团委	澳大利亚	澳大利亚国立大学	9月	3个月	访问学者	国家公派 1∶1 配套
34	李 静	工学院	澳大利亚	昆士兰大学	8月	1年	访问学者	国家公派 1∶1 配套
35	李 红	外国语学院	日本	大阪大学	4月	6个月	访问学者	国家公派 1∶1 配套
36	王 薇	外国语学院	日本	大阪大学	9月	6个月	访问学者	国家公派 1∶1 配套
37	郭忠兴	公共管理学院	加拿大	卡尔加里大学	9月	3个月	教学进修	国家公派全额资助
38	欧维新	公共管理学院	加拿大	卡尔加里大学	9月	3个月	教学进修	国家公派全额资助
39	刘志鹏	资源与环境科学学院	以色列	希伯来大学	12月	1年	博士后	国家互换奖学金项目
40	徐希辉	生命科学学院	以色列	以色列农业研究组织	12月	1年	博士后	国家互换奖学金项目
41	林光华	经济管理学院	美国	宾州州立大学	1月	1年	进修	省青年教师公派留学资助
42	戴伟民	生命科学学院	美国	圣路易斯华盛顿大学	2月	1年	进修	省青年教师公派留学资助
43	虞德兵	动物科技学院	美国	俄亥俄州立大学	7月	1年	合作研究	省青年教师公派留学资助
44	李 梅	动物科技学院	美国	匹兹堡大学	7月	1年	进修	省青年教师公派留学资助

（续）

序号	姓 名	院系/单位	留学国别	留学院校	出国时间	留学期限	留学身份	留学类别
45	徐迎春	园艺学院	美国	康奈尔大学	8月	1年	进修	省青年教师公派留学资助
46	何琳燕	生命科学学院	美国	康奈尔大学	8月	1年	进修	省青年教师公派留学资助
47	卢亚萍	生命科学学院	澳大利亚	新南威尔士大学	1月	1年	进修	省青年教师公派留学资助
48	蒋红梅	理学院	澳大利亚	昆士兰大学	2月	1年	进修	省青年教师公派留学资助
49	张昌伟	园艺学院	加拿大	农业与食品部南方植物保护研究中心	2月	18个月	进修	省青年教师公派留学资助
50	胡　高	植物保护学院	英国	洛桑试验站	4月	1年	合作研究	省优势学科经费
51	鲍恩东	动物医学院	德国	汉诺威兽医大学动物卫生和动物福利研究所	6月	3个月	合作研究	科研经费
52	Gabriel YEDID	生命科学学院	美国	德州大学泛美分校	1月	5个月	进修	科研经费
53	吴文达	动物医学院	美国	密西根州立大学	2月	6个月	合作研究	科研经费
54	吕凤霞	食品科技学院	加拿大	农业部圭尔夫食品中心	3月	6个月	合作研究	科研经费
55	吕　波	理学院	美国	佛罗里达大学	2月	1年	进修	科研经费
56	夏　妍	生命科学学院	日本	东京大学	3月	1年	合作研究	科研经费
57	董明盛	食品科技学院	加拿大	萨斯喀彻温大学	8月	3个月	合作研究	派员单位
58	李　英	园艺学院	美国	威斯康星大学	8月	5个月	合作研究	派员单位
59	王利民	植物保护学院	美国	华盛顿州立大学	8月	6个月	合作研究	派员单位
60	卢　勇	人文社会科学学院	英国	剑桥大学	10月	6个月	合作研究	派员单位
61	胡　飞	工学院	美国	北卡罗来纳州立大学	10月	1年	进修	派员单位
62	肖　进	农学院	加拿大	农业和农业食品部	9月	1年	合作研究	派员单位
63	牛冬冬	植物保护学院	美国	加州大学河滨分校	3月	2年	合作研究	派员单位
64	韩美贵	工学院	英国	哈德斯菲尔德大学	8月	6个月	合作研究	学院师资培养经费
65	王　歆	工学院	英国	考文垂大学	8月	7个月	进修	学院师资培养经费
66	顾　玲	动物科技学院	美国	圣路易斯大学	7月	6个月	合作研究	南农大和邀请方
67	薛树林	农学院	美国	俄克拉荷马大学	8月	1年	进修	南农大和邀请方
68	孙　锦	园艺学院	日本	千叶大学	3月	1年	进修	邀请方

附录 8 国家建设高水平大学公派研究生项目 2015 年派出人员一览表

序号	姓名	院系/单位	留学国别	留学院校	出国时间	留学期限	留学身份
1	张丹妮	食品科技学院	美国	俄勒冈州立大学	8 月	1 年	联合培养硕士
2	罗冰冰	资源与环境科学学院	英国	约翰英纳斯中心	11 月	1 年	联合培养硕士
3	叶扬帆	食品科技学院	荷兰	瓦赫宁根大学	8 月	1 年	攻读硕士学位
4	张泽惠	食品科技学院	荷兰	阿姆斯特丹大学	7 月	2 年	攻读硕士学位
5	邵天恒	园艺学院	法国	巴黎高科	7 月	2 年	攻读硕士学位
6	帖　明	公共管理学院	美国	宾州州立大学	1 月	1 年	联合培养博士
7	吴亚男	动物科技学院	美国	普渡大学	8 月	1 年	联合培养博士
8	钱　妤	动物科技学院	英国	斯特林大学	8 月	1 年	联合培养博士
9	沈军威	信息科技学院	美国	肯特州立大学	9 月	1 年	联合培养博士
10	王秀云	草业学院	美国	罗格斯大学	9 月	1 年	联合培养博士
11	李甲明	园艺学院	美国	马里兰大学帕克分校	9 月	1 年	联合培养博士
12	王　成	园艺学院	加拿大	多伦多大学	9 月	1 年	联合培养博士
13	谢　星	动物医学院	韩国	高丽大学	9 月	1 年	联合培养博士
14	戴竹青	食品科技学院	美国	罗格斯大学	1 月	1 年	联合培养博士
15	乔　鑫	园艺学院	美国	佐治亚大学	1 月	1 年	联合培养博士
16	李丽红	农学院	美国	普渡大学	1 月	1 年	联合培养博士
17	熊　武	资源与环境科学学院	荷兰	乌特勒支大学	1 月	1 年	联合培养博士
18	孙景玲	资源与环境科学学院	意大利	那不勒斯费德里克二世大学	1 月	1 年	联合培养博士
19	张要军	资源与环境科学学院	澳大利亚	悉尼大学	1 月	15 个月	联合培养博士
20	张　青	植物保护学院	美国	加州大学河滨分校	9 月	18 个月	联合培养博士
21	郑志天	植物保护学院	美国	曼彻斯特大学	8 月	18 个月	联合培养博士
22	吴秋琳	资源与环境科学学院	美国	德州农工大学	1 月	18 个月	联合培养博士
23	文永莉	资源与环境科学学院	美国	杜克大学	1 月	18 个月	联合培养博士
24	袁　瑗	农学院	美国	肯塔基大学	1 月	18 个月	联合培养博士
25	王　从	资源与环境科学学院	美国	加州大学戴维斯分校	11 月	18 个月	联合培养博士
26	江　瑜	农学院	美国	北卡罗来纳州州立大学	1 月	2 年	联合培养博士
27	赵　耀	植物保护学院	美国	加州大学河滨分校	8 月	2 年	联合培养博士
28	马家乐	动物医学院	美国	爱荷华州立大学	8 月	2 年	联合培养博士
29	王路遥	植物保护学院	美国	纽约州立大学石溪分校	9 月	2 年	联合培养博士
30	姜苏育	农学院	美国	洛克菲勒大学	9 月	2 年	联合培养博士
31	蒋　倩	园艺学院	美国	德克萨斯大学奥斯汀分校	9 月	2 年	联合培养博士
32	王小龙	园艺学院	美国	田纳西大学	9 月	2 年	联合培养博士
33	黄叶娥	动物医学院	美国	戴维斯综合癌症研究中心	9 月	2 年	联合培养博士
34	田祥瑞	植物保护学院	美国	密西根州立大学	9 月	2 年	联合培养博士

（续）

序号	姓名	院系/单位	留学国别	留学院校	出国时间	留学期限	留学身份
35	杨金阳	经济管理学院	美国	耶鲁大学	9月	2年	联合培养博士
36	陶镛汀	工学院	美国	佐治亚理工大学	9月	2年	联合培养博士
37	黄玉萍	工学院	美国	密西根州立大学	9月	2年	联合培养博士
38	刘　敏	园艺学院	美国	佐治亚大学	1月	2年	联合培养博士
39	陈丽君	经济管理学院	美国	密苏里大学	1月	2年	联合培养博士
40	胡小婕	资源与环境科学学院	美国	密西根州立大学	1月	2年	联合培养博士
41	查满荣	农学院	美国	普渡大学	11月	2年	联合培养博士
42	周　凯	农学院	美国	加州大学戴维斯分校	11月	2年	联合培养博士
43	柯小娟	农学院	美国	加州大学戴维斯分校	11月	2年	联合培养博士
44	潘孟乔	农学院	美国	杨百翰大学	11月	2年	联合培养博士
45	贾龙飞	动物医学院	美国	康奈尔大学	11月	2年	联合培养博士
46	司　彤	农学院	美国	普渡大学	12月	2年	联合培养博士
47	郭峻菲	动物医学院	加拿大	曼尼托巴大学	11月	2年	联合培养博士
48	马　妍	农学院	英国	洛桑研究所	8月	2年	联合培养博士
49	肖正高	资源与环境科学学院	瑞士	纽沙泰尔大学	9月	2年	联合培养博士
50	邵子南	公共管理学院	荷兰	瓦赫宁根大学	1月	2年	联合培养博士
51	唐锐敏	生命科学学院	加拿大	农业部马铃薯研究中心	1月	2年	联合培养博士
52	赵文婷	生命科学学院	德国	吉森大学	7月	18个月	联合培养博士
53	李晨旸	生命科学学院	德国	柏林自由大学	9月	3年	联合培养博士
54	夏忆寒	植物保护学院	瑞典	德隆大学	1月	4年	攻读博士学位
55	李艳军	生命科学学院	美国	康涅狄格大学	1月	4年	攻读博士学位
56	马啸驰	资源与环境科学学院	美国	华盛顿州立大学	9月	4年	攻读博士学位
57	井龙晖	动物科技学院	比利时	根特大学	8月	4年	攻读博士学位
58	谢　翀	食品科技学院	芬兰	赫尔辛基大学	11月	4年	攻读博士学位
59	曹　蕊	动物科技学院	德国	癌症研究中心	8月	4年	攻读博士学位
60	田　卉	生命科学学院	荷兰	瓦赫宁根大学	10月	4年	攻读博士学位
61	张宁一	农学院	荷兰	瓦赫宁根大学	2月	4年	攻读博士学位
62	陈　义	园艺学院	法国	图卢兹国立综合理工学院	8月	4年	攻读博士学位
63	王　哲	动物医学院	美国	堪萨斯州立大学	7月	5年	攻读博士学位

教育援外、培训工作

【概况】受国家商务部和教育部委托，全年共举办农业技术、农业管理、中国语言文化等各类短期培训项目14期（含无锡渔业学院）。包括发展中国家农业信息技术应用研修班、发展中国家农产品质量与安全研修班、柬埔寨开发区建设与发展研修班、非洲国家农产品质量与安全高级培训班等，共计培训学员 418 人。继续执行教育部“中非高校 20+20 合作计划”项目。

【学校参加全国教育援外工作会议】 2015 年 3 月 23 日，“第十二次对发展中国家教育援外工作会议”在北京召开。本次会议由教育部主办，中国农业大学承办。会议旨在学习贯彻中共十八大关于对发展中国家开展公共外交的工作方针，落实教育规划纲要中加大教育国际援助力度的要求，研讨交流 2015 年的援外工作。南京农业大学作为“中非高校 20+20 合作计划”院校、中国-东盟教育培训中心项目单位以及全国十个教育援外基地之一应邀参加了此次会议。

【肯尼亚埃格顿大学理事会主席一行访问南农】 2015 年 7 月 9 日，肯尼亚埃格顿大学理事会主席 Olubayo Otieno、理事会财务委员会主任 Dan Nguchu 和埃格顿大学科研处处长 Chingi Kibor 一行三人访问南农。副校长徐翔会见了代表团一行。双方就中肯作物分子生物学联合实验室设备采购运输、中肯农业科技示范园区基础设施建设、孔子学院财务管理等事项进行了商谈并达成一致意见。双方还就探索多元化国际合作办学模式，设立非洲农业研究中心，以肯尼亚为基点、辐射东非其他国家，五年内联合培养 50 名博士研究生的设想进行了探讨。

【校长周光宏率团参加第八届中国—东盟教育交流周活动】 为期一周的“第八届中国-东盟教育交流周”活动在贵阳启幕。交流周开幕式于 8 月 3 日上午举行，主题是“互学互鉴、福祉未来”。全国政协副主席、农工党中央常务副主席刘晓峰、教育部部长袁贵仁、教育部副部长郝平、外交部部长助理钱洪山等出席开幕式。来自东盟各国的政要、驻华大使、教育部官员、专家学者以及中国及东盟国家相关高校代表等 1 200 余人参加了开幕式。校长周光宏率团出席了交流周开幕式及中国-东盟教育培训联盟成立仪式等重要活动。

（撰稿：满萍萍　童　敏　审稿：刘志民　审核：王俊琴）

孔　子　学　院

【概况】 汉语教学人数不断扩大，教学质量大幅度提升。全年开设 62 个班次的汉语课程，培训学员 1 749 人。HSK 和 HSKK 考试通过率达到 99%，比 2014 年提高 5%。举办和参加“埃格顿大学孔子学院学生夏令营”“中国驻肯尼亚大使馆春节联欢会”“世界大学生汉语桥比赛”“埃格顿大学开放日”“中国歌曲比赛”等文化活动 28 场次，参与人数累计 18 555 人（次）。孔子学院学生 Elvis Njau 在第十四届“世界大学生汉语桥”中文比赛肯尼亚赛区获得冠军。为当地中小农户和周边国家政府官员、管理人员举办以“温室技术”“园艺作物栽培”“园艺作物病虫害防治”“农业可持续发展”“粮食安全”等主题的农业技术培训班 5 期，累计培训学员 185 名。

【中国大使访问孔子学院】 2015 年 9 月 15 日，中国驻肯尼亚大使刘显法来到埃格顿大学，出席孔子学院组织的“非洲农化用品峰会”开幕式，参观建设中的中肯作物分子生物学联合实验室，看望埃格顿大学孔子学院师生。

【中央电视台拍摄孔子学院纪录片】 2015 年 10 月 8 日，中国中央电视台摄制组徐兆群导演一行来孔子学院采访。拍摄的纪录片在 CCTV NEWS 英语频道播出，部分镜头在“中非合作论坛约翰内斯堡峰会”宣传片中使用。

（撰稿：姚　红　李　远　审稿：刘志民　审核：王俊琴）

港 澳 台 工 作

【概况】 2015 年，学校与台湾大学、屏东科技大学、宜兰大学签署校际合作协议书和学生交流协议书。接待港澳台团组来访 19 批 52 人次；派出教师赴台访问 10 批 15 人，赴港访问 4 批 6 人次；赴台湾高校交换学生 9 批 9 人次，短期交流 6 批 23 人次；台湾来学校参加海峡两岸新农村建设研习营学生 17 人。

（撰稿：丰　蓉　杨　梅　审稿：张红生　审核：王俊琴）

［附录］

附录 1　2015 年与台湾高校签署交流与合作协议一览表

序号	院校名称	合作协议名称	签署日期
1	台湾大学生物资源暨农学院	学术交流合作协议书	2015 年 9 月 8 日
2		学生交换协议书	2015 年 9 月 8 日
3	屏东科技大学	学术交流合作协议书	2015 年 9 月 18 日
4	宜兰大学	学术交流协议书	2015 年 12 月 30 日

附录 2　2015 年我国港澳台地区主要来宾一览表

代表团名称	来访目的	来访时间
台湾大学教授代表团	参加第三届植物-生物互作国际会议	7～8 月
屏东科技大学学生代表团	参加“两岸大学生新农村建设研习营”	7～8 月
嘉义大学学生代表团	参加“两岸大学生新农村建设研习营”	7～8 月
中兴大学学生代表团	参加“两岸大学生新农村建设研习营”	7～8 月
台湾大学学生代表团	参加“两岸大学生新农村建设研习营”	7～8 月
宜兰大学副校长代表团	校际访问，探讨建立校际关系可能	9 月

校　友　工　作

【概况】2015年，南京农业大学校友会成立了贵州校友会，指导四川、深圳地方校友会完成换届，完成学院校友会组织机构人员名单更新，建立了校友秘书工作QQ群，收集了海外校友及企业校友共506人信息，对四川、北京、广州、淮安、厦门、贵州、山西地方校友会进行走访调研，探讨新形势下校友工作的方式方法。

校友会利用网站、QQ群、微信群、微博、《南农校友》杂志，构建海内外校友联络平台。学校目前已建立欧洲（法国）、北美（加拿大）2个海外校友微信群，上海、广东等32个国内校友微信群以及部分以专业和班级为群体的校友微信群。在2015届应届毕业生中选聘校友联络大使并建立校友大使QQ群。

校友会改版、编印校友杂志《南农校友》，由原来每年1期增加到2015年的3期。向校友邮寄校报及《南农校友》共计4 100份；向校报"校友英华"栏目供稿6篇；邀请3位校友回母校做客"校友论坛"；向学生介绍成长故事、创业历程、就业经验等。校友馆举办金善宝油画像揭幕仪式和食品科技学院建院30周年图片展等，全年接待参观200批4 100人次。

【金善宝油画像揭幕仪式】2015年12月29日，金善宝先生油画像揭幕仪式在南京农业大学校友馆举行。学校党委副书记盛邦跃、原江苏省农科院粮食作物研究所所长赵寅槐等30人出席了仪式。画像揭幕仪式由发展委员会办公室主任张红生主持，盛邦跃和赵寅槐为金善宝油画像揭幕，校长办公室主任单正丰为画像捐献者颁发捐赠纪念证书。

（撰稿：郭军洋　审稿：张红生　审核：王俊琴）

九、大学文化建设

大 学 文 化

【概况】2015 年度校园文化建设紧紧围绕学校中心工作和综合改革的推进，为推进学校“双一流”建设提供强有力的文化条件。通过加强网络评论员队伍建设，评选表彰网络宣传思想教育优秀作品，不断创新网络思想政治教育途径，促进学校网络文化建设；通过校园文化建设平台、载体、产品的建设，不断创新文化传播和文化育人方式，提升学校文化软实力。

【促进学校网络文化建设】稳步推进学校网络评论员队伍建设，分批次选送骨干网评员校外培训。开展网络宣传思想教育优秀作品评选表彰。

【创新文化传播和文化育人方式】开展校园文化建设优秀成果评选和精品项目立项建设工作。面向社会开展招生吉祥物征集，启动“南农出品”之学校文化衍生品创意开发。启动桃李廊、报春亭和三号门文化墙的景观文化设计。策划制作招生宣传片《我的大学在这里》，网络点击量达 40 余万次，并被人民网微视频和中国江苏新闻网转发。

（撰稿：刘传俊　审稿：全思懋　审核：孙海燕）

校 园 文 化

【概况】2015 年，南京农业大学以弘扬南农精神和时代精神为核心，以拓展学生综合素质为目标，进一步激发学生主体意识，营造积极进取、健康高雅的校园文化环境，开展了主题迎新晚会、校园十佳歌手大赛、“三走”主题活动、高雅艺术进校园及国际交流促进季等系列活动。

【“三走”主题系列活动】为贯彻落实中共十八届三中全会关于“强化体育课和课外锻炼，促进青少年身心健康、体魄强健”的精神，学校在 2015 年 4～11 月举办“走下网络、走出宿舍、走向操场”三走主题系列活动，成功举办体育嘉年华、“light run”荧光夜跑、“车”动南农、阳光运动等活动，学校 18 个学院 20 000 人次参与其中。

【参加全国大学生网络文化节】2015 年 6～10 月，南京农业大学组织学生参加全国大学生网络文化节。朱吉鑫的作品《爆发的力量》在摄影类比赛中荣获三等奖，余敏春的作品《南国春半踏青时》及金远征的作品《你在大时代》分别在网文类比赛中荣获二等奖与三等奖。

【高雅艺术进校园系列活动】2015 年，学校举办了系列高雅艺术进校园活动，主要包括：5 月 7～8 日，邀请北大话剧团为南农学子们带来《早安，妈妈》话剧表演；11 月 22 日，邀请著名主持人左岩做客南农，与同学们分享她的成长经历；12 月 4 日在大学生活动中心进行大型交响合唱史诗《华中人民的长城——铁军组歌》演出。

（撰稿：翟元海　审稿：王　超　审核：孙海燕）

体 育 活 动

【学生群体活动】2015 年参与早操、早锻炼的学生有 2 900 多名。第四十三届校级学生运动会由校体育部及各学院承办，共有 5 000 多人参加 6 个项目的比赛。4 月举办男、女篮球院系杯，5 月举办排球院系杯、体育文化节、啦啦操比赛，11 月举办校田径运动会，12 月举办足球院系杯。

【学生体育竞赛】2015 年高水平运动队在各类全国、省级比赛中取得的成绩有：女排获全国大学生排球联赛总决赛第六名，全国大学生排球联赛（南方赛区）第七名，江苏省大学生排球联赛（高水平组）第一名；网球队获江苏省第二届大学生网球单项比赛高水平组第一名，全国大学生网球公开赛（华东赛区）男子团体第三名，全国大学生网球锦标赛男子乙组双打第三名；武术队在全国大学生武术锦标赛中，张丹妮获得女子甲组棍术第一名、刀术第二名、长拳第二名，赵静文获得女子甲组太极拳第二名、太极剑第六名，任铭宇获得男子甲组太极拳第二名，黄思龙获得甲组南拳第三名。

普通生运动队在各类全国、省级比赛中取得的成绩有：篮球队在“V8”杯南京普通大学生篮球联赛中分别获得女子第一名，男子第五名，女篮在江苏省大学生校园篮球联赛（高水平组）中获得第五名，男篮在南京市珍珠球邀请赛中获得第四名；在南京市高校部游泳锦标赛中，游泳队赵宇隆获得 100 米蛙泳冠军，王羚羽获得 100 米自由泳冠军、200 米仰泳冠军，王欢获得 200 米仰泳亚军，赵倩茹获得 100 米蛙泳亚军、50 米蝶泳季军和 200 米自由泳季军；健美操队参加江苏省大学生健美操、啦啦操锦标赛获得乙组自选街舞第一名，规定街舞第二名，健美操男单第四名；田径队在南京市高校部田径运动会中获得 5 金 2 银 3 铜，女子团体第一名，男子团体第七名，总分团体第四名；在华东区农业院校田径比赛中获得男子团体第六名，女子团体第六名，男女团体第六名；足球队在江苏省“特步”大学生足球联赛（校园组）、南京高校普通大学生足球比赛中分别获得第五名、第六名。

（撰稿：杨春莉　陆春红　审稿：许再银　审核：孙海燕）

【教职工体育活动】2015 年 3 月，“三八”国际劳动妇女节女教职工迎春绿道健身行活动举办，全校近 500 名女教职工参加。4 月，教职工中国象棋比赛在教工活动中心举行，15 个部门工会 17 支代表队参加，外国语学院、农学院、资产管理与后勤保障处（一队）、资源与环境科学学院获得团体前四名，胡志强、王泗宁、任兴建、丁宇峰获得个人前四名。组队参加省教科工会组织在宁高校教职工乒乓球赛，获女子团体第五名，男子团体第六名。5月，教职工钓鱼比赛举行，20个部门23支队伍参加，体育部获得第一名。教职工乒乓球比赛在校体育馆举行，110多名教职工参加，机关党委（一队）摘得团体赛冠军，资产管理与后勤保障处（二队）取得亚军，经济与管理学院获得季军；王卉荣获女子单打冠军，徐峙晖荣获男子单打冠军。6月，以“中国梦　祖国美”为主题的教职工歌唱比赛在大学生活动中心举行，22名选手登上舞台，王菲和华欣获得一等奖。10月，南京农业大学第43届运动会举办，24个部门工会的27支代表队参加了男、女（中、青年组）100米、铅球、跳远、4×100米混合接力、播种收割、赶猪入圈、钻呼啦圈、夹球跑、集体跳绳等18个个人和趣味项目的角逐。图书馆、农学院、生命科学学院分别获得教工部田径、健身项目团体总分第一至第三名。11月，组队参加第五届全国农林高校教职工羽毛球联谊赛，南京农业大学获得第六名的好成绩。11月28日，教职工羽毛球混合团体比赛在校体育中心三楼羽毛球场馆举行，来自19个部门工会的24支代表队参加了本次比赛，信息学院和体育部并列第一，资产管理与后勤保障处（一队）与园艺学院（一队）分别获得第二名和第三名。12月20日，举办教职工扑克牌比赛，共有25个部门工会的32个代表队参加了比赛，草业学院、理学院、资产管理与后勤保障处获得前三名。

（撰稿：姚明霞　审稿：欧名豪　审核：孙海燕）

各类科技竞赛

【概况】学校积极响应国家“大众创业，万众创新”的号召，重视发挥第二课堂实践育人的重要作用，致力于培养创新型人才。学校通过举办“挑战杯”大学生课外学术科技作品竞赛、“创青春”大学生创业大赛、本科生学科专业竞赛、优秀大学生科技创新成果项目培育和创业实践项目培育等活动，在校园中营造了浓厚的学术氛围。

【首届中国“互联网+”大学生创新创业大赛】2015年10月19～21日，由教育部会同国家发改委、工业和信息化部、人力资源和社会保障部、共青团中央和吉林省人民政府联合举办的首届中国“互联网+”大学生创新创业大赛于吉林省长春市举行。南京农业大学学生完成的《发发精英——全新Uber+兼职O2O平台》作品进入全国总决赛并获银奖。在江苏省省级竞赛选拔环节，学校推报的作品获得一等奖1项，三等奖1项。

【本科生学科专业竞赛】2015年3～11月，学校团委、教务处立项支持的25项本科生学科专业竞赛圆满完成了各项竞赛组织工作，全校5 000名学生参与竞赛活动。活动促进第一课堂与第二课堂的有机融合，服务了学生专业学习和专业核心能力的培养。其中，学校立项支持的“基因工程机械大赛”作品代表学校参加麻省理工学院举办的2015年“国际基因工程机械设计大赛（iGEM）”获得银奖。

【“创青春”大学生创业大赛】2015年9～12月，学校举办了“创青春·福地句容杯”南京农业大学大学生创业大赛，共收到全校18个学院推报的51件参赛作品，大赛分设创业计划竞赛、创业实践挑战赛和公益创业竞赛三大类。经资格审查、网络评审、分组预赛和终审决赛，共评选出金奖 8 件、银奖 13 件和铜奖 20 件，7 名教师被评为优秀指导教师，8 个单位获优秀组织奖。

（撰稿：石木舟　翟元海　审稿：王　超　审核：孙海燕）

学　生　社　团

【概况】 2015 年，学校登记注册校级社团 57 个，分为文化艺术、体育竞技、学术科技以及公益实践四个大类。其中，文化艺术类社团 13 个，体育竞技类社团 12 个，学术科技类社团 13 个，公益实践类社团 19 个。14 个学院登记注册院级社团 46 个。

2015 年，学校继续实施“百个社团品牌项目建设工程”，立项资助社团重点项目。学生社团获省级及以上奖励 7 项，T-star 嘻哈社获得 2015 年江苏省啦啦操健美操比赛街舞自编第一名，绿源环境保护协会获得 2015 年全国志愿者项目服务大赛银奖，南农创行获得 2015 年创行创新公益大赛世界杯中国站区域赛一等奖及三等奖，兰菊秀苑戏曲团获得第四届全国大学生艺术展演戏剧一等奖并当选全国优秀国学社团，网球协会获得 2015 年南京市高校网球精英赛甲组团体冠军。

【江苏省大学生啦啦操健美操比赛】 2015 年 11 月 15 日，南京农业大学 T-star 嘻哈社参加每年一度的省级大学生啦啦操、健美操团体比赛，荣获 2015 年江苏省啦啦操健美操比赛街舞自编第一名。

【南京市高校网球精英赛】 2015 年 11 月，南京农业大学网球协会参加南京市高校网球精英赛，荣获了甲组团体冠军。

【新生杯辩论赛】 2015 年 10 月 17 日至 11 月 8 日，辩论协会主办了新生杯辩论赛，全校 17 个学院的新生辩论队参加。

（撰稿：翟元海　审稿：王　超　审核：孙海燕）

志　愿　服　务

【概况】 南京农业大学十分重视青年志愿者行动的组织开展，坚持以西部计划、苏北计划为龙头，以志愿者“四进社区”为推动，以志愿服务基地建设为依托，形成了校党政领导、共青团承办、项目化管理、事业化推进的格局。各级团组织及广大团员在支农支教、关爱农民工子女、关爱留守儿童、环保宣传、普法宣传、弱势群体帮扶等一系列志愿服务工作中践行“奉献、友爱、互助、进步”志愿者精神。全校 13 000 人次参与志愿服务活动，服务时间累计 15 万小时。

【学雷锋志愿者集中行动】 2015 年 3 月，学校各级团组织开展了“学习雷锋精神 弘扬时代新风”青年志愿者集中行动，7 830 名团员参与了学雷锋集中行动。学校立项资助了 9 个优秀志愿服务项目，通过中期考核和结项汇报答辩对志愿服务项目进行有效监督指导。

【19 人参加西部（苏北）计划】学校承办了 2015 年大学生志愿服务西部计划新疆生产建设兵团优秀志愿者宣讲会。西部（苏北）计划和研究生支教团项目吸引了 103 名学生报名，最终 19 人成行。

【第二届中国青年志愿服务项目大赛】2015 年 12 月 1 日，在由共青团中央、中央文明办、民政部、中国残联、中国志愿服务联合会、重庆市人民政府联合主办，中国青年志愿者协会等 8 家机构共同承办的第二届中国青年志愿服务项目大赛暨志愿服务重庆交流会上，学校绿源环境保护协会“秦淮环保行”项目在环境保护与节水护水项目比赛中荣获银奖。

【全校师生无偿献血】2015 年 12 月，学校组织开展以“用可再生的鲜血挽救不可重来的生命”为主题的全校师生无偿献血活动。1 069 名师生参与献血活动，累计献血量达 254 430 毫升。

（撰稿：贾媛媛　翟元海　审稿：王　超　审核：孙海燕）

社　会　实　践

【概况】2015 年，全校各级团组织以“践行‘八字真经’助力‘四个全面’”为主题，组织 5 000名师生，208 支社会实践服务团队，奔赴全国各地，深入农村基层，紧密联系地方团组织、企事业单位，深入实施“科教兴村青年接力计划”，广泛开展科技支农、政策宣讲、国情考察、环保科普、教育帮扶、寻访老兵、就业见习等活动。共服务全国 743 个村镇和社区街道，走访 7 639 个农户，举办各类讲座、培训累计 186 场次，发放各类资料 10 000 份。《新华日报》、南京电视台等多家媒体予以关注和报道，学校获评全省暑期社会实践活动“先进单位”“十佳风尚奖”等省级表彰 22 项。

【实践育人工作总结表彰】12 月 10 日晚，2015 年实践育人工作成果分享暨总结表彰大会在大学生活动中心举行，学校党委副书记王春春出席活动并讲话。大会以“青春在路上”为主题，分为社会实践、志愿服务和创新创业三个部分，全面展示了学校实践育人工作取得的成果。大会对 2015 年度社会实践、志愿服务、创新创业工作中涌现出的先进集体和个人进行了表彰。

（撰稿：贾媛媛　翟元海　审稿：王　超　审核：孙海燕）

十、财务、审计与资产管理

财 务 工 作

【概况】2015 年，计财处在学校党委、行政的正确领导下，围绕学校工作重心，开展各项财务管理工作，建章立制，强化管理，合理配置资源，为学校的事业发展提供了强有力的资金保证。

强化综合预算管理，做好中期财务规划工作。科学安排资金投放领域，保障学校资金使用安全、规范、高效。积极构建以科学合理的滚动规划为牵引，以资源合理配置与高效利用为目的，以有效的激励约束机制为保障，重点突出、管理规范、运转高效的支出预算管理新模式。完成了 2014 年的财务决算工作，通过对一年内的收支活动进行分析和研究，形成决算分析报告。科学编制 2015 年收支预算。

坚持科学理财。强化财务安全体系建设，不断创新报账管理方法，提高会计核算服务质量。2015 年度审核、复核原始票据 71.10 万张，编制会计凭证数 7.45 万份，录入凭证笔数 21.41 万笔，开具转账支票、电汇凭证 3.3 万余份，分别比 2014 年同期增长 17%、9%及 10%。

加强资金支付的信息化建设，电子支付系统日趋成熟。刷卡金额与数量不断上升，资金支付实行双复核制，资金日均支付量达 120 万元（现金、刷卡），银行票据签发量日均 330 份，全年银行票据签发量 33 000 余份。

坚持依法聚财。完成收费许可证备案、年检及非税收入上缴财政专户工作；完成本科生和研究生学费、住宿费、卧具费、医保费、教材费等费用的收缴工作；完成本科生和研究生各类奖勤助金发放工作。2015 年共收取本科生、研究生学费等费用 12 974 万元，接受助学贷款 1 478 万元，发放各类奖勤助金共 11 684 万元；完成学校培训备案工作 40 余次；完成南京农业大学 2014 年所得税汇算清缴、税务风险评估工作，全年开具税务发票 3 490 份；完成国产设备退税工作，累计退税金额 61 万元。

不断创新工作方式，提高工作效率。2015 年共发放校园卡 1.28 万张，经过校园一卡通系统的资金量达 7 728 万元，比 2014 年增加了 700 多万元。完成学生宿舍空调电费自助缴费系统的调试和安装工作，方便学生自助缴纳电费。建立了新生注册系统之学生网上自助缴费系统，提高了新生缴费管理效率。利用校园一卡通系统完成 2015 年度各类等级考试（英语四六级、计算机等级、普通话）报名，共计 22 553 人次。

【建章立制规范财务管理】根据法律法规和相关制度，结合各类财务审计及检查中发现的问题，计财处积极出台经费管理办法及规定。为进一步规范学校各类经济收入的管理与分配，

2015 年制定了《南京农业大学经济收入管理及分配办法（试行）》。为进一步加强财务管理力度，制定了《南京农业大学关于进一步规范公务接待报销的通知》以及差旅费、会议费、培训费等具体细则。

【盘活财政存量资金】大力推进财政专项资金的预算执行。2015 年批复改善基本办学条件专项经费共 10 项，总经费 9 000 万元。计财处在规范管理经费的基础上，协调完成 2013—2015 年中央高校改善基本办学条件专项的部分项目资金的调拨，调出项目 11 个，调入项目 31 个；完成 2016—2018 年 60 个中央高校改善基本办学条件专项的申报工作；顺利完成 2012—2014 年的改善基本办学条件专项的总结工作；同时做好改善办学条件项目、科研经费等各类专项资金的预算审核、中期检查、结题审计、项目额度控制、项目预算调整、账务调整等工作。

【完善财务信息化建设】完成计财处机房硬件设施重新搭建、系统迁移升级、异地备份，使财务系统的安全性、可靠性得到了大幅度提升。在学校信息中心建立了校园一卡通服务器主机房，保证系统高效、安全运行。新建了个人收入发放及所得税管理系统、校外劳务酬金网上申报系统，规范了校外劳务发放流程。完成了网上项目查询系统 5.0 更新。完成了学校微信支付账户申请、开通等工作。

【加强财会人员培训】积极组织财务工作人员参加各类培训、会议，充实财务人员专业管理知识，提升综合业务能力。2015 年组织财务人员参加教育部组织的“新入职人员培训班”、专项资金管理办法的专题培训、教育部直属高校财务人员培训班、教育部国库集中支付管理培训班等培训 10 余人次。

【配合学校做好财务检查】2015 年共迎接教育部、财政部、国家发改委、科技部、科技厅等各级各类专项检查 20 余项。其中，重大检查 10 余项，包括：教育部巡视组专项检查、改善基本办学条件专项检查、财政存量资金专项检查、公务接待专项检查、MBA 专项检查、捐赠收入财政配比资金检查、国家发改委收费专项检查、资产检查、科研各类专项检查等。通过完善财务制度和管理流程，提出解决方案和措施，顺利完成了各项任务。

[附录]

教育事业经费收支情况

南京农业大学 2015 年总收入为 175 292.33 万元，比 2014 年增加 13 716.28 万元，增长 8.49%。其中，教育补助收入增长 4.65%，科研补助收入增长 13.54%，其他补助收入增长 28.74%，教育事业收入增长 9.06%，科研事业收入增长 20.00%，其他收入减少 21.83%。

表 1　2014—2015 年收入变动情况表

经费项目	2014 年（万元）	2015 年（万元）	增减额（万元）	增长率（%）
一、财政补助收入	90 194.56	95 608.65	5 414.09	6.00
（一）教育补助收入	81 926.26	85 734.65	3 808.39	4.65
1. 项目支出	25 646.82	25 212.61	−434.21	−1.69
2. 基本支出	56 279.44	60 522.04	7 328.49	7.54

（续）

经费项目	2014年（万元）	2015年（万元）	增减额（万元）	增长率（%）
（二）科研补助收入	5 068.00	5 754.00	686.00	13.54
1. 基本支出	530.00	510.00	−20.00	−3.77
2. 项目支出	4 538.00	5 244.00	706.00	15.56
（三）其他补助收入	3 200.30	4 120.00	919.70	28.74
1. 基本支出	2 782.00	3 337.00	555.00	19.95
2. 项目支出	418.30	741.00	322.70	77.15
二、事业收入	60 509.11	70 595.82	10 086.71	16.67
（一）教育事业收入	18 412.11	20 079.95	1 667.84	9.06
（二）科研事业收入	42 097.00	50 515.87	8 418.87	20.00
三、经营收入	1 695.98	1 914.42	218.44	12.88
四、其他收入	9 176.40	7 173.44	−2 002.96	−21.83
（一）非同级财政拨款	7 070.78	6 248.48	−822.30	−11.63
（二）捐赠收入	919.33	410.62	−508.71	−55.33
（三）利息收入	2 931.26	1 248.72	−1 682.54	−57.40
（四）后勤保障单位净收入	−1 954.29	−2 126.97	−172.68	8.84
（五）其他	209.32	1 392.59	1 183.27	565.29
总计	161 576.05	175 292.33	13 716.28	8.49

数据来源：2014、2015年报财政部的部门决算报表口径。

2015年，南京农业大学总支出为182 818.96万元，比2014年增加41 419.40万元，同比增长29.29%。其中，教育事业支出增长43.62%，科研事业支出增长14.9%，行政管理支出增长39.29%，后勤保障支出减少11.04%，离退休人员保障支出增长5.44%。

表2　2014—2015年支出变动情况表

经费项目	2014年（万元）	2015年（万元）	增减额（万元）	增长率（%）
一、财政补助支出—事业支出	78 679.47	105 856.80	27 177.33	34.54
（一）教育事业支出	54 632.14	73 242.18	18 610.04	34.06
（二）科研事业支出	5 077.93	8 999.68	3 921.75	77.23
（三）行政管理支出	6 238.26	8 074.60	1 836.34	29.44
（四）后勤保障支出	4 295.66	5 089.55	793.89	18.48
（五）离退休支出	8 435.48	10 450.79	2 015.31	23.89
二、非财政补助支出	62 720.09	76 962.16	14 242.07	22.71
（一）事业支出	61 473.74	75 509.28	14 035.54	22.83
1. 教育事业支出	18 605.17	31 942.87	13 337.70	71.69
2. 科研事业支出	34 799.11	36 800.52	2 001.41	5.75
3. 行政管理支出	2 070.18	3 498.50	1 428.32	68.99

（续）

经费项目	2014 年（万元）	2015 年（万元）	增减额（万元）	增长率（%）
4. 后勤保障支出	1 425.53	0.00	－1 425.53	－100.00
5. 离退休支出	4 573.75	3 267.39	－1 306.36	－28.56
（二）经营支出	1 246.35	1 452.88	206.53	16.57
（三）其他支出	0.00	0.00	0.00	—
总支出	141 399.56	182 818.96	41 419.40	29.29

数据来源：2014、2015 年报财政部的部门决算报表口径。

2015 年学校总资产 434 457.74 万元，比 2014 年增长 8.27%。其中，固定资产增长 12.64%，流动资产增长 1.39%。净资产 392 715.62 万元，比 2014 年增长 8.31%。其中，事业基金增长 21.44%。

表 3　2014—2015 年资产、负债和净资产变动情况表

项　　目	2014 年（万元）	2015 年（万元）	增减额（万元）	增长率（%）
一、资产总额	401 256.47	434 457.74	33 201.27	8.27
（一）固定资产	204 387.22	230 226.34	25 839.12	12.64
（二）流动资产	142 512.19	144 497.03	1 984.84	1.39
二、负债总额	38 682.87	41 742.12	3 059.25	7.91
三、净资产总额	362 573.6	392 715.62	30 142.02	8.31
（一）事业基金	21 545.07	16 924.99	4 620.08	21.44

数据来源：2014、2015 年报财政部的部门决算报表口径。

（撰稿：李　佳　蔡　薇　审稿：杨恒雷　审核：张彩琴）

审　计　工　作

【概况】截至 2015 年 12 月 31 日，南京农业大学全年共完成审计项目 537 项，审计总金额 33.95 亿元，直接经济效益 2 843.66 万元（基建、维修工程结算审减额）。

【加强机制建设，认真落实上级文件精神】学校党政领导积极落实《教育部关于加强直属高校内部审计工作的意见》文件要求和教育部部长袁贵仁在教育部内部审计工作视频会议上的讲话精神。2015 年 7 月，在组织建设方面，学校成立审计处党支部。在机构建设方面，审计工作由原来的校党委副书记（兼任纪委书记）分管改为校长直接分管、校党委副书记（兼任纪委书记）协管；独立设置审计处、任命了专职审计处处长并开展工作，审计处处长不再由纪委副书记兼任。

2015 年 11 月，审计处就近期审计开展的情况、审计工作思路打算、审计处机构设置等内容，向主管校领导进行汇报，得到校领导的肯定和支持。

【规范审计管理，不断促进审计工作完善】2015年，审计处以网站建设为契机，重新梳理了国家、部省及校内审计规章制度。加强审计工作信息公开，对各类审计事项予以公告、公示。加强对维修项目的管理，对10万元以上维修项目试行“打包跟踪审计”，以防止维修工程管理过程中管理不到位，施工结算中施工单位高估冒算、互相扯皮的现象。

【突出工作重点，发挥审计监督管理职能】一是开展财务审计。第一，积极开展预算执行审计。对学校2015年1～9月预算编制、预算分配及预算调整的管理情况，预算执行情况、应收及暂付款、应付及暂存款等债权债务清理情况进行审计，审计金额14.3亿元。第二，继续深化领导干部经济责任审计。2015年，共开展经济责任审计82项，已审计完成43项，已完成的审计总金额达10.08亿元（其中，离任审计39项，任中审计4项）。对领导干部在履行岗位职责，包括经费收支管理、资产管理、往来款项清理、重大经济事项集体决策等方面进行了审计，将发现的问题与被审计单位及被审计对象进行交流，落实整改。第三，强化科研经费审计，促进财政资金安全高效使用。2015年，开展了125个科研经费项目结题验收前审计。其中，76个自然科学类科研项目、40个社会科学类科研项目、9个重大科研项目等，审计金额总计1.44亿元。开展了科研结题审签106项，审签金额2 891.49万元。继续开展“江苏省高校优势学科二期项目跟踪审计”，重点审核作物学、植物保护等8个学科的预算执行、项目资金使用和管理等情况。通过上述审计，发现科研经费使用中存在经费报销附件不全、财务审批手续不完善、发票及差旅费报销不规范等一系列问题。明确提出整改建议，并与科学研究院、计财处、项目负责人交流沟通，限期整改，规范了学校科研经费管理。第四，开展财务收支审计，推进学校管理规范化。对南京农业大学资产经营有限公司、科技开发有限公司、神州种业有限公司等8家单位的财务收支情况进行审计，审计总金额4.78亿元。第五，开展审计调研。根据校领导要求，配合相关管理部门开展多项审计调研，审计工作延伸到校外并提交了相关审计报告。

二是开展工程项目审计。2015年共完成基建、维修审计项目245项，送审金额达27 664万，审减金额2 844万，核减率10%，大大提高了有限资金的使用效率。加强对招标文件和合同的审核。招标文件及工程量审核10项，合同审核20余项。重视全过程跟踪审计，对卫岗校区25项10万元以上的维修项目进行打包跟踪审计，审计金额3 615万元。细化审计方案，明确审计重点和节点。针对各项目具体情况，强化对工程变更审批程序、现场签证及隐蔽工程计量的审计。在开工前主动召开工程审计项目开工前进点会、定期对在建工程进行巡查和与工程管理部门的沟通。在工程结算审计中，采取重大分歧问题会议协商、工程结算审计审前会议、工程结算复审制等等，促进审计质量的提高，提高建设资金使用效益。

【加强审计队伍建设，提高审计人员综合素质】重视培训交流，不断提高内部审计人员业务能力。分别委派工程、财务审计人员参加教育部、中国教育审计学会等主管部门、行业协会组织的有关基本建设工程管理、工程预决算、财务预决算、内部控制、审计信息化等方面的交流培训，着力提高内审人员的业务素质。重视专业理论学习，鼓励审计人员立足岗位开展理论研究。2015年，审计人员获中国教育审计学会2015—2016年课题立项1项，主持在研校级课题3项，在《房地产导刊》等刊物上发表课题研究论文3篇。

（撰稿：朱靖娟　审稿：顾义军　顾兴平　审核：张彩琴）

国有资产管理

【概况】2015 年，资产管理与后勤保障处按照学校第十一次党代会精神和综合改革方案要求，紧紧围绕“1235”发展战略目标，稳步开展国有资产管理工作。严格执行财政部、教育部及学校国有资产管理规定，按章办事。编印《国有资产管理制度汇编》并印发各学院、各单位共计 200 余册；建立资产报废处置鉴定专家库，把好资产“出口关”；建立回收公司库，严格按照工作程序组织报废资产招标工作，保障资产残值收益。

组织召开国有资产管理委员会，审议国有资产管理重大事项，根据工作需要对学校国有资产管理委员会组成人员进行调整；根据学校机构调整和岗位聘任情况，及时更新各单位资产管理员和资产管理负责人信息，做好专兼职资产管理员业务培训，进一步加强资产管理队伍建设。

做好资产管理信息系统日常运行维护。全年资产服务大厅访问 34 663 人次，组织召开资产系统协调会 3 次，优化或解决系统问题 19 个。按照财政部、国管局报表要求，开发数据接口优化资产系统报表导出功能。针对资产系统与财务系统个别资产分类不匹配问题，主动配合财务处，认真记录，仔细比对，实现价值和资产分类双重准确对账。

截至 2015 年 12 月 31 日，南京农业大学国有资产总额 43.45 亿元。其中，固定资产 23.02 亿元，无形资产 2 857.67 万元。土地面积 896.67 公顷，校舍面积 64.42 万平方米。学校资产总额、固定资产总额分别比 2014 年 12 月 31 日增长 8.27% 和 12.64%。2015 年学校固定资产（原值）本年增加的有 2.67 亿元，本年减少的有 881.29 万元。

【加强资产管理制度建设】结合廉政风险防控工作，进一步完善资产管理内控制度。认真梳理工作职责，分析权利内容，确定了一个低风险的廉政风险点——固定资产处置。为避免出现“对处置资产的鉴定或审核不严格，可能造成部分资产未做到物尽其用”和“报废资产实物处置不规范，可能导致资产回收残值偏低”现象，采取了三项防控措施：严格按照财政部、教育部和学校规定开展国有资产管理工作，编印《南京农业大学国有资产管理制度汇编》；严格执行资产处置工作规程，建立了鉴定专家库，严肃组织资产处置鉴定，所有资产处置审批均在资产系统中进行；严格审核回收公司资质，建立回收公司库，严格按照工作规程组织报废资产招标，确保公开、公平、公正，保障收益。

【办公用房调整】配合完成行政办公用房整改及腾空房分配工作，严格按照教育部办公用房规定标准，完成办公用房面积核定、清理整改、腾退及腾空房分配工作，卫岗校区共腾退办公用房 73 间，总面积 1 919 平方米。已分配腾空房 52 间，面积合计 1 214 平方米。

【资产管理迎检工作】配合完成教育部巡视组、国有资产管理专项检查组检查所需材料的提供、报告撰写等各项迎检工作，并与检查组密切联系，积极配合，及时上传下达，认真补充材料，较好地完成了各项迎检任务。同时，根据教育部巡视组反馈意见，完成事业资产保值增值整改方案编制工作。

【资产使用和处置管理】按照国有资产管理规定和工作流程开展资产使用和处置管理工作。全年调拨设备 609 批次、家具 235 批次，调剂 11 批次。召开固定资产处置招标会 14 次，处置设备 1 148.08 万元、1 828 台（件），家具 216.72 万元、506 台（件），汽车 35.14 万元、2 辆。组织设备报废技术鉴定 4 次。

固定资产处置严格履行报批报备手续。2015 年已上报教育部固定资产处置事项 3 批次，共计 1 867 台（件）仪器设备、1 866 张（套）家具和 3 辆汽车，处置金额 1 380.76 万元。

［附录］

附录 1　2015 年国有资产总额构成情况

项　　目	金额（元）
一、流动资产	1 444 970 323.30
（一）银行存款及库存现金	1 238 299 032.90
（二）应收账款及其他应收款	153 334 524.77
（三）财政应返还额度	51 143 084.15
（四）存货	2 193 681.48
二、固定资产	2 302 263 438.94
（一）土地	—
（二）房屋	952 735 032.23
（三）构筑物	19 051 863.00
（四）车辆	16 141 915.28
（五）其他通用设备	943 543 704.01
（六）专用设备	151 556 659.13
（七）文物、陈列品	4 336 625.41
（八）图书档案	104 320 479.85
（九）家具用具装具	110 577 160.03
三、对外投资	114 188 138.00
四、在建工程	454 513 890.74
五、无形资产	28 576 693.11
（一）土地使用权	4 247 626.00
（二）商标	161 300.00
（三）软件	24 167 767.11
六、待处置资产损溢	64 903.15
资产总额	4 344 577 387.24

数据来源：2015 年度中央行政事业单位国有资产决算报表口径。

附录 2　2015 年土地资源情况

校区（基地）	卫岗校区	浦口校区（工学院）	珠江校区（江浦实验农场）	白马教学科研实验基地	牌楼实验基地	江宁实验基地	合计
占地面积（公顷）	52.32	47.52	451.20	336.67	8.71	0.25	896.67

数据来源：2015 年度中央行政事业单位国有资产决算报表口径及白马教学科研基地用地规划。

附录 3　2015 年校舍情况

项　　目	建筑面积（平方米）
一、教学科研及辅助用房	329 718.95
（一）教室	61 403.9
（二）图书馆	32 568
（三）实验室、实习场所	131 711.6
（四）专用科研用房	101 604.45
（五）体育馆	2 431
（六）会堂	0.00
二、行政办公用房	37 172.55
三、生活用房	277 312.03
（一）学生宿舍（公寓）	193 060.73
（二）学生食堂	20 543.5
（三）教工宿舍（公寓）	26 403.89
（四）教工食堂	3 624
（五）生活福利及附属用房	33 679.91
四、教工住宅	0.00
五、其他用房	0.00
总计	644 203.53

数据来源：2014—2015 学年初高等教育基层统计报表口径。

附录 4　2015 年国有资产增减变动情况

项　　目	年初价值数（元）	本年价值增加（元）	本年价值减少（元）	年末价值数（元）	增长率（%）
资产总额	4 012 564 745.65	—	—	4 344 577 387.24	8.27
一、流动资产	1 425 121 873.76	—	—	1 444 970 323.30	1.39
二、固定资产	2 043 872 184.20	267 204 143.26	8 812 888.52	2 302 263 438.94	12.64
（一）土地	0.00	0.00	0.00	0.00	—
（二）房屋	927 277 706.72	25 457 325.51	0.00	952 735 032.23	2.75
（三）构筑物	19 051 863.00	—	—	19 051 863.00	0.00
（四）专用设备	116 157 514.11	36 050 708.02	651 563.00	151 556 659.13	30.48
（五）车辆	16 380 916.85	532 699.43	771 701.00	16 141 915.28	−1.46
（六）其他通用设备	761 358 568.84	188 921 906.00	6 736 770.83	943 543 704.01	23.93
（七）家具用具装具	101 795 033.10	9 434 980.62	652 853.69	110 577 160.03	8.63
（八）文物陈列品	3 583 568.41	753 057.00	—	4 336 625.41	21.01
（九）图书档案	98 267 013.17	6 053 466.68	—	104 320 479.85	6.16
三、对外投资	94 858 990.00	20 605 148.00	1 276 000.00	114 188 138.00	20.38
四、无形资产	15 038 295.56	13 538 397.55	—	28 576 693.11	90.03
五、在建工程	433 673 402.13	20 840 488.61		454 513 890.74	4.81
六、待处置资产损溢	0	64 903.15	—	64 903.15	—

数据来源：2015 年度中央行政事业单位国有资产决算报表口径。

附录 5　2015 年国有资产处置情况

批　　次	上报时间	处置金额（万元）	处置方式	批准单位	批准文号
1	2015 年 1 月	487.17	报废	教育部（备案）	校资发〔2015〕46 号
2	2015 年 7 月	394.83	报废	教育部（备案）	校资函〔2015〕50 号
3	2015 年 10 月	498.76	报废	教育部（备案）	校资发〔2015〕446 号

（撰稿：陈　畅　史秋峰　审稿：孙　健　审核：张彩琴）

教育发展基金会

【概况】2015 年教育发展基金会与社会捐赠方共签订捐赠协议 35 项，协议金额 2 253.46 万元，到账金额 969.47 万元。其中，大北农集团捐赠额度达 1 000 万元，是学校历年来单笔捐赠的最大额度。南京盛泉恒元投资有限公司捐赠 500 万元，是学校首次获得专项捐赠资金，用于农林经济学科建设。修订、完善基金会两项制度文件：《南京农业大学教育发展基金会章程》《南京农业大学关于对财政部捐赠配比资金使用管理暂行办法》，起草六份基金会相关工作文件：《南京农业大学教育发展基金管理办法》《南京农业大学教育发展基金会捐赠配比资金实施细则》《南京农业大学教育发展基金会资金运作管理规定》《南京农业大学教育发展基金会财务管理办法》《南京农业大学基金会项目管理办法》《南京农业大学捐赠鸣谢管理办法》。

【教育发展基金会理事会换届选举】2015 年 12 月 5 日，教育发展基金会召开理事会换届选举暨第三届理事会第一次会议。大会投票选举出第三届理事会、理事会负责人、监事会、监事会主席。左惟任理事长，王春春、戴建君、丁艳锋、董维春任副理事长，理事会成员包括杰出校友、企业家代表、部分职能部门及学院负责人，盛邦跃任监事会主席，监事由尤树林、刘亮、刘营军、孙健、侯喜林、盛邦跃 6 位同志担任。

【大北农集团总裁邵根伙捐赠 1 000 万元公益基金】2015 年 12 月 19 日，大北农集团向南京农业大学捐赠 1 000 万元公益基金。大北农集团董事长、总裁邵根伙，常务副总裁宋维平，监事会主席季卫国，华东区总裁王东方，南京农业大学党委书记左惟，校长周光宏，党委副书记盛邦跃，副校长徐翔，校长助理陈发棣等出席签约仪式。双方签订了《南京农业大学与大北农战略合作框架协议》《大北农公益基金捐赠协议》及相关科研合作协议。该项公益基金的设立开启了学校与企业合作的新篇章。

【“盛泉恒元”向农业经济学科捐赠 500 万元发展基金】2015 年 11 月 10 日，南京农业大学·南京盛泉恒元投资有限公司“盛泉农林经济管理学科发展基金”捐赠签约仪式在南京农业大学金陵研究院二楼会议室举行。“盛泉恒元”向学校捐赠人民币 500 万元，支持农林经济管理学科人才队伍建设。周光宏校长指出：“该项基金的设立在学校的捐赠史上具有里程碑式的意义，将为其他学科提供可借鉴的模式，加快学校世界一流农业大学和一流学科的建设步伐。”

【先正达农业科教及农村发展基金年会召开】2015 年 11 月 20 日，由先正达（中国）投资有限公司与农业部国际合作司共同举办的农业科教及农村发展基金项目 2015 年年会在南京农业大学金陵研究院三楼会议室召开。农业部人力资源开发中心副主任、中国农学会副秘书长张晔、先正达公司（中国区）总裁柯博尔（Pierre Cohadon）、南京农业大学党委副书记王春春等领导以及来自 16 所高校的代表共 105 人参加了会议。农业部国际合作司欧洲处王锦标处长主持会议。王春春副书记、张晔副主任先后在大会上致辞，农业部科技教育司魏锴副处长做了主题发言，中国农科院养蜂所郭军博士介绍了授粉行动与绿色增长计划项目合作情况。

【杭州“荐量”向动物医学学科捐赠 50 万元学科发展基金】2015 年 11 月 28 日，动物医学学科发展基金——“荐量生物奖”签约仪式在学校行政楼 A214 会议室召开。杭州荐量兽用生物制品有限公司向动物医学学科捐赠 50 万元用于支持其发展。教育发展基金会秘书长张红生与基金设立方代表李新华签订了动物医学学科发展基金——“荐量生物奖”协议书，并向对方颁发了捐赠证书。

【南京市宜兴商会在南京农业大学设立“宜商奖助学金”】2015 年 12 月 31 日，南京农业大学“宜商奖助学金”签约仪式在学校行政楼 A409 会议室举行。南京市宜兴商会每年奖励 5 位学生，每位学生每年获得资助 5 000 元，连续资助四年。“宜商奖助学金”作为社会组织在学校设立的奖助学金，在南京农业大学尚属首次。

（撰稿：郭军洋　审稿：张红生　审核：张彩琴）

十一、办学支撑体系

图书情报工作

【概况】全年采购纸本图书 3.2 万册。其中，《近代农业调查资料》古籍特藏图书一套。先后完成了中外文纸本刊物的招标采购工作，清理核减了各学院冗余外文纸本图书订购工作，完成了裁减 100 万元外文纸本刊可行性调查报告，以及 3 400 多种古籍（包含中、英、日、俄）期刊的回溯编目加工和近 2 万册外文原版图书的回溯建库工作。

对近 3 年全部数据库开展调研。完成了年度资源购买计划决策支持报告、SSCI 数据库和 Elsevier 电子图书调研与申购报告；试用并评估了飞资得视频库、中文在线、知识视界、天天微学习、超星发现、OCLC 文献传递平台、JSTOR 等数据库。

作为"全国农业高等院校教育技术研究会"理事长单位，图书与信息中心承担秘书处工作，2015 年研究会成功召开了 2 次常务理事会、2 次全国农业高校教育技术和网络信息工作学术研讨会。

多次承办城东五馆文献资源建设工作会议，推进五馆非书平台、华艺台湾期刊库、电子图书采购等测试谈判工作；多次组织参加全省数字资源引进领导小组工作会议和省电子资源采购小组会议，积极参与联采工作。

完成了第一借阅室、第一阅览室近 10 万册图书信息的修改、下架、移库等工作；为 4 600名各类毕业生办理了离校手续，为 100 个本科新生班级、2 600 名研究生及外国留学生进行入馆教育，办理通用借书证百余张。

本年度共开展常规读者培训 24 场次，累计直接参与读者 3 992 名。首次与园艺学院联合尝试"菜单+订单"培训，通过 E-mail、电话、当面咨询、QQ 等多渠道开展读者咨询服务，累计解决各类问题 1 800 余次。完成 2015 年新教师教育技术培训工作共三期，培训教师 93 人。

完成科技查新 213 项，检索证明 137 项；通过 NTSL、国家图书馆等平台共传递文献 3 500余篇，其中，蔬菜学科服务完成 522 篇在线外文传递；继续做好江苏工程技术文献中心平台宣传和管理工作，传递文献 22 114 篇。

在学科测评与服务方面，构建了以资源建设为主线的全覆盖式学科服务，在全馆范围内组建学科服务团队，设计学科服务网站页面，完成 2015 年博硕士论文库 PQDT 的院系荐购，启动 OCLC 文献传递平台调研。启动引进人才学科服务，进行"长江学者"、"千人计划"专家历年发文的摸底工作，并设计调研表格，完成了引进人才的预调研工作。

完成了 2015 年学校学科国际竞争评价报告；先后完成周光宏、沈其荣、张绍林、侯喜林 4 份申报院士辅助材料；先后完成基于 WOS 的“猪”“玉米”研究论文产出分析报告，李辉信学术产出及“食细菌线虫”和“蚯蚓”领域影响力报告，基于 WOS 的“菊花”研究论文产出分析报告等。完成了学校人文社科一级学科三百多名教师的 SSCI、CSSCI 论文的基础数据检索、清洗及报告撰写工作；完成经济管理学院委托的九所高校、15 个学院署名的 SSCI、SCI、CSSCI 论文的基础数据检索、清洗及报告撰写工作。

完成“汤森路透”数据清洗软件 TDA、专利软件 TI 及 Incites 数据库测试，形成了 TDA 和 Incites 采购建议报告；以菊花为研究对象，对 TDA 数据挖掘软件在学科具体领域的知识彰显度进行了初步研究；测试乐致安学科服务平台，完成基于学校学科测评需求的内容和数据规范。完成了维度信息 SpiScholar 学术资源导航软件的测试。

完成学校中外文纸本期刊首次招投标工作，将图书馆文献资源采购工作全部纳入到了招投标工作及其要求的范畴，形成了科学规范、合理合法的文献资源采购体系。文献资源经费的使用也全部实现了走流程、守制度，做到了合理、合规、合法。

【全面展开学科服务工作】3 月 10 日下午，图书馆召开学科服务工作会议，正式启动并全面开展学科服务工作。学科服务是图书馆为了适应学校建设世界一流农业大学的需要，走出图书馆、走进学院，针对学科开展的深层次服务，旨在建立起更加畅通的文献信息服务渠道，提高图书馆馆藏文献资源的利用率，更好地服务教学科研。2012 年，图书馆在蔬菜学科首次试点开展相关学科服务工作，试运行两年多以来，受到了一致好评。2015 年，图书馆在试点学科的基础上，按照学校的学部设置，为每个学部安排专门的学科服务馆员，提供定向服务。

【多媒体学习室正式开放】4 月 15 日，位于图书馆南四楼的“多媒体学习室”正式免费开放，“多媒体学习室”是主要为高年级本科生开展毕业设计和研究生论文写作提供上网和自修研习的场所，共有 198 个座位，同时附设相应的存包柜，每个座位提供电脑或有线端口，并新安装了 LED 台灯和接线板，部分座位还提供了台式电脑。

【《近代农业调查资料》入藏】采购 2014 年版的《近代农业调查资料》精装本全套 37 册，上架于第二阅览室。该书收录了晚清民国以来国人在农业领域展开一系列的调查研究、统计资料及与农业相关的重要史料。这些研究包括地区垦殖报告，涉及地区的土壤、物产、耕作技术、民情等方面，以及对农林畜牧产品的生产、运销情况的调查统计资料。其中关于具体区域的农村生活的描述，涉及农村人口的年龄分配、性别比例、教育程度、职业状况等，作为研究近代中国乡村社会的资料，具有不可替代的价值，是研究近代农业史、农业经济的重要资料。

【第七届读书月活动】借助移动互联网以及微信应用等平台，开展了以“移动阅读·书香人生”为主题的“腹有诗书气自华”读书月系列活动，先后举办了“王荫长教授昆虫邮票展”、曹景行人文讲座、抗战胜利 70 周年影展、文明阅读漫画征集、微信阅读推广、读书摄影大赛、微信名家书架、优秀读者评选等 10 项活动，历时 50 天，累计微信关注超 2 800 人次，直接参与读者 7 000 余人次。2015 年“读书月活动”也获得学校校园文化精品建设项目支持。

[附录]

附录 1　图书馆利用情况

入馆人次	1 702 138	图书借还总量	43 万
通借通还总量	7 000 册	电子资源访问量	121 259 321
高校通用证办理	100 个	接待外校通用证读者	526 人次

附录 2　资源购置情况

纸本图书总量	235.4 万册	纸本图书增量	60 093 册
纸本期刊总量	232 371 册	纸本期刊增量	1 604 种
纸本学位论文总量	21 460 册	纸本学位论文增量	2 600 册
电子数据库总量	143 个	中文数据库总量	42 个
外文数据库总量	101 个	中文电子期刊总量	560 361 册
外文电子期刊总量	480 291 册	中文电子图书总量	13 038 722 册
外文电子图书总量	2 223 923 册		
新增数据库或平台	1	台湾学术文献数据库（科学版）	

（撰稿：辛　闻　审稿：查贵庭　审核：韩　梅）

实验室建设与设备管理

【概况】2015 年，新获批 2 个省级科研平台。配合完成农业部重点实验室建设项目可行性研究报告和初步设计报告。做好农业部重点实验室（农业部动物生理生化重点实验室、农业部畜产品加工重点实验室）农业投资项目绩效考核相关试点工作，“农业部肉与肉制品质量监督检验测试中心”通过农业部专家组资质认证现场考核和评审，获批 2015 年农产品质量安全检测机构考核合格证书及农业部审查认可证书。配合完成“国家梨改良中心南京分中心”和 3 个农业部重点实验室建设项目初步设计报告与概算。

完成江苏省科技厅“江苏省梨工程技术研究中心”和江苏省发改委“江苏省动物免疫工程实验室”申报工作。组织编写教育部和江苏省关于直属高校“十三五”国家重大科技基础设施项目建议。组织征集“十三五”农业部重点实验室指南建议。积极推动与中国空间技术研究院开展战略合作，签署合作协议。组织专家完成“南京农业大学优质粳稻原原种扩繁基地”验收。配合农业部、江苏省农业委员会检查转基因科研基地建设情况。

加强实验室有毒有害废弃物处置与管理工作，购置 500 个废弃物贮存桶，并与南京福昌废弃物处理有限公司签订合同定期处理有害废弃物。印制实验室安全手册 5 000 份，自然学科研究生人手一册。联合保卫处、各相关学院，加强实验室安全检查工作，通过江苏省公安厅、教育厅校园安全检查。常态化实验室安全检查（6～8 次/月），定期通报，共完成 11 次安全检查通报。

设立“科技平台实验技术人才基金”项目，本年度共有 18 个项目获得资助。

全年完成大宗物资、教学科研设备和服务的公开招标、跟标及谈判共计 600 余项，累计金额 1.3 亿元。完成了 2015 年新生公寓标准化行李、校服、军训服装的招标；完成了学士服采购招标项目；完成了第三实验楼建设招标代理服务机构的招标；完成了白马管理用房基础设施采购招标；完成了图书馆图书采购服务招标；完成了春节、端午、中秋等节日福利品招标；完成了校调整项目采购招标。基建工程招投标方面，全年完成委托代理在校内招标 21 项，金额合计 2 419.24 万元；完成校内招标 17 项，金额合计 705.71 万元；完成谈判 5 项，金额合计 59.1 万元。

【大型仪器设备共享平台建设】适时统计大型仪器设备使用情况，并对 40 万元以上大型仪器设备进行实地抽查。完成教育部对南京农业大学大型仪器设备管理使用情况检查工作。对于招标采购的大型设备，认真执行专家论证制度，在学院论证的基础上，组织校内外专家组对拟采购的大型设备进行集中论证，确保采购设备技术参数的科学性和合理性。本年度，共组织购置论证项目 16 次。

【实验室信息化及采购管理平台建设】为了让采购工作能够“阳光运行，采购流程晒在网上”，经过前期调研、招标、数据库建设及试运行，学校试剂采购平台于 2015 年 11 月 1 日正式启用。截至年底，平台内供应商 102 家，试剂品牌 390 余个，商品约 200 万个，采购金额约 160 万元。

（撰稿：华　欣　李海峰　贾雯晴　李　佳　蔡　薇
审稿：俞建飞　周国栋　杨恒雷　审核：韩　梅）

校园信息化建设

【概况】对逸夫楼、生科楼和综合楼等多个楼宇进行现场网络基础调研摸底，统计各个房间的网络接入情况和用户的反馈意见，形成了《逸夫楼、生科楼网络现状调查与改进建议》方案，为后续网络基础设施改进提供了数据参考。

拟定了教育部 2016—2018 年度长效机制项目《校园信息化基础条件改善及安全保障体系》。项目内容包括对南京农业大学主校区网络基础设施进行全面的升级改造以及建立学校信息安全保障体系、建设白马园区网一期和实施新农村服务信息化推广系统。

完成计财处新硬件系统平台建设及机房搬迁工作，根据图书与信息中心现有的两个数据中心机房条件，同时部署两套财务系统和一卡通服务平台：在理科楼南楼数据中心部署新购置刀片服务器运行日常财务业务，原有计财处服务器各个硬件平台迁移至图书馆数据中心作为备用并行的系统，从而实现财务数据的异地容灾和财务系统冗余备份。

2015年，共开展了四次校园网站与信息系统安全漏洞扫描工作，整理检测报告及时发送给各主管单位或运维单位进行整改加固；关停整顿了一部分存在比较严重安全问题以及长期无内容更新的僵尸网站，及时处置各类信息安全预警通报事件。完成教育部、省教育厅网络信息安全检查及抗战胜利纪念日信息安全保障。

建立校园网资源平台，完成“南农云”平台定制开发工作。下半年，完成了《白马教学科研基地信息化工程改造一期》《校园网络与信息平台安全体系建设》《校园无线网建设》等修购项目各项设备参数的拟定和相关招投标工作。开始启动了无线校园网建设，确定了在教学区的办公室以智分+的方式来部署，接入交换机提供AP控制和POE供电功能，面板式分体实现无线信号发射和有线网接入的功能；在大教室与会议室以密集型无线AP来部署，室外采用高功率的AP来实现校区整个无线网覆盖。

完成了师生综合服务与管理开放平台主要功能的开发及页面和内容设计，目前已接入第三方开发应用7个。完成了近30个师生服务的需求调研分析；目前已完成新生报到、学生心理测评、师生体检报告查询、教师个人数据中心等20多个服务应用的开发，并已上线试运行；师生课表查询、教职工代表提案、党员积极分子管理与网上考试等近10个服务应用正在开发或功能完善中。主数据库建设：参照国家与教育部信息标准，制定了《高校管理信息标准》；搭建了学校主数据库。目前主数据库已构建了492个数据表和741个代码表，包含元数据近10 000个，代码数据29 917个。主数据库管理平台基本功能开发完成并已部署上线运行。对全校的数据资产进行了盘点，完成了与人事系统、科研系统、教务系统、学工系统、研究生系统、资产系统、医院管理系统等主要业务系统与主数据库之间数据映射关系的梳理、标准代码的差异性比对与评审，评审数据近10万条。完成了主数据库与各业务系统主要数据的集成，已与23个业务系统进行了集成，集成接口389个，总集成数据量1 109万条。确定了主数据库推送给各服务应用或系统的推送原则。对原有共享平台的数据集成（ODI接口）进行梳理和优化。应用系统建设：完成了人才招聘与注册报到系统的建设，并已完成验收材料的准备。完成了科研项目经费与财务集成平台的二次开发。完成了网站群的功能优化及验收材料准备。开发了移动校园新应用“迎新管理”，并上线试运行。

完成了全校200多个网站的安全漏洞扫描，对存在安全隐患的网站要求限期整改；对服务器、虚拟机及应用系统的管理账号与密码进行安全管理。会同信息中心多个部门共同完成了与《南京农业大学信息安全管理暂行办法》配套的11个安全管理制度的修订汇总，对《计算机病毒防治》《计算机系统密码安全管理》进行补充，编制了《南京农业大学网络与信息安全管理制度汇编》，拟定了《南京农业大学信息系统建设管理办法》。

按期对校园网弱电间进行巡检和保洁，并根据学校安排进行了校园安全大检查，保障校园网络设施安全运行。积极做好用户服务，处理网络报修及电脑维护3 000余次，接收电话咨询2 800余次，定期检查行政楼用户余额并及时续费。完成了新一轮校园网运维外包服务的招标工作。与电信积极沟通协调，监督电信做好宿舍网络设施安全运行保障，及时完成毕业生宿舍端口检修，督促电信及时解决学生网络报修。

【组织开展南京高校网络技术沙龙活动】5月22日组织召开江苏省南京高校网络技术交流会，邀请14所南京高校共15位校园网管理部门技术骨干在盱眙举办了网络技术沙龙活动。深入探讨了当前高校校园网中普遍面临的热点和难点问题，主要包括校园网基础设施的规范管理、校园网计费方式的科学性、校园无线网建设及建设模式以及校园网网络信息安全等多个方面。

【完成 2015 届毕业生毕业典礼暨学位授予仪式网络直播工作】 6 月 21～22 日，网络运营部与教育技术部共同完成了 2015 届毕业生典礼暨学位授予仪式的现场网络高清视频直播，通过开源的平台，为用户提供了电脑页面端或手机等移动终端的直播页面。据统计，本次直播观看人次达到 15 653 人次。其中，使用移动终端观看的人次占 61.76%，达到 9 668 人次。来自全国 20 多个省份的用户观看了本次网络直播视频，为了保障毕业生能够在现场进行微信、微博等新媒体互动，现场还架设了 6 台高并发数免费无线 Wi－Fi，实现典礼现场全方位覆盖，无线终端的使用峰值达 1 000 人以上。

【开展二级网站建设与评比活动】 全校范围内开展二级网站建设评比活动。通过网站安全漏洞扫描、网站内容检查、网上投票评选等一系列活动的开展，有效增强了全校师生及各学院各单位相关负责人的网络安全意识，加强了校园网站信息发布和信息安全的管理。经学校网站建设与管理工作小组评议、学校审定，评选出 18 个优秀二级网站和 20 位网站管理先进个人。颁布《南京农业大学校园网站建设与管理暂行办法》。目前学校的二级网站建设有序进行，已在学校网站群统一建设学校二级网站 80 多个，正式上线 72 个。4 月，网站群静态发布机制上线。

[附录]

网络接入点

端口点	实验室（间）	会议、报告厅（次）	档案室（间）	教室（间）	学习室（间）	办公室（间）	混合（次）	其他（次）	房间数（间）	终端用户（次）	端口（个）	自架设备（台）
总数	123	19	14	15	39	216	22	6	454	1 594	395	225

（撰稿：韩丽琴　审稿：查贵庭　审核：韩　梅）

档　案　工　作

【概况】 截至 2015 年 12 月 31 日，档案馆共接收、整理 37 个归档单位的档案材料 5 724 卷，227 件；接收人事档案 53 卷；接收本科生新生档案 2 998 卷，研究生新生档案 2 571 卷。全馆馆藏档案总数 95 298 卷。

全年提供档案（除了人事档案与学生档案）利用约 1 500 人次，查询 2 334 卷。传递人事档案 8 卷，利用 1 740 卷；传递学生档案 3 431 卷，接待外单位政审 125 人次，配合各学院核实学生党员信息约 600 人次。配合全国学位与研究生教育发展中心、江苏省高校毕业生就业指导中心及有关用人单位，对 135 位毕业生进行了成绩单、毕业证书、学位证书的书面认证工作，提供相关材料 228 份。

【开展档案的宣传工作】“6.9 国际档案日”举办“档案——与你相伴”征文活动，收到多篇作品。经过专家组评选，钟玲玲等 5 篇文章获评教工组奖项；王莹等 20 篇文章获评学生组奖项；公共管理学院获优秀组织奖。同时，档案馆以新中国成立前金陵大学与新中国成立初南京农学院的照片，设计制作10张明信片；在校园内拉起横幅，设立宣传展板，在家属区摆摊设点，通过做档案知识问卷、发放明信片的方式，让全校师生了解档案馆工作，熟悉南农历史渊源。

按照国家档案局、江苏省档案局通知要求，组织全校专、兼职档案员参加全国档案法律法规知识有奖竞赛活动。

根据档案查询相关业务的办理流程，馆内组织编写了《档案工作指导手册》，发放至各个部门及学院。

在南京农学院首任院长金善宝教授的女儿金作怡女士的协助下，完成"小麦之父"金善宝诞辰120周年展板的展出，图文并茂地展示了金老102年生涯中的各类事迹。

【人物档案征集工作】 4月发布《关于开展南京农业大学实物档案征集工作的通知》，面向社会各界校友、离退休教职工、学校单位及师生征集南京农业大学百年间有历史价值的文书、照片、实物等档案。10月，聘请原副校长夏祖灼、王新群等15位离退休老人为档案馆顾问。

"抗战期间西迁动物"组织人王酉亭的后人王德先生与档案馆联系，捐赠王酉亭电子照片10张与文稿《抗战中的鸡犬不留》。截至2015年12月31日，收集、购买与学校历史相关的图书31册、照片250张，实物27件。

2015年4月，档案馆"人物档案资源建设"项目由宣传部校内文化精品项目立项。

【推进档案的信息化建设】 补充完善档案馆网站"南农人物""档案编研"等栏目内容，并重新调整了部分网页布局。在对2015年学校OA电子文件实时归档的同时，完成2011年以来OA系统里的学校发文、学校收文、部门文件、校内请示等门类的2万多份文件的鉴定、整理、编目，发现问题及时提交网络中心修改。完成继续教育学院新生录取名单（1983—2013）、本科新生录取名单（1980—2015）和研究生新生录取名单（1980—2013）的扫描，约2万幅图片；完成继续教育学院新生录取名单（1983—2013）、本科新生录取名单（1980—1988，2011—2013）、研究生新生录取名单（1980—2001）录取名册的名单录入、审核，挂接至系统。此外，档案馆还对历年专利证书逐步进行电子化录入，已完成72份。

【年鉴编写工作】 2015年3月，启动《南京农业大学年鉴2012》《南京农业大学年鉴2014》编纂工作，经过一系列流程后，正式出版《南京农业大学年鉴2012》《南京农业大学年鉴2014》并发放、邮寄。

[附录]

附录1　2015年档案馆基本情况

面积（平方米）		主要设备								人员（编制12人）			
总面积	其中库房面积	服务器	计算机	扫描仪	复印机	空调	去湿机	防磁柜	消毒机	馆长	副馆长	综合科	保管利用科
1 000	750	2	23	4	4	18	1	1	1	1	1	3	7

附录2　2015年档案进馆情况

类目	行政类	教学类	党群类	基建类	科研类	外事类	出版类	学院类	产品类	财会类	总计（不包含财会类）
数量（卷，件）	99	2 990	63	56	45（227件）	36	16	10	3	2 406	3 318

（撰稿：高　俊　审稿：景桂英　审核：韩　梅）

十二、后勤服务与管理

基本建设

【概况】2015年，完成基本建设投资0.862亿元，推进在建工程22项。其中，卫岗校区2项，白马基地20项。牌楼实践和创业指导中心完成了规划许可、施工许可办理及施工、监理招标工作，进入施工阶段；第三实验楼一期工程完成规划许可证办理及施工、监理招标工作，推进施工进场前准备工作；白马基地继续推进在建的道路、主干道路水电通讯管网、中心水库改造、智能实验温室等9项工程，全部竣工投入使用。根据总体建设计划，安排设计建设实验温室加降温系统、支干水电通信管网、实验网室、供电系统等11项工程，各项工程进展顺利。

完成30万元以上的大型维修改造任务22项，投资2 300余万元。其中，学生宿舍空调安装线路改造、学生宿舍5舍、7舍、9舍、10舍、19舍、20舍、逸夫楼卫生间、理化实验中心实验室、主楼115教室多媒体系统、教11楼、土桥基地、老体育馆、家属区教11楼东侧道路等维修任务顺利完成。此外，还推进了南苑原开水房、垃圾中转站、逸夫楼屋面瓦、动物医学院部分附属用房等维修工程。

2015年6月23日，南京市政府向学校出具了新校区选址红线意向图，新校区正式纳入城市规划；2015年8月27日，学校党委书记左惟、校长周光宏向教育部副部长鲁昕、发展规划司副司长张泰青、直属基建处处长韩劲红汇报了新校区初步方案，得到了部领导的肯定和支持，学校新校区建设将被列为教育部“十三五”重点支持项目；2015年10月18日，学校与浦口区政府签订了《浦口区人民政府-南京农业大学建设东部现代农业与生命科学创新创业园暨新校区合作框架协议》；2015年12月8日，南京市规划部门向学校出具了新校区规划设计指导性意见；学校委托同济大学规划设计院启动新校区概念性规划编制工作；2015年12月18日，学校与浦口区政府签订了《南京农业大学江浦教学科研基地土地收储意向协议》。

【教育部直属高校基建规范化管理专项检查组来学校检查工作】4月28日，教育部直属高校基本建设规范化管理专项检查组来学校检查基本建设工作。校长周光宏，校党委副书记盛邦跃，副校长陈利根、戴建君出席会议。党委办公室、校长办公室、校区发展与基本建设处、审计处、发展规划与学科建设处、计财处、资产管理与后勤保障处、后勤集团等相关部门负责人参加会议。会议由盛邦跃主持。学校基建工作得到教育部专家组的高度肯定。

【国家发展和改革委员会农村经济司司长高俊才考察学校白马园区】5月4日，国家发展和改革委员会农村经济司司长高俊才一行来学校白马园区考察指导。高俊才一行听取了学校白马园区建设进展汇报，实地考察了学校白马园区建设，溧水区、江苏南京白马国家农业科技园区等单位领导陪同考察。

【曹卫星、缪瑞林调研学校新校区建设工作】 8月6日下午，江苏省副省长曹卫星、南京市市长缪瑞林专程现场调研指导学校新校区建设工作。江苏省政府副秘书长陈少华、省教育厅厅长沈健、省发改委副主任汤明海、省农业委员会副主任蔡恒、省国土厅副巡视员顾迅建，南京市委常委、江北新区管委会（筹）副主任罗群、市政府秘书长林克勤以及市国土局、市规划局、浦口区政府等单位主要负责人陪同调研。省市领导要求学校加快新校区建设进程，要求省市相关部门全力支持南京农业大学新校区建设。

［附录］

附录1　2015年主要在建工程项目基本情况

项目名称	建设内容	进展状态
实践和创业指导中心	16 000平方米	完成了规划许可、施工许可办理及施工、监理招标工作，进入施工阶段
新建第三实验楼一期	19 600平方米	完成规划许可证办理及施工、监理招标工作，目前正推进施工进场前准备工作
白马园区智能温室工程	9 200平方米	已竣工验收
白马园区水电一期	3 500米自来水管网、4 800米强电电力管道	已竣工验收
白马园区水利工程一期	灌溉面积113公顷	已竣工验收
白马园区东区支干道路	4 240米	已竣工验收
白马园区西区支干道路	4 100米	已竣工验收
白马园区东区道路主排水	883.798米	已竣工验收
白马园区东大门及大门广场	园区东大门	已竣工验收
白马园区温室附属用房	455平方米	已竣工验收
白马园区管理用房室外工程	管理用房周边路灯、通水通电	已竣工验收
白马园区东区水利工程	水库扩容、灌溉河道开挖及灌溉管道铺设等	已局部竣工验收

附录2　拟建工程报批及前期工作进展情况

项目名称	建设内容	进展状态
白马园区实验温室加温系统	9 200平方米智能温室的地源热泵加降温系统	已完成招投标工作
白马园区智能温室及网室改造标段3	新建14 000平方米实验防虫网室	已完成招投标工作
白马园区水电工程二期	西区强电电力管道、给水管网、弱电管道和配电所等	已完成招投标工作

（续）

项目名称	建设内容	进展状态
白马园区东区主干道路改造工程标段 4	1 071 米	已完成招投标工作
白马园区支路修建一期	3 000 米	已完成招投标工作
白马园区教科基地基础设施建设	道路 3 000 米、生态排水沟 3 000 米	已完成招投标工作
白马园区主干道路市政管道路灯工程	8 000 米主支干道路照明等配套设施	已完成招投标工作
白马园区西区供电系统	新建 2 000 千伏安配电房一座，提供西区试验田供电	已完成招投标工作
白马园区动物实验基地建设一期	动物人工气候室 800 平方米、动物生产性能测定中心 10 000 平方米、大动物实验中心 6 200 平方米及设备购置	正在进行方案设计
白马园区东区供电系统	新建 2 800 千伏安配电房一座，提供东区实验及管理供电	正在进行方案设计

（撰稿：张洪源　郭继涛　审稿：钱德洲　桑玉昆　审核：韩　梅）

社区学生管理

【概况】 2015 年本科学生社区共有 15 幢宿舍楼。其中，男生宿舍楼 6 幢，女生宿舍楼 9 幢。可用床位数 12 354 个，合计住宿学生 12 136 人。其中，男生 4 228 人，女生 7 908 人。研究生社区共有宿舍楼 14 幢，可用床位 5 976 个，合计住宿 5 898 人。本科生宿舍聘请管理员 12 名，其中，女性 11 名；研究生宿舍聘请管理员 14 名。

【以安全和秩序为核心，营造良好的社区环境和管理体系】 为确保 2015 级新生入住，进行了 600 多人次的宿舍床位调整，实行了数字化住宿系统，目前南苑学生社区已饱和，入住率达 99%以上。修订、完善了学生住宿管理规定，形成了辅导员、宿舍管理员和学生干部相互协作的管理体系，评选出 867 个卫生免检宿舍和 310 个文明宿舍，每周公布最佳宿舍和不达标宿舍。

强化“一会三长”（大学生自管会与楼长、层长和室长）制度，制定《大学生社区自我管理委员会章程》，有效地配合了学校的管理工作。各宿舍楼楼长、层长是管理服务广大社区学生的重要力量，为了建设好这支队伍，从多个方面进行考核监督。首先，在人员招聘上明确楼、层长的工作职责（内容）和待遇，并对楼层长录用名单和职责、管理范围和相关联系方式进行公示；其次，由学生工作部对新生宿舍楼层长集中进行岗位培训，进一步明确工作职责和奖惩机制等；再次，在制度建立和阐明之后，由大学生社区自我管理委员会负责对楼长、层长的管理，定期开展工作交流和讨论、做好工作台账记录、规范执行各项规章制度；最后，实行严格的奖评机制。

研究生工作部强化了各学院研究生辅导员职责，要求辅导员积极进入社区，实地走访研究生宿舍，了解学生思想动态；构建研究生宿舍助管队伍，发挥研究生自我管理、自我教育、自我服务功能。同时，开展研究生辅导员沙龙和宿舍管理员老师专题培训。

【以文明和关爱为目标，引领健康的生活情趣和文化氛围】开展一系列丰富知识、启迪智慧、美化心灵、陶冶情操的宿舍文化活动，把提高大学生的综合素质贯穿于"社区文化节"的各项活动之中。活动分为"春季社区文化节"和"秋季社区文化节"。有预防春季传染病宣传、学生宿舍楼棋牌大赛、校园吉尼斯、寝室音乐情景剧大赛、寝室歌曲DIY、寻宝南农、一诺必践、急情速递、我们和你在一起、最"家"综艺、"寝室铭"征集评比活动、"寝室风采"原创摄影作品大赛、宿舍形象设计大赛、向社区"不文明行为"宣战等内容。同时对获奖作品颁发荣誉证书和奖品，并对设计精巧的宿舍进行拍照展览。

针对宿舍管理员的年龄、性格特点，结合青年学生生活习惯和思想定位，学生社区在管理上实行了家庭亲情互动模式。开展以生活常识、健康知识、道德规范、人际交往等方面为主题的宣传活动，在楼栋大厅中开设以调解矛盾、增进团结、提高素质、自强自立为目标的互动留言板进行谈心，帮助大学生适应独立的大学生生活，树立明礼守信的生活态度。

研究生学生社区共开展心理咨询、学术活动200多场次，解决研究生在情感、经济、学习等方面存在的困难，让研究生工作延伸到社区，更加贴近学生生活，方便研究生的咨询和辅导。研究生会主动协助各学院研究生分会举办"研究生社区文化节"系列活动，形式有文艺演出、体育竞赛、辩论赛、学术报告会等。全年共开展各类文体活动100多场次，参与研究生多达5 000余人。

为了适应学生培养需要，学生工作部、研究生工作部积极协调资产管理与后勤保障处和后勤集团公司，加大硬件建设力度；同时，利用社区内的电子显示屏宣传专栏、专题橱窗等宣传阵地对学生行为规范、思想道德、心理健康等方面进行宣传教育。另外，还加强学生之间、学生与管理员老师之间的交流，学生与医院、后勤集团、图书馆等部门沟通，吸纳他们意见，调动学生民主参与社区管理工作，从而改善学生社区软环境。

（撰稿：闫相伟　张桂荣　审稿：李献斌　姚志友　审核：韩　梅）

后　勤　管　理

【概况】后勤集团公司开展消防安全、食品安全、安全员仪容站姿、厨师烹饪、窗口服务等培训、比赛60场。妥善解决劳动纠纷5起，续改签劳务派遣合同279份。制定颁发后勤集团公司《公务活动用车管理暂行办法》《三公经费使用监督办法》《差旅费报销规定》等规章制度，修订原有管理制度汇编成行政管理中心分册、饮食服务中心分册、物业管理服务中心分册等8分册。

改进饮食服务工作，延长供餐时间，增加花色品种。严格食品制作销售管理，保证主副食品投料率，保障食品安全与质量，确保伙食价格稳定。保障性伙食与特色餐饮有机结合，加强社会餐饮企业检查监督，确保社会企业餐饮与自办餐饮安全、服务同标准、同要求。

继续推进物业精细化管理，从“十无”标准、行为规范、执行制度、履岗情况等方面加强考核，加强门禁系统、门卫值班管理，人机结合提升安保能力。完成会议中心服务304场，学校重大活动服务保障19场，各类设备报修10 000余次。做好毕业生离校和新生入学等工作。起草制定《物业管理服务加班工资计算标准》《学生宿舍空调使用管理办法》《留学生公寓管理办法》、中英文版留学生公寓入住《承诺书》等。

认真履行“24小时维修热线”服务承诺，加强维修服务，提高维修质量。受理完成家属区、教学区等零星维修1 853项；完成立项维修工程234项，预算总价732万元。

逐级签订《安全工作责任书》，建立安全月报，排查消除各类安全隐患；成立食品安全督查小组，签订《食品安全责任书》，落实安全责任；落实锅炉、电梯维修年检和维修工程安全措施。开展消防、食品、校车、危化品等安全大检查“回头看”工作，全年未发生安全生产责任事故。

认真履行对机关上门接送报刊邮件和文印“二接二送”服务承诺，完成收发快递、被褥洗涤、锅炉供气、物资供应、车辆运输、浴室保障等工作。幼儿园加强师德教育、课程科研建设，强化“家园”合作。

2015年成功申报中国高校后勤协会安全管理类课题1项；完成学校人事管理类课题1项、幼儿园省市级课题结题1项、市级青年专项课题结题1项、区级课题结题5项；在核心期刊《学期教育》上发表论文1篇，在《高校后勤研究》上发表论文1篇；获南京市论文奖1篇、玄武区论文奖3篇。

组织对学生食堂、宿舍、浴室等17项服务项目进行师生满意度调查，接受师生对后勤服务工作的评价和监督，平均满意度为97%。

3人被全国高等农业院校后勤管理研究会评为“2015年度先进工作者”，1人被南京市公安局评为“易制毒行业管理先进个人”，1人被学校评为“优秀教育管理工作者”。

10～12月，后勤集团公司开展了“最美后勤人”评选活动，24名一线员工被评为2015年度“最美后勤人”。

【引进社会企业，实现多方共赢】 在学生浴室、学生三食堂与社会优质企业续签合同基础上，学生二食堂引进注册资金500万元以上的淮安哲铭酒店管理有限公司、南京梅花餐饮管理有限公司、江苏国泰餐饮管理有限公司，学生一食堂2个窗口引进南京琅仁餐饮管理有限公司、南京金满江餐饮管理有限公司，南苑美食餐厅引进南京市玄武区锐鹰大酒店，实现学校、企业、师生多方共赢。

【加强设施建设，改善服务条件】 投资200万元，添置2台压缩式垃圾箱，改造垃圾中转站。投资180万元，改造食堂油烟净化系统和厨房设备。协调能源合作企业投资70万元，北苑浴室安装75吨水箱，南苑浴室进行改造出新。投资40万元，改善留学生公寓、洗衣房、南苑美食餐厅的设施条件。

【举办在宁高校美食联展暨学校第十一届校园美食节】 11月29日，举办了以“色韵紫金，味美南农”为主题的在宁高校美食联展暨南京农业大学第十一届校园美食节，开展了高校美食联展、美食展台、烹饪技能比赛、点心展销、免费品尝、茶艺表演、食品安全知识宣讲等主题活动。校领导戴建君亲临活动现场并给予指导，《金陵晚报》等多家媒体报道了该活动。

【开展公寓和物业文明规范宣传标语创作征集活动】 5月，与学生工作处（部）联合举办

“我想到，我做到”——公寓和物业文明规范宣传标语创作征集活动。共有 168 条标语进入初选名单，涉及文明礼仪、行为规范、治安防范等多个方面。9 月 23 日，对 44 项获奖作品进行表彰。

（撰稿：钟玲玲　审稿：姜　岩　审核：韩　梅）

医　疗　保　健

【概况】 2015 年门诊量 77 172 人次，创历史新高；在院内外实施较重大抢救 20 例；引进新型数字化 DR 机、耳鼻咽喉综合治疗台、口腔治疗机、磁疗仪、心电监护仪、除颤仪等十余种仪器设备；增加诊疗、检查项目 40 余种，并增设了中西医结合科和眼科；全面使用校园卡就诊，减少看病流程和环节；建立教职员工电子健康档案，完成网上健康体检查询前期工作。

【加强医院管理】 医院增补《南京农业大学公费医疗管理办法》条款。公费医疗报销实现网上实时查询，全年医药费总支出 1 578.38 万元，较 2014 年减少 168.88 万元，下降 9.7%。

完善药品招投标管理制度，参与招标药品数量从 130 余种增加到 350 多种；减少药品管理的差错，药品盘点符合率从年初的 74.51%提高到年终的 95.95%；规范处方，合理用药，有效降低了违规处方，平均处方金额减少 14%。

聘请法律顾问指导医院法制化建设，开展法律、法规培训，加快医疗质量评估体系的建设；医院开展第三方“患者满意度”调查，满意度达 97.56%。

【提高医疗技术】 全年开展急救培训、操作考试 8 场；邀请三甲医院医学专家义诊 4 次，健康教育讲座、体检咨询 4 场；开展第二届医院“护理之星”的评选活动；联合南京市护理学会举办“急救技能进校园”公益活动，积极推动校红十字会百万大学生急救员培训工作。

朱华、郁培在急救技能比赛中获得南京市一等奖第一名，江苏省一等奖；8 名医生在江苏省人民医院、中大医院等三甲医院进行长期或短期进修学习；6 位医务人员成功申请医疗专项课题。

【公共卫生工作深入扎实】 制定《南京农业大学艾滋病防控方案》，对 2015 级新生辅导员和新生进行艾滋病知识培训和讲座；成功举办学校首届艾滋病知识竞赛，学生艾滋病知晓率从 80.9%提高到 87.5%；《艾有界，爱无限》微电影获得江苏省高校保健研究会一等奖；开设的现场急救等课，选修人数达 1 236 人，较 2014 年增长 28.5%。

2015 年教职工体检 2 100 人，通过信息系统人员的身份识别，合理控制体检人数，人性化地安排体检场所、项目和流程，提高体检质量。本科生、研究生新生等各类体检 8 000 人次。

2015 年大学生参保 17 395 人，续保率、参保率达到 98%以上，节约医药费 191.8 万元；大学生和社区儿童疫苗接种 6 168 人次，社区儿童、孕产妇健康管理、计划生育管理率达到 100%；对 14 周岁以下儿童管理达到 2 000 人次，较 2014 年增长比率为 11%，全年免费发放避孕药具 1 000 份。

［附录］

2014 年、2015 年校医院诊疗人次对比表

项　目	2014 年	2015 年	增幅（%）
挂号（人次）	66 930	77 172	15.3
门诊输液、换药（人次）	11 861	13 382	12.8
彩超（人次）	975	1 602	64.3
口腔科治疗（人次）	536	684	27.6
理疗、针灸、拔罐（人次）	7 150	9 400	31.5

（撰稿：贺亚玲　审稿：石晓蓉　审核：韩　梅）

十三、学院（部）基本情况

植物科学学部

农学院

【概况】农学院设有农学系、作物遗传育种系、种业科学系和江浦农学试验站，建有作物遗传与种质创新国家重点实验室、国家大豆改良中心和国家信息农业工程技术中心 3 个国家级科研平台以及 7 个省部级重点实验室、4 个省部级工程技术中心。

学院拥有作物学国家重点一级学科、2 个国家级重点二级学科（作物遗传育种、作物栽培学与耕作学）、2 个江苏省高校优势学科（作物学、农业信息学）、2 个江苏省重点交叉学科（农业信息学、生物信息学）。设有作物学一级学科博士后流动站、6 个博士学位专业授予点（包括 3 个自主设置专业）、3 个学术型硕士学位授予点、2 个全日制专业硕士学位授予点、2 个在职农业推广硕士专业学位授予点、2 个本科专业和金善宝实验班（植物生产类）。

现有教职工 159 人。其中，专任教师 122 人（新进教师 2 人）。专任教师中教授 57 人、副教授 38 人。学院拥有中国工程院院士 3 名（新增 1 名）、“千人计划”专家 1 名、“长江学者”特聘教授 2 名、国家杰出青年基金获得者 4 名、“万人计划”专家 4 名、“千人计划”青年人才项目专家 2 名。2015 年，获第五届“中华农业英才奖”1 人；入选中共中央组织部“千人计划”青年人才项目 1 人、“长江学者”青年学者 2 人、国家优秀青年科学基金 1 人、中国女青年科学家 1 人；入选科技部“中青年科技创新领军人才”1 人、农业部“科研杰出人才”2 人、江苏省“双创人才”1 人、江苏省“六大人才高峰”1 人、江苏省杰出青年基金 1 人；获南京市有突出贡献的中青年专家 1 人，入选校“钟山学术新秀”2 人。新增农业部农业科研创新团队 2 个，江苏省高校优秀科技创新团队 1 个。

学院全日制在校学生共 1 630 人。其中，本科生 848 人（留学生 7 人）、硕士生 516 人（留学生 5 人）、博士生 266 人（留学生 8 人）。2015 年招生 486 人。其中，本科生 194 人（留学生 4 人）、硕士生 207（留学生 4 人）人、博士生 85 人（留学生 7 人）。毕业生总计 489 人。其中，本科生 218 人（留学生 1 人）、硕士生 197 人、博士生 74 人。本科生就业率 95.2%，升学率 52.1%，研究生就业率 89.4%。

获科研立项 56 项，到账纵向经费 11 256 万元，横向经费 1 242 万元。获批国家自然科学基金 17 项。其中，面上项目 11 项，青年基金 6 项。新增国家优秀青年科学基金 1 项、江苏省杰出青年基金 1 项。发表 SCI 收录论文 118 篇，篇均影响因子为 3.53。其中，影响因子 5.0 以上 14 篇，影响因子 10 以上 3 篇。万建民教授课题组在 *Nature Biotechnology*

（IF＝41.514）发表关于水稻抗褐飞虱的研究论文；张天真、陈增建教授合作完成棉花基因组测序，相关论文正式发表于 *Nature Biotechnology*；张天真教授团队构建了四倍体棉花超高密度遗传图谱，相关论文正式发表于 *Genome Biology*（IF＝10.81）。通过国家品种审定 2 个，江苏省品种审定 4 个；获授权国家发明专利 29 项、实用新型专利 4 项、登记国家计算机软件著作权 11 项。

曹卫星教授团队完成的“稻麦生长指标无损监测与精确诊断技术”获国家科技进步奖二等奖，智海剑教授团队完成的“中国大豆花叶病毒株系鉴定体系创建”和分别获第九届大北农科技成果一等奖和江苏省科技进步奖二等奖。获批 1 项全国农业农村信息化示范基地，盖钧镒院士团队的“院士工作站”在安徽省当涂县连丰种业有限责任公司成立。组织召开农业部大豆生物学与遗传育种学科群建设与发展研讨会。分别在安徽、河北举办“水稻生长指标监测诊断技术”和“小麦精确栽培技术”的全国现场交流会；在洪泽举办“国家粮食丰产科技工程小麦生产管理技术”现场交流会、江苏省“特色大豆育种与生产”示范现场会，以先进技术带动农业的现代化。

农学专业获江苏高校品牌专业建设工程一期立项（A 类）；与江苏省大华种业集团有限公司合作建设的种业科学技术农科教合作人才培养基地获国家级立项建设。国家级规划教材《作物栽培学总论》获江苏省重点教材立项建设。获江苏省第十二次高教科研成果奖三等奖 1 项、江苏省教改重点项目 1 项。获第十五届全国多媒体课件大赛优秀奖 1 项，获批建设江苏高校外国留学生英文授课精品课程 1 门，获批校级精品资源共享课 3 门。成功申报国家大学生科研创新计划 9 项、江苏省高等学校大学生实践创新训练计划 4 项、校级和院级 SRT 计划 48 项。

2015 年获江苏省优秀博士学位论文 3 篇，获江苏省研究生创新计划立项 28 项。2 人获“第八届长三角作物学博士论坛”优秀学术报告一、二等奖。研究生以第一作者发表 SCI 学术论文 95 篇。2 个江苏省企业研究生工作站获得认定。全年共开展学术报告 115 场，其中，国外专家 50 余场。

“作物生产精确管理研究创新引智基地”获“111 计划”立项；启动农学院本科生加州大学戴维斯分校寒假交流专项，配套资金 30 余万元，选派 19 名优秀本科生赴美交流；与新加坡国立大学签订博士生合作培养协议，对方每年提供 4 个攻读博士学位的全额奖学金；继续推进悉尼大学-南京农业大学农学院联合研究中心工作。共 54 名本科生与研究生出国深造或交流。其中，8 名攻读学位、13 名博士生获国家留学基金委资助联合培养一年以上。

2015 年，农学院社会实践团队获全国“三下乡”社会实践优秀团队称号；学院团委获校五四红旗团委；学生获校运会团体总分第一名；学生获得省级以上奖励 26 项。

【万建民教授当选中国工程院院士】万建民教授 1982 年获南京农业大学农学专业学士学位，1985 年获南京农业大学作物遗传育种硕士学位，1995 年获日本京都大学农学博士学位。1999 年被教育部聘为“长江学者奖励计划”特聘教授。历任南京农业大学农学院院长、中国农业科学院作物科学研究所所长，现任中国农科院副院长。在水稻籼粳交杂种优势利用基础研究、品质优异基因挖掘、抗病虫新基因挖掘和优质高产多抗粳稻新品种选育等方面取得重要进展。培育新品种 13 个，获新品种权 15 项、发明专利 34 项。在 *Nature*、*Nature Biotech.*、*Nature Commun.*、*Develop. Cell*、*PNAS*、*Plant Cell* 等刊物发表 SCI 论文 150 余篇，出版专著 3 部。研究成果获国家科技进步奖一等奖 1 项，国家技术发明二等奖 1 项，入选中国科学十大进展1项，入选中国高校十大科技进展2项。2015年当选中国工程院院士。

【曹卫星教授团队获国家科技进步奖二等奖】曹卫星教授团队立足现代农业技术，研究创建了基于反射光谱的作物生长实时监测与定量诊断技术体系，实现了稻麦生长监测诊断与管理调控的科学化和智慧化，其团队成果“稻麦生长指标光谱监测与定量诊断技术”获2015年国家科技进步奖二等奖。

【国家级青年领军人才群体凸显】吴玉峰教授入选中共中央组织部“千人计划”青年人才项目，朱艳教授和刘裕强教授入选教育部“长江学者奖励计划”青年学者，郭旺珍教授荣获第十二届“中国青年女科学家奖”，刘裕强教授获“国家自然科学基金优秀青年科学基金”资助，李艳教授入选科技部中青年科技创新领军人才，朱艳教授、王秀娥教授入选农业部科研杰出人才，郭旺珍教授入选江苏省“六大人才高峰”。

（撰稿：解学芬　审稿：戴廷波　审核：张丽霞）

植物保护学院

【概况】植物保护学院设有植物病理学系、昆虫学系、农药科学系和农业气象教研室4个教学单位。建有3个国家和省部级科研平台、2个部属培训中心和1个省部级共建重点实验室。

学院拥有植物保护国家一级重点学科以及3个国家二级重点学科（植物病理学、农业昆虫与害虫防治、农药学）。植物保护为江苏省高校优势学科，并在江苏省优势学科一期评估中获得优秀。学院设有植物保护一级学科博士后流动站、3个博士学位专业授予点、3个硕士学位专业授予点和1个本科专业。

学院现有教职工107人（2015年新增4人）。其中，专职教师80人，教授38人（新增2人），副教授26人（新增4人），讲师16人（新增4人）；有博士研究生导师41人（校内36人，校外5人），硕士研究生导师38人（校内23人，校外15人）；在站博士后工作人员7人。2015年，董莎萌教授入选国家“千人计划”青年人才项目，陶小荣教授入选中共中央组织部青年拔尖人才，陶小荣教授和马文勃教授入选江苏省特聘教授，张浩男、李圣坤、赵春青副教授入选南京农业大学钟山学术新秀。

2015年，学院招收博士研究生57人（含外国留学生4人），硕士研究生184人（含外国留学生3人），本科生117人；毕业博士研究生55人（含外国留学生4人），硕士研究生191人，本科生109人。2015年末，共有在校生1 092人。其中，博士研究生175人，硕士研究生450人，本科生467人。2014届毕业研究生和本科生年终就业率分别为90.95%和98.17%。

获批立项国家级、省部级科研项目32项。其中，国家自然科学基金项目16项，重点项目2项，立项课题经费1 627万元，承担横向科研项目77项。发表SCI收录论文170篇。其中，影响因子10以上的论文2篇，影响因子5以上的论文20篇，同比增长50%；授权发明专利11项。新增农业部科研创新团队2个。

深化国际交流与合作，先后举办了国内外重要学术会议3次。其中，由本院承办的第四届植物-生物互作国际会议吸引了上千名国内外专家，包括美国、欧洲和中国科学院院士10人，共82名国内外顶尖专家在会议上进行了报告；“973”计划“农作物重要病毒病昆虫传播与致害的生物学基础”2015年度项目交流会、中国植物病理学会病毒与生物技术2015年学术年会等重大学术会议，吸引国内外专家学者600余人次来南京进行学术交流。本科生出国交流5人，8位博士研究生申请到联合培养项目。

深入推进教育教学改革，立项教育教学改革项目9项，发表教学改革论文6篇，获得江苏高校品牌建设工程一期项目支持。出版教材1部，申报“卓越农林人才培养配套教材”1部，建设校级精品资源共享课程2门，国家精品资源共享课程3门，国家视频公开课程1门。“舌尖上的昆虫”获得江苏省微课教学比赛本科组一等奖、全国微课教学比赛优秀奖；“何为昆虫”获全国微课优质资源展示会一等奖。与中国农业科学院植物保护研究所达成共建“人才培养及项目研究”基地协议；和秦淮区朝天宫街道共建“植物医院”，拓展校外实践教学基地。获批国家大学生创新项目4项，江苏省大学生创新项目2项，校大学生创业项目1项，校级和院级SRT项目22项，实验教学示范中心开发项目4项。1篇论文获江苏省本专科优秀毕业设计（论文）三等奖；3篇论文获得江苏省优秀硕士学位论文。

认真组织开展“三严三实”实践教育，夯实党建工作。“党群零距离，支部显活力”党支部工作法荣获江苏省高校“党建工作创新奖”三等奖、南京农业大学“党建工作创新奖”；植物保护134班团支部全国高校践行社会主义核心价值观“示范团支部”。按照“立德树人，勤学敦行”的总体要求，打造“本研一体”和“教学交融”学生工作体系，积极推进学生工作的科学化、规范化、民主化和精细化建设。获得国家、省、校级优秀组织奖等各类集体荣誉34项，学生获省级及以上奖励43项。博士研究生金琳被评为“2014年江苏省大学生年度人物”，并获“全国大学生年度人物”提名。

2015年，学院获得年度考核优秀单位，同时获得学生工作先进单位、教学管理工作先进单位、五四红旗团委等荣誉。

【科研成果创新高】作物疫病研究团队先后在*The Plant Cell*（IF＝10.529）、*PLoS Pathogens*（IF＝8.364）发表研究论文，破解大豆对病原菌先天免疫之谜，发现疫霉菌致病因子调控植物免疫的新机制；真菌病害课题组在稻瘟病菌致病分子机制领域再次取得重要进展，研究成果发表在*PLoS Pathogens*；窦道龙教授课题组在*PLoS Pathogens*发表题为“An Oomycete CRN Effector Reprograms Expression of Plant HSP Genes by Targeting their Promoter”的研究论文；博士研究生张峰在植物防御机制研究上取得重要突破，并在*Nature*发表研究论文；周明国团队对氰烯菌酯单独的作用机理和抗性风险分类编码，获国际杀菌剂抗性行动委员会（FRAC）分类编码认可，成为中国首次被国际组织作为农药作用机理和抗性风险分类编码依据的研究成果；董汉松教授入选2014年中国高被引学者榜单；洪晓月教授应邀担任*Scientific Reports*编委。

【组织召开第四届植物-生物互作国际会议】8月1～3日，由南京农业大学主办的第四届“植物-生物互作国际会议”在南京召开。本次会议以“生物互作与粮食安全”为主题，来自美国、英国、德国、中国等十几个国家的928名专家学者参加了会议。其中，国外学者200余名。参会学者中包括美国、欧洲和中国科学院院士10余人，以及*Plant Cell*等国际顶级期刊主编和编辑40余人。会议提升了学校的学术影响力，众多国际一流学者对学校“农业科学”排名进入全球前千分之一表示赞赏，并希望能在科学研究、学术交流以及人才培养和引进等方面与学校建立全方位合作。

【召开植物保护学科“十三五”发展规划论证会】12月18日，学院召开南京农业大学植物保护学科“十三五”发展规划论证会。中国科学院院士方荣祥研究员，中国科学院院士、中国科学院动物研究所所长康乐研究员等10余位全国植物保护领域专家学者应邀出席会议，共同为学科发展规划把关定向。植物保护学院书记吴益东主持会议，副校长董维春、人事处处长包平、发展规划与学科建设处处长罗英姿、植保学院领导班子成员、学科带头人、青年骨干教师等参加会议。与会专家对植物保护学科“十二五”期间取得的成绩和“十三五”发展规划展开了充分论证，提出了宝贵意见和看法。期望学院在教学和科研上进步的同时，加强社会服务，会后形成《南京农业大学植物保护学科十三五发展规划纲要》。

【植物保护专业获江苏高校品牌专业建设工程资助】2015年6月8日，江苏省教育厅、财政厅公布了江苏省高校品牌专业建设工程一期项目名单，学校植物保护专业获得立项资助。学院在项目申报过程中进一步凝练专业特色，探索专业科学发展，并以此为契机，先后召开植物保护专业建设研讨会、全国院校植物保护专业创新型人才培养与教学模式改革研讨会等，不断探讨人才培养模式改革，谋划将本专业建设成国内领先、有国际影响力、特色鲜明、起引领示范作用的品牌专业。

【深化对外合作交流，加强社会服务】2015年，先后与中国农业大学、西北农林科技大学、中国农业科学院植物保护研究所、浙江大学农业与生物技术学院等单位进行了深入交流；与韩国农村振兴厅代表团正式签署中韩双边合作协议，为中韩双方开展水稻迁飞性害虫及其所传病毒病的研究和治理提供了新的合作平台。

积极构建立足专业优势的师生共同参与的社会服务体系，联合江苏艾津农化有限责任公司开展2015年小麦赤霉病菌抗药性治理及生物-化学协同防控技术示范；建立南农生物元微信平台，公益性提供有机、绿色种植方案及技术；组织召开2015年有机种植农场培训及研讨会等，将科研成果服务于现代农业发展。组织“绿色植保”实践团赴睢宁宣传安全用药，与百蝶缘生态发展中心共建大学生实践基地，与朝天宫街道共建“植物医院”，搭建学生参与科技服务平台，构建特色鲜明的绿色植物保护服务体系。

（撰稿：张　岩　审稿：黄绍华　审核：张丽霞）

园艺学院

【概况】园艺学院是我国最早设立的高级园艺人才培养机构，其历史可追溯到原国立中央大学园艺系（1921）和原金陵大学园艺系（1927）。学院现有园艺、园林、风景园林、中药学、设施农业科学与工程、茶学6个本科专业。其中，园艺专业为国家特色专业建设点和江苏省重点专业。学院现有1个园艺学博士后流动站、6个博士学位授权点（果树学、蔬菜学、茶学、观赏园艺学、药用植物学、设施园艺）、7个硕士学位授权点（果树、蔬菜、园林植物与观赏园艺、风景园林学、茶学、中药学、设施园艺学）和3个专业学位硕士授权点（农业推广硕士、风景园林硕士、中药学硕士）。其中，蔬菜学科为国家和农业部重点学科，果树学科为江苏省级重点学科，园林植物与观赏园艺学科（含风景园林规划设计方向）为校级重点学科，园艺学一级学科被认定为江苏省一级学科国家重点学科培育建设点，园艺科学与应用在“211工程”三期进行重点建设，现代园艺学为江苏省优势学科。建有农业部“华东地区园艺作物生物学与种质创制重点实验室”和教育部“园艺作物种质创新与利用工程研究中心”等省部级科研平台7个。

学院现有教职工 131 人，专任教师 107 人。其中，教授 34 人、副教授 42 人；高级职称教师占 71.0%，具博士学位教师占 82.7%，具有海外一年以上学术经历的教师占 46.7%；从美国引进高层次人才 1 人，接收优秀博士毕业生 3 人；晋升教授 2 名、副教授 5 名；获得农业部“创新团队”1 个，获得国家自然科学基金委员会“国家优秀青年基金”资助 1 人、“江苏省杰出青年基金”1 人、农业部“农业科研杰出人才”1 人、江苏省“333 工程”人才资助 2 项、江苏省“六大人才高峰”资助 1 项；新增南京农业大学“钟山学术新秀”3 人；1 人获得“江苏省有突出贡献的中青年专家”称号，1 人获得“中国观赏园艺 2015 年度特别荣誉奖”，1 人获得“南京市十大杰出青年”称号。

全日制在校学生 1 893 人。其中，本科生 1 231 人，硕士研究生 554 人，博士研究生 108 人。毕业全日制学生 564 人。其中，本科学生 282 人，研究生 282 人。本科生就业率为 97.87%，本科学位授予率 97.5%；研究生就业率为 86.6%（不含延时毕业）。招收全日制学生 607 人。其中，本科生 351 人，研究生 256 人。

学院获得学校“老同志工作先进单位”和“先进工会”等荣誉。制定了“园艺学院开展‘三严三实’专题教育实施计划”。召开了以践行“三严三实”为主题的 2015 年度民主生活会。继续推进《园艺学院院史》编撰工作，目前材料收集和整理工作已经基本完成，并形成文字初稿。举办“园艺经典”学术讲座 1 次，首本“园艺经典”学术作品将由学院校友上海农业科学院研究员王化先生主编完成。

学院的园艺专业获批“江苏高校品牌专业建设项目”，茶学新专业正式开始招生；《花卉学》教材入选江苏省高等学校重点教材；制定了园艺专业卓越农林“复合应用班”和“拔尖创新班”培养方案，同时 6 个本科专业完成了 2015 版培养方案的修订工作；新增江苏省教改项目 1 项，结题 1 项；新增校级教改项目 5 项，结题 3 项；新增 SRT 立项资助 46 项，其中，国家级 6 项，省级 3 项，受 SRT 项目资助学生发表学术论文 4 篇；获得江苏省优秀硕士学位论文、江苏省优秀学士学位论文各 1 篇，获得校级优秀硕士学位论文和校级优秀专业学位硕士论文各一篇，获得校级优秀本科毕业论文（设计）6 篇；组织了园艺学院第七届教学观摩与研讨会；继续推进“徐州市大宗蔬菜农科教合作人才培养基地”和“常州市农科教校外实践基地”等实践教学基地的建设。

学院新增科学研究项目 50 余项，到账总经费首次突破 5 000 万元，达到 5 089.8 万元。其中，纵向经费 4 690.14 万元。共发表 SCI 论文 122 篇，累计影响因子 350.77，影响因子超过 5 以上的 12 篇，论文数比去年增长 16.5%，影响因子增长 30.3%。获授权国家发明专利 18 项、国家植物新品种权 5 个，省级鉴定新品种 7 个。以第一完成单位获得教育部高等学校科学研究优秀成果奖自然科学奖一等奖 1 项、科技进步奖二等奖 2 项和江苏省科学技术奖二等奖 1 项。*Horticulture Research* 分别被 DOAJ（Directory of Open Access Journals）、PubMed 数据库收录。

学院学生工作卓有成效，获得“江苏省青年志愿服务事业贡献奖”“全省魅力团支书”荣誉和学校“学生工作先进单位”“志愿服务优秀组织奖”“社会实践先进单位”等表彰；举办“卓越园艺”精品学术论坛、“分子研究创新吧”学术沙龙等学术活动，研究生工作评比排名全校第一；推动学生创新创业实践，加强大学生职业生涯规划教育，成功申报“中国社区建设计划一汇丰微基金”资助项目，1 名学生获全省“十佳规划之星”荣誉称号；积极开展生源基地共建，顺利签约全国重点高中河北省石家庄二中、衡水中学等优秀生源基地，所负责的宿迁地区新生录取人数增长了26%，河北录取理工类分数线增长39%、文史类分数线增长26%，生源质量明显提升；相关学生工作获新华社、《中国青年报》、新华网等国家级、省部级主流媒体报道，取得良好的育人效果和社会效应；学院设立的企业奖学金有：超大奖学金、棕榈园林企业奖学金、厦门宏旭达企业奖学金、每日食品企业奖学金、景瑞企业奖学金、沃野奖学金和益友园林奖学金等。

学院积极推进科技部中肯作物分子生物学联合实验室的建设，相关仪器已运抵肯尼亚埃格顿大学。由*Horticulture Research*杂志主办，加州大学戴维斯分校、美国农业部农业研究中心联合承办的第二届（2015年）国际园艺研究大会在美国加州大学戴维斯分校召开，会议展示了国际园艺领域的最新研究进展和成果，也提高了学校首本英文学术期刊在国际上的影响力。通过教学骨干培养和与国外教授支持相结合的方式，积极开设高级园艺作物栽培学和园艺科学研究技术研究生全英文课程，效果良好。此外，本年度有8位教授先后出访美国、比利时等国进行学术交流，6位教师在国外知名大学或科研院所研修，5名研究生参加国际学术会议。邀请了来自美国、日本、荷兰、加拿大等国的著名教授16人次进行学术报告，推动了学院国际化建设的进程。

【校党委书记左惟指导园艺学院专业建设与人才培养工作】在“十二五”与“十三五”交接之年，为了适应高等教育综合改革与发展的新形势，进一步提高专业建设水平和人才培养质量，7月9日上午，在“勤园厅”召开了“园艺学院专业建设与人才培养座谈会”，校党委书记左惟、常委刘营军到会指导。园艺学院中层领导、各系主任、副系主任，以及部分前系主任参加了座谈，会议由陈劲枫主持。

陈劲枫代表学院感谢左书记、刘常委指导学院工作并对座谈会进行了总结。园艺学院首次以系为单位进行专业建设与人才培养座谈交流，在园艺学院学科门类较多、专业发展不平衡、面临综合改革的大背景下，此次座谈会的召开，对于明确学院专业学科发展定位以及提高人才培养质量具有重要指导意义。

【陈发棣教授荣获中国观赏园艺2015年度特别荣誉奖】8月18～20日，2015年中国观赏园艺学术研讨会在厦门召开，此次大会主题是“发展观赏园艺，建设美丽中国”，参会代表近600人。会议评选出了中国观赏园艺2015年度特别荣誉奖，园艺学院院长陈发棣教授获此殊荣。中国观赏园艺年度特别荣誉奖由中国园艺学会观赏园艺专业委员会、国家花卉工程技术研究中心联合评选，旨在表彰对我国观赏园艺科研、产业发展和对外交流上做出积极贡献的人，此前已有两位教授获此殊荣。

陈发棣教授长期从事菊花遗传育种研究，是目前观赏园艺领域第一个国家杰出青年科学基金获得者和教育部“长江学者”特聘教授。

【学院菊花新品种荣获第六届中国菊花精品展一等奖】11月5日，第六届全国菊花精品展在中国科学院武汉植物园隆重开幕。本次菊展共展出来自全国13个省（市）的1 100多个菊花品种。学校菊花课题组作为唯一一家切花菊育种单位参展，展出近年来新选育的蜂窝型、风车型、迷你型等不同花型花色的切花菊品种35个。经过专业评比，‘南农绿芍药’、‘南农晨霞’两个品种荣获新品种一等奖，‘南农点云’荣获二等奖，‘南农绿玫瑰’、‘南农小金星’两个品种荣获栽培奖二等奖。新品种受到了众多同行、群众的认可和赞赏，充分展示了学校菊花育种水平。

【吴巨友教授当选第十一届“南京市十大杰出青年”】5月4日下午，南京市举办“传承红色

文化 争当时代先锋”——纪念五四运动 96 周年优秀青年代表分享会暨第十一届“南京市十大杰出青年”颁奖仪式，江苏省委常委、南京市委书记黄莉新出席活动并为“南京市十大杰出青年”颁奖。学校吴巨友教授以网络评选排名第九，现场答辩排名第一，总分排名第五的成绩顺利当选为第十一届“南京市十大杰出青年”。

（撰稿：金 平 审稿：陈劲枫 审核：张丽霞）

动物科学学部

动物医学院

【概况】动物医学院设有基础兽医学系、预防兽医学系、临床兽医学系、国家级动物科学类实验教学中心、农业部生理生化重点实验室、农业部细菌学重点实验室、OIE 猪链球菌参考实验室、临床动物医院、实验动物中心、《畜牧与兽医》编辑部、畜牧兽医分馆、动物药厂和 42 个校外教学实习基地。本年度学校投资 20 万元建设了“国家级动物科学类实验教学示范中心”信息化、智能化管理平台。

现有教职工 113 名。其中，教授 39 名，副教授、副研究员、高级兽医师和副编审 33 名，讲师、实验师 21 名。具有博士学位者 75 名、硕士学位者 3 名。其中，博士生导师 36 名，硕士生导师 29 名。学院拥有“万人计划”科技创新领军人才 1 人、“长江学者”1 人、国家杰出青年科学基金获得者 1 人、江苏省特聘教授 1 人。2015 年，学院新晋升教授 1 名，副教授 4 名。新选聘师资 5 人。其中，教授 1 名、副研究员 1 名、中级 2 名。1 人入选农业部农业科研杰出人才及创新团队，1 人入选国家优秀青年基金，3 人获评钟山学术新秀。

有各类在校学生 1 682 人。其中，全日制本科生 890 人、硕士研究生 502 人、博士研究生 102 人，专业学位博士和硕士生 188 人。博士后研究人员 11 人。毕业学生 384 人。其中，研究生 204 人（博士研究生 31 人、硕士研究生 150 人，含兽医博士 7 人、兽医硕士 16 人），本科生 180 人。招生 442 人。其中，研究生 262 人（博士研究生 35 人，含外籍留学生 5 人、硕士研究生 168 人，含兽医博士研究生 17 人、兽医硕士研究生 37 人），本科生 180 名（含留学生 16 人）。动物医学专业志愿率为 97.92%。本科生年终就业率为 98.3%，研究生就业率为 96.8%。全年发展学生党员 40 人（其中，研究生 12 人、本科生 28 人），转正 49 人（其中，研究生 25 人、本科生 24 人）。

教师以第一作者或通讯作者发表 SCI 论文 154 篇（其中，篇均影响因子为 2.59，单篇影响因子≥5.0 的论文 6 篇、影响因子≥3.0 的论文 59 篇）。学院到位经费 4 182.93 万元。其中，纵向到位科研经费 3 619.21 万元，横向合作到位经费 563.72 万元。受权发明专利 6 件、申请专利 8 件。制定江苏省地方标准 1 项、获批农业部行业标准制订和修订 2 项。验收 27 个本科生科研训练立项项目，新增科研训练项目 40 项。本科生发表论文 11 篇。其中，有 4 篇为第二作者的 SCI 论文。

【教育教学成果丰硕】修订完善了 2015 版人才培养方案；新增江苏省重点教材 1 本，出版规划教材 2 本；建设国家精品资源课程 3 门，新立项校、院级精品资源课程 5 门。承办了第八届第十五次全国兽医传染病学教学研讨会，推进教学改革；邀请康奈尔大学、加州大学戴维斯分校等国内外知名学者开展学术交流和学术报告 30 余场；成功举办第五届“动物健康与卫生”研究生学术论坛、17 期青年学术论坛；邀请加州大学戴维斯分校兽医学院专家来校举办了 2 期兽医临床技能培训班。

【党建思政成绩突出】通过理论学习、讲座报告、考察参观、民主生活会等方式积极开展“三严三实”专题教育活动。学院获评 2015 年度体育工作先进单位、宣传工作先进单位、老龄工作先进单位、五四红旗团委、志愿服务优秀组织奖、校园公共艺术大赛优秀组织奖、关心下一代工作征文优秀组织奖等多项集体表彰。动强 121 班获评全国社会主义核心价值观教育示范团支部、江苏省活力团支部。1 个学生作品获江苏省课外科技作品竞赛二等奖，1 个团队获全国“互联网＋”创业计划竞赛二等奖、江苏省“互联网＋”创业计划竞赛一等奖。学生获得国家级奖励 14 人次、省级奖励 21 人次；学院工作先后受到媒体报道 30 多次。

【校企合作再结硕果】募集 160 多万设立了蔡宝祥奖学基金，奖励品学兼优学生；募集 50 万元社会资金设立了“动物医学学科发展基金——荐量生物奖”以激励、表彰为兽医学科建设做出重要贡献的师生。除此之外，还新增迪拜马科学奖学金、徐州天意奖学金等，学院名人企业奖学金数达 20 项，年度发放奖金额达 71.8 万元，奖励学生 475 人次。新增正邦集团、深圳瑞鹏宠物医院有限公司 2 个优质实习基地。

【猪链球菌病 OIE 参考实验室建设完成】11 月 24 日，世界动物卫生组织（OIE）猪链球菌病参考实验室建设研讨会在南京农业大学召开，标志着南京农业大学猪链球菌病诊断国家参考实验室正式建成并投入使用。该实验室在国内外率先建立了 SPF 微型猪及斑马鱼的猪链球菌 2 型致病与免疫的动物模型，是我国唯一设立在高校的 OIE 参考实验室。

（撰稿：熊富强　曹　猛　审稿：范红结　审核：张丽霞）

动物科技学院

【概况】学院由动物遗传育种与繁殖系、动物营养与饲料科学系、特种经济动物与水产系、国家级实验教学示范中心和农业部牛冷冻精液质量监督检验测试中心组成。下设消化道微生物研究室、动物遗传育种研究室、动物营养与饲料研究所、动物繁育研究所、南方草业研究所、乳牛科学研究所、羊业科学研究所、动物胚胎工程技术中心、《畜牧兽医》编辑部、畜牧兽医分馆和珠江校区畜牧试验站。

现有在职教职工 106 人，专任教师 80 人。新增师资博士后 5 人，短期客座教授 2 人（美国，3 月/年）。专任教师中，教授 23 名，副教授 23 名，讲师 34 名，博士生导师 21 名，硕士生导师 42 名，国务院“政府特殊津贴”者 2 人，国家杰出青年科学基金获得者 1 人，国家“973”首席科学家 1 人，国家现代农业产业技术体系岗位科学家 2 人，教育部新世纪人才支持计划获得者 1 人，教育部青年骨干教师资助计划获得者 3 人，江苏省“333”人才工程培养对象 3 人，江苏省高校“青蓝工程”中青年学术带头人 1 人及骨干教师培养计划 2 人，江苏省“六大高峰人才”1 人，江苏省教学名师 1 人，国家优秀教育工作者 1 人，江苏省优秀教育工作者 1 人，南京农业大学“钟山新秀”5 人。

学院党委落实党政共同负责制，两周召开一次“两会”，讨论重大事项与问题；贯彻“三重一大”决策制度，开展党风廉政建设，践行“三严三实”专题教育活动。发展党员 25 名，转正党员 30 名。获得江苏省高校“最佳党日活动”优胜奖 1 项；南京农业大学“最佳党日活动”一等奖 1 项、优秀奖 1 项；获得南京农业大学关心下一代工作和老龄工作先进集体称号；获得南京农业大学优秀学院网站称号。关心下一代工作常态化建设合格单位通过验收。

推动人才培养模式改革，实施“复合应用型”卓越农林人才培养计划，修订卓越农林人才培养方案。搭建国家实验教学中心、国家农科教合作基地、虚拟仿真实验平台“三位一体”实验教学平台，强化国家级实验教学示范中心功能。推动动物科学类虚拟仿真实验教学中心建设（涉及 100 多个实验项目，涵盖主要专业核心课程）。完成全国高等农业教育精品课程资源建设项目饲料学和养猪学；开展校级慕课饲料学和家畜环境卫生学建设；启动校企协同特色课程建设；建设全英文必修课 2 门，开设全英文选修课 1 门。招收本科生 175 名、硕士生 105 名、博士生 24 名；毕业本科生 120 名、硕士生 105 名、博士生 24 名；授予学士学位 120 人、硕士学位 87 人、博士学位 23 人。

实施奖励激励机制促学风建设，共评选各类奖助学金 1 140 人次。其中，国家级 559 人次，校级 423 人次，院级 158 人次，累计发放各类奖助学金 640 万元。学生个人获校级以上荣誉 153 人次，集体荣誉 23 项。其中，国家级奖项 14 项、省级 8 项、市级 3 项、校级 128 项。获江苏省优秀班级 1 个；江苏省优秀博士、硕士学位论文各 1 篇；南京农业大学优秀硕士学位论文 1 篇。为推进国际化进程，举办国际文化交流分享会及讲座 4 场，介绍学科前沿动态，分享海外学习工作经历。根据《动物科技学院国际英语考试奖励管理办法（试行）》，设立专项基金，共奖励学生 34 名，累计金额 4.6 万元。实施院企人才联合培养项目，共资助 4 名学生赴美国、德国学习，累计 8 名学生参与国际交流项目。

编制畜牧学一级学科“十三五”发展规划，通过畜牧学一级学科“十二五”省重点学科建设项目验收。拥有博士后流动站 1 个，畜牧学、水产一级学科博士授权点 2 个，二级学科博士点 5 个、硕士点 5 个，皆为省级重点学科。

获批江苏省奶牛 DHI 性能测定中心、江苏省猪遗传资源评价中心，建有动物源食品生产与安全保障、水产动物营养、消化道营养与动物健康、家畜胚胎工程 4 个省级重点实验室，建有动物科学类国家级实验教学示范中心 1 个、奶牛生殖工程市级首批开放实验室 1 个、肉羊产业省级工程技术研究中心 1 个、校企共建省级工程中心 2 个、农业部动物生理生化重点实验室（共建）1 个。

新增科研项目 84 项。其中，纵向 51 项，横向 33 项。纵向有国家自然科学基金 17 项、江苏省自然科学基金 10 项、江苏省重点项目 1 项、江苏省农业三新工程 1 项、中央高校基本科研业务费自主创新项目 6 项、中央高校基本科研业务费青年项目 15 项、行业标准制定和修订项目 1 项。到账纵向经费 2 834.46 万元，横向经费 360.88 万元。发表 SCI 论文 119 篇，篇均影响因子 2.50，影响因子≥5 的论文有 7 篇。获得专利授权 9 项。其中，发明专利 4 项。获得中华农业科技奖二等奖 1 项，江苏省科学技术奖二等奖 1 项。新增江苏省企业研究生工作站 3 个。

主办首届肠道微生物与人体健康国际学术研讨会、第九届南京农业大学畜牧兽医学术年会，邀请国内外专家学者学术报告 31 场，举办青年教师学术沙龙 8 期。参加国际学术会议

55 人次，国内学术会议 185 人次。邀请美国专家授课 36 学时。首次担任 *Nature* 出版集团 *Scientific Reports* 期刊编委 1 人。

【主办首届肠道微生物与人体健康国际学术研讨会】 2015 年 10 月 22 日，由南京农业大学动物科技学院、江苏省消化道营养与动物健康重点实验室主办的首届肠道微生物与人体健康国际学术研讨会在南京农业大学举行，23 位国内外专家学者出席。大会听取了荷兰瓦赫宁根大学 Zoetendel 教授、南京军区总医院李宁主任、江苏省第一人民医院张振玉主任、南京市鼓楼医院于成功主任和南京中医药大学潘苏华教授的学术报告，并就肠道微生物与人体健康方面的学术问题，进行了研讨。

【获批江苏省奶牛 DHI 性能测定中心】 2015 年 12 月，经江苏省农业委员会批准，建立江苏省奶牛 DHI 性能测定中心，为第三方评价机构。该 DHI 测定系奶牛生产性能测定体系，主要通过对个体奶牛产奶量、乳成分和体细胞等指标的测定以及通过对牛群基础资料的分析，对个体牛和牛群的生产性能和遗传性能进行综合的评定，从而找出并及时解决奶牛育种和生产管理上的问题，服务于奶牛养殖企业。

【获批江苏省猪遗传资源评价中心】 2015 年 12 月，经江苏省农业委员会批准，建立江苏省猪遗传资源评价中心。江苏省猪资源遗传多样性高、种类繁多，具有重要经济价值的遗传资源丰富。组建江苏省猪遗传资源评估中心，开展猪遗传多样性与猪遗传资源价值评估工作，一方面可为猪遗传资源保护政策的制定提供科学依据；另一方面可通过对优良性状遗传基础的挖掘和多态信息含量的测定为猪种资源的育种与杂交利用提供指导。

（撰稿：孟繁星　审稿：高　峰　审核：张丽霞）

草业学院

【概况】 草业学院现有牧草学、饲草调制加工与高效利用、草类生理与分子生物学、草地生态与草地管理、草业生物技术育种 5 个研究团队。重点建设有 5 个科研实验室：牧草学实验室（牧草资源和栽培）、饲草调制加工与贮藏实验室、草类植物生理生化与分子生物学实验室、草地环境工程实验室和草类生物技术与育种实验室。学院建有饲草调制加工与贮藏研究所。

学院草学学科为江苏省重点学科，有草学博士后流动站，草学一级学科博士和硕士授权点，草业科学本科专业。草学学科以“良好”的成绩通过了江苏省评估。

现有在校本科生 138 人、硕士生 47 人、博士生 17 人。2015 年招收本科生 44 人（含草业国际班 19 人）、硕士生 19 人、博士生 7 人。毕业本科生 18 人、硕士生 14 人。授予学士学位 18 人、硕士学位 12 人。毕业本科生学位授予率和毕业率 100%、年终就业率 94.44%、升学率 56%（10/18）（其中，2 人出国深造）。毕业研究生就业率 75%。学院有 3 名本科生、1 名研究生获得了学校全额资助分别赴美国 UCDavis、日本宫崎大学访学，另外 2 名本科生、1 名博士生赴美国罗格斯大学学习。

现有在职教职工 31 人（2015 年新增 5 人）。其中，专任教师 26 人，管理人员 6 人（1 人兼职），教授 6 人（新增 1 人、兼职 2 人）、副教授 6 人（新增 2 人）、讲师 11 人、博士后 2 人、师资博士后 1 人。新增教职工 5 人。其中，青年教师 4 人，师资博士后 1 人。有博士生导师 5 人、硕士生导师 10 人。有国家“千人计划”特聘教授 1 人，国家牧草产业技术体系首席科学家 1 人；“长江学者”1 人，江苏省“六大人才高峰”1 人，江苏省“双创团队”1 个和“双创人才”1 人，南京农业大学“钟山学术新秀”1 人。新增当选中国草学会饲料生产专业委员会理事长 1 人。

发表论文 47 篇。其中，SCI 论文 25 篇，影响因子合计 69.428，核心期刊论文 18 篇。新增发明专利授权 3 项、制定标准 1 项。申请获批自 2016 年启动的项目 9 项，立项经费 231 万元。其中，自然科学基金 5 项；顺利结题项目 9 项；新开展科研项目 11 项，总经费 278.5 万元；继续在研项目 24 项；全年各类科研项目到账经费 965 万元。荣获西藏自治区科学技术奖一等奖 1 项（第一完成单位）。荣获亚太地区“青年科学家”银奖 1 人。

教师主持校级教改项目立项一般项目 3 个。本科生主持“大学生创新创业训练计划”项目 12 项。其中，国家级 1 项、省级 1 项、校级 3 项、院级 7 项。

学院承办全国草原处长工作会议、中国草学会饲料生产委员会第九届代表大会暨第十八次学术研讨会，主办南方草牧业发展论坛暨王栋奖学金颁奖典礼。教师参加各类学术会议 121 人次，大会做报告 8 人次，举办学术报告会 7 场。教师在国际组织或刊物任职 7 人次。

逐步建立和完善学院《草业学院学生管理手册》《草业学院学生会例会制度》《草业学院学生会考核制度》《草业学院学生党员发展及管理实施细则》《草业学院“三查”制度》《草业学院综测加分条例》《草业学院研究生学业奖学金管理办法》《草业学院 2015 年推荐免试攻读研究生工作方案》《草业学院研究生会换届选举办法》等管理制度。本年度学院本科生和研究生共有 56 人次获得各类奖学金，5 人次获得国家级表彰，5 人次获得省级表彰，1 人次在南京市文体比赛中获奖，24 人次在学校各种学科比赛、文体比赛中获奖。其中，本科生获校级“2015 届优秀毕业生”7 人、“2015 届本科优秀毕业论文（设计）”一等奖 1 人。硕士研究生获“专业实践考核优秀研究生”荣誉 2 人，“中期考核优秀”3 人。

2015 年发展学生预备党员 5 人（4 名本科生、1 名研究生），转正党员 5 人。全院共有教师党员 15 人，学生党员 33 人。共有院级领导干部 3 名。

【承办全国草原处长会议】 2 月 5～6 日，承办全国草原处长工作会议，农业部畜牧业司杨振海副司长、巩爱岐副司长，全国畜牧总站何新天书记，农业部草原监理中心刘加文副主任，江苏省农业委员会黄炎总畜牧师以及农业部相关部门的领导，全国各省区负责草原监理、畜牧业工作的主要负责人参加了本次会议。学校丁艳锋副校长出席会议开幕式并致辞。会议总结了内蒙古草原确权承包试点工作情况，讨论了草原确权承包试点方案及《基本草原保护条例》，总结了 2014 年全国草原保护建设工作、部署了 2015 年草原保护重点工作。

【主办南方草牧业发展论坛暨 2014 年度“王栋奖学金”颁奖典礼】 5 月 9 日，主办南方草牧业发展论坛暨 2014 年度“王栋奖学金”颁奖典礼。中国工程院院士任继周、中国草学会理事长马启智、中国草学会秘书长王堃、蒙古草原学会理事长兼蒙草公司研发中心主任纪大才等来自全国草业科学界 20 多位专家学者，以及获得 2014 年度“王栋奖学金”的 10 名研究生参会。草业界知名专家和获奖研究生分别做了涉草研究学术报告。

【承办中国草学会饲料生产专业委员会第九届代表大会暨第十八次学术研讨会】 4 月 6～9 日，由中国草学会主办、南京农业大学承办的中国草学会饲料生产专业委员会第九届代表大会暨第十八次学术研讨会在江苏省泰州市召开。来自全国各地 41 个单位的 86 位代表参加了会议，草业学院沈益新教授当选为该专业委员会理事长。

【主办《饲草生产学》编委会会议】 9月20日，主办《饲草生产学》编委会会议，全国知名饲草生产科学的教授及中国农业出版社编辑参会，围绕《饲草生产学》的编写及饲草生产科学存在的问题展开研讨和交流。

（撰稿：班　宏　何晓芳　邵星源　审稿：李俊龙
高务龙　徐　彬　审核：张丽霞）

无锡渔业学院

【概况】 南京农业大学无锡渔业学院（以下简称渔业学院）有水产学一级学科博士学位授权点和水生生物学二级学科博士学位授权点各1个，全日制水产养殖、水生生物学硕士学位授权点各1个，专业学位渔业领域硕士学位授权点1个，水产养殖博士后科研流动站1个。设有全日制水产养殖学本科专业1个，另设有包括水产养殖学专升本在内的各类成人高等教育专业。

渔业学院依托中国水产科学研究院淡水渔业研究中心（以下简称淡水中心）建有农业部淡水渔业与种质资源利用重点实验室、中国水产科学研究院长江中下游渔业生态环境评价与资源养护重点实验室、农业部水产品质量安全环境因子风险评估实验室（无锡）、农业部长江下游渔业资源环境科学观测实验站和农业部水产动物营养与饲料科学观测试验站等10多个省、部级公益性科研机构，是农业部淡水渔业与种质资源利用学科群，以及国家大宗淡水鱼产业技术体系和国家罗非鱼产业技术体系建设技术依托单位。

有在职教职工185人。其中，教授24人、副教授39人（含博士生导师6人，硕士生导师30人）；有国家、省有突出贡献中青年专家及享受国务院特殊津贴专家5人，农业部农业科研杰出人才及其创新团队3个，国家现代产业技术体系首席科学家2人、岗位科学家6人，中国水产科学研究院（以下简称水科院）首席科学家4人。5名教师晋升副教授资格，2名青年教师参加江苏省第八批“科技镇长团”，1名青年教师赴匈牙利访问留学，4名2014年出国访学教师按期回国。

有全日制在校学生282人。其中，本科生135人、硕士研究生123人、博士研究生24人。毕业学生89人。其中，研究生48人（博士研究生4人，硕士研究生44人），本科生41人。本科初次就业率为100%。9名研究生被评为校级优秀研究生，27名本科毕业生被评为校级或院级优秀毕业生。共录取全日制硕士研究生49人、博士研究生7人、在职推广硕士12人。招收学术型硕士留学生2人，其他在读博士留学生3人、硕士留学生3人。其中，博士生H. Michael Habtetsion以及硕士生Ndakalimwe Naftal Gabriel被评为校“2015年优秀留学生”。博士后流动站共有7名博士在站工作。作为首批8家江苏省省级渔业教育与培训定点机构之一，共承担“江苏省渔业三新工程科技首席（执行）专家高级研修班”等培训项目14项，培训人员797名。

发表学术论文206篇。其中，SCI期刊收录论文63篇。出版专著4部。获国家专利授权45项（其中，发明专利29项）、计算机软件著作权登记2项、转让国家专利8项。承担科研项目248项，到位经费4 308.56万元（其中，年度新上科研项目134项，到位经费3 156.9万元）；6个国家自然基金项目（2个面上项目、4个青年科学基金项目）、2个“十二五”国家科技支撑计划课题获立项。12 项成果获各级科技奖励。其中，省部级科技成果奖励 6 项。

邀请来渔业学院交流讲学和访问的国外、境外专家 9 批 37 人次；派出 9 批 17 人次访问 8 个国家。承担商务部等部委下达的援外培训项目 10 项，伊朗渔业部委托 1 项，阿根廷政府资助 1 项，共培训了 35 个国家的 267 名高级渔业技术和管理官员。承办“中国- FAO 内陆渔业及水产养殖可持续发展高层研讨会”“2015 年度中日韩三方渔业会议”“2015 年度现代水产养殖国际研讨会”“2015 年水产遗传育种学术研讨会”等国际、国内大型学术会议 6 次。

召开了院全体党员大会，选举产生了院第六届党委、纪委。其中，戈贤平同志任党委书记，徐跑同志任党委副书记，万一兵同志任党委副书记、纪委书记，郦旭文、袁新华 2 名同志为党委委员。落实中央全面从严治党要求和校党委工作部署，深入开展“三严三实”专题教育、服务型党组织建设，持之以恒反对“四风”；切实落实“两个责任”“一岗双责”，不断加强党风廉政建设。加强党员发展计划管理，发展学生党员 18 人。其中，研究生 6 名，本科生 12 名。预备党员按期转正 12 人。“美丽渔院”创新文化建设持续推进，6 个先进集体和 16 名先进个人受到了上级及有关单位的表彰。

【国际专业学位教育取得突破】首次申请并获批由中国商务部、教育部共同主办的“2015—2017 年渔业专业硕士项目”。共招收来自 8 个国家的 20 名硕士留学生，国际专业学位教育取得重大突破。

【新增全国农业科研杰出人才及其创新团队 1 个】董在杰教授及其领衔的“鲤科鱼类种质资源及其遗传改良创新团队”入选全国农业科研杰出人才及其创新团队，这也是渔业学院入选的第三个全国农业科研杰出人才及其创新团队。

【新添无锡市五一巾帼标兵 1 人】周群兰，女，副研究员，长期从事水产动物病害、营养与免疫研究工作，先后参与国家自然科学基金、公益性农业行业专项、现代农业产业技术体系、农业成果科技转化等 14 项国家级重大科研项目。公开发表论文 44 篇，SCI 收录论文 20 篇；授权国家发明专利 14 项；获得各类科技进步奖项 8 项次。2015 年周群兰副研究员荣获“无锡市五一巾帼标兵”荣誉称号。

【《科学养鱼》杂志喜迎创刊 30 周年】渔业学院依托单位淡水中心主办的《科学养鱼》杂志创刊 30 周年，现已成为全国发行量最大的水产科普杂志、国家期刊奖百种重点期刊之一。

（撰稿：狄　瑜　审稿：胡海彦　审核：张丽霞）

生物与环境学部

资源与环境科学学院

【概况】学院现有教职工 141 人。其中，教授、研究员和正高级实验师 43 人，副教授、副研究员、高级实验师 41 人。拥有国家“千人计划”专家、国家杰出青年科学基金获得者、国家教学名师、全国农业科研杰出人才、全国中青年科技创新领军人才、全国师德标兵、国务院学位委员会学科（农业资源与环境）评议组召集人、国家“973”计划首席科学家等。有入选国家“千人计划”青年人才、优青、教育部新世纪优秀人才、江苏省特聘教授、江苏省“333高层次人才工程”学术领军人才、江苏省杰出青年基金获得者、江苏省“青蓝工程”人才。有10多位教授任职国际学术组织、国际学术期刊编委、入选Elsevier中国高频引用作者榜单（农业与生物学领域）。拥有“教育部科技创新发展团队”1个，农业部和江苏省科研创新团队4个、“江苏省高校优秀学科梯队”1个。

全日制在校学生1 506人。其中，本科生765人、硕士研究生516人、博士研究生225人（其中，在读留学生17人）。招生423人。其中，研究生241人（博士研究生52人，硕士研究生189人），本科生182人。

学院设有农业资源与环境、生态学2个一级学科博士后流动站；拥有农业资源与环境国家一级重点学科，江苏高校优势学科（涵盖土壤学和植物营养学两个国家二级重点学科）和1个“985优势学科创新平台”，2个江苏省重点学科（植物营养学和生态学），2个校级重点学科（环境科学与工程和海洋生物学）；3个博士学科点、2个博士学位授予点、6个硕士学科点、2个专业硕士学位点、4个本科专业。

邹建文教授入选科技部“中青年科技创新领军人才”，黄朝锋教授获得江苏省杰出青年基金资助。沈其荣教授领衔的有机肥与土壤微生物创新团队入选农业部“中华农业科技奖优秀创新团队”。引进教授级学校高层次人才2名（汪鹏、宣伟）。其中，汪鹏教授入选中共中央组织部第十二批“千人计划”青年人才项目。

学院江苏省优势学科“农业资源与环境”建设工程二期A类建设项目、国家有机（类）肥料工程技术中心、江苏省有机固体废弃物资源化协同创新中心的建设进展顺利。农业部长江中下游植物营养与肥料重点实验室获批农业部821万元的条件能力建设项目。

学院获批国家自然科学基金项目20项，资助金额1 112余万元。沈其荣教授担任首席科学家的“作物高产高效的土壤微生物区系特征及其调控”获准成为国家“973”计划项目。新增国家自然科学基金委的国际（地区）合作研究重点项目“基于离子组学和基因组学技术揭示水稻重金属积累的分子机理”。新增以学院教授牵头的2项国家公益性行业（农业）科研专项“作物枯萎病综合治理技术方案”和“旱地两熟区耕地培肥与合理农作制”。

以资源与环境科学学院教师和研究生作为第一作者和通讯作者发表SCI论文139篇。其中影响因子大于5的论文有32篇。

学院共邀请40多位国际知名的同行专家到学院访问、讲学，派遣4名青年教师出国进修，11名博士研究生获得国家留学基金资助赴国外留学，有80余人次参加国际学术会议，有10多位教授应邀参加国际学术大会并做大会口头报告。举办了“植物离子组学与养分利用效率”国际研讨会、联合国环境署生物质炭可持续土地管理项目启动会、第二届国际生物质炭与绿色农业学术研讨会及第三届国际生物质炭培训班、国际土壤年（2015）中国青年科学家学术年会等30多场学术报告。

学院通过环境工程教育部专业论证；农业资源与环境专业被评为江苏高校A类品牌专业，初步形成“科研反哺本科实践教学的管理体系”和“产学研联合培养本科人才模式”。农业资源与环境专业获批首批卓越农林人才教育培养计划试点专业。与南京土壤研究所合作的“资源环境科学菁英班”二期顺利开班。以潘剑君教授和张旭辉副教授为指导教练的竞赛团队荣获“首届全国大学生土壤学技能竞赛”优秀奖。与江苏中宜生物肥料工程中心有限公司新建农业资源与环境农科教合作人才培养基地。与新疆农业大学联合承办了首届全国高校植物营养骨干师资培训班。

2013 年江苏省高等教育教改立项研究课题和 2 项 2013—2014 年校级教育教学改革研究项目结题验收，5 项校级教育教学改革项目获批。《土壤调查与制图（第三版）》被评为 2015 年江苏省高等学校重点教材。

学院获得国家级 SRT4 项、省级 SRT 2 项、校级 SRT20 项、院级 SRT 38 项，以本科生为第一作者发表核心期刊论文 5 篇。植物营养学科王敏的博士论文《土传黄瓜枯萎病致病生理机制及其与氮素营养关系研究》获 2015 年度的江苏省优秀博士学位论文。CET-4 通过率 92.26%。4 篇论文被评为校级优秀论文，8 位同学入选赴美国加州大学戴维斯分校寒假短期交流活动（其中，6 名同学为学院品牌专业建设项目资助）。

绿源环保协会的“秦淮环保行”项目荣获 2015 年第二届中国青年志愿服务项目大赛银奖。学院获江苏省大学生志愿者千乡万村环保科普行动优秀组织单位、学校暑期实践优秀组织单位等多项荣誉称号。

【三位教授同时入选中国高被引学者】在 Elsevier 2015 年 2 月 2 日发布的 2014 年中国高被引学者榜单中，在农业与生物科学领域，中国学者共入选 81 名，本学科方向带头人沈其荣、赵方杰、徐国华三位教授同时入选榜单。

【学院科研成果获得重大奖项】沈其荣教授团队的“有机肥作用机制和产业化关键技术研究与推广”获得国家科技进步奖二等奖；刘兆普教授团队申报的“海涂盐土农业产业链研发与创制”获 2015 年中国产学研合作创新成果奖一等奖；“作物高效吸收利用氮磷养分的生理过程和分子调控途径”获江苏省科学技术奖。

（撰稿：张　军　审稿：李辉信　审核：张　丽）

生命科学学院

【概况】学院下设生物化学与分子生物学系、微生物学系、植物学系、植物生物学系、动物生物学系、生命科学实验中心。植物学和微生物学为农业部重点学科，植物学同时是江苏省优势学科平台组成学科，生物化学与分子生物学是校级重点学科，现拥有国家级农业生物学虚拟仿真实验教学中心、农业部农业环境微生物重点实验室、江苏省农业环境微生物修复与利用工程技术研究中心和江苏省杂草防治工程技术研究中心。现有生物学一级学科博士、硕士学位授予点，植物学、微生物学、生物化学与分子生物学、动物学、细胞生物学、发育生物学和生物技术 7 个二级博士授权点。拥有国家理科基础科学研究与教学人才培养基地（生物学专业点）和国家生命科学与技术人才培养基地、生物科学（国家特色专业）和生物技术（江苏省品牌专业）2 个本科专业。

现有教职工 124 人（2015 年新增 5 人），高层次引进人才 1 人，新引进优秀博士 3 名。其中，专职教师 91 人，93%具有博士学位；教授 34 人（2015 年新增 1 人），副教授及副高职称者 36 人（2015 年新增 4 人），讲师 26 人（2015 年新增 2 人）；博士生导师 33 人（2015 年新增 2 人），硕士生导师 57 人。学院教师中 2 人为国家杰出青年科学基金获得者，1 人荣获“国家教学名师”称号，1 人入选新世纪百万人才工程，1 人为教育部高校青年教师奖和江苏省青年科技将获得者，6 人为教育部新世纪优秀人才，6 人为国家优秀青年基金获得者，1 人为国家优秀青年基金获得者，1 人为江苏省（杰出）青年岗位能手。

学院招收博士生 36 名（包括 2 名留学生和 1 名同等学力博士），硕士生 155 名（包括 1 名留学生和在职生物工程硕士 3 名），本科生 180 人。毕业本科生 190 人，研究生 192 人。2015 届本科毕业生年终就业率为 90.71%，研究生年终就业率 85.42%。

学院新立项国家自然科学基金 17 项，总经费 737 万元，到账科研经费 1 969.5 万元。发表 SCI 论文 103 篇，累计影响因子 295.418。其中，影响因子 5 以上的论文 9 篇。章文华课题组在植物学领域权威期刊 *PLANT PHYSIOLOGY* 上发表相关研究论文（IF：8.03）。

承办了中国科学院生命科学与医学学部“我国杂草危害问题及对策”咨询项目启动会暨《中国植物保护百科全书——杂草卷》编辑启动会和第十八次全国环境微生物学学术研讨会。

聘请外国专家讲授高级微生物学、细胞生物学、现代生物化学、现代植物生理学四门研究生全英文课程。继续承担农业与生命科学博士生创新中心的博士生技能培训工作。利用国家基础科学人才培养基金人才培养支撑条件建设项目新建生物信息学实验室并完成相关设施配置；利用科研训练及科研能力提高项目设立科研训练项目子课题 19 个。学院 14 项项目入选江苏省研究生创新培养工程项目。其中，研究生科研创新计划项目（省立省助）（8 项），研究生科研创新计划项目（省立校助）（2 项），研究生实践创新计划项目（校助）（2 项），研究生企业工作站（1 个），研究生教育教学改革研究与实践课题（省立校助）（1 项）。获省优秀博士和硕士学位论文各 1 篇。完成了重点专业建设中期评估和年度报告，修订了生物科学专业与生物技术专业 2015 版本科人才培养方案。本年度学院共邀请了来自美国、澳大利亚、日本、比利时、阿根廷等国家和地区及国内大学和研究所的院士、专家学者为基地学生开展 63 场次学术报告。

学院举办第四期科普调研计划、第四届樊庆笙论坛、博士生学术论坛等活动。与江苏省植物生理学学会合作举办“餐桌上的食品安检”第五届国际植物日科普宣传活动，得到南京日报等 10 余家媒体报道。举办“少年志、致少年”班级合唱比赛、主持人大赛等活动。引导学生投身社会实践与志愿服务，参与学生近 1 000 人次，受众近万人，媒体报道 40 余篇。院团委获“暑期社会实践先进单位”“志愿服务优秀组织奖”；近 30 人获校“社会实践先进个人”“优秀志愿者”称号；理科基地党支部获校“先进基层党组织党支部”；新党员主题党日活动考核优秀；校“跃说·越精彩”脱口秀比赛获最佳组织奖；校公共艺术大赛获最佳组织奖；王晓月获校“优秀共青团干部”、生命基地 132 班团支部获学校“优秀团支部标兵”、迟锐获学校“优秀团员标兵”；学院团委获“五四红旗团委”。学院获啦啦操比赛一等奖，体育大会总分第一名等成绩；获校第四十三届运动会体育文化特色奖、第四十三届运动会体育道德风尚奖。

【完成农业生物学虚拟仿真实验教学平台建设】学院已基本建成农业生物学虚拟仿真实验教学平台，完成包括虚拟仿真实验教学中心数字管理大厅（3D 数字大厅）、天目山虚拟仿真实训系统（PC 版）、ICP 操作系统、水稻生长模拟等 9 个教学实训项目。同时承办第一届“全国生物类虚拟仿真实验教学资源建设研讨会”。

【实施“生命科学菁英班”】设计和组织实施“科教协同创新育人计划”，完善人才培养模式。在基地班培养模式的基础上，与中科院上海分院联合逐步建立“生命科学与技术菁英班”，以培养尖端科研人才为目标，探索校所联合、科教结合的培养模式。上海生命科学研究院专家及院士来学院授课 11 场次。"菁英班"学生参加暑期上海生命科学研究院夏令营，进入各个实验室进行为期 15 天到 2 个月的学习。"菁英班"实行全程动态管理。在推荐免试研究生资格确定前每学年对不适合继续在"菁英班"学习的学生进行分流，同时经考核后适当补充新的优秀的相关专业学生进入"菁英班"。

【学生参与国际交流及比赛】第二次选派本科生代表赴美国参加国际基因工程机械大赛(iGEM)，并在 40 多个国家的 245 支队伍的激烈角逐中喜获全球银奖。国家建设高水平大学公派研究生项目，赵文婷等 5 位硕士研究生获攻读博士学位研究生项目，邬奇等 3 位同学获联合培养博士研究生项目。

（撰稿：赵　静　审稿：李阿特　审核：张　丽）

理学院

【概况】学院现有数学系、物理系和化学系 3 个系，设有学术委员会、教学指导委员会等，建有江苏省农药学重点实验室，设有化学教学实验中心、物理教学实验中心 2 个，江苏省基础课实验教学示范中心及 1 个同位素科学研究实验平台。学院拥有 2 个博士学科点：生物物理学和天然产物化学，其中，天然产物化学博士点本年度开始招生。硕士一级授权点 2 个：数学和化学。硕士二级授权点 3 个：生物物理学、应用化学和化学工程。本科专业 2 个：信息与计算科学、应用化学。新增本科专业 1 个：统计学。

现有教职工 86 人。其中，教授 11 人、副教授 34 人（2015 年晋升 3 人）；博士生导师 10 人，硕士生导师 22 人，其中，江苏省高校"青蓝工程"学术带头人（第二层次）培养对象 1 人，南京农业大学"钟山学术新秀"3 人（2015 年新增 2 人）。

招收本科生 121 人，硕士研究生 25 人；毕业本科生 113 人，硕士研究生 26 人。2015 届本科生一次就业率 97.37%，研究生一次就业率 100%。35 名本科生获南京农业大学优秀毕业生，5 名同学获南京农业大学优秀硕士毕业生。

学院科研经费到账 399 万元，新增国家自然科学基金项目 4 个、江苏省自然科学基金项目 2 个。2015 年发表 SCI 收录论文 66 篇。

学院举办国际学术研讨会 1 次，举办学术报告和沙龙 8 次，邀请国内外专家来校进行学术交流 4 人次，教师交流出访 6 人次。2015 年 8 月 31 日至 2015 年 9 月 2 日，理学院在学校教四楼 B109 举办"数学与计算生物学"国际交流研讨会。

周小燕教师参加江苏省第四届青年教师授课比赛获得三等奖；陈智、王环宇等教师在江苏省第四届青年教师授课比赛中分别获得三等奖和优秀奖。

学院组织指导 12 队（36 人）参加 2015"高教社杯"全国大学生数学建模竞赛，并取得优异成绩：江苏省一等奖 1 队、三等奖 1 队（获奖人数 6 人）。组队参加"中关村青联杯"第十二届全国研究生数学建模竞赛，取得全国三等奖 1 队。组织学生参加全国大学生数学建模竞赛、网络杯数学建模比赛，获得第八届"认证杯"数学中国数学建模网络挑战赛比赛一等奖 1 人次、二等奖 1 人次。学院指导本科生参加江苏省大学生物理实验制作竞赛，获得三等奖。1 名同学参加"国际基因工程机械设计大赛"并获得银奖。

1 名同学获得 2014—2015 年度南京农业大学金善宝奖学金，1 名同学获得 2015 年度研究生校长奖学金，2 名同学获得研究生国家奖学金，4 名同学获得南京农业大学国家奖学金，

1名同学获得2014—2015学年南京农业大学金善宝奖学金（研究生），1名同学获得2014—2015学年南京农业大学优秀研究生干部。

【校友当选中国工程院院士】学院校友宋宝安教授当选中国工程院院士。宋宝安2003年12月获南京农业大学理学博士学位，师从蒋木庚教授，主要研究方向农药化学、精细有机合成、药物化学、精细化工。

【与先正达公司签署合作协议】2015年10月12日，南京农业大学与先正达公司合作协议签字仪式暨农药与化学生物学学术研讨会在学院报告厅隆重举行。章维华教授和迈克·伦特（Mike Lant）博士分别代表江苏省农药学重点实验室和先正达公司在合作协议上签字，先正达公司研发总监兼首席科学家顾玉诚博士被聘为学校客座教授。戴建君副校长提出希望通过合作协议的签订，借助先正达在农药研发领域丰富的实践经验，实现合作双方优势互补，提高学校在绿色新农药创制方向的综合实力。

（撰稿：杨丽姣　审稿：程正芳　审核：张　丽）

食品与工程学部

食品科技学院

【概况】学院目前拥有博士学位食品科学与工程一级学科授予权，1个博士后流动站，1个国家重点（培育）学科，1个江苏省一级学科重点学科，1个江苏省优势学科，1个江苏省二级学科重点学科，2个校级重点学科，4个博士点，5个硕士点。拥有1个国家工程技术研究中心，1个中美联合研究中心，1个农业部重点实验室，1个农业部农产品风险评估实验室，1个农业部检测中心，1个教育部重点开放实验室，1个江苏省工程技术中心，8个校级研究室。拥有1个省级实验教学示范中心，2个院级教学实验中心（包括8个基础实验室和3个食品加工中试工厂）。学院下设食品科学与工程、生物工程、食品质量与安全3个系，下设的食品科学与工程、生物工程、食品质量与安全3个本科专业，分别是国家级、省级特色专业。

学院现有教职工96名。其中，教授23人，副教授24人；博士生导师23人，硕士生导师41人。选留国内外优秀博士5人，新进国内外优秀博士4人，新增教授1人，副教授2人，博导4人，硕导2人。

学院完成研究生和本科生人才培养方案新一轮修订工作，制定学位授权点自我评估工作实施细则，改进食品工程、食品加工与安全专业硕士学位授予标准。结题校级教改项目2项，其中，1项被评为优秀，发表教改论文6篇；2位老师参加学校第二届微课教学比赛并获优秀奖；2项校级创新性实验教学项目获准立项。实施食品科学与工程专业试点课程群建设，新增校级精品课程3门。出版教材2部、在编教材5本，其中，1部教材获批教育部“十二五”规划教材、8部教材获批农业部“十二五”规划教材。新增江苏省普通高校研究生科研创新计划8项、专业学位研究生科研实践计划3项、江苏省研究生企业工作站3个、省级研究生教改项目1项；本科生国家级SRT项目3个、省级SRT项目2个。新增1个校外实践教学基地重点建设项目；新建“食品生物类”本科人才教学与就业实习基地7家。

本年度招收博士生28人、全日制硕士生132人、本科生187人，在职专业学位研究生24人、留学生10人（含短期进修生2人）、同等学力申请博士学位3人。有28人被授予博士学位（含留学生1人）、76人被授予工学硕士学位、199人被授予学士学位、68人被授予专业硕士学位（其中，全日制专业硕士34人，在职专业硕士34人），2名硕士研究生论文获省级优秀硕士学位论文。

学院新增科研项目27项。其中，国家自然科学基金项目13项，资助总额为770万元，资助人数比去年增长44%，资助经费比去年增长39%，李春保教授获得国家自然科学基金重点项目资助。纵向到位科研经费3 276万元，同比增长48.9%；在国内外学术期刊上发表论文300余篇，其中，SCI收录140余篇。郑永华教授在农业和生物科学领域入选爱思唯尔中国高被引学者。申请专利65项，授权专利24项。获江苏省科技进步奖一等奖（排名第二）1项、广东省科技进步奖二等奖（排名第二）1项、中国食品产业产学研创新发展优秀科研成果奖1项，3项技术成果通过教育部组织的专家鉴定。农业部肉及肉制品质量监督检验测试中心（南京）通过农业部“2+2”专家评审，获得第三方检测服务资质。先后召开全国食品科学学术研讨会、第十三届中国肉类科技大会、第十二届中国蛋品科技大会、2015年畜产品加工会年会，组织20余次学术报告会，接受国内外访问学者、合作研究人员40余人，有10余位专家赴英国、美国、日本、法国等国家参加国际学术会议和学术访问，4位教师赴国外进修。据ESI最新统计，学院对学校“农业科学”学科进入全球前1‰贡献率达37%，对“生物与生物化学”学科进入全球前1%贡献率达12.26%。学院被学校授予学科贡献奖，评为科技管理工作先进单位。

【举办学院成立30周年活动】2015年10月6～8日，举办建院30周年系列庆祝活动，先后邀请中国工程院院士孙宝国、朱蓓薇、美国前任农业部副部长任筑山和国内外80多家高校与科研机构的200多名专家、50多名企业代表来校开展学术报告和交流活动。

【启动食品科学与工程专业卓越农林班建设】2015年，学院率先启动2014级“复合应用型”食品科学与工程卓越农林人才培养计划试点项目，选拔20名同学进入“复合应用型”食品科学与工程专业，修订完成了2014版和2015版“复合应用型”食品科学与工程卓越农林人才培养方案、教学计划。

【主办首期“食尚精英”全国优秀大学生夏令营】2015年7月26～30日，学院举办首届“食尚精英”优秀大学生夏令营，开展开营典礼、专家报告、与科学家面对面、校园文化参观和古都文化体验等多项活动。来自全国各地的34名同学参加了此次夏令营。

（撰稿：童　菲　审稿：夏镇波　审核：张　丽）

工学院

【概况】工学院位于南京农业大学浦口校区，南靠长江，北邻老山风景区，占地面积47.52公顷，校舍总面积15.57万平方米（其中，教学科研用房5.70万平方米、学生生活用房5.96万平方米、教职工宿舍2.31万平方米、行政办公用房1.60万平方米）。仪器设备共

14 124台件，9 744.96 万元。图书馆建筑面积 1.13 万平方米，馆藏 38.13 万册。

工学院设有学院办公室、人事处、纪委办公室（监察室）、工会、计划财务处、教务处、科技与研究生处、学生工作处（团委）、图书馆、总务处、农业机械化系、交通与车辆工程系、机械工程系、电气工程系、管理工程系、基础课部和培训部。

工学院具有博士后、博士、硕士、本科等多层次多规格人才培养体系。设有农业工程一级学科博士学位授予权点；拥有农业工程、机械工程、管理科学与工程 3 个一级学科硕士学位授予权点和检测技术与自动化装置等 9 个硕士学位授权点以及工程硕士（农业工程、机械工程和物流工程领域）和农业硕士（农业机械化领域）专业学位授予权点；设有农业机械化及其自动化、交通运输、车辆工程、机械设计制造及其自动化、材料成型与控制工程、工业设计、自动化、电子信息科学与技术、农业电气化、工程管理、工业工程、物流工程 12 个本科专业。

在编教职工 398 人。其中，专任教师 235 人（教授 16 人、副教授 74 人，具有博士学位的 92 人）。鲁植雄教授荣获"全国十佳农机教师"称号，郑恩来入选校"钟山学术新秀"，肖茂华入选江苏省"六大人才高峰"，1 人入选江苏省"双创计划"的科技类副总项目等。国外研修教师 3 人，7 人通过国家留学基金管理委员会等项目资助派出；1 人在国内其他高校做访学。在职攻读博士学位 4 人。全职引进中科院"百人计划"、二级教授 1 人，兼职引进南安普顿大学副教授 1 人到学院教授岗位任职，引进新加坡国立大学研究员 1 人任职副教授。本年度有 2 位博士后办理进站，其中 1 位师资博士后、1 位外籍博士后；有 1 位博士后获中国博士后科学基金资助。有离退休人员 304 人。其中，离休 6 人、退休 292 人、内退 1 人，家属工 5 人。

全日制在校本科学生 5 350 人（其中，管理学 110 人），硕士研究生 243 人（其中，含外国留学生 4 人）、博士研究生 92 人（其中，含外国留学生 12 人），专业学位研究生 67 人。2015 年，招生 1 488 人（其中，本科生 1 363 人、硕士研究生 112 人、博士研究生 13 人），毕业学生 1 311 人（其中，本科生 1 211 人、硕士研究生 98 人、博士研究生 2 人），本科生就业率 98.8%（保研 68 人、考研录取 173 人、就业 907 人、出国 49 人）。

学院获得科研经费 973.14 万元（含校外）。其中，纵向项目 724.73 万元（含国家科技支撑计划项目 16 万元，国家自然科学基金项目 137.6 万元，江苏省自然科学基金项目 50 万元，江苏省社会科学基金 3 万元、"863"计划项目 8 万元，教育部人文社会科学研究项目 11.92 万元、江苏省农机三新工程项目 35 万元和江苏省产学研合作项目 70 万元等，中央高校基本科研业务费 213.17 万元，其中，自然科学类项目 163.27 万元、人文社会科学基金项目 49.9 万元）；横向项目 248.41 万元。

学院专利授权 103 项。其中，发明专利 5 项，实用新型专利 90 项；出版科普教材 15 部；发表学术论文 218 篇，其中，南农核心及以上 160 篇，SCI/EI/ISTP/SSCI 等收录 95 篇。

学院荣获"挑战杯"江苏省大学生课外学术科技作品竞赛三等奖两项、全国大学生 ERP 沙盘模拟大赛一等奖、第六届江苏省机器人大赛一等奖（亚军）、全国大学生数学建模竞赛二等奖等。宁远车队荣获中国大学生方程式汽车大赛二等奖，位居江苏参赛七所学校之首，受到中新网、江苏教育电视台、新华网等多家媒体报道。

鲁植雄教授主编的《车辆工程专业导论》（修订）获得立项。薛金林、张大成、韩英、朱顺先指导的“宁远号赛车性能分析与测量”获江苏省 2014 年团队优秀毕业论文（苏教高〔2015〕9 号）。

学院荣获南京农业大学 2015 年度学生工作先进单位，孙荣山、邓晓亭、陆德荣、戴芳、曹兆霞获校优秀学生教育管理工作者，张祎、雷波获校优秀辅导员。学院投入 80 万元，立项国家及部省级课外科技竞赛 24 项，举办学院内部竞赛 15 项，省级及以上获奖 470 人次。

学院被评为南京农业大学教学管理先进单位。蔡春红、傅雷鸣被评为教学管理先进个人，陆静霞、罗慧、孔繁霞、路琴、赵月霞荣获南京农业大学教学质量优秀奖。学院学生工作集体先后荣获校五四红旗团委、校志愿服务优秀组织奖、校暑期社会实践先进单位等多项荣誉，学生工作人员获校级奖励 23 项，省级及以上奖励 2 项。

学院完成本年度教学、科研、服务等设施、设备的招标采购工作，登记入库设备 3 722 台件，合计金额 2 022 多万元；登记入库家具 1 038 台套、合计金额 49 多万元。立足基本门诊，做好节假日、寒暑假门诊、夜诊，全年日常门诊接待就诊 12 000 多次，节假日、寒暑假门诊、夜诊共 2 000 多次，换药室治疗 500 多人次，血糖检测 2 000 多人次，健康教育 2 000多人次，新生体检 1 500 多人次，疫苗接种 1 000 人次。加强医疗费管理。做好大学生城镇居民医疗保险工作。全院学生参保人数 5 577 人（其中，新生 1 461 人，投率 100%）。做好电力增容工程。在原 3 630 千伏安的基础上增加了 2 500 千伏安，使学院的电力容量达到了 6 130 千伏安；该工程涉及 28 个阶段的施工，合计费用为 634.9 万元。为学生宿舍安装空调。完成了 1 740 台套空调安装，累计金额 226.2 万元。切实做好水电日常维修。全年共完成水电报修 5 200 余次（处），敷设、改造线路达 9 000 余米，更换、维修电扇达 100 余台，更换、维修节能灯及日光灯达 6 000 余盏，安装插座达 3 000 余只；抢修漏水 5 处，年减少流失 6 万多吨自来水，减少损失 20 余万元（重点：勤学楼后 50 年代老水管道深埋于路面下 2 米多，出现多处漏水，经现场查看和抄表数据分析，年减少损失 12 余万元）。加强成本核算，不断完善统购统采工作，实现了从八大类采购由 30%原材料统采上升至 100%原材料统采转变。蔬菜供应商由 11 家增加至 16 家，采购品种由 300 余种增加至 600 余种，实现了菜价的基本稳定。完成教育部浦口校区道路管网维修改造、浦口校区科研实验用房维修改造等中央高校发展长效机制补助经费申报 5 项，总计 3 568.72 万元；修购专项 1 项，金额 905.95 万元。2015 年累计争取学校资金 774.2 万元。其中，学生宿舍空调 226.2 万元，电增容 448 万元，餐饮设备 100 万元，所有项目均按时完成。

【举办中法“数字化农场（Digital Farm）”项目结题视频报告会】1 月 14 日，学院在育贤楼 C302 会议室举行中法“数字化农场 Digital Farm”项目结题视频报告会。通过视频会议的形式与法方项目指导老师共同验收项目成果。汪小旵教授、陈坤杰教授、李骅副教授及法国贡多·阿贾拉（Kondo ADJALLAH）教授担任项目评审委员。报告会由姬长英教授主持。报告会上，法国学生那杜·若（Nathan RAU）和 杰若米·摩格（Jerome MOG）先后做项目结题报告。报告会经过项目陈述、答辩质询、评审委员讨论等环节，Nathan RAU 和 Jerome MOG 顺利通过了项目结题。

【多家媒体报道了自动化专业学生邓海啸的“无人机”创业事迹】4 月，江苏卫视公共频道、《南京日报》《金陵晚报》等多家媒体报道了学院自动化专业学生邓海啸的“无人机”创业事迹。邓海啸是自动化专业大三学生，也是“海啸航模协会”的创始人。他创立了社团——海啸航模协会，并制作完成了30架飞机，平均1年就有10架“作品”产出，将无人机从过去“玩家家”式的“瞎倒腾”变成了与专业兴趣相关的科研。2015年2月，邓海啸在南京注册成立南京金快快网络科技有限公司，迈出了成功创业的第一步。

【科研团队论文荣获全球先进工程技术（Advances in Engineering）“关键科学文章”】 7月，仲高艳副教授与英国南安普顿大学杨守峰副教授等作者合作发表的科研论文《大型五轴加工中心位置误差建模、辨识与补偿（Position geometric error modeling，identification and compensation for large 5-axis machining center prototype》刊登在国际机床与制造国际期刊2015年89卷142～150页上，因其在工程、科学、工业研究上的卓越贡献被全球该领域著名机构Advances in Engineering（AIE）遴选为关键科学文章，并于2015年7月6日被AIE收录。仲高艳科研团队论文荣获全球先进工程技术“关键科学文章”。

【参加第十三届亚洲英语教师协会国际研讨会并做论文宣读】 11月6～8日，第十三届亚洲英语教师协会国际研讨会在南京国际青年文化中心隆重举行。本届会议主题为：开创亚洲英语教学的未来：机遇与方向（Creating the Future for ELT in Asia：Opportunities and Directions）。大会由亚洲英语教师协会、南京大学和国际语言研究与发展中心共同主办。孔繁霞副教授参加第十三届亚洲英语教师协会国际研讨会并做论文宣读。

【两项成果获“2015年度中国商业联合会科学技术奖”】 12月14日，中国商业联合会发布《关于发布“2015年度中国商业联合会科学技术奖”评选结果的公告》，全国共评出商业科技进步奖224项（其中，特等奖6项、一等奖60项、二等奖74项、三等奖84项），中国商业科技创新型企业3家，中国商业科技创新人物8人。学院肖茂华副教授参与的“钛及钛铝基轻质合金气门的研发及产业化”项目获得二等奖；朱思洪教授团队的研究项目“全架式轮式拖拉机关键技术研究及产业化”获得三等奖。

【首次获得“江苏省六大人才高峰”人才项目资助】 江苏省人力资源与社会保障厅公布了“江苏省六大人才高峰”第十二批高层次人才项目资助名单，机械工程系肖茂华副教授申报的“基于HST全液压驱动的南方水田喷杆喷雾机关键技术研究及优化”课题，经过行业专家评审，获得“江苏省六大人才高峰”项目C类资助。这是学院首次获得“江苏省六大人才高峰”资助项目。

【青年教师顾家冰获2015年度美国农业工程学会“雨鸟最佳工程概念奖”】 2015年度美国农业及生物工程师学会年会在美国新奥尔良举行。工学院农业机械化系/交通与车辆工程系青年教师顾家冰与美国农业部农业工程研究中心首席科学家朱和平的合作项目“基于激光检测技术的果园变量喷雾机械的研发”荣获该学会颁发的2015年“雨鸟年度最佳工程概念奖”。该获奖项目首次应用激光检测识别技术和智能控制方法创造性地实现了可持续匹配目标植株特征变化的精密变量喷雾。该奖项为美国农业及生物工程领域新技术、新发明的最高奖项，学院青年教师顾家冰是自1974年该奖项设立以来首次获此殊荣的国内科研单位及个人。

【2015年国际交流合作取得新进展】 学院与英国考文垂大学校际合作，继续开展“2＋2”“3＋1”本科双学位项目、“4＋1”研究生项目及交换生项目；加强与法国梅斯国立工程师学院校际合作，开展“3＋1＋2”本科-工程师双文凭项目，首届“3＋2”中法工程师班18人开班。3名学生赴英国考文垂大学就读联合学位项目，1名学生参加交换生项目；5名学生赴法国梅斯工程师学院就读本科-工程师双文凭项目；42名学生在院参加中法工程师班项

目。积极开展多种形式的交流访学项目。学院与日本宫崎大学联合申办 2016 年度“樱花科技计划”。2015 年有 37 名学生参与各类留学项目。

（撰稿：陈海林　审稿：李　骅　审核：张　丽）

信息科技学院

【概况】学院设有 2 个系、2 个研究机构、1 个省级教学实验中心。拥有 1 个二级学科博士学位授予权点（信息资源管理）、2 个一级学科硕士学位授予权点（计算机科学与技术、图书情报与档案管理）。专业学位方面，具有农业硕士农业信息化领域的授予权和图书情报专业硕士授予权。3 个本科专业（计算机科学与技术、网络工程、信息管理与信息系统）。二级学科情报学硕士点为校级重点学科，信息管理与信息系统本科专业为省级特色专业。计算机科学与技术本科专业为江苏省卓越工程师培养计划专业，同时为校级特色专业。

现有在职教职工 52 人。其中，专任教师 41 人、管理人员 5 人、教辅人员 6 人。在专任教师中，有教授 8 人（含博士生导师 6 人）、副教授 23 人、讲师 10 人；江苏省“333 工程”培养对象 2 人，江苏省“青蓝工程”培养对象 3 人，南京农业大学“钟山学术新秀”4 人，教育部图书馆学本科专业教学指导委员会委员 1 人。外聘教授 5 人（其中，1 名外籍）、院外兼职硕士生导师 6 人。

全日制在校学生 782 人。其中，本科生 695 人、硕士研究生 81 人（1 名留学硕士生）、博士研究生 6 人。研究生学位教育学生 36 人。毕业学生 201 人。其中，硕士研究生 30 人、研究生学位教育学生 3 人、本科生 168 人。招生 228 人。其中，研究生 50 人（博士研究生 2 人，硕士研究生 37 人，研究生学位教育学生 11 人），本科生 178 人。本科生总就业率 95.35%，研究生总就业率 100%。

教师发表核心期刊论文 38 篇。其中，SSCI 1 篇、SCI 3 篇、EI 2 篇，一类核心刊论文 10 篇。成功申报科研项目 19 个（其中，国家自然科学基金 1 个、国家社科基金重大招标项目 1 个、国家社科基金 2 个），到账科研经费 280 万元，立项科研经费 400 万元。2 项发明专利被国家知识产权局受理。

获教育部第七届高等学校科学研究优秀成果奖（人文社会科学）三等奖 1 项，获 2015 年江苏省科学技术情报成果奖一等奖 1 项。软件著作权 4 项。结题省级教学改革项目 1 个、校级教学改革项目 5 个。在研校级教改课题 5 个，创新性实验实践教学项目 4 个，建设校级精品资源共享课程 4 门。发表教学研究论文 12 篇。

新增大学生创新创业训练计划国家级项目 3 个、省级项目 2 个、校级创新项目 22 个。国家级 SRT 结项 2 个，省级 SRT 结项 3 个，创新性研究项目结项 14 个。

本科生获得校级以上奖励 180 人次，“蓝桥杯”全国软件设计大赛获得江苏赛区一等奖和二等奖各 1 个，信息 122 班获得江苏省“先进班集体”荣誉称号。研究生学术沙龙“物联网技术与应用”被学校评为优秀学术沙龙，学院研究生会被学校评为“优秀研究生分会”。

学院荣获中国农学会科技情报分会“先进团体会员单位”。学院被学校评为“教学管理先进单位”和“科技管理先进集体”。学院网站被学校评为“优秀学院网站”。黄芬教师被评为 2013—2015 学年度“优秀教师”。由校友捐资设立的校友助学金，从 2014 级开始向家庭经济困难的本科一年级学生发放。

【成功召开2015年农业信息化学科建设暨人才培养研讨会】2015年5月8～9日，“2015年农业信息化学科建设暨人才培养研讨会”在南京农业大学翰苑大厦十一楼会议室召开。会议由农业硕士专业学位“农业信息化”领域协作组主办，南京农业大学信息科技学院承办，全国22家单位30位代表参加了研讨会。会议就农业信息化人才培养面临的问题与应对措施，农业信息化学科发展方向等问题开展了讨论。

【1篇硕士毕业论文被评为省级优秀硕士论文】图书馆学毕业生邵伟波，硕士毕业论文《社会网络环境下用户参与图书馆数字教学资源一体化建设研究》获江苏省优秀硕士论文，这是图书馆学专业首次获得省级优秀硕士论文。

（撰稿：汤亚芬　审稿：梁敬东　审核：张　丽）

人文社会科学学部

经济管理学院

【概况】经济管理学院有农业经济学系、贸易经济系、管理学系3个学系，有1个博士后流动站、2个一级学科博士学位授权点、3个一级学科硕士学位授权点、4个专业学位硕士点、5个本科专业。

学院现有教职员工78人。其中，教授20人，副教授27人，讲师16人，博士生导师21人，硕士生导师22人。2015年学院新增副教授4人，新增江苏省社科名家1人，江苏省“双创人才”计划1人，5人获国家留学基金委资助计划赴国外著名高校进修，3人获校钟山学术新秀称号。

学院现有在校本科生961人，博士研究生88人，学术型硕士研究生190人，各类专业学位研究生317人，留学生23人。毕业生就业总体情况良好，2015年，本科生年终就业率达96.93%，研究生年终就业率达96.89%。

2015年，学院到账科研总经费1 454.5万元，新增各类科研项目73项。其中，国家自然科学基金项目6项、国家社科基金一般项目1项、部省级项目5项、国际合作项目2项。

学院以南京农业大学为第一作者单位或通讯作者单位身份发表核心期刊研究论文78篇。其中，SSCI/SCI/ EI收录的高水平论文12篇，人文社科核心一类论文17篇，二类论文27篇。

先后获得各类成果奖励多项。1项研究成果获得中央农村工作领导小组办公室领导批示，建议被相关部门采纳，对相关政策改革产生影响。1项研究成果获江苏省“社科应用研究精品工程奖”一等奖。社会实践方面出版专著2本，获得国家级奖项1个，省级奖项2个，校级奖项10余项。学院荣获2015年度教学管理先进单位。

获得江苏省优秀博士学位论文1篇，江苏省全日制优秀硕士学位论文1篇，江苏省优秀本科毕业论文二等奖1篇，校级优秀本科毕业论文特等奖1篇、一等奖1篇、二等奖4篇，第八届全国大学生创新创业年会优秀论文奖 1 篇。新增江苏省普通高校研究生科研创新计划 9 项。其中，博士生 4 项、硕士生 6 项，大学生创新训练项目 38 项（其中，国家级 9 项、省级 4 项、校级 25 项）。

完成工商管理硕士（MBA）、国际商务硕士（MIB）、应用经济学 3 个学科的国家专项评估材料提交工作，目前 MBA 评估已获得通过。完成江苏省硕士一级学科学位授权点农林经济管理、应用经济学、工商管理状态数据的报送工作。启动学院学位授权点的自我评估工作。

学院邀请来自美国耶鲁大学、肯塔基大学、国际食物政策研究所（IFPRI）、德国哥廷根大学、新西兰梅西大学、国务院学位办、中国人民大学和中国农业大学等国内外研究机构（高校）的知名专家学者来学院做报告，共计 16 场次。学院钟甫宁教授应邀担任联合国粮农组织（FAO）食物营养与安全高级专家组成员。学院先后选派 5 名青年教师赴国外大学进修或合作研究，选派 30 余名师生参加国际农业经济学会年会、中国农业技术经济学会年会、中国留美经济学会年会等国内外学术会议。全年举办 9 期卜凯学术沙龙、卜凯学术论坛；选派 5 名研究生代表参加长三角研究生“三农问题”论坛并做学术报告。

【社会实践活动】2015 年暑期，学院组织策划了“留守儿童与随迁子女生活状况调查”大型社会实践活动，学生们奔赴全国 20 多个省市的城市和农村开展调研，撰写调研报告 285 篇。以经济管理学院学生暑期社会调研报告和访谈为主要内容，反映学院实践育人成果的 2 本书籍由中国农业出版社公开出版发行。

【启动研究生全英文课程建设】学院先后开设高级微观经济学、高级宏观经济学、应用经济学研究方法论等 6 门全英文课程。高级宏观经济学入选江苏省高校外国留学生英文授课精品课程。

【学科平台建设】江苏粮食安全研究中心入选江苏高校哲学社会科学重点研究基地，获准立项建设，资助经费 60 万元。江苏农业现代化决策咨询研究基地以优秀成绩通过中期评估。学院教授领衔的金善宝农业化发展研究院成功入选江苏省首批新型重点高端智库。

【大学生村官班招生】招收大学生村官班，服务江苏“三农”发展。该班除传统授课方式以外，积极创新形式，设立大学生村官主题论坛、职业发展规划专题讲座。

【品牌专业建设工程】农林经济管理本科专业成功入选江苏高校品牌专业建设工程一期项目（A 类），资助经费 480 万元。

【举办国际国内会议】先后承办 6 场研讨会。5 月 14 日，举办南京农业大学-国际食物政策研究所交流会；9 月 18～20 日，举办农林经济管理“十三五”发展规划暨国务院学位委员会农林经济管理学科评议组会议；10 月 31 日至 11 月 1 日，举办“深化农村发展与现代农业发展”研讨会；11 月 13～15 日，召开《中国大百科全书》（农林经济管理卷）编纂启动会；11 月 13～15 日，举办农林经济管理学科创新人才培养研讨会；11 月 27～28 日，举办第十三届长江三角洲研究生“三农”论坛。

（撰稿：韦雯沁　审稿：卢忠菊　审核：黄　洋）

公共管理学院

【概况】学院有公共管理一级学科博士学位授权，设有土地资源管理、行政管理、教育经济与管理、劳动与社会保障4个博士点，土地资源管理、行政管理、教育经济与管理、劳动与社会保障、地图学与地理信息系统、人口·资源与环境经济学6个硕士点和公共管理专业学位点（MPA），土地资源管理、行政管理、人文地理与城乡规划管理（资源环境与城乡规划管理）、人力资源管理、劳动与社会保障5个本科专业。土地资源管理为国家重点学科和国家特色专业，2013年公共管理学科综合训练中心被立项为省级实验教学与实践教育中心。

设有土地管理、资源环境与城乡规划、行政管理、人力资源与社会保障4个系。设有农村土地资源利用与整治国家地方联合工程中心、中国土地问题研究中心·智库、中荷土地规划与地籍发展中心、公共政策研究所、统筹城乡发展与土地管理创新研究基地、南京农业大学不动产研究中心等研究机构和基地，并与经济管理学院共建江苏省农村发展与土地政策重点研究基地。

在职教职工83人。其中，专业教师70人，管理人员13人。专业教师中有教授23人、副教授29人、讲师18人，博士生导师22人、硕士生导师31人，另有国内外荣誉和兼职教授26人。学院有1人入选教育部“长江学者”青年学者，1人获得国家杰出青年科学基金，1人获得国家优秀青年科学基金，1人获教育部青年教师奖，4人入选教育部“新世纪优秀人才支持计划”。6人入选江苏省“333”人才培养对象，7人入选江苏省普通高校“青蓝工程”项目，5人获得学校“钟山学者”项目资助。

学院有全日制在校学生1 833人。其中，本科生1 075人，研究生334人，有专业学位MPA研究生424人。毕业学生294人。其中，研究生79人（博士研究生15人，硕士研究生64人），本科生215人，全年毕业专业学位MPA 115人。招生371人，本科生257人，研究生114人（硕士85人，博士29人），全年招收专业学位MPA研究生154人。本科生年终就业率92.13%，研究生就业率达92.71%。

学院2015年新增科研项目80余项。其中，纵向项目63项，包括国家自然科学基金项目6项和国家社科基金项目1项，总计立项经费1 082.48万元，到账经费近1 000万元。获得“江苏发展研究奖”优秀成果一等奖1项，江苏省社科应用研究精品工程奖一等奖1项、二等奖3项，出版专著6部，在核心期刊发表论文120多篇，一类期刊论文40余篇，其中SCI/SSCI论文7篇。

本年度共有8门课程立项为校级资源共享课，开设5门双语课程，完成了土地经济学校级精品在线开放课程的申报工作，土地经济学、不动产估价2门国家级精品资源共享课程顺利上线，《土地经济学》（第三版）和《土地利用管理》（第二版）被立项为江苏省高等学校“十二五”重点教材。土地资源管理专业入选江苏省高校品牌专业建设工程一期项目。7项校级教改项目立项。其中，重点项目1项，一般项目3项，省品牌专业3项。

学院本科生共有41项SRT项目获得立项。其中，国家级7项、省级3项、校级31项，全年发表论文94篇，省级以上各类竞赛获奖51人次，并在第十四届“挑战杯”全国大学生课外学术科技作品竞赛中获得江苏省一等奖、全国二等奖。学院研究生共参与100多项各级、各类科研项目，4名博士研究生获省立省助的江苏省科研创新计划，6名博士研究生获省立校助的江苏省科研创新计划，1篇硕士研究生毕业论文入选省级优秀硕士论文。本年度共举办“钟鼎学术沙龙”21期，“行知学术论坛”举办了11期研究生报告、1期专家讲座、邀请多名外籍教授为学院学生开设学术讲座10余场。

2015年晋升教授3人，晋升副教授1人，引进海内外高水平博士4人、青年教师1人，全院目前全、兼职教师共109名。本年度共派出3名教师、3名博士研究生出国进修留学，2名进修教师回国，目前已有4名教师通过出国进修项目选拔，多名教师完成或正在参加英语培训。

【召开生态修复、生态补偿与生态赔偿理论与实践高端论坛】 1月10日，由最高人民法院中国应用法学研究所环境司法研究中心与南京农业大学公共管理学院、国土资源保护与生态法治建设研究基地、中国国土资源与生态文明建设研究院共同举办的“生态修复、生态补偿与生态赔偿理论与实践高端论坛”在南京农业大学翰苑宾馆学术交流中心召开。最高人民法院中国应用法学研究所副所长范明志，南京农业大学副校长陈利根，环保部政策法规司副司长别涛以及其他省院中级法院基层法院、兄弟院校科研机构的专家学者，新闻媒体记者和律师等共50余人出席了此次论坛。

【举办“农村土地资源利用与整治国家地方联合工程研究中心”建设推进研讨会】 1月16日，“农村土地资源利用与整治国家地方联合工程研究中心”在南京农业大学公共管理学院召开建设推进研讨会，研讨中心建设与验收相关事项。南京农业大学副校长丁艳锋、工程研究中心主任欧名豪、副主任徐国华及研究室主要技术人员参加了会议。

【举办第六届行知学术研讨会】 4月18日，学院第六届“改革新征程：法治政府建设与治理制度创新”行知学术研讨会开幕式在图书馆报告厅隆重举行。来自国内外十余所高校的知名专家学者、各协办方师生代表、优秀论文作者出席了此次会议。

【公共管理学院与新西兰怀卡托大学教育学院签署合作意向书】 5月20日，新西兰怀卡托大学教育学院副院长 Russell Yates 先生率团来访南京农业大学。公共管理学院院长石晓平与 Russell Yates 代表双方签署了院际合作意向协议。根据协议，双方将在今后两年内通过多种形式开展合作。

【举办“经济新常态下产业转型升级与土地利用和管理改革”学术研讨会】 6月13日，《中国土地科学》《土地科学动态》编辑部和南京农业大学公共管理学院共同主办的“经济新常态下产业转型升级与土地利用和管理改革”学术研讨会在学校召开。来自浙江大学、南京大学、中国矿业大学、南京农业大学等全国众多科研院所的知名专家、学者围绕土地政策及相关用地制度如何改革才能更好地为产业转型升级服务进行了重点研讨。

【荣获第十四届“挑战杯”航工业全国大学生课外学术科技作品竞赛二等奖】 11月16～20日，第十四届“挑战杯”航工业全国大学生课外学术科技作品竞赛在广州市举办。由公共管理学院学生以及食品科技学院等学院组成的团队，在马贤磊、关长坤、张树峰老师的悉心指导下，以土地利用的角度解决由政府土地利用方式管理不当造成的社会、环境问题为题的作品《城市土地集约利用的现实问题与对策改进——基于可持续评价视角》获得大赛二等奖。

（撰稿：张　璐　审稿：张树峰　审核：黄　洋）

人文社会科学学院

【概况】 学院设有5个系，即旅游管理系、法律系、文化管理系、艺术系和科学技术史系；有旅游管理、公共事业管理、法学、表演4个本科专业；1个一级学科博士后流动站（科学技术史）、1个一级学科博士学科点（科学技术史）、3个硕士学科点（科学技术史、专门史、经济法学），2个专业硕士培养领域（农业推广、法律硕士）。

现有教职工 71 人。其中，教授 10 人、副教授 21 人、讲师 27 人。

2015 年有全日制在校学生 857 人。其中，本科生 739 人、硕士研究生 93 人、博士研究生 25 人。毕业生 225 人。其中，研究生（硕士研究生 34 人、博士研究生 2 人）36 人，本科生 189 人。招生 238 人。其中，研究生 46 人（硕士研究生 38 人、博士研究生 8 人）、本科生 192 人。本科生总就业落实率 96.3%、研究生总就业落实率 90%（不含推迟就业）。

【科研项目及获奖情况】从纵向项目看，苏静老师获批国家自然科学青年基金项目，实现学院自科基金零的突破；路璐老师获批国家社科基金青年项目；朱世桂老师获批 2015 年教育部人文社会科学研究规划基金项目；唐圣菊老师和杨旺生老师获批 2015 年度江苏省高等教育教改研究立项；李明老师、季中扬老师获批江苏省社会科学基金项目一般项目。在学校 2015 年新型智库项目建设中，学院共有四项项目成功立项。

从横向项目看，新增委托项目“新中国科技文献研究（现代农业科技）”（中国科学院自然科学史研究所）、“全球重要农业文化遗产对外培训教材”（农业部国际合作司）、“中国大百科全书农学史卷”以及《大丰市休闲农业与乡村旅游发展规划（2015—2020）》《南京市国内旅游市场调查与研究》《安徽无为现代农业规划》等多项休闲农业横向课题。

本年度全院教师、研究生共发表学术论文 82 篇。其中，SCI 1 篇，即旅游管理系崔峰以通讯作者身份在 SCI 期刊 *International Journal of Fuzzy Systems* 上发表论文 1 篇。人文核心一类论文 15 篇、二类论文 7 篇、三类论文 9 篇；出版专著 6 部，参编专著、教材 7 部。

本年度学院举办了第 13 届东亚农业史国际学术研讨会暨第 3 届中华农耕文化研讨会、农联商学院第一期论坛暨“耕读会”和江苏省法学会农业与农村法治研究会成立大会、首届“普渡大学——南京农业大学中国研究联合中心”（Purdue University-Nanjing Agricultural University Joint Center for China Studies，简称 PNJCCS）学术论坛等。

科研成果获奖 10 项。其中，王思明教授被授予“全球重要农业文化遗产保护与发展贡献奖”。《中国农史》一直位列全国中文核心期刊、中国人文社会科学核心期刊、中文社会科学引文索引（CSSCI）来源期刊三大人文社科核心期刊方阵，在国内外有较大的影响力。

【科研平台建设】12 月 20 日，江苏省法学会农业与农村法治研究会成立大会暨首届江苏“三农”法治论坛在学校学术交流中心隆重举行。江苏省法学会副会长刘克希、山西农业大学党委书记陈利根、南京市司法局副局长陈宣东、江苏省法学会研究处副处长顾虎明、江苏省农业委员会法规处副处长蒋金泉、南京市农业委员会法规处处长陈卫明以及来自南京大学、东南大学、南京师范大学、河海大学、苏州大学、南京工业大学、江苏大学等从事农业与农村法治研究的专家学者共七十多人参加了成立大会。

山西农业大学党委书记陈利根教授担任研究会的名誉会长，南京农业大学人文学院副院长付坚强教授担任研究会首届会长。

2015 年 12 月 10～11 日，江苏省休闲观光农业协会会员代表大会暨江苏省休闲观光农业手机客户端 APP 平台建设发布会在江苏农林职业技术学院召开。唐明珍副巡视员当选为新一届理事会会长，学院杨旺生院长当选为新一届理事会副会长，黄颖老师当选为新一届理事会副秘书长。

【国际教学交流】5 月 26 日由南京农业大学国际合作与交流处主办，南京农业大学人文学院紫金艺术团承办的美国加州浸会大学演唱团交流音乐会在大学生活动中心举行。参加本次活动的有国际教育学院的石松副院长、人文社会科学学院的朱世桂书记、人文社会科学学院艺术系主任沈镝、书记李燕、副书记周辉国等。

【农博馆建设】落实教育部修购项目的招标采购工作，全面启动农博馆二期建设。

【期刊建设】《中国农史》一直位列全国中文核心期刊、中国人文社会科学核心期刊、中文社会科学引文索引（CSSCI）来源期刊三大人文社科核心期刊方阵，在国内外有较大的影响力。

【实践教学获奖情况】本年度有5篇本科生论文荣获学校优秀毕业论文，1篇本科论文获得江苏省优秀本科毕业论文；旅游管理系学生先后荣获首届全国高校旅游创新策划大赛一等奖、首届全国智慧人才创业大赛区域决赛冠军；法学专业学生获得江苏省大学生模拟法庭大赛二等奖；艺术系学生应央视音乐戏曲频道邀请参加《合唱先锋》周冠军、月冠军赛并荣获周冠军赛冠军，还获得央视颁发的最佳组织奖；艺术系学生表演的《一滴水》荣获江苏省舞蹈"莲花杯"第四届青年舞蹈演员大赛"优秀表演奖"。

（撰稿：朱志成　审稿：杨旺生　审核：黄　洋）

外国语学院

【概况】学院设英语系、日语系和公共外语教学部，有英语和日语2个本科专业；在原有英语语言文化研究所、日本语言文化研究所和中外语言比较中心三个研究机构的基础上，新增加了校级"典籍翻译与海外汉学"研究中心。拥有外国语言文学一级硕士点，下设英语语言文学和日语语言文学2个二级学科硕士点，有英语笔译和日语笔译为两个方向的翻译硕士学位点（MTI）。MTI学位点顺利通过全国翻译专业学位研究生教育指导委员会评估。

学院现有教职员工88人。其中，教授7人、副教授25人；教师中有硕士生导师21人。聘用英语外教5人、日语外教3人。本年度引进副教授1名、新入职教师1人。

现有全日制在校生778人。其中，硕士研究生83人、本科生695人。2015年毕业194人。其中，硕士研究生37人、本科生157人。2015年总计招生212人。其中，本科生168人、硕士研究生44人（含学术型硕士生3人）。本科生年终就业率94.27%，研究生年终就业率89.19%。本科生升学率12.74%、出国率18.47%。

本科生共获得23项大学生SRT项目立项。其中，国家级4项、省级2项。发表相关研究论文4篇。组织研究生参加第十届江苏高校外语专业研究生学术论坛并获得论文优胜奖2项，1人获得"江苏省研究生培养创新工程"项目，1人获江苏省优秀专业学位硕士学位论文。建有8个校外教学实习基地，2个海外教学实习基地。"外语教学综合训练中心"省级示范点顺利通过省级验收，成为省级实验教学与实践教育中心。

有教师11人次在各级各类教学大赛中获奖。其中，2名教师在第六届"外教社杯"全国大学英语教学大赛江苏赛区决赛中获得一等奖（其中1人被江苏赛区推荐参加第六届"外教社杯"全国高校外语教学大赛全国总决赛，并获商务英语专业组一等奖）。1名教师获得2015年外研社"教学之星"大赛全国复赛特等奖。

学院新增各类科研项目31个，立项总经费61.8万元。项目包括欧盟欧洲社会基金项目1项、国家语委科研项目1项、江苏省教育科学十二五规划课题2项、全国翻译专业研究生教育（MTI）指导委员会项目1项。横向课题较往年增加，包括江苏省舜禹信息技术有限公司项目"中日专利数据加工项目"（15万元）、中华农业科教基金会项目《农谚八百句》（8

万元）和广西水利科学研究院项目“广西水利科学研究院工程标准翻译”（7万元）。

学院教师发表学术论文42篇。其中，SSCI和A&HCI收录论文1篇，CSSCI期刊论文9篇，CSSCI期刊扩展版论文2篇。出版专著9部。外教James Hadley博士以南京农业大学外国语学院为署名单位撰写的3篇论文在翻译领域顶尖期刊Perspectives-Studies in Translatology上发表。1位教师的科研成果获得国家中医药管理局批示和采纳，并在《光明日报》和《中国社会科学报》分别发表文章1篇。

邀请知名专家讲学18次，派出教师61人次参加国内各类学术会议48人次；开设“教授讲坛”6次、“研究生沙龙”2次。有4位教师出国进修半年及以上、1位教师短期进修；邀请英国、美国和日本等国10位专家来学院讲学。英国考文垂大学人文学院Sheena Gardner教授被聘为校“ESP教学研究中心”学术委员会委员，共同建设ESP课程系列教材。与英国雷丁大学亨利商学院签署了“4＋1”研究生联合培养项目协议。

举办5期题为“世界这么大，扬帆待启航”的外语TED讲坛活动。与优质生源学校无锡天一中学签署基地合作项目。设立“李刚励志奖学金”，用于资助因学生本人患病或者家庭困难等原因致使生活受到巨大挫折，却又勤奋学习、积极乐观、自立自强的学院在校大学生。先后开展了中英日公示语纠错、关注留守儿童、青奥礼赞等社会服务工作，得到多家媒体的宣传报道。

【全国高校外语教学授课大赛】英语系教师张菁秋和大外部教师朱徐柳在第六届“外教社杯”全国大学英语教学大赛江苏赛区决赛中获得一等奖。张菁秋被江苏赛区推荐参加第六届“外教社杯”全国高校外语教学大赛全国总决赛，以总分第四的成绩获商务英语专业组一等奖。

【校企合作研讨会】6月4日，召开了“翻译硕士学位点校企合作办学研讨会”，邀请江苏地区重要语言服务企业、出版社、外事部门共13个单位参加，与江苏省工程技术翻译院有限公司等4个单位分别签署了实习基地协议书，江苏省译协秘书长吴文智等15位从业人员被学院聘为兼职导师。

【“典籍翻译与海外汉学研究中心”揭牌】11月28日，由南京翻译家协会主办、学院承办的“南京翻译家协会2015年年会暨首届中国南京典籍翻译与海外汉学研究高层论坛”在学校学术交流中心举行，学院新成立的校级科研机构“典籍翻译与海外汉学研究中心”在会议上揭牌。来自南京地区以及部分外地高校的80余位代表以及学院部分教师和研究生出席。这是学院第四个科研机构，力争在探索学科建设差异化发展和提升科研创新能力方面有开拓性进展。

（撰稿：钱正霖　审稿：韩纪琴　审核：黄　洋）

金融学院

【概况】学院现有金融学、会计学和投资学3个本科专业。其中，金融学是江苏省品牌专业，会计学是江苏省特色专业，2012年金融学和会计学又成为江苏省重点建设专业。学院设有金融学系、会计学系、投资学系、1个金融实验中心等教学机构，和江苏农村金融发展研究中心、区域经济与金融研究中心、农村金融固定观测站点管理中心、财政金融研究中心、南京农业大学农业保险研究所5个科学研究中心。

截至2015年12月31日学院有教职员工38人。其中，专任教师29人，管理人员9人。

在专任教师中教授 9 人，副教授 11 人，讲师 9 人；江苏省“青蓝工程”中青年学术带头人 1 人，江苏省“青蓝工程”优秀青年骨干教师 1 人，南京农业大学“钟山学术新秀”培养对象 3 人。

2015 年学院全日制在校学生 1 398 人。其中，本科生 1 226 人、硕士生 246 人、博士生 15 人。毕业学生 264 人。其中，硕士生 83 人，其就业率 95.18%；本科生 210 人，其就业率 99.52%。

2015 年学院获得立项科研经费 300.4 万元；新增 4 个国家自然科学基金项目、2 个国家社会科学项目、5 个省部级项目、5 个市厅级项目以及 11 个高校基本科研业务费项目；在研项目 41 个。全院教师发表核心期刊论文 41 篇。其中 SCI 论文 2 篇。

2015 年，学院在研教改项目共 10 项。其中，省级教学改革与教学研究课题立项 1 项，南京农业大学校级教学改革与教学研究课题立项 9 项（其中，3 项为校级重点项目）。

2015 年学院“金融学科综合训练中心”被遴选为省级实验教学与实践教育中心建设点。2015 年新增校级实践教学基地 3 个，在建校级重点实践教学基地 1 个。2015 年学院新增国家大学生创新性实验计划项目 7 项，江苏省大学生实践创新训练计划项目 3 项，校级 SRT 项目 25 项，院级 3 项。同时，对 2014 年立项的 42 项 SRT 项目进行了结题验收，参与项目的学生公开发表学术论文 12 篇。

2015 年学院组织基础会计学、保险学、成本会计和中央银行学 4 门校级精品资源共享课程的建设，并获学校立项。根据金融学和会计学省级重点专业建设要求，学院积极推进金融学和会计学专业的课程和教材建设。2015 年由张兵教授主编的江苏省重点教材《金融学》正式出版；吴虹雁教授主编的《中级财务会计》获江苏省高等学校重点教材立项。

2015 年修订并完成 2015 版金融学、会计学、投资学 3 个专业的本科人才培养方案、辅修专业和辅修双学位的培养方案；在此基础上，对学院课程进行全面梳理，共撰写了 66 门本科生课程教学大纲和课程介绍。

2015 年在教育国际化方面，学院 1 名教师到密歇根州立大学进行学术访问，49 名学生前往英国伦敦大学、英国杜伦大学、悉尼大学、香港中文大学等国外高等学府留学深造，26 名学生参加短期修学旅行。

【大学生实践活动】2015 年金融学院组织学生参加一系列实践创新训练和创业模拟竞赛活动。3 月 8 日，第二届模拟股市大赛在金融实验中心举行。3 月 15 日，举办第九届 ERP 模拟沙盘对抗赛，参加 6 月 6 日第十一届“用友新道杯”全国大学生创业设计暨沙盘模拟经营大赛江苏省总决赛，并荣获一、二等奖的荣誉。4 月 12 日，学院学生在 IMA 管理会计案例大赛华东赛区决赛中获三等奖。11 月 18 日，第四届挑战杯“创业之星”网络模拟运营总决赛在金融学院进行。

（撰稿：冯　薇　审稿：周月书　审核：黄　洋）

农村发展学院

【概况】农村发展学院现有社会学系和农村发展系，拥有社会学一级学科硕士点、社会工作硕士专业学位学科点和农业推广硕士专业学位学科点，拥有农村与区域发展和社会学 2 个本科专业。设有农村社会发展研究中心、社会调查研究中心、社区发展研究中心、农村老年保障研究中心、南京市民意调查中心南京农业大学工作站、区域农业研究所等6个研究机构。

学院现有教职工20人。其中，教授2人，副教授9人，硕士生导师15人。2014年外聘教授1人，教师校内转岗2人。

2015年，招收硕士研究生51人、本科生61人。2015届毕业研究生一次就业率为80.56%，本科毕业生一次就业率为100%，2015届本科生升学及出国率为38.78%，创历史新高。

学院现有社会学一级学科硕士点、社会工作硕士专业学位学科点和农业推广硕士专业学位学科点。与人文学院共建社会学二级学科民俗学，完成社会学硕士学位授权一级学科点评估和社会工作硕士专业学位授权点评估工作。制定社会学一级学科硕士学位授予标准和社会工作专业硕士学位授予标准。组建农村社会结构变迁、社会管理与社会政策、城乡社区治理、农村发展规划与生态管理、农村科技服务与技术推广5个科研团队。2015年，立项科研经费525.4万元。其中，横向经费308.2万元。获批项目51个。其中，教育部青年基金项目1个，教育部博士后基金项目1个。共发表学术论文36篇。其中，SCI论文3篇，核心期刊论文12篇。软件著作权2个。获得江苏省社科联“社科应用研究精品工程”优秀成果一等奖、江苏省国土资源科技创新奖二等奖、南京市第十一届自然科学优秀学术论文优秀奖等奖项。

学院积极推动师生对外学术交流，全年教师参加各类学术会议41人次，学生出国交流6人次。1名教师入选国家公派项目至美国北卡罗来纳州立大学从事为期一年的访学。组织教师参加“第十一届社会政策国际论坛”“海峡两岸宗教慈善国际论坛”“NCSU GLOBAL CHANGE SYMPOSIUM”“科研·创新·创业国际研讨会”等国际会议，拓宽教师的国际视野。

学院重视研究实习基地建设。2015年新建3个社会工作研究生实习基地（其中，悦民社会工作服务站被评为江苏省研究生工作站），4个农村社会经济数据调查点，在南京麒麟街道琐石社区、常州礼嘉镇人民政府、镇江长江现代农业产业园、苏州御亭现代农业产业园新建4个教学实习基地，聘请就业创业兼职导师6名。

【举办社会治理创新与专业社会工作发展研讨会】2015年5月30日，由中国社会工作教育协会苏皖片区社会工作中心主办，南京农业大学农村发展学院承办的中国社会工作教育协会苏皖片区社会工作中心第七届年会在学校学术交流中心举行。年会以“社会治理创新与专业社会工作发展”为主题，围绕社会工作服务专业化创新发展、社会组织参与社会治理、MSW教育体系与评估、社会工作发展的国际经验等内容进行交流和研讨。来自苏皖地区32家高等院校、20家社会服务机构共计160人参加了会议。北京大学谢立中教授、复旦大学顾东辉教授、安徽大学范和生教授、南加州大学社会工作学院齐铱教授、南京农业大学农村发展学院姚兆余教授围绕社会治理与社会工作、社会工作学科发展、MSW专业评估、MSW专业人才培养等问题做了主题发言。

【举办社会转型与农村社区治理学术研讨会】2015年10月31日至11月1日，由南京农业大学农村发展学院和学报（社科版）编辑部共同主办的第六届农村社会学论坛——社会转型与农村社区治理学术研讨会在学校学术交流中心召开，国内知名“三农问题”学者王晓毅、贺雪峰、李远行、付少平、陆益龙、罗兴佐、董磊明、林聚任、张士闪、张玉林、刘金龙、仝志辉、熊万胜、鲁可荣等莅临会议，校内外师生100人参会。与会专家学者分别就农村政治、农村社区治理、农村社区文化、农村社区建设等主题发表21场次的主题报告。

【社会实践成果丰硕】学院依托社会学及农村区域发展专业特色，开展弱势群体帮扶、支援西部、科教兴村和义务支教活动，荣获 2015 年南京农业大学志愿服务优秀组织奖。其中，"麦田守望"服务项目获 2015 年"南农好榜样-实践榜样"称号，本科生荣获国际 IGEM 基因工程大赛银奖，毕业生创办的"发发精英"获中国"互联网＋"创新创业大赛银奖。

（撰稿：赵美芳　审稿：冯绪猛　审核：黄　洋）

政治学院

【概况】2015 年 6 月，思想政治理论课教研部更名为"政治学院"。政治学院是教学科研并重的二级学院，设有道德与法教研室、马克思主义原理教研室、近现代史教研室、中国特色社会主义理论教研室、科技哲学（研究生政治理论课）教研室 5 个基本教学研究机构，承担全校本科生、研究生的思想政治理论课教学与研究工作，同时承担马克思主义理论研究、宣传、相关学科点建设以及研究生培养工作。

政治学院现有专职教师 29 人（2015 年新进 2 人）。其中，教授 3 人，副教授 15 人，讲师 11 人。教师中，具有博士学位及博士学位在读者共有 19 人，占教师总数的 63%；硕士和学士均为 5 人，各占教师总数的 18.5%。

【教学改革推进，教学成果丰富】围绕教学改革与创新，教师共发表教改论文 9 篇。其中，有 3 篇在教研奖励期刊上。申请校级教改项目重点项目 1 项、一般项目 1 项。举办思·正杯"反思抗战"历史知识演讲比赛 1 场，思·正杯"中国梦·廉洁情"演讲比赛 1 场。进一步做好形势与政策课教学组织管理工作，面向大学生组织大型形势与政策报告会 1 场。积极探索思政课网络教学模式，采用高新技术丰富教学形式和手段。2015 年有 1 人次参加学校"微课竞赛"，荣获三等奖；1 人次参加"江苏省微课大赛"，荣获二等奖；荣获江苏省思想政治工作课题研究优秀成果三等奖 1 项；1 人次获得"南京农业大学 2015 年校园网络宣传思想教育优秀作品"二等奖；8 人次参加全国范围的教学研讨会议，荣获教学论文一等奖、二等奖各 1 项。

【科研成绩】2015 年，学院教师申请各级各类项目共计 19 项，到账总经费 95.2 万。其中，国家社科基金后期资助项目 1 项；江苏省社科规划项目 2 项；校重大招标项目 1 项；承担国家社科重大基金项目子项目 1 项；江苏省教育厅哲学社会科学项目 1 项；其他校级各类课题 13 项。教师全年发表论文 29 篇。其中，校学术榜刊物 12 篇；《法治周末》专栏文章 5 篇；出版著作 2 部；撰写《江苏农村政治文明发展报告》1 份。获得"第六届全国农林高校哲学社会科学发展论坛"优秀论文二等奖 1 项；"择优选聘涉农类专业大学生村官"建议受到省委书记罗志军等同志批示。

【构建研究生培养机制】全年举办思·正沙龙 6 场，参加研究生 100 余人次。面向研究生设立"思正"基金 5 项，资助研究生 5 人。研究生参与教师科研课题研究工作，利用假期参加社会调研 25 人次，人均社会调研 5 天。全年研究生发表论文 24 篇。积极组织学生参加校内外学术活动和实践活动。组织学生户外拓展训练 1 次，研究生自我组织活动 4 次。召开研究生思政课教学研讨会 1 次。

（撰稿：姜　姝　审稿：葛笑如　审核：黄　洋）

十四、新闻媒体看南农

南京农业大学2015年重要专题宣传报道统计表

序号	时间（月/日）	标题	媒体	版面	作者	类型	级别
1	1/1	南农大水稻研究成果入选2014年度“中国高等学校十大科技进展”	江苏科技报		费梦雅	报纸	省级
2	1/4	土地改革新政激活农业新动力	新闻联播			电视台	国家
3	1/8	马铃薯，能否当“饭”吃？	新华日报	头版	徐冠英　林　培	报纸	省级
4	1/8	价格指数保险是畜牧业政策保险发展新趋向	农民日报	3版	孙　溥	报纸	国家
5	1/9	南农大教授团队研究成果斩获国家技术发明奖二等奖	中国江苏网		郭　蓓　许天颖　陈　洁	网站	省级
6	1/9	南农教授团队研究成果获国家技术发明二等奖	新华网		许天颖　陈　洁	网站	国家
7	1/12	高产抗病杂交水稻找到基因“门牌号”	科技日报	6版头条	张　晔　许天颖　陈　洁	报纸	国家
8	1/19	《江苏新农村发展系列报告2014》在宁发布	中国社会科学报		许天颖　李二斌	报纸	国家
9	1/20	《江苏新农村发展系列报告（2014）》发布江苏新农村建设多项指标位居全国首列	江苏卫视公共频道			电视台	省级
10	1/20	价格指数保险保障“猪粮安天下”金融深度发力“菜篮子”产品	中国联合商报		邓丽娟	报纸	国家
11	1/23	黑作坊用病死猪肉灌制香肠	CCTV1			电视台	国家
12	1/23	江苏“三下乡”走出新变化	光明日报	头版	郑晋鸣　通讯员　许佳佳	报纸	国家
13	1/23	金针菇逆生长传言有激素 专家：系植物静消耗表现	南报网		姚　远	网站	省级
14	1/24	烟瘴挂峡谷：长江源头的“诺亚方舟”	科技日报	5版	李　禾	报纸	国家
15	1/26	江苏盐城滨海县渔技员参加省渔业推广骨干人才培训班	中国水产养殖网			网站	国家
16	1/27	南农大新型生物除草剂获美国专利	江苏科技报		费梦雅　通讯员　许佳佳	报纸	省级

（续）

序号	时间（月/日）	标　　题	媒体	版面	作者	类型	级别
17	2/12	南农大研究成果入选“2014年度中国科学十大进展”为水稻株型改良提供理论支撑	中国江苏网		郭蓓　通讯员　许天颖	网站	省级
18	2/13	关注国家发展　惠及民生需求	中国社会科学网		王广禄　吴　楠　通讯员　许天颖	网站	国家
19	2/14	南京农业大学研发纳米涂膜保鲜包装	中国包装网			网站	国家
20	2/16	维生素A，维生素E和叶酸对母猪繁殖性能的影响	中国养猪网		刘　智　陈　杰	网站	国家
21	2/18	南农大推进淮安研究院科研项目	中国江苏网			网站	省级
22	2/20	各个击破：舌尖上的谣言	中国广播网		侯　艳	网站	国家
23	3/4	鸡蛋鸡蛋告诉我 你到底怎么学会了弹弹弹	现代快报		王　益	报纸	省级
24	3/4	病死猪变身工业柴油和生物肥料	农民日报	7版	李文博	报纸	国家
25	3/8	土壤污染并非无药可治 难在利益纠结	工人日报	6版	李惠钰	报纸	国家
26	3/27	菠萝顶花留着，可以长出小菠萝？	现代快报	都23版	戎　华	报纸	省级
27	4/7	南农大发明病死畜禽化害为宝新技术	农民日报	头版	沈建兵　陈　斌	报纸	国家
28	4/11	梯田衰落：稻米生物多样性如何保留？	科技日报	3版	李大庆	报纸	国家
29	4/13	专家提出：提升遗产地价值，让农民真正受益是关键	农民日报	4版	郑惊鸿	报纸	国家
30	4/14	一份改良　几多收获	科技日报	8版	常丽君	报纸	国家
31	4/15	熊正琴：专注“减肥”增产的人	科技日报	7版	张　晔　通讯员　谷　雨　郭　云	报纸	国家
32	4/15	南京一专家初解秸秆焚烧难题	江苏城市频道			电视台	省级
33	4/17	秸秆巧变生物炭 联合国项目启动会南农举行	新华网		刘国超　许天颖	网站	国家
34	4/17	吃的是秸秆 吐出生物炭	新华日报	5版	王　拓　许天颖	报纸	省级
35	4/22	中国主导完成陆地棉基因组测序	中国科学报	头版	陈　刚	报纸	国家
36	4/22	中国科学家主导完成陆地棉基因组测序	新华网		刘国超　许天颖	网站	国家
37	4/23	南农牵头完成棉基因组测序研究登上《自然》	新华网		刘国超　通讯员　许天颖　胡　艳	网站	国家

（续）

序号	时间（月/日）	标　　题	媒体	版面	作者	类型	级别
38	4/27	合法处理无路，宠物“后事”咋办	新华日报	9版	丁亚鹏	报纸	省级
39	5/1	一场冰雹让句容上万亩葡萄遭殃	现代快报	封8	孙玉春　马晶晶	报纸	省级
40	5/4	南京农业大学牵头完成棉花基因组测序	科技日报	6版	张　晔	报纸	国家
41	5/6	南农学生创业 让龙虾壳“变废为宝”	扬子晚报	第B11版	许　诺　许天颖	报纸	省级
42	5/10	南京农大教授利用现代生物技术化解环境难题	中国社会科学网		记者　王广禄 通讯员　许天颖	网站	国家
43	5/11	新疆“香梨”南农造	江苏科技报		夏文燕　通讯员 谢智华　许天颖	报纸	省级
44	5/19	南京农业大学牵头完成棉花基因组测序	中华人民共和国科学技术部			网站	国家
45	5/26	破解食品监测难：南京药监部门请大学加盟	江苏公共频道			电视台	省级
46	6/2	南农大吹响集结号“互联网＋农业”受青睐	新华网		文　静　周莉莉 徐晓丽　许天颖	网站	省级
47	6/8	南农国家果梅杨梅种质资源圃展示会 专家教你鲜果制酒	新华网		文　静　倪照君　许天颖	网站	省级
48	6/8	果梅调肠胃促消化杨梅降血脂利减肥 南京高校专家教制鲜果酒	中国江苏网		郭　蓓　许天颖	网站	省级
49	6/8	青梅“煮”酒赠市民	新华日报		万程鹏	报纸	省级
50	6/8	南农大周明国团队：让农民少打一次药少花一份钱	农民日报	3版	王　澎　李文博	报纸	国家
51	6/12	奇：一吨秸秆炼出半吨“油”	新华日报	4版	董扣新　朱新法	报纸	省级
52	6/16	南农大教授给林荫道排座次	现代快报	6版	余　乐/文　赵　杰/摄	报纸	省级
53	6/16	今年西瓜不太甜，雨水惹的祸？其实品种退化也脱不了干系	现代快报	5版	孙玉春　胡玉梅	报纸	省级
54	6/17	小昆虫“制出”大环保	新华日报	7版	万程鹏	报纸	省级
55	6/20	南农大校企合作建两基地	江苏教育频道			电视台	省级
56	6/20	南农大专家来连送科技下乡	江苏公众科技网		李振东	网站	省级
57	6/20	南农大专家来赣榆区沙河镇开展农技培训	江苏公众科技网		赣榆区科协	网站	省级
58	6/28	江苏省泰兴市分界镇泰和生物成为江苏最大纯种巴马香猪基地	中国商务新闻网科技频道			网站	国家级
59	7/2	八宝粥对付大米镉污染	光明网			网站	国家

（续）

序号	时间（月/日）	标　　题	媒体	版面	作者	类型	级别
60	7/12	消除误区 专家呼吁理性面对食品“危机”	江苏经济报	第A4版	张韩虹	报纸	省级
61	7/14	“冷冻肉”上餐桌你放心吗？快报探访：从出厂到销售都有漏洞	现代快报	封6	孙佳桦	报纸	省级
62	7/15	光伏与农业结合并非一蹴而就	中国能源报	21版	冀　星	报纸	国家
63	7/17	南农大“绿色植保”实践团赴睢宁宣传安全用药	新华网		许　洁　李艳丹	网站	国家
64	7/17	南农大科研团队考察南通海安黄金米种植基地	人民网		张承武　胡仁杰	网站	国家
65	7/17	新能源植物菊芋全身都是宝	科技日报	4版	陈苏萍　王　炳　潘　丰	报纸	国家
66	7/17	南京食药局与农业大学合作进社区普及食品安全知识	中国网		赵春晓	网站	国家
67	7/18	锁石科技讲堂—邀南农大教授作种植技术讲座	江苏新闻周刊			报刊	省级
68	7/22	消除误区 专家呼吁理性面对食品“危机”	江苏经济报	第A4版	张韩虹	报纸	省级
69	7/23	海南三亚市农业科技110服务站负责人集体前往南京农业大学“充电”	中国商务新闻网		解秀婷	网站	国家
70	7/24	奶粉有异味，还“长”虫子？	现代快报	第D4版	董国成　陶燕燕　赵书伶	报纸	省级
71	7/25	保护虎凤蝶净化母亲河 南农学子暑期社会实践关注环境保护	中国江苏网		郭　蓓　天　颖　艳　丹　陆　俭　孙　丹	网站	省级
72	8/4	工程院院士盖钧镒到垦丰种业咨询指导	人民网		朱芳冰	网站	国家
73	8/6	南农大学子紫金山 追踪中华虎凤蝶	扬子晚报	第B11版	闫昌明	报纸	省级
74	8/7	钟甫宁：在实践中研究农业经济	中国社会科学报		王广禄　许天颖	报纸	国家
75	8/7	江苏设立现代农作物种业人才奖励基金	农民日报	5版	苏忠信	报纸	国家
76	8/10	南京农业大学资源与环境科学学院大学生在泰兴开展暑期实践“三下乡”	江苏公众科技网		泰　兴	网站	省级
77	8/18	养生汤胡乱添加，当心成“送命汤”	现代快报	第F8版	吴　怡　刘　峻	报纸	省级
78	8/18	南农大教授：利用科技成果解决食品安全问题	新华网		邓雯婷	网站	省级
79	8/21	水稻用药减量抗性治理是关键	农民日报	6版	王腾飞	报纸	国家
80	8/27	南京农业大学资环学院 暑期实践活动精彩纷呈	现代快报	第D5版		报纸	省级

（续）

序号	时间（月/日）	标　题	媒体	版面	作者	类型	级别
81	9/12	耕耘在赤道高原红土地的中国老师们	新华网		丁小溪	网站	国家
82	9/14	当涂现代农业示范区经营园区出实招	人民网		刘华栋	网站	国家
83	9/18	2015“国家电网·希望来吧”再行动	中国青年报	6版	曹颖宇	报纸	国家
84	9/20	2015世界农业奖颁奖典礼在南京农业大学举行	新华网		刘国超　许天颖	网站	国家
85	9/20	第三届世界农业奖在南京农业大学揭晓	中国社会科学网		王广禄　许天颖	网站	国家
86	9/20	世界农业奖获得者：食品安全关乎行业安危	交汇点		王　拓	网站	省级
87	9/20	对话世界农业奖获得者：农业是让生活过得更好	新华网		刘国超　许天颖	网站	国家
88	9/20	2015世界农业奖颁奖礼在南京农业大学举行 食品工程学教授获殊荣	中国江苏网		郭　蓓　许天颖	网站	省级
89	9/20	第三届世界农业奖颁奖礼在南京农业大学举行	网易新闻		许天颖	网站	国家
90	9/21	世界农业奖在南农颁奖 获奖者曾参与火星计划	现代快报	第D4版	许天颖　金　凤	报纸	省级
91	9/21	在火星上帮宇航员制作食品	新华日报	6版	王　拓	报纸	省级
92	9/21	第三届世界农业奖在南农颁奖	中国教育报	3版	沈大雷	报纸	国家
93	9/21	南农大举办第三届世界农业奖 肩负时代使命	凤凰网		邬　楠　李婷婷	网站	国家
94	9/21	2015世界农业奖南京揭晓 保罗·辛格教授获此殊荣	中国新闻网		盛　捷　徐珊珊	网站	国家
95	9/21	中外农业教育论坛在南京举行	江苏卫视公共频道			电视台	省级
96	9/22	中外农业教育论坛在南京农业大学举办	凤凰网		陈　洁　李婷婷	网站	国家
97	9/22	美国教授南农大带来“翻转课堂”农业教育新尝试	腾讯网		许天颖	网站	国家
98	9/23	第三届GCHERA世界农业奖颁奖典礼在南京农业大学举行	中国日报网		许天颖	报纸	国家
99	9/24	高名姿 韩伟：第三方介入激发农村公共品投入	中国社会科学报		高名姿　韩　伟	报纸	国家

（续）

序号	时间（月/日）	标　题	媒体	版面	作者	类型	级别
100	9/24	“农业，是为了让人们生活得更好”——2015 世界农业奖获奖者 R. Paul Singh 教授专访	中国日报网		许天颖	报纸	国家
101	9/25	南农大老师经培育获甜叶菊优异种质 可向社会无偿提供繁殖材料	中国江苏网		郭　蓓　许天颖	网站	省级
102	9/28	常熟市董浜镇农服中心与南农大常熟研究院联合举办农民培训会	江苏公众科技网		董浜镇科协	网站	省级
103	9/28	第三届世界农业奖南京揭晓	科技日报	6 版	李亚男　许天颖	报纸	国家
104	10/27	南农大培育出高甜度甜叶菊	江苏农业科技报		费梦雅　许天颖	报纸	省级
105	10/28	南京首届农业职业经理人培训在南京农业大学开班	中国江苏网		通讯员　陈秀琴　许天颖 记者　郭　蓓	网站	省级
106	10/29	宜兴局联合南农大开展有害生物监测	中国新闻网		许　方	网站	国家
107	10/30	南农大专家来连开展“双百工程”农技培训	江苏公众科技网			网站	省级
108	10/30	国内权威专家团：红肉致癌是不负责任的说法，建议撤销	交汇点		王　拓　刘艳云	网站	省级
109	10/30	世卫组织“红肉致癌论”遭质疑，中国畜产品机构斥其不负责任	澎湃新闻网		刘　楚	网站	省级
110	10/30	中国专家将红肉和肉制品列为致癌物报告提出质疑建议撤销	现代快报全媒体			网站	省级
111	10/30	中国畜产品加工研究会质疑红肉加工肉致癌说	扬子晚报		蔡蕴琦	报纸	省级
112	10/31	畜产品加工研究会叫板世卫组织“肉制品致癌”报告	江苏城市频道			电视台	省级
113	10/31	质疑“红肉致癌”说 国内肉制品专家在南农大召开新闻发布会	江苏卫视新闻眼			电视台	省级
114	10/31	加工肉制品、红肉致癌？中国畜产品加工研究会提出质疑	江苏新时空			电视台	省级
115	10/31	中国专家建议世卫组织 撤销红肉、加工肉致癌报告	现代快报		金　凤	报纸	省级
116	10/31	专家对世卫组织将红肉和肉制品列为致癌物提出质疑	新华网		孙　彬	网站	省级
117	10/31	中国两家机构质疑“吃肉致癌论”两家行业机构邀 7 位专家昨在南京发声：建议世卫组织撤销“加工肉、红肉致癌”结论	扬子晚报	第 A6 版	蔡蕴琦	报纸	省级

（续）

序号	时间（月/日）	标　　题	媒体	版面	作者	类型	级别
118	10/31	红肉与加工肉制品被列致癌物引质疑　畜产品专家称以偏概全过于武断	中国江苏网			网站	省级
119	11/3	这里的农民为啥不再烧秸秆？	光明网		董　峻	网站	国家
120	11/3	南京副市长调研溧水 要求真正实现产城融合	人民网		张宫月	网站	国家
121	11/3	第二届中国食品科技成果交流会在南京隆重开幕	食品商务网			网站	国家
122	11/3	人造肉味美价廉 未来可替代真肉？	现代快报	都5版	俞月花	报纸	省级
123	11/3	万建民团队揭示微丝调节水稻形态发育新机制	中国科学报			报纸	国家
124	11/6	农村社区治理须考虑村庄实际	中国社会科学报		吴　楠　宋雪飞	报纸	国家
125	11/13	南农大教授肯定泗阳供电物资管理创新成果运用	新华网		乔　明　红　珍	网站	国家
126	11/13	航拍南京农业大学菊花基地　姹紫嫣红现斑斓花海	中国新闻网		泱　波	网站	国家
127	11/14	世界最大的菊花基因库　就在南京农业大学	江苏卫视			电视台	省级
128	11/14	南京农业大学建成世界最大菊花基因库	江苏卫视			电视台	省级
129	11/14	全国菊花精品展上，“小清新”力压群芳	现代快报	都6版	金　凤　许天颖	报纸	省级
130	11/16	南农大农业经济学科牵头编撰百科全书农林经济管理卷	网易		周　坤　许天颖	网站	国家
131	11/18	南京高淳区固城镇水产养殖户农闲时节忙充电	中国水产养殖网			网站	国家
132	11/19	南京建菊花基因库带动休闲农业发展	新华每日电讯		记者　孙　彬	网站	国家
133	11/19	南京建成世界性菊花基因库带动休闲农业发展	新华网		许天颖　孙　彬	网站	国家
134	11/19	南京：建菊花基因库促休闲农业发展 带动农民增收致富	新华网		孙　彬	网站	国家
135	11/28	通稿刊发学校毕业生王储的涉农创业故事	新华社		孙笑逸	网站	国家
136	11/28	头版报道园艺学院毕业生王储的创业故事	中国青年报	头版		报纸	国家

（续）

序号	时间（月/日）	标　题	媒体	版面	作者	类型	级别
137	12/3	南京农业大学秸秆制肥新技术一举多得	农民日报	头版	沈建兵　陈　斌	报纸	国家
138	12/7	南京农业大学：将智慧撒向田野	光明日报	3版	记者　郑晋鸣 通讯员　谈　琰	报纸	国家
139	12/8	宜兴局联合南农大开展有害生物监测	新华网		许　方	网站	国家
140	12/8	淮安市与南农大校地合作再结硕果	中国江苏网		唐筱葳	网站	省级
141	12/8	南农大发布“易农APP”专家在线指导种田烦心事	中国江苏网		记者　郭　蓓 通讯员　天　颖　严　瑾	网站	省级
142	12/9	南农大发布线上科技推广服务平台“易农APP”	新华网		许天颖　严　瑾	网站	国家
143	12/12	南农发布线上科技推广服务平台	新华日报	综合3版	天　颖　严　瑾　王　拓	报纸	省级
144	12/15	头版通讯聚焦学校涉农创新创业教育成果	中国教育报	头版	记者　万玉凤 通讯员　许天颖	报纸	国家
145	12/15	秋粮集中上市观察	央视朝闻天下			电视台	国家
146	12/23	9位优秀女性科技工作者获第十二届“中国青年女科学家奖”	新华网			网站	省级
147	12/23	南农女教授获青年女科学家奖　为棉花基因“联络图”绘制者	新华日报交汇点		王拓　通讯员　许天颖	网站	省级
148	12/24	南农教授获青年女科学家奖	新华日报	6版	王　拓　许天颖	报纸	省级
149	12/24	南农大女教授建“棉花博物馆”获中国青年女科学家奖	现代快报	封8	胡玉梅	报纸	省级
150	12/25	南农教授建“棉花博物馆”获中国青年女科学家奖	腾讯大苏网			网站	省级
151	12/25	绘制出棉花基因“联络图”	江苏科技报	第A3版	许天颖	网站	省级

（撰稿：许天颖　审稿：全思懋　审核：顾　珍）

十五、2015 年大事记

1 月

1 月 9 日　学校万建民教授团队研究项目“水稻籼粳杂种优势利用相关基因挖掘与新品种培育”荣获国家技术发明奖二等奖。

1 月 21 日　2013 年度“中国科技论文在线优秀期刊”暨“中国科技论文在线科技期刊优秀组织单位”评选结果揭晓，《南京农业大学学报》（自然科学版）荣获“中国科技论文在线优秀期刊”一等奖，是农业大学学报中唯一获此殊荣的单位。

1 月 28 日　教育部发文公布了 2013 年、2014 年度“长江学者奖励计划”特聘教授和讲座教授名单，园艺学院陈发棣教授入选特聘教授。

2 月

2 月 10 日　由国家科学技术部基础研究管理中心等部门组织的“2014 年度中国科学十大进展”评选揭晓，万建民教授课题组研究成果“阐明独脚金内酯调控水稻分蘖和株型的信号途径”入选，并位列“中国科学十大进展”首位。

2 月 10 日　广东省政协十一届三次会议举行大会选举，学校校友、广东省委常委、深圳市委书记王荣当选政协第十一届广东省委会主席。

2 月 25 日　由教育部和天津市政府联合主办的全国第四届大学生艺术展演活动在天津举办。作为唯一参加展演的农林院校，学校选送的戏曲《牡丹亭・游园惊梦》获戏剧非专业组一等奖。

2 月　爱思唯尔发布 2014 年中国高被引学者榜单。在农业和生物科学领域，学校赵方杰、杨志敏、沈其荣、沈文飚、董汉松、郑永华、徐国华 7 位教授入选，约占全国所有机构入选农业和生物科学榜单的学者总数的 8.6%。

3 月

3 月 16 日　资源与环境科学学院沈其荣教授申请的“973”计划项目“作物高产高效的土壤微生物区系特征与调控”被国家科技部正式批准立项，前两年立项经费 1 680 万元，这是迄今为止学校领衔主持的第 4 个“973”计划项目。

3 月 16 日　韩国江原国立大学校长辛承昊教授率团来校访问，双方签署了校际合作备忘录，拟在学生交流、科学研究等领域开展合作。

3 月　科技部公布了 2014 年创新人才推进计划入选名单。农学院丁艳锋教授领衔的

“水稻高产优质高效与机械化生产创新团队”入选“重点领域创新团队”；资源与环境科学学院邹建文教授、农学院李艳教授入选“中青年科技创新领军人才”。

4 月

4 月 8 日　学校举行第五届教职工代表大会第六次会议。大会共进行四项议程：一是听取《学校工作报告》，二是听取《学校财务工作报告》，三是听取《教职工代表大会代表提案工作报告》，四是讨论《学校工作报告》和《学校财务工作报告》。校长周光宏做题为《全面深化教育综合改革　促进世界一流农业大学建设》的学校工作报告。报告对 2014 年学校工作进行回顾总结，并提出今后一段时期的工作重点。

4 月 13 日　学校召开教育部巡视工作动员大会。教育部巡视组组长、上海财经大学原党委书记马钦荣，教育部巡视工作办公室副主任牛燕冰等出席大会并讲话。

4 月 25 日　《辞海》（第七版）编纂出版工作启动大会在上海召开，副校长董维春、动物科技学院教授谢庄作为《辞海》（第七版）农业学科的分科主编，应邀参会。南京农业大学是《辞海》的重要编写单位之一。从 1979 年第三版开始即参与其中。南京农业大学编纂的内容主要包括农学、植物保护、园艺、资源与环境、农业机械、农史、畜牧、兽医等学科，涉及词条有两千多条。

5 月

5 月 7 日　据 ESI 最新统计数据，南京农业大学农业科学领域被 ESI 数据库收录论文 1 631篇，总引用次数 11 988 次，全球排名第 66 位，表明学校已经进入农业科学领域全球排名前千分之一的行列，标志着南京农业大学在农业学科领域的研究水平已达到了国际顶尖水平。

5 月 11 日　南京农业大学与中国热带农业科学院签署战略合作框架协议。根据协议，双方将在人才培养、科学研究等方面开展战略合作。

5 月 14 日　国际食物政策研究所（International Food Policy Research Institute，IFPRI）所长樊胜根博士一行 28 人来学校交流访问。

5 月 16 日　南京农业大学贵州校友会成立大会在贵阳市召开，来自贵州各地的 100 余位校友代表参加会议。

5 月 26 日　学校召开校学位委员会十一届一次全会，会议宣布第十一届校学位委员会成立，校学位委员会主任周光宏为每一位委员颁发聘书。

5 月　中组部、教育部正式下发通知，公布第十一批“千人计划”入选者名单。学校 2014 年引进的两位高层次人才董莎萌教授、吴玉峰教授入选“千人计划”青年人才项目。

6 月

6 月 5 日　学校举行“三严三实”专题教育党课暨动员部署大会。校党委书记左惟以“把握新内涵，落实新要求，做‘三严三实’好干部”为题给党员领导干部讲党课，并就学校开展“三严三实”专题教育进行动员部署。全体在宁校领导、中层干部、离退休老同志代表参加会议。校党委副书记王春春主持会议。

6 月 10 日　在江苏省第二届“紫金文化奖章”和“江苏社科名家”评选活动中，钟甫宁教授被授予“江苏社科名家”称号。

6 月 15～17 日　“21 世纪高等农业教育：知识转移应对世界粮食安全和可持续发展的全球挑战”国际会议在西班牙举行，校长周光宏应邀出席，并做题为“中国高等农业教育：以模式变革应对挑战”的大会报告。

6 月 21～22 日　南京农业大学 2015 年毕业典礼暨学位授予仪式在学校体育中心举行。4 000余名毕业生从母校启航，踏上新的征程。

6 月 21～27 日　校党委书记左惟率团访问了美国加州大学戴维斯分校、康奈尔大学和加拿大圭尔夫大学。此次出访旨在深化学校与北美顶尖涉农大学的学术交流与合作，落实实质性合作项目。

6 月 30 日　《南京农业大学章程》经教育部高等学校章程核准委员会评议，教育部第 22 次部务会议审议通过。教育部印发高等学校章程第 76 号核准书，正式核准《南京农业大学章程》。

7　月

7 月 1 日　江苏省委书记罗志军在省委常委、苏州市委书记石泰峰，常熟市委书记惠建林等陪同下来到南京农业大学常熟新农村发展研究院调研考察。

7 月 6 日　教育部巡视组来学校反馈巡视工作意见，巡视组组长马钦荣宣读了《教育部赴南京农业大学巡视组关于巡视工作的反馈意见》。教育部巡视工作办公室主任贾德永对学校整改落实工作提出意见。

7 月 15 日　南京农业大学 2015 年科学技术大会在金陵研究院国际报告厅召开。全体校领导、校学术委员会委员、职能部门负责人、学院主要负责人、科技督导组成员、课题组负责人、教师代表、科技管理人员等 280 余人参加大会。会上宣读了学校关于颁发学科贡献奖、成果转化奖、社会服务奖，表彰科技管理先进集体与先进个人的决定。盖钧镒院士、校领导给获奖学院代表和先进个人颁发了荣誉证书。

8　月

8 月 6 日　江苏省副省长曹卫星、南京市市长缪瑞林专程调研学校新校区建设工作。

8 月　南京农业大学党委常委、副校长陈利根同志就任山西农业大学党委书记。

9　月

9 月 6 日　学校 2015 级本科新生入学典礼在学校体育中心举行，校长周光宏以《南农是一所什么样的大学》为题给新生上了入学教育第一课。

9 月 9 日　学校召开“十三五”发展规划编制工作启动会。规划编制工作领导小组成员盛邦跃、徐翔、戴建君、董维春、刘营军、沈其荣、钟甫宁，11 个专项小组成员以及各单位、各学院主要负责人参加了会议。

9 月 20 日　2015 年全球农业与生命科学高等教育协会联盟（GCHERA）第三届世界农业奖颁奖典礼在南京农业大学举行。全球包括中国在内的 27 个国家 90 多所大学、国际组织和企业代表，南京市 10 所中学校长以及南京农业大学 1 000 多名师生代表共同见证了颁奖盛典。世界知名食品工程师美国加州大学戴维斯分校保罗·辛格（R. Paul Singh）教授以其在全球食品科学、生物与农业工程教育、研究与开发、咨询及技术转让方面做出的卓越贡献荣获 2015 年度世界农业奖。

10　月

10 月　《美国新闻与世界报道》在其网站 usnews. com 上公布了“全球最佳大学排行榜”及其分国家、区域、学科领域排行榜。在其“全球最佳农业科学大学”排名中，南京农业大学居第 23 位，比 2014 年排名前进了 13 位。

10 月 13 日　学校中华农业文明研究院院长王思明教授在全球重要农业遗产授牌十周年纪念会上被授予“全球重要农业文化遗产保护与发展贡献奖”。

10 月 18～21 日　吉林长春举办了首届中国“互联网＋”大学生创新创业大赛全国总决赛。学校“发发精英——全新 Uber＋兼职 O2O 平台创业项目”经过激烈角逐，从全国 36 508个项目中脱颖而出，斩获全国银奖。

11　月

11 月 3 日　国家教育体制改革领导小组办公室下发《关于同意〈南京农业大学综合改革方案〉备案的函》。

11 月 5 日　根据中央巡视工作和教育部党组统一部署，学校领导班子召开了专题民主生活会，开展批评与自我批评，进一步明确努力方向和整改措施。

11 月 6 日　江苏省教育厅公布 2015 年江苏特聘教授名单。陶小荣、马文勃两位教授入选。至此，学校的江苏特聘教授人数已经增至 10 人。

11 月　学校首份英文期刊 *Horticulture Research* 杂志于 2015 年 10 月被 PubMed 数据库收录。PubMed 是科研人员搜索文献最常用的数据库之一，是美国国家医学图书馆（NLM）所属的国家生物技术信息中心（NCBI）基于网络的生物医学信息检索系统，同时也是 NCBI Entrez 整个数据库查询系统中的一个。

11 月　以“创新、智能、绿色”为主题的第 17 届中国国际工业博览会在上海举行。由食品科技学院黄明教授团队申报的“基于生物技术的安全传统肉制品”和农学院水稻组申报的“水稻机插水卷苗育秧技术”荣获本届工博会高校展区特等奖。

11 月 14 日　学校举行了 2015 年校园开放日活动，来自南京市第九中学的 700 余名高三年级师生参与了此次活动。活动包括学校校情介绍、九中校友学习经验介绍以及校园参观等内容。

12　月

12月5日　学校教育发展基金会召开换届选举暨新一届理事会第一次会议，大会投票选举出校第三届理事会成员及负责人、监事会成员和主席。

12月　中国工程院2015年院士增选结果公布，万建民教授当选中国工程院院士。

12月8日　自然出版集团公布了最新的科研机构的自然出版指数（NPI，nature publishing index）排名，统计时间范围为2014年12月1日至2015年11月30日。清华大学、北京大学和中山大学位居内地高校前三名，南京农业大学位居内地高校第20名。江苏省内共有13所高校进入自然出版指数中国大学百强榜，南京农业大学在省内排名第二。

12月12日　第九届中国产学研合作创新大会在昆明举行。南京农业大学刘兆普教授领衔的产学研合作项目“海涂盐土农业产业链研发与创制”荣获“2015年中国产学研合作创新成果奖一等奖”。

12月15日　学校召开了学术委员会七届三次全体委员会议。会议审议并通过了《南京农业大学学术委员会章程（试行）》《南京农业大学学术委员会议事规则（试行）》《南京农业大学科技成果奖励办法（修订稿）》《南京农业大学人文社科核心期刊目录（2015）（讨论稿）》。

12月17日　Nature杂志增刊*Nature Index 2015 China*（自然指数-2015中国）在线发表了对南京农业大学校长周光宏的专访，并用一个版面介绍了学校部分科研团队在其研究方向取得的尖端科研成果。

12月19日　南京农业大学与大北农集团战略合作签约暨大北农公益基金捐赠仪式在学校举行。根据协议，大北农集团将向学校捐赠1 000万元公益基金，支持学校教育事业发展。

12月22日　第十二届“中国青年女科学家奖”颁奖典礼在北京举行。本届“中国青年女科学家奖”共有9位获奖者，南京农业大学郭旺珍教授获此殊荣，是唯一凭借农业研究突出成绩获奖的女科学家。

12月28日　农业部公布了第二批（2016—2020年）农业科研杰出人才及其创新团队名单，并在武汉召开了杰出人才及其团队研修班及管理座谈会，为150名杰出人才及团队颁发了荣誉证书。学校王秀娥、王源超、朱艳、吴益东、陈发棣、范红结6名教授及其创新团队入选该计划。

（撰稿：吴　玥　审稿：刘　勇　审核：顾　珍）

十六、规章制度

【校党委发布的管理文件】

序号	文件标题	文号	发文时间
1	中共南京农业大学委员会关于落实党风廉政建设主体责任的实施意见	党发〔2015〕17号	2015-3-24
2	中共南京农业大学委员会关于落实党风廉政建设监督责任的实施意见	党发〔2015〕18号	2015-3-24
3	中共南京农业大学委员会全体会议议事规则（试行）	党发〔2015〕20号	2015-3-31
4	中共南京农业大学委员会常务委员会议事规则（试行）	党发〔2015〕21号	2015-3-31
5	南京农业大学校长办公会议议事规则（试行）	党发〔2015〕22号	2015-4-1
6	关于印发《南京农业大学学院党政联席会议议事规则（试行）》的通知	党发〔2015〕27号	2015-4-8
7	关于印发《南京农业大学党政管理部门处（部、院）务会议议事规则（试行）》的通知	党发〔2015〕28号	2015-4-8
8	南京农业大学关于建立健全师德建设长效机制的实施意见	党发〔2015〕74号	2015-9-7
9	关于印发《南京农业大学经营性机构干部管理暂行办法》的通知	党发〔2015〕110号	2015-12-15
10	关于进一步贯彻落实中央八项规定和加强党风廉政制度建设的意见	党发〔2015〕116号	2015-12-18

（撰稿：朱　珠　审稿：庄　森　审核：顾　珍）

【校行政发布的管理文件】

序号	文件标题	文号	发文时间
1	关于印发《南京农业大学卫岗教学区机动车出入停放管理办法》的通知	校保发〔2015〕52号	2015-2-1
2	关于印发《南京农业大学社会服务工作量认定管理暂行办法》的通知	校发〔2015〕70号	2015-3-17
3	关于印发《南京农业大学外籍教师校级友谊奖评选办法（暂行）》的通知	校外发〔2015〕117号	2015-4-7
4	关于印发《南京农业大学本科教学督导工作规范（修订）》的通知	校教发〔2015〕132号	2015-4-16

（续）

序号	文件标题	文号	发文时间
5	关于印发《南京农业大学本科招生宣传工作实施办法（试行）》的通知	校学发〔2015〕202 号	2015－6－3
6	关于印发《南京农业大学本科学生转专业实施办法（试行）》的通知	校教发〔2015〕203 号	2015－6－3
7	关于印发《南京农业大学卫岗校区学生宿舍智能用电系统管理办法》的通知	校资发〔2015〕223 号	2015－6－15
8	关于印发《南京农业大学硕士研究生招生管理规定》的通知	校研发〔2015〕291 号	2015－7－20
9	关于印发《南京农业大学校园网站建设与管理暂行办法》的通知	校图发〔2015〕318 号	2015－8－10
10	关于印发《南京农业大学科研试剂采购暂行管理办法》的通知	校科发〔2015〕365 号	2015－9－7
11	关于修订《南京农业大学研究生助教工作暂行办法》的通知	校研发〔2015〕394 号	2015－9－22
12	关于修订《南京农业大学校长奖学金管理暂行办法》的通知	校研发〔2015〕395 号	2015－9－22
13	关于印发《南京农业大学经济收入管理及分配办法（试行）》的通知	校计财发〔2015〕428 号	2015－10－13
14	关于印发《南京农业大学创新创业教育改革实施方案（试行）》的通知	校教发〔2015〕431 号	2015－10－13
15	关于印发《南京农业大学信息安全管理办法》配套管理制度的通知	校图发〔2015〕485 号	2015－11－9
16	关于印发南京农业大学 30 万元以下维修工程管理暂行办法的通知	校资发〔2015〕507 号	2015－11－25
17	关于印发《南京农业大学公费医疗管理办法》补充条款的通知	校医发〔2015〕509 号	2015－11－25

（撰稿：吴　玥　审稿：刘　勇　审核：顾　珍）